U0306148

鄂温克族自治旗
野生植物图谱

布和敖斯　编著

中国农业科学技术出版社

图书在版编目（CIP）数据

鄂温克族自治旗野生植物图谱/布和敖斯编著 . —北京：
中国农业科学技术出版社，2017.7

ISBN 978-7-5116-3039-1

Ⅰ.①鄂…　Ⅱ.①布…　Ⅲ.①野生植物—鄂温克族自
治旗—图谱　Ⅳ.① Q948.522.64-64

中国版本图书馆 CIP 数据核字（2017）第 080900 号

责任编辑	姚　欢
责任校对	马广洋
出 版 者	中国农业科学技术出版社
	北京市中关村南大街 12 号　邮编：100081
电　　话	（010）82106636（编辑室）（010）82109704（发行部）
	（010）82109702（读者服务部）
传　　真	（010）82106631
网　　址	http ://www.castp.cn
经 销 者	各地新华书店
印 刷 者	北京科信印刷有限公司
开　　本	787 毫米 ×1092 毫米 1 /16
印　　张	43.5
字　　数	1000 千字
版　　次	2017 年 7 月第 1 版　2017 年 7 月第 1 次印刷
定　　价	298.00 元

《鄂温克族自治旗野生植物图谱》
编著委员会

主　　任	那晓光
副 主 任	东　胜　布　和　华　英
委　　员	高文渊　常海山　赵景峰　赵　英　肖明华
	李士博　程　利　董耀福　朝克图　高海滨
	义如格勒图　　朱立博　王　宇　苏智峰

主 编 著	布和敖斯
副主编著	朗巴达拉呼　蒋立宏　　高　荣　　陈　香
编著人员	布和敖斯　　朗巴达拉呼　蒋立宏　　高　荣
	陈　香　　阿　焱　　洪　杰　　丽　娜
	苏　晶　　白乌日汉　吴中杰　宋国晶
	炜　霞　　金　霞　　杨春艳　张荣菊
	苏冬梅　　孙天一　　鲍　玉
照片拍摄	蒋立宏　　陈　香
审　　稿	赵利清

前　言

鄂温克族自治旗地处大兴安岭西麓和呼伦贝尔高平原过渡地带，境内山地、丘陵、河谷、滩涂交错分布，形成了较为复杂的地形地貌，也孕育了丰富的野生植物资源。从2007年起，鄂温克旗草原部门技术人员历经10年的努力，完成了全旗88科，364属，872种（包括亚种、变种、变型）野生植物资源的调查工作，同时对自治旗境内有代表性的600种野生植物电子图片进行了分类整理，详细记录了每种植物的学名、中文名、蒙名、生境、用途、保护等级以及分布地域等信息，并以此为基础完成了《鄂温克族自治旗野生植物图谱》一书的编著工作。

本书是第一本系统介绍鄂温克族自治旗野生植物资源的专业书籍，对科学保护本地区野生植物种质资源，维护物种多样性，促进草原生态畜牧业发展和自然科学研究提供了翔实的数据支撑，也为从事草原、林业、生态、环保、园林、中蒙医药等工作和植物爱好者了解当地野生植物资源提供了重要的参考资料。

在编写中我们有幸邀请到内蒙古大学赵利清教授为本书审稿，并得到内蒙古自治区草原工作站、呼伦贝尔市农牧业局、呼伦贝尔市草原工作站、呼伦贝尔市草原监督管理局、鄂温克旗人民政府等单位领导和专家的大力支持和帮助，在此一并表示衷心的感谢。

受编写人员业务水平和工作量较大等因素影响，本书难免有不足和错误之处，敬请批评指正。

《鄂温克族自治旗野生植物图谱》编著委员会

2017 年 7 月

目 录

第一部分

蕨类植物门
PTERIDOPHYTA

木贼科 Equisetaceae

问荆属 *Equisetum* L.

草问荆

【学　　名】*Equisetum pratense* Ehrh.

【蒙　　名】淖高音 – 那日孙 – 额布斯

【形态特征】多年生草本。根状茎棕褐色，无块茎；主茎淡黄色，无叶绿素，不分枝，高 9~30 厘米；孢子叶球顶生，孢子成熟后，主茎节上长出轮生绿色侧枝，侧枝较少，不再分枝；营养茎高 30~40 厘米；主茎叶鞘通常具 10~16（20）鞘齿，鞘齿分离，具宽膜质白边；侧枝水平伸展，实心，叶鞘齿 3~4，常不再分枝。

【生　　境】中生植物。生于林下草地、林间灌丛。

【用　　途】中等饲用植物，牛乐食。全草入中、蒙药（蒙药名：呼呼格 – 额布斯），能利尿、止血、化瘀，主治尿闭、石淋、尿道烧痛、淋症、水肿、创伤出血等。

【分　　布】主要分布在巴彦嵯岗苏木、锡尼河东苏木、伊敏苏木、红花尔基镇等地。

【拍摄地点】巴彦嵯岗苏木五泉山林下

水问荆

【学　　名】*Equisetum fluviatile* L.

【蒙　　名】奥孙 – 那日孙 – 额布斯

【别　　名】溪木贼、水木贼

【形态特征】多年生草本。根状茎红棕色；地上主茎高 40~60 厘米；茎上部无槽沟，具平滑的浅肋棱 14~16 条；主茎叶鞘具 14~16 鞘齿，黑褐色；茎上部有轮生分枝，鞘齿 4~8；孢子叶球无柄，长椭圆形，先端钝圆。

【生　　境】湿生植物。生于沼泽、踏头沼泽、湿草地、浅水中。

【用　　途】古代用于止血及治疗肾脏失调、溃疡及结核等疾病。它会吸收土壤中的重金属，可用于金属的生物检定；嫩枝可以食用。

【分　　布】主要分布在伊敏苏木、锡尼河东苏木、红花尔基镇等地。

【拍摄地点】伊敏苏木头道桥附近河边

无枝水问荆

【学　　名】*Equisetum fluviatile* L. f. *linnaeanum* (Doll.) Broun.

【蒙　　名】牧其日归 – 奥孙 – 那日孙 – 额布斯

【形态特征】多年生草本。根状茎红棕色；地上主茎高 40~60 厘米；茎上部无槽沟，具平滑的浅肋棱 14~16 条；主茎叶鞘具 14~16 鞘齿，黑褐色；茎单一，不分枝或基本不分枝；孢子叶球无柄，长椭圆形，先端钝圆。

【生　　境】湿生植物。生于浅水中。

【用　　途】古代用于止血及治疗肾脏失调、溃疡及结核等疾病。它会吸收土壤中的重金属，可用于金属的生物检定；嫩枝可以食用。

【分　　布】主要分布在锡尼河东苏木、伊敏苏木等地。

【拍摄地点】伊敏苏木头道桥附近河边

问荆

【学　　名】*Equisetum arvense* L.

【蒙　　名】那日孙 – 额布斯

【别　　名】土麻黄

【形态特征】多年生草本。根状茎匍匐，具球茎；茎二型，生殖茎早春生，淡黄褐色，无叶绿素，不分枝，高 8~25 厘米；叶鞘齿 3~5；孢子叶球有柄，孢子叶六角盾形；绿色的营养茎高 25~40 厘米，不育，顶端不产生孢子囊穗，侧枝多从茎上部发出，多而长，不再分枝，侧枝的第一节间长于该侧枝发生处茎生叶鞘长度。

【生　　境】中生植物。生于草地、河边、沙地。

【用　　途】内蒙古重点保护植物。中等饲用植物，夏季牛和马乐食，干草羊喜食。全草入中药，能清热、利尿、止血、止咳，主治小便不利、热淋、吐血、衄血、月经过多、咳嗽气喘等；全草也入蒙药（蒙药名：呼呼格 – 额布斯），能利尿、止血、化痞，主治尿闭、石淋、尿道烧痛、淋症、水肿、创伤出血等。

【分　　布】全旗各苏木乡镇均有分布。

【拍摄地点】巴彦托海镇巴彦托海嘎查湿地

犬问荆

【学　　名】*Equisetum palustre* L.

【蒙　　名】那木根－那日孙－额布斯

【形态特征】多年生草本。根状茎细长，黑褐色，具块茎；地上主茎绿色，高 15~30 厘米，单一或自基部发出少数茎状枝，其上部轮生分枝，茎顶端产生孢子囊穗；侧枝第一个节间短于该侧枝发生处茎生叶鞘长度；孢子叶球有长柄，早期黑褐色，成熟时变棕色，长椭圆形。

【生　　境】中生植物。生于林下湿地、水沟边。

【用　　途】地上部分入中药，可用于淋症、风湿关节痛、跌打损伤、目翳、吐血、衄血等；全草入蒙药（蒙药名：呼呼格－额布斯），能利尿、止血、化痞，主治尿闭、石淋、尿道烧痛、淋症、水肿、创伤出血等。

【分　　布】主要分布在伊敏苏木、巴彦托海镇等地。

【拍摄地点】巴彦托海镇巴彦托海嘎查湿地

木贼属 *Hippochaete* Milde

木贼

【学　　名】*Hippochaete hyemale* (L.) Boern.

【蒙　　名】朱乐古日 – 额布斯

【别　　名】锉草

【形态特征】多年生草本。根状茎粗壮，黑褐色，无块茎；地上茎直立，单一或仅基部分枝，高30~60 厘米，粗 4~8 毫米，具 16~20 条肋棱，沿棱脊具 2 列疣状凸起；叶鞘齿 16~20，常脱落；孢子叶球无柄，紧密，先端具小凸尖。

【生　　境】中生植物。生于林下湿地、水沟边、湿草地。

【用　　途】全草入中药，能散风热、退目翳、止血，主治目赤肿痛、迎风流泪、角膜云翳、内痔便血等；全草也入蒙药，能明目退翳、治伤、排脓，主治骨折、旧伤复发、赤眼、眼花症、角膜云翳等。

【分　　布】主要分布在伊敏苏木、锡尼河东苏木等地。

【拍摄地点】伊敏苏木头道桥水边

蕨科 Pteridiaceae

蕨属 *Pteridium* Gled. ex Scop.

蕨

【学　　名】*Pteridium aquilinum* (L.) Kuhn var. *latiusculum* (Desv.) Underw. ex Heller

【蒙　　名】奥衣麻

【别　　名】蕨菜

【形态特征】多年生草本。高1米；根状茎长而横走，密被锈黄色毛，后脱落；叶远生，近革质，叶片卵状三角形或宽卵形，有长柄，三回羽状分裂，羽片8对，叶脉羽状，侧脉2叉；孢子囊群条形，沿叶缘边脉着生，囊群盖条形，薄纸质，有叶缘变形反卷而成的假盖。

【生　　境】中生植物。生于山地林下、林缘草地、山坡草丛。

【用　　途】内蒙古重点保护植物。低等饲用植物，牛、羊喜食其嫩叶，猪也食，但易引起慢性中毒。全草入中药，主治发热、痢疾、黄疸、高血压、头昏失眠、风湿关节痛、白带等。根状茎含淀粉，可提取淀粉供食用；嫩叶可食用。

【分　　布】主要分布在锡尼河东苏木、伊敏苏木等地。

【拍摄地点】锡尼河东苏木小孤山北白桦林内

蹄盖蕨科 Athyriaceae

蹄盖蕨属 *Athyrium* Roth

东北蹄盖蕨

【学　　名】*Athyrium multidentatum* (Doell) Ching (*Athyrium brevifrons* Nakai ex Kitag.)

【蒙　　名】阿日嘎力格 – 奥衣麻金

【别　　名】短叶蹄盖蕨

【形态特征】多年生草本。高 60~70 厘米；根状茎粗短，斜升，密被黑褐色鳞片；叶簇生，光滑无毛，轮廓为卵形至宽卵形；叶片三回羽状深裂，羽片 15~20 对，互生，下部羽片不缩短或基部 1 对略缩短；叶脉羽状分枝，伸达锯齿；孢子囊群矩圆形或短条形，囊群盖同形，膜质，边缘啮蚀状。

【生　　境】中生植物。生于山地林下。

【用　　途】低等饲用植物。根状茎入中药，可驱虫、止血，用于治疗蛔虫病、外伤出血。幼嫩叶可食，具有一定的食疗滋补作用。

【分　　布】主要分布在伊敏苏木、锡尼河东苏木等地。

【拍摄地点】锡尼河东苏木维纳河林下

第二部分

裸子植物门
GYMNOSPERMAE

松科 Pinaceae

落叶松属 *Larix* Mill.

兴安落叶松

【学　　名】*Larix gmelinii* (Rupr.) Kuzeneva

【蒙　　名】和应干－哈日盖

【别　　名】落叶松

【形态特征】乔木。高 35 米，胸径 90 厘米；树皮暗灰色或灰褐色，纵裂成鳞片状剥落，剥落后内皮呈紫红色；树冠卵状圆锥形；一年生长枝纤细，直径约 1 毫米；叶条形或倒披针状条形；球果成熟时上端种鳞张开，呈倒卵状球形，长 1.2~3 厘米，直径 1~2 厘米，种鳞 14~20（30）枚，中部种鳞长大于宽，五角状卵形，有光泽，无毛。花期 5—6 月，球果成熟 9 月。

【生　　境】中生植物。生于海拔 300~1 600 米的山地，为寒湿性明亮针叶林的建群植物，或与白桦、黑桦、丛桦、山杨、樟子松、蒙古栎、偃松成混交林。

【用　　途】劣等饲用植物，嫩枝叶可加工粉碎作饲料。木材可作建筑用材；树皮可提取栲胶，树干可提取树脂；为大兴安岭主要森林更新和荒山造林的树种；也可作庭园观赏树种。

【分　　布】主要分布在伊敏苏木、锡尼河东苏木、锡尼河西苏木等地。

【拍摄地点】伊敏苏木三道桥北

松属 *Pinus* L.

樟子松

【学　　名】*Pinus sylvestris* L. var. *mongolica* Litv.

【蒙　　名】海拉尔－那日苏、协日－那日苏

【别　　名】海拉尔松

【形态特征】乔木。高达 30 米；树干下部树皮黑褐色或灰褐色，深裂成不规则的鳞状块片脱落，上部树皮及枝皮黄色或褐黄色，薄片脱落；一年生枝淡黄绿色，二或三年生枝灰褐色；冬芽褐色或淡黄褐色，长卵圆形，有树脂；针叶 2 针一束，长 4~9 厘米，粗 0.5~2 毫米，扭曲；叶鞘宿存；球果圆锥状卵形；种子长卵圆形或倒卵圆形。花期 6 月，球果成熟于次年 9—10 月。

【生　　境】中生植物。主要生于较干旱的沙地及石砾沙土地区，产于大兴安岭西。

【用　　途】内蒙古珍稀濒危 II 级保护植物。劣等饲用植物。枝节入蒙药，主治关节疼痛、屈身不利。木材可供建筑、家具等用；树干可采割松脂；也可作造林和城市绿化树种。

【分　　布】全旗各苏木乡镇均有分布。

【拍摄地点】巴彦嵯岗苏木扎格达木丹嘎查

柏科 Cupressaceae

圆柏属 *Sabina* Mill.

兴安圆柏

【学　　名】*Sabina davurica* (Pall.) Ant.

【蒙　　名】和应干 – 乌和日 – 阿日查

【形态特征】匍匐灌木。枝皮紫褐色，裂成薄片剥落；叶二型，刺叶窄披针形或条状披针形，有宽白粉带，近基部有腺体，壮龄植株的刺叶多于鳞叶，鳞叶交叉对生，菱状卵形或斜方形，叶背中部有腺体；雄球花卵圆形或近圆形，雌球花与球果着生于向下弯曲的小枝端。花期 6 月，球果常呈不规则球形，顶端圆形，成熟于翌年 8 月。

【生　　境】中生植物。生于海拔 400~1 400 米的多石山地或山顶岩石缝中。

【用　　途】果实入中药，可镇痛利尿；叶入蒙药，能清热利尿、止血、消肿、治伤、祛黄水，主治肾与膀胱热、尿闭、发症、风湿性关节炎、痛风、游痛症等。可作为保土固沙树种；也可栽培供观赏。

【分　　布】主要分布在伊敏苏木、锡尼河东苏木等地。

【拍摄地点】绰尔林业局伊敏林场

麻黄科 Ephedraceae

麻黄属 *Ephedra* Tourn ex L.

草麻黄

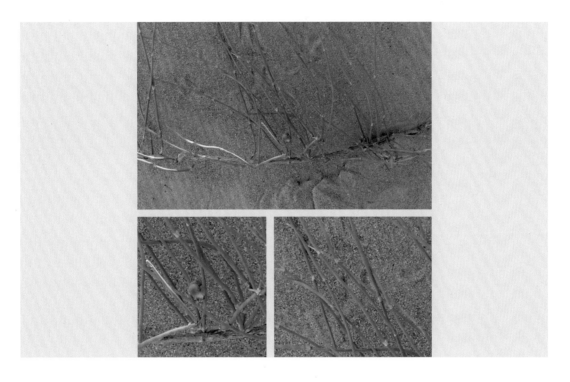

【学　　名】*Ephedra sinica* Stapf

【蒙　　名】哲格日根讷

【别　　名】麻黄

【形态特征】草本状灌木。高达30厘米；由基部多分枝，丛生；小枝先端直，不弯曲；叶2裂，裂片先端渐尖或锐尖；雄球花为复穗状，雌球花单生，雌花2，成熟时苞片肉质，红色；种子通常2粒，卵形，先端无尖头。花期5—6月，种子8—9月成熟。

【生　　境】旱生植物。生于丘陵坡地、平原、沙地，为石质和沙质草原的伴生种。

【用　　途】国家Ⅱ级保护植物；内蒙古重点保护植物。低等饲用植物，在冬季羊和骆驼乐食其干草。茎、根入中药，茎能发汗、散寒、平喘、利尿，主治风寒感冒、喘咳、哮喘、支气管炎、水肿等；根能止汗，主治自汗、盗汗；茎也入蒙药，主治黄疸型肝炎、创伤出血、子宫出血、吐血、便血、咯血、搏热、劳热、内伤等。

【分　　布】主要分布在辉苏木、锡尼河西苏木等地。

【拍摄地点】辉苏木松树山

第三部分

被子植物门
ANGIOSPERMAE

杨柳科 Salicaceae

杨属 *Populus* L.

山杨

【学　　名】*Populus davidiana* Dode

【蒙　　名】阿古拉音 – 奥力牙苏

【别　　名】火杨

【形态特征】乔木。高 20 米；树冠圆形或近圆形，树皮光滑，淡绿色或淡灰色，老树基部暗灰色；小枝无毛、光滑，赤褐色；叶芽顶生；叶近圆形、菱状圆形或宽卵形，边缘具波状浅齿；雄花序轴被疏柔毛；苞片深裂，具疏柔毛；蒴果通常 2 裂。花期 4—5 月，果期 5—6 月。

【生　　境】中生植物。生于山地阴坡或半阴坡，在森林气候区生于阳坡。

【用　　途】低等饲用植物。树根、树皮、枝、叶可入中药，用于高血压、肺热咳嗽、蛔虫病、小便淋漓、腹痛、疮疡、龋齿等；树皮可入蒙药，能排脓，主治肺脓肿。是营造水土保持林和水源林的最佳树种。

【分　　布】主要分布在伊敏苏木、红花尔基镇、巴彦嵯岗苏木、锡尼河东苏木等地。

【拍摄地点】锡尼河东苏木罕乌拉嘎查阿木吉

柳属 *Salix* L.

五蕊柳

【学　　名】*Salix pentandra* L.

【蒙　　名】呼和 – 巴日嘎苏

【形态特征】灌木或小乔木。高可达 3 米；树皮灰褐色；叶片倒卵状矩圆形、矩圆形或长椭圆形，边缘具细腺齿，上面有光泽；花序与叶同时开放，具总柄，着生在当年生小枝的先端，花序轴密被白色长毛；雄、雌花序均为圆柱形；雄蕊 4~9，通常为 5；子房具短柄，无毛；花柱短，柱头 2 裂；蒴果光滑无毛。花期 5 月下旬至 6 月上旬，果期 7—8 月。

【生　　境】湿中生植物。生于林区积水的草甸、沼泽地或林缘及较湿润的山坡。

【用　　途】良等饲用植物，羊乐食其嫩枝和叶；叶含蛋白质较多，可作野生动物的饲料。根、枝、叶、花序入中药，根可祛风除湿，枝和叶可清热解毒、散瘀消肿，花序可止泻。开花期较晚，为晚期蜜源植物；因花药颜色鲜黄，叶面亮绿色，可栽培供观赏。

【分　　布】主要分布在锡尼河东苏木、伊敏苏木等地。

【拍摄地点】锡尼河东苏木沼泽草甸

黄柳

【学　　名】*Salix gordejevii* Y. L. Chang et Skv.

【蒙　　名】协日 – 巴日嘎苏

【别　　名】小黄柳

【形态特征】灌木。高 1~2 米；树皮及老枝黄白色，有光泽，不裂；叶条形，边缘有明显的腺齿，上面深绿色，下面苍白色，两面光滑无毛；花序先叶开放，矩圆形，无总梗；苞片先端黑褐色；雄蕊 2，分离；子房矩圆形，疏被长柔毛。花期 4—5 月，果期 5—6 月。

【生　　境】旱中生植物。生于森林草原及典型草原地带的固定、半固定沙地。

【用　　途】良等饲用植物，羊和骆驼乐食其嫩枝与叶。为森林草原及典型草原地带的固沙造林树种。

【分　　布】全旗各苏木乡镇均有分布。

【拍摄地点】锡尼河庙沙带上

鹿蹄柳

【学　　名】*Salix pyrolifolia* Ledeb.

【蒙　　名】陶古日艾 – 巴日嘎苏

【形态特征】灌木。高约 2 米；一、二年生枝条褐色或紫褐色；芽黄褐色，卵圆形；叶卵圆形、卵状矩圆形或卵形，先端常扭转，边缘有细密锯齿，表面深绿色，背面苍白色，具白霜，两面无毛；托叶半圆形或肾形，宽可达 1 厘米；花序圆柱形，雌花具 1 腹腺；雄蕊 2，花丝离生，光滑无毛；子房无毛，柱头 2 裂；蒴果。花期 5—6 月，果期 6—7 月。

【生　　境】中生植物。生于海拔 1 300~1 700 米的林缘及山地河谷。

【用　　途】良等饲用植物。可提取单宁；有防止水土冲刷的作用。

【分　　布】主要分布在巴彦嵯岗苏木、锡尼河东苏木等地。

【拍摄地点】巴彦嵯岗苏木扎格达木丹嘎查

兴安柳

【学　　名】*Salix hsinganica* Y. L. Chang et Skv.

【蒙　　名】和应干 – 巴日嘎苏

【形态特征】小灌木。高约 1 米；当年枝绿色或带褐色，有柔毛，二年生枝褐色或紫褐色；叶椭圆形、倒卵状椭圆形或卵形，边缘全缘或有不整齐的疏齿，上面绿色，下面苍白色，网脉在下面明显隆起；花序先叶开放或与叶同时开放，椭圆形或短圆柱形，雄花序苞片黄绿色，雌花序苞片淡黄色；蒴果。花期 5—6 月，果期 6—7 月。

【生　　境】湿中生植物。生于沼泽或较湿润的山坡。

【用　　途】良等饲用植物，叶富含蛋白质，为野生动物的良好饲料。

【分　　布】全旗各苏木乡镇均有分布。

【拍摄地点】锡尼河东苏木阿木吉河边

砂杞柳

【学　　名】*Salix kochiana* Trautv.

【蒙　　名】考敏 – 巴日嘎苏

【形态特征】灌木。高 1~2 米；老枝灰褐色，一年生枝淡黄色，光滑无毛，有光泽；叶互生，椭圆形或倒卵状椭圆形，上面深绿色，下面被白霜，苍白色，两面光滑无毛，幼叶绿色；花序圆柱形；雄蕊 2，花药黄色，苞片倒卵形，淡黄色；腹腺 1；子房密被短绒毛，柱头 4 裂；蒴果。花期 5 月，果期 6 月。

【生　　境】湿中生植物。生于沙丘间低湿地及林区灌丛沼泽。

【用　　途】良等饲用植物。

【分　　布】全旗各苏木乡镇均有分布。

【拍摄地点】巴彦托海镇巴彦托海嘎查奶牛村河滩地

小穗柳

【学　　名】*Salix microstachya* Turcz. ex Trautv.

【蒙　　名】图如力格－巴日嘎苏

【形态特征】灌木。高 1~2 米；二年生枝淡黄色或黄褐色，当年枝细长，常弯曲或下垂，幼时被绢毛，后渐脱落；叶条形或条状披针形，幼时两面密被绢毛，后渐脱落；花序与叶同时开放，细圆柱形，苞片淡黄色或褐色；腺体 1，腹生；雄蕊 2，完全合生，花药黄色，花丝光滑无毛；子房无毛，柱头 2 裂；蒴果无毛。花期 5 月，果期 6 月。

【生　　境】湿中生植物。生于沙丘间低地及沙区河流两岸。

【用　　途】良等饲用植物，羊和骆驼乐食其嫩枝叶。树皮入中药，用于黄疸、牙痛、急性腰扭伤等。固沙树种；枝条可供编织。

【分　　布】主要分布在巴彦托海镇、巴彦塔拉乡、锡尼河西苏木、锡尼河东苏木、辉苏木等地。

【拍摄地点】巴彦托海镇巴彦托海嘎查湿地

筐柳

【学　　名】*Salix linearistipularis* K. S. Hao

【蒙　　名】呼崩特 – 巴日嘎苏

【别　　名】棉花柳、白箕柳、蒙古柳

【形态特征】灌木。高 1.5~2.5 米；老枝灰色或灰褐色，一年生枝黄绿色，均无毛；叶倒披针形、倒披针状条形或条形，最宽处多在中上部，宽 5~10 毫米；托叶条形，长 5~10 毫米，萌生枝上的托叶长可达 2 厘米；花序圆柱形，总柄短或近无总柄；苞片黑褐色；腹腺 1；雄蕊 2，完全合生；柱头 2 裂，每裂再 2 浅裂；子房和蒴果均密被短柔毛。花期 5 月，果期 5—6 月。

【生　　境】中生植物。生于山地、河边、沟塘边及草原地带的丘间低地。

【用　　途】良等饲用植物。树皮、枝入中药，可消肿、收敛。枝条细长、柔软，可供编筐、篓等用。

【分　　布】全旗各苏木乡镇均有分布。

【拍摄地点】巴彦托海镇伊敏河岸

桦木科 Betulaceae

桦木属 *Betula* L.

白桦

【学　　名】*Betula platyphylla* Suk.

【蒙　　名】查干－虎斯、虎斯

【别　　名】粉桦、桦木

【形态特征】乔木。高 10~20（30）米；树皮白色，薄层状剥裂，内皮呈赤褐色，枝灰红褐色，光滑，密生黄色树脂状腺体；叶纸质，三角状卵形、长卵形、菱状卵形或宽卵形，边缘具不规则的粗重锯齿，侧脉 5~8 对，叶下面和叶柄无毛；果序单生，圆柱形，下垂或斜展，散生黄色树脂状腺体；小坚果具膜质翅，膜质翅与果等宽或稍宽。花期 5—6 月，果期 8—9 月。

【生　　境】中生植物。生于山地阴坡或半阳坡。

【用　　途】低等饲用植物，干叶羊乐食。树皮入中药，主治肺炎、痢疾、腹泻、黄疸、肾炎、尿路感染、慢性气管炎、急性扁桃腺炎、牙周炎、急性乳腺炎、痒疹、烫伤等。可作家具、建筑等用材；树皮能提取桦皮油、栲胶；木材和叶可作黄色染料；也可作庭园绿化树种。

【分　　布】主要分布在伊敏苏木、锡尼河东苏木、红花尔基镇等地。

【拍摄地点】红花尔基镇达格森

桤木属 *Alnus* Mill.

水冬瓜赤杨

【学　　名】*Alnus hirsuta* Turcz. ex Rupr.

【蒙　　名】西伯日 – 挪日古苏

【别　　名】辽东桤木、水冬瓜

【形态特征】小乔木或乔木。高 3~12（18）米；树皮灰褐色，少剥裂，树干有粗棱，枝暗灰色或灰紫褐色，小枝密被锈黄色短柔毛，间有长柔毛；冬芽具有长柔毛的柄；叶近圆形、稀卵形，边缘具浅波状裂片，每裂片具不规则的粗锯齿，两面被短柔毛，下面脉腋无毛；果序总状或圆锥状；小坚果膜质翅窄厚，宽为果的 1/4。花期 5 月中下旬，果期 8—9 月。

【生　　境】中生植物。生于山坡林中、水湿地及沿河两岸。

【用　　途】低等饲用植物。材质坚硬，可供建筑、家具等用；树皮可提制栲胶；为良好的蜜源植物；也可栽培为庭园绿化或护堤改良土壤的造林树种。

【分　　布】主要分布在伊敏苏木、红花尔基镇等地。

【拍摄地点】红花尔基镇达格森

榆科 Ulmaceae

榆属 *Ulmus* L.

榆树

【学　　名】*Ulmus pumila* L.

【蒙　　名】海拉苏

【别　　名】白榆、家榆

【形态特征】乔木。高可达 20 米；树冠卵圆形；树皮暗灰色，不规则纵裂，粗糙；叶矩圆状卵形或矩圆状披针形，边缘具不规则而较钝的重锯齿或为单锯齿；花两性，簇生于上年枝上；花萼 4 裂，紫红色；翅果近圆形，果核位于翅果的中部或微偏上。花期 4 月，果期 5 月。

【生　　境】旱中生植物。常见于森林草原及草原地带的山地、沟谷及固定沙地。

【用　　途】中等饲用植物，羊和骆驼喜食其叶。树皮入中药，主治小便不通、水肿等。可供建筑、家具等用；种子含油，是制作药剂和塑料增塑剂不可缺少的原料。

【分　　布】全旗各苏木乡镇均有分布。

【拍摄地点】红花尔基镇北

春榆

【学　　名】*Ulmus davidiana* Planch. var. *japonica* (Rehd.) Nakai

【蒙　　名】查干 – 海拉苏、阿古拉音 – 海拉苏

【别　　名】沙榆

【形态特征】乔木。树冠卵圆形，树皮浅灰色，不规则开裂；小枝周围有时具全面膨大而不规则纵裂的木栓层；叶倒卵形或倒卵状椭圆形，先端尾状渐凸尖，基部歪斜，叶缘具较整齐的重锯齿；花簇生于上年枝上；翅果倒卵形或倒卵状椭圆形，长 1~1.5 厘米，果核、果翅均无毛。花期 4—5 月，果期 5—6 月。

【生　　境】中生植物。耐寒冷、喜光，生于河岸、沟谷及山麓。

【用　　途】中等饲用植物。根、树皮入中药，用于骨瘤。为内蒙古自治区中东部造林树种；木材优良，花纹美丽，可供建筑、造船、家具等用。

【分　　布】主要分布在伊敏苏木、红花尔基镇等地。

【拍摄地点】伊敏苏木吉登嘎查居民点河滩地

大麻科 Cannabaceae

大麻属 *Cannabis* L.

野大麻

【学　　名】*Cannabis sativa* L. f. *ruderalis* (Janisch.) Chu

【蒙　　名】哲日力格 – 敖鲁苏

【形态特征】一年生草本。该变型比正种植株较矮小，常低于 1 米；根木质化，茎直立，灰绿色，具纵沟，密被短柔毛；叶互生或下部对生，掌状复叶，小叶 3~7，披针形或条状披针形；花单性，雌雄异株；雄花为圆锥花序，花萼 5 裂，雄蕊 5，雌花序短穗状，雌蕊 1；瘦果扁卵形，成熟时表面具棕色大理石状花纹，基部无关节，表面光滑而具细网纹。花期 7—8 月，果期 9 月。

【生　　境】中生植物。生于草原及向阳干山坡、固定沙丘及丘间低地。

【用　　途】低等饲用植物，叶干后羊食。种仁入蒙药，主治便秘、痛风、游痛症、关节炎、淋巴腺肿、黄水疮等。

【分　　布】全旗各苏木乡镇均有分布。

【拍摄地点】伊敏苏木二道桥林场北

荨麻科 Urticaceae

荨麻属 *Urtica* L.

麻叶荨麻

【学　　名】*Urtica cannabina* L.

【蒙　　名】哈拉盖

【别　　名】焮麻

【形态特征】多年生草本。高 100~200 厘米，丛生，全株被柔毛和螫毛；具匍匐根茎，茎直立；叶片轮廓五角形，掌状 3 深裂或 3 全裂，裂片再成缺刻状羽状分裂；花单生，雌雄同株或异株；穗状聚伞花序；瘦果具少数褐色斑点。花期 7—8 月，果期 8—9 月。

【生　　境】中生植物。生于干燥山坡、丘陵坡地、沙丘坡地、山野路旁、居民点附近。

【用　　途】中等饲用植物，青鲜时羊和骆驼喜采食，牛乐吃。全草入中药，主治风湿、胃寒、糖尿病、痞症、产后抽风、小儿惊风、荨麻疹等，能解虫蛇咬伤之毒；也入蒙药（蒙药名：哈拉盖－敖嘎），主治腰腿及关节疼痛、虫咬伤等。茎皮纤维可作纺织和制绳索的原料；嫩茎叶可食用。

【分　　布】全旗各苏木乡镇均有分布。

【拍摄地点】巴彦塔拉乡敦其哈

狭叶荨麻

【学　　名】*Urtica angustifolia* Fisch. ex Hornem.

【蒙　　名】奥孙 – 哈拉盖、协日 – 哈拉盖

【别　　名】螫麻子

【形态特征】多年生草本。高 40~150 厘米，全株密被短柔毛与疏生螫毛；具匍匐根状茎；茎直立，四棱形；叶对生，披针形、矩圆状披针形或狭椭圆形，稀狭卵状披针形；花单性，雌雄异株，花序穗状或多分枝成狭圆锥状；瘦果。花期 7—8 月，果期 8—9 月。

【生　　境】中生植物。生于山地林缘、灌丛间、溪沟边、湿地、水边沙丘灌丛间。

【用　　途】中等饲用植物，青鲜时马、牛、羊和骆驼均喜采食。全草入中药，主治风湿、胃寒、糖尿病、痞症、产后抽风、小儿惊风、荨麻疹等，能解虫蛇咬伤之毒；也入蒙药，主治腰腿及关节疼痛、虫咬伤等。幼嫩时可作野菜吃；茎皮纤维是很好的纺织、绳索、纸张原料；茎叶可提制栲胶。

【分　　布】主要分布在锡尼河东苏木、伊敏苏木、红花尔基镇、巴彦嵯岗苏木等地。

【拍摄地点】红花尔基镇北

檀香科 Santalaceae

百蕊草属 *Thesium* L.

长叶百蕊草

【学　　名】*Thesium longifolium* Turcz.

【蒙　　名】乌日特 – 麦令嘎日

【形态特征】多年生草本。根直生，稍肥厚；茎丛生，高 15~50 厘米，具纵棱；叶互生，条形或条状披针形，稍肉质，顶端淡黄色，全缘，主脉 3 条；花单生叶腋，总状花序或圆锥花序腋生或顶生，花被白色或绿白色；果实表面具纵脉棱，但不形成网状脉棱，成熟后果柄不反折，坚果通常黄绿色。花期 5—7 月，果期 7—8 月。

【生　　境】中旱生植物。生于沙地、沙质草原、山坡、山地草原、林缘、灌丛，也见于山顶草地、草甸上。

【用　　途】中等饲用植物。全草入中药，主治感冒、中暑、小儿肺炎、咳嗽、惊风等。

【分　　布】主要分布在伊敏苏木、红花尔基镇、锡尼河东苏木等地。

【拍摄地点】锡尼河东苏木维纳河西山坡

砾地百蕊草

【学　　名】*Thesium saxatile* Turcz. ex DC.

【蒙　　名】海日 – 麦令嘎日

【形态特征】多年生草本。根直生或斜生，根颈顶部多头；茎多条丛生，高 5~15 厘米，有棱槽，中部以上分枝，全体被腺毛状骨质小刺；单叶互生，中部叶互生，边缘及两面密生骨质小刺，具 1 条明显中脉；花单朵腋生，而多数顶生于茎枝上部，组成总状或圆锥花序；花枝（小枝）通常短于花或等长于花；花梗长 1~1.5 毫米；花被白绿色，管状钟形或漏斗形；坚果卵形至椭圆球形，长约 2 毫米，具纵脉棱，侧脉不呈网状。花期 6 月，果期 7—8 月。

【生　　境】中旱生植物。生于石砾质山坡及沙丘上。

【用　　途】不详。

【分　　布】主要分布在锡尼河西苏木、辉苏木等地。

【拍摄地点】辉苏木松树山

蓼科 Polygonaceae

大黄属 *Rheum* L.

波叶大黄

【学　　名】*Rheum rhabarbarum* L.

【蒙　　名】道乐给牙纳 – 给西古讷、巴吉古纳

【形态特征】多年生草本。植株高 0.6~1.5 米；根肥大；茎直立，粗壮；叶全部绿色，叶片三角状卵形或狭长三角形，边缘具强皱波，有 5 条由基部射出的粗大叶脉；圆锥花序直立，顶生；花白色；瘦果卵状椭圆形，沿棱有宽翅，具宿存花被。花期 6 月，果期 7 月以后。

【生　　境】中生植物。散生于针叶林区、森林草原区山地的石质山坡、碎石坡麓以及富含砾石的冲刷沟内，为山地草原群落的伴生种，也零星见于草原地带北部山前地带的草原群落中。

【用　　途】低等饲用植物。根入中药，主治便秘、腮腺炎、痈疖肿毒、跌打损伤、烫火伤、瘀血肿痛、吐血、衄血等症；根也入蒙药，主治腹热、"协日"热、便秘、经闭、消化不良、疮疡疖肿等；也作兽药用。根可作染料的原料及提制栲胶；栽培叶可食用。

【分　　布】主要分布在锡尼河东苏木、伊敏苏木、巴彦托海镇等地。

【拍摄地点】锡尼河东苏木维纳河路边石质山坡

酸模属 *Rumex* L.

小酸模

【学　　名】*Rumex acetosella* L.

【蒙　　名】吉吉格 – 呼日干 – 其和

【形态特征】多年生草本。高 15~50 厘米；根状茎横走；茎单一或多数，直立，常呈"之"字形曲折，具纵条纹，无毛，一般在花序处分枝；叶片披针形或条状披针形，先端渐尖，基部戟形，两侧有耳状裂片，直伸或稍弯；托叶鞘白色，撕裂；花序总状，构成疏松的圆锥花序；花单性，雌雄异株；花被片 6，雄蕊 6，雌花内花被片果时不增大或稍增大，柱头画笔状；瘦果具3 棱。花期 6—7 月，果期 7—8 月。

【生　　境】旱中生植物。生于草甸草原及典型草原地带的沙地、丘陵坡地、砾石地和路旁。

【用　　途】低等饲用植物，夏、秋季节绵羊、山羊采食其嫩枝叶。

【分　　布】全旗各苏木乡镇均有分布。

【拍摄地点】巴彦托海镇街心公园

酸模

【学　　名】*Rumex acetosa* L.

【蒙　　名】呼日干 - 其和、爱日干纳

【别　　名】山羊蹄、酸溜溜、酸不溜

【形态特征】多年生草本。高 30~80 厘米；须根；茎直立，中空，通常不分枝，具纵沟纹；叶片卵状长圆形，基部筒箭形；花序狭圆锥状，顶生；花单性，雌雄异株；花被片 6，红色；雄花花被片直立，椭圆形，雌花的内花被片果时增大，柱头画笔状；瘦果椭圆形，有 3 棱。花期 6—7 月，果期 7—8 月。

【生　　境】中生植物。生于山地林缘、草甸、路旁等处。

【用　　途】低等饲用植物，夏天山羊、绵羊乐食其绿叶，亦可作猪饲料。全草入中药，主治内出血、痢疾、便秘、内痔出血等，外用治疥癣、疔疮、神经性皮炎、湿疹等症；根入蒙药，主治"粘"疫、瘰疾、丹毒、乳腺炎、腮腺炎、骨折等。嫩茎叶味酸，可作蔬菜食用；根叶含鞣质，可提制栲胶。

【分　　布】全旗各苏木乡镇均有分布。

【拍摄地点】锡尼河西苏木巴彦胡硕敖包山

直根酸模

【学　　名】*Rumex thyrsiflorus* Fingerhuth

【蒙　　名】少日乐金－朝麻汗－呼日干－其和

【别　　名】东北酸模

【形态特征】多年生草本。高 30~100 厘米；根垂直，木质，粗大，有时分枝；茎直立，具纵深沟；叶片卵状长圆形或长圆状披针形，基部箭形；圆锥花序顶生，花单性，雌雄异株；花被片6，红紫色；雄蕊6，雌花内花被片果时增大，先端圆形或稍近截形或微心形，柱头画笔状；瘦果三棱形，花被宿存。花期 6—7 月，果期 7—8 月。

【生　　境】中生植物。生于草原区山地、河边、低湿地和比较湿润的固定沙地，为草甸、草甸化草原群落和沙地植被的伴生种。

【用　　途】低等饲用植物。

【分　　布】主要分布在锡尼河东苏木、伊敏苏木、巴彦嵯岗苏木、巴彦托海镇等地。

【拍摄地点】锡尼河东苏木沙地

毛脉酸模

【学　　名】*Rumex gmelinii* Turcz. ex Ledeb.

【蒙　　名】乌苏图－呼日干－其和、乌苏图－爱日干纳

【形态特征】多年生草本。高 30~120 厘米；根状茎肥厚；茎直立，具沟槽，无毛，微红色或淡黄色，中空；基生叶三角状卵形或三角状心形，基部深心形、宽楔形或近圆形，全缘或微皱波状，上面无毛，下面脉上被短糙毛；圆锥花序，花两性，多数花朵簇状轮生；花被片 6，内花被片果时增大，背面无小瘤；雄蕊 6，柱头画笔状；瘦果三棱形。花期 6—8 月，果期 8—9 月。

【生　　境】湿中生植物。多散生于森林区和草原区的河岸、山地林缘、草甸或山地，为草甸、沼泽化草甸群落的伴生种。

【用　　途】低等饲用植物。根入蒙药，能杀"粘"、下泻、消肿、愈伤，主治"粘"疫、痧疾、丹毒、乳腺炎、腮腺炎、骨折等。

【分　　布】全旗各苏木乡镇均有分布。

【拍摄地点】锡尼河东苏木呼和乌苏

皱叶酸模

【学　　名】*Rumex crispus* L.

【蒙　　名】乌日其格日－呼日干－其和、衣曼－爱日干纳

【别　　名】羊蹄、土大黄

【形态特征】多年生草本。高 50~80 厘米；根粗大，断面黄棕色；茎直立，单生，通常不分枝，基生叶和茎下部叶披针形或矩圆状披针形，基部楔形，边缘皱波状，两面均无毛；花两性，多数花簇生于叶腋，或在叶腋形成短的总状花序，合成 1 个狭长的圆锥花序；花被片 6，内花被片边缘微波状或全缘，全部有小瘤；雄蕊 6，柱头画笔状；瘦果有 3 棱。花果期 6—9 月。

【生　　境】中生植物。生于阔叶林区及草原区的山地、沟谷、河边，也进入荒漠区山地。

【用　　途】低等饲用植物。根入中药，主治鼻出血、功能性子宫出血、血小板减少性紫癜、慢性肝炎、肛门周围炎、大便秘结等，外用治外痔、急性乳腺炎、黄水疮、疖肿、皮癣等症；根也入蒙药，主治"粘"疫、痧疾、丹毒、乳腺炎、腮腺炎、骨折等。根和叶均含鞣质，可提制栲胶。

【分　　布】主要分布在巴彦托海镇、锡尼河东苏木、巴彦嵯岗苏木、伊敏河镇等地。

【拍摄地点】巴彦托海镇路边

巴天酸模

【学　　名】*Rumex patientia* L.

【蒙　　名】套如格－呼日干－其和、乌和日－爱日干纳

【别　　名】山荞麦、羊蹄叶、牛西西

【形态特征】多年生草本。高 1~1.5 米；根肥厚，茎直立，具纵沟纹，无毛；基生叶与茎下部叶矩圆状披针形或长椭圆形，基部圆形或心形，稀楔形，边缘皱波状至全缘；圆锥花序顶生并腋生；花两性，多数花朵簇状轮生；花被片 6，2 轮，内花被片果时增大，全缘或有不明显的细圆齿，仅 1 片或均有大小不等的小瘤；瘦果卵状三棱形。花期 6 月，果期 7—9 月。

【生　　境】中生植物。生于阔叶林区、草原区的河流两岸、低湿地、村边、路边等处，为草甸中习见的伴生种。

【用　　途】低等饲用植物。根入中药，主治功能性出血、吐血、咯血、鼻衄、牙龈出血、胃及十二指肠出血、便血、紫癜、便秘、水肿等；外用治疥癣、疮疖、脂溢性皮炎；根也入蒙药，主治"粘"疫、痧疾、丹毒、乳腺炎、腮腺炎、骨折等。

【分　　布】主要分布在巴彦托海镇、巴彦塔拉乡、锡尼河西苏木、伊敏河镇等地。

【拍摄地点】巴彦托海镇路边

长刺酸模

【学　　名】*Rumex maritimus* L.

【蒙　　名】乌日格斯图 – 呼日干 – 其和、乌日格斯图 – 爱日干纳

【别　　名】刺酸模

【形态特征】一年生草本。高 15~50 厘米；茎直立，由上部分枝；叶片披针形或狭披针形，基部楔形，全缘；花两性，多数花簇轮生于叶腋，组成顶生具叶的圆锥花序；花被片 6，绿色，外花被片狭椭圆形，内花被片卵状矩圆形或三角状卵形，边缘具 2 个针刺状齿，背面各具 1 矩圆形或矩圆状卵形的小瘤；子房三棱状卵形；瘦果三棱状宽卵形，黄褐色，光亮。花果期 6—9 月。

【生　　境】耐盐中生植物。生长于河流沿岸及湖滨盐化低地，为草甸和盐化草甸的伴生种。

【用　　途】低等饲用植物。全草入中药，能杀虫、清热、凉血，主治痈疮肿痛、秃疮、疥癣、跌打肿痛等。

【分　　布】主要分布在锡尼河东苏木、锡尼河西苏木等地。

【拍摄地点】锡尼河东苏木巴彦乌拉嘎查

蓼属 *Polygonum* L.

萹蓄

【学　　名】*Polygonum aviculare* L.

【蒙　　名】布敦讷音 – 苏勒

【别　　名】萹竹竹、异叶蓼

【形态特征】一年生草本。高 10~40 厘米；茎平卧或斜升，稀直立，由基部分枝，无毛；叶片狭椭圆形、矩圆状倒卵形或条状披针形，全缘，蓝绿色，两面均无毛，基部具关节；托叶鞘下部褐色，上部白色透明，先端多裂；花生于茎上，常 1~5 朵簇生于叶腋，花梗顶部有关节；花被 5 深裂；雄蕊 8；瘦果密被点状条纹，无光泽，顶端钝。花果期 6—9 月。

【生　　境】中生植物。群生或散生于田野、路旁、村舍附近或河边湿地等处。

【用　　途】中等饲用植物，山羊、绵羊夏、秋季乐食嫩枝叶，冬、春季采食较差，有时牛、马也乐食，并为猪的优良饲料。全草入中药（药材名：蓄），主治热淋、黄疸、疥癣湿痒、女子阴痒、阴疮、阴道滴虫等。

【分　　布】全旗各苏木乡镇均有分布。

【拍摄地点】巴彦托海镇居民点路边

两栖蓼

【学　　名】*Polygonum amphibium* L.

【蒙　　名】努日音－希莫乐得格、努日音－塔日纳

【别　　名】醋柳

【形态特征】多年生草本。为水陆两生植物；生于水中者，根状茎横卧，叶浮于水面，具长柄，叶片矩圆形或矩圆状披针形，叶柄由托叶鞘中部以上伸出，托叶鞘筒状，平滑；生于陆地者，茎直立或斜升，绿色，稀为淡红色，叶有短柄或近无柄，茎和托叶鞘被长硬毛；花序通常顶生，椭圆形或圆柱形，为紧密的穗状花序；花被粉红色，稀白色，5 深裂；花药粉红色。花期 7—8 月，果期 8—9 月。

【生　　境】中生－水生植物。生于河溪岸边、湖滨、低湿地、农田。

【用　　途】中等饲用植物。全草入中药，可清热利湿，内服主治痢疾、脚浮肿，外用治疗疮。

【分　　布】全旗各苏木乡镇均有分布。

【拍摄地点】伊敏苏木头道桥下

酸模叶蓼

【学　　名】*Polygonum lapathifolium* L.

【蒙　　名】呼日干－希莫乐得格、特莫根－额布都格

【别　　名】旱苗蓼、大马蓼、马蓼

【形态特征】一年生草本。高 30~80 厘米；茎直立，有分枝，无毛，通常紫红色，节部膨大；叶片披针形、矩圆形或矩圆状椭圆形，常有紫黑色新月形斑痕，叶缘被刺毛，叶下面无白色绵毛；托叶鞘筒状；圆锥花序顶生或腋生，由数个花穗组成；花被淡绿色或粉红色，常 4 深裂，被腺点；瘦果。花期 6—8 月，果期 7—9 月。

【生　　境】轻度耐盐湿中生植物。多散生于阔叶林带、森林草原、草原以及荒漠带的低湿草甸、河谷草甸和山地草甸，常为伴生种。

【用　　途】低等饲用植物。果实可作"水红花子"入中药；全草入蒙药（蒙药名：乌兰－初麻孜），主治"协日乌素"病、关节痛、疥、脓疱疮等。

【分　　布】全旗各苏木乡镇均有分布。

【拍摄地点】巴彦托海镇巴彦托海嘎查

水蓼

【学　　名】*Polygonum hydropiper* L.

【蒙　　名】奥孙 – 希莫乐得格、奥孙 – 塔日纳

【别　　名】辣蓼

【形态特征】一年生草本。高 30~60 厘米；茎直立或斜升；叶片披针形，基部狭楔形，全缘，有辣味，两面被黑褐色腺点；托叶鞘筒状，褐色；花疏生，下部间断，通常 3~5 朵簇生 1 苞内；花被 4~5 深裂，淡绿色或粉红色，密被褐色腺点；瘦果卵形，通常一面平，另一面凸，稀三棱形。花果期 8—9 月。

【生　　境】中生 – 湿生植物。多散生或群生于森林带、森林草原带、草原带的低湿地、水边或路旁。

【用　　途】中等饲用植物。全草或根、叶入中药，能祛风利湿、散瘀止痛、解毒消肿、杀虫止痒，主治痢疾、胃肠炎、腹泻、风湿性关节痛、跌打肿痛、功能性子宫出血，外用治毒蛇咬伤、皮肤湿疹等；也作蒙药用（蒙药名：楚马悉）。

【分　　布】全旗各苏木乡镇均有分布。

【拍摄地点】呼伦贝尔市新区伊敏河边

西伯利亚蓼

【学　　名】*Polygonum sibiricum* Laxm.

【蒙　　名】西伯日 – 希莫乐得格、西伯日 – 塔日纳、嘎海 – 希莫乐得格

【别　　名】剪刀股、醋蓼

【形态特征】多年生草本。高 5~30 厘米；具细长的根状茎；茎斜升或近直立，通常自基部分枝，无毛；叶片近肉质，矩圆形、长椭圆形或披针形，基部略呈戟形，且向下渐狭而成叶柄，具 2 个钝的或稍尖的小裂片；顶生圆锥花序，由数个花穗相集而成，花簇着生间断，不密集；花被 5 深裂，黄绿色；瘦果具 3 棱。花期 6—7 月，果期 8—9 月。

【生　　境】耐盐中生植物。广布于草原和荒漠地带的盐化草甸、盐湿低地，局部还可形成群落，也散见于路旁、田野，为农田杂草。

【用　　途】中等饲用植物，骆驼、绵羊、山羊乐食其嫩枝叶。全草及根入中药，全草可清热解毒、祛风除湿，根治水肿。

【分　　布】全旗各苏木乡镇均有分布。

【拍摄地点】辉苏木北

细叶蓼

【学　　名】*Polygonum angustifolium* Pall.

【蒙　　名】好您－希莫乐得格、吉吉格－塔日纳

【别　　名】狭叶蓼

【形态特征】多年生草本。高 15~70 厘米；茎直立，单一，不从基部分枝，具细纵沟纹，通常无毛；叶狭条形，宽 0.5~3 毫米，边缘常反卷，稀扁平，两面通常无毛，稀具疏长毛，下面主脉显著隆起；托叶鞘微透明，脉纹明显，常破裂；圆锥花序由多数腋生和顶生的花穗组成；花被白色或乳白色，5 深裂；瘦果褐色，包于宿存花被内。花果期 7—8 月。

【生　　境】旱中生植物。多散生于森林、森林草原带的林缘草甸、山地草甸和草甸草原。

【用　　途】低等饲用植物，青鲜状态牛、羊、马、骆驼乐食，干枯后采食较差。

【分　　布】主要分布在巴彦塔拉乡、锡尼河西苏木、伊敏苏木、锡尼河东苏木、红花尔基镇等地。

【拍摄地点】红花尔基镇南山坡

叉分蓼

【学　　名】*Polygonum divaricatum* L.

【蒙　　名】希莫乐得格、塔日纳

【别　　名】酸不溜

【形态特征】多年生草本。高 70~150 厘米；茎直立或斜升，节部通常膨胀，多分枝，几乎由基部开展成叉状分枝，外观呈圆球形；叶片披针形、椭圆形、矩圆形或矩圆状条形；圆锥花序顶生，疏松开展；花被白色或淡黄色，5 深裂；瘦果长 5~6 毫米，比花被长约 1 倍。花期 6—7 月，果期 8—9 月。

【生　　境】旱中生植物。生于森林草原、山地草原以及草原区的固定沙地。

【用　　途】中等饲用植物，青鲜的或干后的茎叶绵羊、山羊乐食。全草及根入中药，全草主治大小肠积热、瘿瘤、热泻腹痛等；根主治寒疝、阴囊出汗等；根及全草也入蒙药，主治肠刺痛、热性泄泻、肠热、口渴、便带脓血等。根可提取栲胶。

【分　　布】全旗各苏木乡镇均有分布。

【拍摄地点】锡尼河东苏木宝根图林场撂荒地

高山蓼

【学　　名】*Polygonum alpinum* All.

【蒙　　名】塔格音－塔日纳

【别　　名】兴安蓼

【形态特征】多年生草本。高 50~120 厘米；茎直立，微呈"之"字形曲折，淡紫红色或绿色，仅上部分枝；叶卵状披针形，先端渐尖，基部楔形，稀近圆形，全缘，两面被柔毛，边缘密被缘毛；圆锥花序顶生；苞片卵状披针形，背部具褐色龙骨状凸起；花被乳白色，5 深裂；瘦果长 3.5~4 毫米，常露出花被外。花期 7—8 月，果期 8—9 月。

【生　　境】中生植物。散生于森林和森林草原地带的林缘草甸和山地杂类草草甸。

【用　　途】中等饲用植物，牛与绵羊乐食其枝叶。全草入蒙药（蒙药名：阿古兰－希莫乐得格），能止泻、清热，主治肠刺痛、热性泄泻、肠热、口渴、便带脓血等。

【分　　布】主要分布在伊敏苏木、红花尔基镇、锡尼河东苏木等地。

【拍摄地点】红花尔基镇山上

狐尾蓼

【学　　名】*Polygonum alopecuroides* Turcz. ex Besser

【蒙　　名】哈日 – 莫和日

【形态特征】多年生草本。高 80~100 厘米；根状茎肥厚，向上弯曲，黑色；茎直立；基生叶具长柄，叶片草质，狭矩圆形、狭矩圆状披针形或条状披针形，基部楔形，干后常向下面反卷，上面绿色，下面灰蓝色，茎生叶叶柄极短或近无柄，条形或刺毛状，不抱茎，亦无叶耳；花序穗状，顶生，圆柱状；花被白色或粉红色；瘦果菱状卵形。花果期 6—8 月。

【生　　境】中生植物。生于针叶林地带和森林草原地带的山地河谷草甸，为禾草、杂类草草甸的伴生种。

【用　　途】中等饲用植物，牛、羊乐食其枝叶。根状茎入中药，主治肝炎、细菌性痢疾、肠炎、慢性气管炎、痔疮出血、子宫出血等；外用治口腔炎、牙龈炎、痈疖肿毒等；也作蒙药用，主治感冒、肺热、瘟疫、脉热、肠刺痛、关节肿痛等。

【分　　布】主要分布在伊敏苏木、锡尼河东苏木、锡尼河西苏木、红花尔基镇等地。

【拍摄地点】伊敏苏木吉登嘎查

箭叶蓼

【学　　名】*Polygonum sagittatum* L.

【蒙　　名】扫门 – 希莫乐得格

【别　　名】箭头蓼

【形态特征】一年生草本。茎蔓生或近直立，长达 1 米，有分枝，具 4 棱，沿棱具倒生钩刺；叶片长卵状披针形，基部箭形，具卵状三角形的叶耳；托叶鞘膜质，棕色，有明显的纵脉；花序头状，成对顶生或腋生，花密集；苞片长卵形，锐尖；花被 5 深裂，白色或粉红色；瘦果三棱形。花期 6—9 月，果期 8—9 月。

【生　　境】中生植物。多散生于山间谷地、河边和低湿地，为草甸、沼泽化草甸的伴生种。

【用　　途】中等饲用植物。全草入中药，能祛风除湿、清热解毒，主治风湿性关节炎。

【分　　布】主要分布在伊敏苏木、锡尼河东苏木、锡尼河西苏木、红花尔基镇等地。

【拍摄地点】伊敏苏木吉登嘎查居民点河滩地

荞麦属 *Fagopyrum* Gaertn.

苦荞麦

【学　　名】*Fagopyrum tataricum* (L.) Gaertn.

【蒙　　名】虎日－萨嘎得、哲日力格－萨嘎得、苏格代

【别　　名】野荞麦、胡食子

【形态特征】一年生草本。高 30~60 厘米；茎直立，绿色或微带紫色；下部茎生叶具长柄，叶片宽三角形或三角状戟形，先端渐尖，基部微心形，上部茎生叶稍小，具短柄；托叶鞘黄褐色；总状花序腋生或顶生，花梗中部具关节；花被白色或淡粉红色，5 深裂；瘦果锥状三棱形，常有沟槽，角棱仅上部锐利，下部圆钝呈波状。花果期 6—9 月。

【生　　境】中生杂草。多呈半野生状态生长在田边、荒地、路旁和村舍附近，亦有栽培者。

【用　　途】良等饲用植物，种子可作饲料。根及全草入中药，主治跌打损伤、腰腿疼痛、疮痈肿毒等；种子入蒙药，主治"奇哈"、疮痈、跌打损伤等。种子可供食用。

【分　　布】主要分布在巴彦托海镇、巴彦嵯岗苏木、锡尼河东苏木、伊敏苏木等地。

【拍摄地点】巴彦托海镇伊敏河坝边

首乌属 *Fallopia* Adanson

蔓首乌

【学　　名】*Fallopia convolvulus* (L.) A. Löve

【蒙　　名】额日古 – 稀莫图 – 稀莫力

【别　　名】荞麦蔓、卷茎蓼

【形态特征】一年生草本。茎缠绕；叶有柄，叶片三角状卵心形或戟状卵心形，基部心形至戟形；托叶鞘短，斜截形，具乳头状小凸起；花聚集为腋生成花簇，向上而成为间断具叶的总状花序；花被淡绿色，边缘白色，外轮 3 花被片具龙骨状凸起或狭翅，果时稍增大；瘦果具 3 棱，全体包于花被内。花果期 7—8 月。

【生　　境】中生植物。多散生于阔叶林带、森林草原带和草原带的山地、草甸及农田。

【用　　途】中等饲用植物。

【分　　布】全旗各苏木乡镇均有分布。

【拍摄地点】巴彦托海镇路边

藜科 Chenopodiaceae

碱蓬属 *Suaeda* Forsk.

角果碱蓬

【学　　名】*Suaeda corniculata* (C. A. Mey.) Bunge

【蒙　　名】额伯日特 – 和日苏

【形态特征】一年生草本。高 10~30 厘米，全株深绿色，秋季变紫红色，晚秋常变黑色，无毛；茎由基部分枝，斜升或直立，有红色条纹；叶条形，半圆柱状，常被粉粒；花两性或雌性，生于叶腋，呈团伞状；花被片 5，果时背部生不等大的角状凸起；胞果圆形；种子横生或斜生。花期 8—9 月，果期 9 月。

【生　　境】盐生湿生植物。生于盐碱或盐湿土壤，群集或零星分布，形成群落或层片。

【用　　途】中等饲用植物，骆驼采食，山羊、绵羊采食较少。良好的油料植物，种子可作肥皂和油漆等；全株含有丰富的植物碳酸钾，在印染、玻璃、化学工业上可作多种化学制品的原料。

【分　　布】主要分布在巴彦托海镇、锡尼河西苏木、辉苏木等地。

【拍摄地点】锡尼河西苏木西博桥北

猪毛菜属 *Salsola* L.

猪毛菜

【学　　名】*Salsola collina* Pall.

【蒙　　名】哈木呼乐

【别　　名】山叉明棵、札蓬棵、沙蓬

【形态特征】一年生草本。高 30~60 厘米；茎近直立，通常由基部分枝，开展，茎及枝淡绿色，有白色或紫色条纹；叶条状圆柱形，肉质，先端具小刺尖；花序穗状，生于枝条上部；苞片及小苞片紧贴花序轴；果时花被片背部生出鸡冠状凸起或二裂凸起，使整个花被片折成平面；花药长 1~1.5 毫米，柱头长为花柱的 1~1.5 倍；胞果倒卵形。花期 7—9 月，果期 8—9 月。

【生　　境】旱中生植物。为欧亚大陆温带地区习见种，经常进入草原和荒漠群落中成伴生种，亦为农田、撂荒地杂草，可形成群落或纯群落，对土壤沙质和松软度有良好反应。

【用　　途】中等饲用植物，青鲜状态或干枯后均为骆驼所喜食，绵羊、山羊在青鲜时乐食，干枯后则利用较差，牛、马少食。全草入中药，主治高血压。嫩茎、叶可供食用。

【分　　布】全旗各苏木乡镇均有分布。

【拍摄地点】巴彦托海镇伊敏河岸沙地

沙蓬属 *Agriophyllum* M. Bieb.

沙蓬

【学　　名】*Agriophyllum squarrosum* (L.) Moq.-Tandon

【蒙　　名】楚力给日

【别　　名】沙米、登相子

【形态特征】一年生草本。高 15~50 厘米，幼时全株密被分枝状毛，后脱落；茎从基部多分枝，最下部枝条通常对生或轮生，平卧，上部枝条互生，斜展；叶披针形或条形，先端渐尖且有小刺尖；花序穗状，紧密，宽卵形，着生叶腋；花被片 1~3，膜质；雄蕊 2~3；柱头 2；胞果圆形，扁平，顶端具 2 个条形小喙。花果期 8—9 月。

【生　　境】沙生旱生先锋植物。生于草原区沙地和沙漠的流动、半流动沙地和沙丘。

【用　　途】良等饲用植物，骆驼终年喜食，山羊、绵羊仅乐食其幼嫩的茎叶，牛、马采食较差，开花后即迅速粗老而多刺，家畜多不食；种子可作精料补饲家畜，或磨粉后，煮熬成糊，喂缺奶羔羊，作幼畜的代乳品。种子作蒙药用，主治感冒发烧、肾炎等。具有特殊的先期固沙性能，是一种先锋固沙植物；牧民也常采收其种子作为主食食用。

【分　　布】主要分布在锡尼河西苏木、锡尼河东苏木、辉苏木、巴彦托海镇、伊敏河镇等地。

【拍摄地点】伊敏河镇五牧场沙丘上

虫实属 *Corispermum* L.

兴安虫实

【学　　名】*Corispermum chinganicum* Iljin

【蒙　　名】和应干 – 哈麻哈格

【形态特征】一年生草本。高 10~50 厘米；茎直立，圆柱形，绿色或紫红色，由基部分枝；叶条形，具小尖头，基部渐狭，1 脉；穗状花序圆柱形，直径 3~8 毫米，通常约 5 毫米；苞片披针形至卵形或宽卵形，1~3 脉，具较宽的白色膜质边缘；花被片 3；雄蕊 1~5；果实矩圆状倒卵形或宽椭圆形，长 3~3.5（3.75）毫米，宽 1.5~2 毫米，无毛。花果期 6—8 月。

【生　　境】沙生旱生植物。生于草原和荒漠草原的沙质土壤上，也出现于荒漠区湖边沙地和干河床。

【用　　途】良等饲用植物，骆驼青绿时采食，干枯后喜食，绵羊、山羊青绿时少食，秋冬采食，马少食，牛通常不食；牧民常收集其籽实作饲料，补喂瘦弱畜及幼畜。全草入中药，用于高血压症。

【分　　布】主要分布在伊敏苏木、伊敏河镇、锡尼河东苏木、锡尼河西苏木、辉苏木等地。

【拍摄地点】伊敏河镇五牧场沙丘上

轴藜属 *Axyris* L.

轴藜

【学　　名】*Axyris amaranthoides* L.

【蒙　　名】阿哈日苏、查干 – 图如

【形态特征】一年生草本。高 20~80 厘米；茎直立，圆柱形，多分枝；茎生叶披针形，长 3~7 厘米，下面密被星状毛；枝生叶及苞片较小；雄花序呈穗状，雌花数朵构成短缩的聚伞花序，位于枝条下部叶腋；花被片 3，膜质；胞果长椭圆状倒卵形，顶端有 1 个冠状附属物，中央微凹。花果期 8—9 月。

【生　　境】中生农田杂草。散生于沙质撂荒地和居民区周围。

【用　　途】低等饲用植物。果实入中药，可清肝明目、祛风消肿。

【分　　布】全旗各苏木乡镇均有分布。

【拍摄地点】伊敏苏木毕鲁图嘎查

地肤属 *Kochia* Roth

木地肤

【学　　名】*Kochia prostrata* (L.) Schrad.

【蒙　　名】道格特日嘎纳

【别　　名】伏地肤

【形态特征】小半灌木。高 10~60 厘米；根粗壮，木质；茎基部木质化，多分枝，浅红色或黄褐色；叶片条形或狭条形，密被贴伏绢毛；花单生或 2~3 朵集生于叶腋，或于枝端构成复穗状花序；花被片 5，自背部横生 5 个干膜质薄翅，具多数暗褐色扇状脉纹；胞果紫褐色；种子横生。花果期 6—9 月。

【生　　境】旱生植物。生于森林草原、典型草原、草原化荒漠群落中，生态变异幅度很大，为草原和荒漠草原群落的恒有伴生种，在小针茅–葱类草原中可成为亚优势种。

【用　　途】优等饲用植物，绵羊、山羊和骆驼喜食，在秋冬更喜食，秋季对绵羊、山羊有抓膘作用，马、牛在结实后喜食。全草入中药，用于解热。也可用于典型草原、荒漠草原、荒漠地区栽培或改良草原。

【分　　布】全旗各苏木乡镇均有分布。

【拍摄地点】巴彦托海镇二号草库伦内

碱地肤

【学　　名】*Kochia sieversiana* (Pall.) C. A. Mey.

【蒙　　名】呼吉日色格 – 道格特日嘎纳、特莫根 – 道格特日嘎纳

【别　　名】秃扫儿

【形态特征】一年生草本。高 50~100 厘米；茎直立，具条纹，淡绿色或浅红色，至晚秋变为红色；叶片披针形至条状披针形，扁平，两面及边缘密被白色长柔毛，灰绿色；花通常单生或 2 朵生于叶腋，于枝上排成稀疏的穗状花序，花下有束生长柔毛；花被片 5，基部合生，黄绿色，背部具横生的翅；胞果扁球形，种子与果同形。花期 6—9 月，果期 8—9 月。

【生　　境】耐一定盐碱的旱中生植物。广布于草原带和荒漠地带，多生长在盐碱化的低湿地和质地疏松的撂荒地上，亦为常见农田杂草和居民区附近伴生植物。

【用　　途】中等饲用植物，骆驼、羊和牛乐食，青嫩时可作猪饲料。果实及全草入中药（果实药材名：地肤子），能清湿热、利尿、祛风止痒，主治尿痛、尿急、小便不利、皮肤瘙痒，外用治皮癣及阴囊湿疹等。

【分　　布】全旗各苏木乡镇均有分布。

【拍摄地点】巴彦托海镇居民区附近

滨藜属 *Atriplex* L.

西伯利亚滨藜

【学　　名】*Atriplex sibirica* L.

【蒙　　名】西伯日－嘎古代

【别　　名】刺果粉藜、麻落粒

【形态特征】一年生草本。高 20~50 厘米；茎直立，钝四棱形，通常由基部分枝，被白粉粒，枝斜生，有条纹；叶互生，叶片菱状卵形、卵状三角形或宽三角形，边缘具不整齐的波状钝牙齿，上面绿色，下面密被粉粒，呈灰白色；花单性，雌雄同株，簇生于叶腋，成团伞花序，于茎上部构成穗状花序；果苞表面被白粉，密布棘状凸起；胞果。花期 7—8 月，果期 8—9 月。

【生　　境】盐生中生植物。生于草原区和荒漠区的盐碱土和盐化土上，也见于路边、居民点附近。

【用　　途】中等饲用植物，在西部地区秋冬季节，除马以外，羊、骆驼、牛均乐食，以骆驼利用最好，青鲜时家畜一般不采食。果实入中药，主治头痛、皮肤瘙痒、乳汁不通等。

【分　　布】主要分布在巴彦托海镇、巴彦塔拉乡、锡尼河西苏木、辉苏木、大雁镇等地。

【拍摄地点】巴彦托海镇居民区

滨藜

【学　　名】*Atriplex patens* (Litv.) Iljin

【蒙　　名】嘎古代、呼吉日色格 – 绍日乃

【别　　名】碱灰菜

【形态特征】一年生草本。高 20~80 厘米；茎直立，有条纹，上部多分枝、斜生；叶互生，叶片披针形至条形，长 3~9 厘米，宽 4~15 毫米，两面稍有粉粒；花单性，雌雄同株，团伞花簇形成稍疏散的穗状花序，腋生；雄花花被片 4~5，雄蕊和花被片同数，雌花无花被，有 2 个苞片；果苞菱形或卵状菱形，有粉，边缘合生的部位几达中部。花果期 7—9 月。

【生　　境】盐生中生植物。生于草原区和荒漠区的盐渍化土壤上。

【用　　途】中等饲用植物。

【分　　布】主要分布在巴彦托海镇、巴彦塔拉乡、锡尼河西苏木、辉苏木等地。

【拍摄地点】辉苏木西

藜属 *Chenopodium* L.

尖头叶藜

【学　　名】*Chenopodium acuminatum* Willd.

【蒙　　名】图古日格 – 淖衣乐

【别　　名】绿珠藜、渐尖藜、油杓杓

【形态特征】一年生草本。高 10~30 厘米；茎直立；叶片卵形、宽卵形、三角状卵形、长卵形或菱状卵形，长宽近相等，先端具短尖头，全缘，通常具红色或黄褐色半透明的环边，下面被粉粒；花每 8~10 朵聚生为团伞花簇，形成有分枝的圆柱形花穗，或再聚为尖塔形大圆锥花序；花被片果时包被果实，全部呈五角星状；胞果；种子横生。花期 6—8 月，果期 8—9 月。

【生　　境】中生杂草。生于盐碱地、河岸沙地、撂荒地和居民点附近及草原群落中。

【用　　途】低等饲用植物，开花结实后山羊、绵羊采食它的籽实，青绿时骆驼少食，也可为猪饲料。全草入中药，用于风寒头痛、四肢胀痛等。种子可榨油。

【分　　布】全旗各苏木乡镇均有分布。

【拍摄地点】辉苏木松树山

细叶藜

【学　　名】*Chenopodium stenophyllum* Koidz.

【蒙　　名】好您－淖衣乐

【形态特征】一年生草本。高 30~100 厘米；茎直立，具条棱及绿色或紫红色条纹，多分枝，枝条斜升或开展；叶片披针形、狭披针形或线形，近于全缘或具少数不整齐牙齿，叶具长柄，背面被白粉；花两性，花簇于枝上部排列成穗状圆锥状或圆锥状花序；花被裂片 5，雄蕊超出花被；果皮与种子贴生，种子横生，双凸镜状。花果期 5—9 月。

【生　　境】中生杂草。生于田间、路旁、荒地、杂草地、草原低湿地、居民点附近。

【用　　途】中等饲用植物，可用于猪饲料。也可作盐渍化土地种植植物。

【分　　布】全旗各苏木乡镇均有分布。

【拍摄地点】巴彦托海镇伊敏河岸

灰绿藜

【学　　名】*Chenopodium glaucum* L.

【蒙　　名】呼和 – 淖干 – 淖衣乐

【别　　名】水灰菜

【形态特征】一年生草本。高 15~30 厘米，植株体有粉；茎通常由基部分枝，斜升或平卧，有沟槽及红色或绿色条纹，无毛；叶片带肉质，椭圆形或披针形，边缘具波状齿，上面深绿色，下面灰绿色，密被粉粒，中脉黄绿色；花序穗状或复穗状，顶生或腋生；花被片 3~4，稀为 5，背部绿色，边缘白色膜质，无毛；胞果不完全包于花被内；种子横生，稀斜生。花期 6—9 月，果期 8—9 月。

【生　　境】耐盐中生杂草。生于居民点附近和轻度盐渍化农田。

【用　　途】中等饲用植物，骆驼喜食，又为养猪的良好饲料。

【分　　布】全旗各苏木乡镇均有分布。

【拍摄地点】辉苏木北辉河边

藜

【学　　名】*Chenopodium album* L.

【蒙　　名】淖衣乐

【别　　名】白藜、灰菜

【形态特征】一年生草本。高 30~120 厘米；茎直立，圆柱形，具棱；叶具长柄，叶片三角状卵形、菱状卵形，有时上部的叶呈狭卵形或披针形，边缘具不整齐的波状牙齿，或稍呈缺刻状，稀近全缘，上面深绿色，下面灰白色或淡紫色，密被灰白色粉粒；花黄绿色，多数花簇排成腋生或顶生的圆锥花序；花被片 5，被粉粒；胞果全包于花被内或顶端稍露；种子全为横生。花期 8—9 月，果期 9 月。

【生　　境】中生杂草。生于田间、路旁、荒地、居民点附近与河岸低湿地。

【用　　途】中等饲用植物，为养猪的优良饲料，终年均可利用，生饲或煮后喂，牛亦乐食，骆驼、羊利用较差，一般以干枯时利用较好。全草及果实入中药，主治痢疾腹泻、皮肤湿毒瘙痒等；全草也入蒙药，主治"赫依热"、心热、皮肤瘙痒等。

【分　　布】全旗各苏木乡镇均有分布。

【拍摄地点】巴彦托海镇居民点

刺藜属 *Dysphania* R. Br.

刺藜

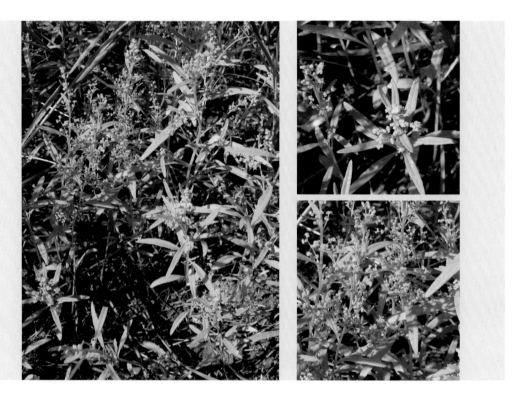

【学　　名】*Dysphania aristata* (L.) Mosyakin et Clemants

【蒙　　名】塔黑彦 – 希乐毕 – 淖高、苏日图 – 淖衣乐

【别　　名】野鸡冠子花、刺穗藜、针尖藜

【形态特征】一年生草本。高 10~25 厘米，植株体不具腺毛，无香气；茎直立，圆柱形，多分枝；叶条形或条状披针形，全缘，秋季变成红色，中脉明显；二歧聚伞花序末端的不育枝针刺状，花生于刺状枝腋内，花被片 5；胞果上下压扁，圆形，不全包于花被内；种子横生。花果期 8—9 月。

【生　　境】中生植物。生于沙质地或固定沙地上，为农田杂草。

【用　　途】中等饲用植物，在夏季各种家畜少食。全草入中药，能祛风止痒，主治皮肤瘙痒、荨麻疹等。

【分　　布】全旗各苏木乡镇均有分布。

【拍摄地点】锡尼河西苏木巴彦胡硕敖包山下北草库伦

苋科 Amaranthaceae

苋属 *Amaranthus* L.

反枝苋

【学　　名】*Amaranthus retroflexus* L.

【蒙　　名】阿日白－淖高

【别　　名】西风古、野千穗谷、野苋菜

【形态特征】一年生草本。高 20~60 厘米，有毛；茎直立；叶片椭圆状卵形或菱状卵形，具小凸尖，全缘或波状缘，两面及边缘被柔毛；圆锥花序顶生及腋生，直立，由多数穗状花序组成；苞片及小苞片锥状，边缘透明膜质；花被片 5，先端具芒尖，透明膜质；雄蕊 5，超出花被；柱头 3，长刺锥状；胞果环状横裂。花期 7—8 月，果期 8—9 月。

【生　　境】中生杂草。多生于田间、路旁、住宅附近。

【用　　途】良等饲用植物，为良好的猪、鸡饲料。全草入中药，主治痈肿疮毒、便秘、下痢等。嫩茎叶可食；植株可作绿肥。

【分　　布】全旗各苏木乡镇均有分布。

【拍摄地点】巴彦托海镇居民点

北美苋

【学　　名】*Amaranthus blitoides* S. Watson

【蒙　　名】虎日 – 萨日伯乐吉

【形态特征】一年生草本。高 15~30 厘米；茎平卧或斜升，通常由基部分枝，绿白色，具条棱，无毛或近无毛；叶片倒卵形、匙形至矩圆状倒披针形，具小凸尖，全缘，具白色边缘，两面无毛；花簇小形，腋生，有少数花；花被片通常 4，有时 5；胞果环状横裂。花期 8—9 月，果期 9 月。

【生　　境】中生杂草。生于田野、路旁、居民点附近、山谷等处。

【用　　途】可作园林地被材料。

【分　　布】全旗各苏木乡镇均有分布。

【拍摄地点】巴彦托海镇居民点

马齿苋科 Portulacaceae

马齿苋属 *Portulaca* L.

马齿苋

【学　　名】*Portulaca oleracea* L.

【蒙　　名】那仁－淖高

【别　　名】马齿草、马苋菜

【形态特征】一年生肉质草本。长 10~25 厘米，全株光滑无毛；茎平卧或斜升，多分枝，淡绿色或红紫色；叶肥厚肉质，倒卵状楔形或匙状楔形，全缘；花直径 4~5 毫米，黄色，3~5 朵簇生于枝顶；总苞片 4~5，萼片 2；花瓣 5，黄色；蒴果自中部横裂成帽盖状。花期 7—8 月，果期 8—9 月。

【生　　境】中生植物。生于田间、路旁、菜园，为常见田间杂草。

【用　　途】中等饲用植物。全草入中药，主治细菌性痢疾、急性胃肠炎、急性乳腺炎、痔疮出血、尿血、赤白带下、蛇虫咬伤、疔疮肿毒、急性湿疹、过敏性皮炎、尿道炎等。可用来杀虫、防治植物病害；嫩茎叶可作蔬菜。

【分　　布】全旗各苏木乡镇均有分布。

【拍摄地点】巴彦托海镇居民点

石竹科 Caryophyllaceae

蚤缀属（无心菜属）*Arenaria* L.

灯心草蚤缀

【学　　名】*Arenaria juncea* M. Bieb.

【蒙　　名】查干 – 呼日顿 – 查黑拉干纳、其努瓦音 – 哈拉塔日干纳

【别　　名】老牛筋、毛轴鹅不食、毛轴蚤缀

【形态特征】多年生草本。高 20~50 厘米；主根圆柱形，褐色，顶端多头，由此丛生茎与叶簇；茎直立，多数，丛生，中部和下部无毛，上部被腺毛；基生叶狭条形，如丝状，茎生叶与基生叶同形而较短；二歧聚伞花序顶生，苞片、花梗及萼片背面被腺毛；萼片长 4~5 毫米，边缘宽膜质；花瓣白色，长 7~10 毫米；蒴果卵形，6 瓣裂。花果期 6—9 月。

【生　　境】旱生植物。生于石质山坡、平坦草原。

【用　　途】中等饲用植物。根曾作"山银柴胡"入中药，能清热凉血；亦入蒙药（蒙药名：查干 – 得伯和日格讷），能清肺、破痞，主治外痞、肺热咳嗽等。

【分　　布】主要分布在巴彦嵯岗苏木、伊敏苏木、红花尔基镇、辉苏木、锡尼河西苏木等地。

【拍摄地点】巴彦嵯岗苏木扎格达木丹嘎查西山顶

毛叶蚤缀

【学　　名】*Arenaria capillaris* Poir.

【蒙　　名】得伯和日格讷

【别　　名】兴安鹅不食、毛叶老牛筋、毛梗蚤缀

【形态特征】多年生密丛生草本。高 8~15 厘米，全株无毛；主根圆柱状，黑褐色，顶部多头；基生叶簇生，丝状钻形，长 2~6 厘米，宽 0.3~0.5 毫米，茎生叶 2~4 对；二歧聚伞花序顶生；萼片边缘宽膜质；花瓣白色；雄蕊 2 轮，每轮 5；花柱 3 条；蒴果 6 齿裂；种子被小瘤状凸起。花期 6—7 月，果期 8—9 月。

【生　　境】旱生植物。生于石质干山坡、山顶石缝间。

【用　　途】低等饲用植物。根入蒙药，能清肺、破痞，主治外痞、肺热咳嗽等。

【分　　布】主要分布在锡尼河西苏木、辉苏木、伊敏苏木等地。

【拍摄地点】锡尼河西苏木巴彦胡硕敖包山

种阜草属 *Moehringia* L.

种阜草

【学　　名】*Moehringia lateriflora* (L.) Fenzl

【蒙　　名】奥衣音 – 查干

【别　　名】莫石竹

【形态特征】多年生草本。高 5~20 厘米；具细长白色的根状茎，密被短毛；叶椭圆形或椭圆状披针形，全缘，具睫毛，两面被细微的颗粒状小凸起，沿脉有短毛；聚伞花序具 1~3 朵花，顶生或腋生；萼片 5；花瓣 5，白色，全缘；雄蕊 10；蒴果长卵球形，6 瓣裂；种子平滑，种脐旁有种阜。花果期 6—8 月。

【生　　境】中生植物。生于山地林下、灌丛下、山谷溪边。

【用　　途】良等饲用植物。

【分　　布】全旗各苏木乡镇均有分布。

【拍摄地点】锡尼河东苏木维纳河南山林下

繁缕属 *Stellaria* L.

垂梗繁缕

【学　　名】*Stellaria radians* L.

【蒙　　名】萨出日格 – 阿吉干纳

【别　　名】縫瓣繁缕

【形态特征】多年生草本。高 40~60 厘米，全株伏生柔毛，呈灰绿色；根状茎匍匐，分枝；茎直立或斜升，四棱形，上部有分枝；叶宽披针形或矩圆状披针形，全缘，背面毛较密，中脉特别明显，无柄；二歧聚伞花序顶生；花瓣白色，掌状 5~7 中裂；雄蕊 10；花柱 3；蒴果卵形；种子肾形，表面具蜂窝状小穴。花期 6—8 月，果期 7—9 月。

【生　　境】湿中生植物。生于沼泽草甸、河边、沟谷草甸、林下。

【用　　途】低等饲用植物。

【分　　布】主要分布在巴彦托海镇、巴彦塔拉乡、锡尼河西苏木、锡尼河东苏木、伊敏苏木、伊敏河镇等地。

【拍摄地点】巴彦托海镇南湿地

繁缕

【学　　名】*Stellaria media* (L.) Villars

【蒙　　名】阿吉干纳、图门－章给拉嘎、扎拉图－图门－章给拉嘎

【形态特征】一、二年生草本。高10~20厘米，全株鲜绿色；茎多分枝，直立或斜升，被1行纵向的短柔毛；叶卵形或宽卵形，先端锐尖，基部近圆形或近心形，全缘，两面无毛；顶生二歧聚伞花序；花瓣5，白色，比萼片短，2深裂；雄蕊3~5；花柱3条；蒴果宽卵形；种子边缘具半球形瘤状凸起。花果期7—9月。

【生　　境】中生植物。生于村舍附近杂草地、农田中。

【用　　途】中等饲用植物。茎、叶和种子入中药，能凉血、消炎，主治积年恶疮、分娩后子宫收缩痛、盲肠炎等，也能促进乳汁的分泌。嫩苗可蔬食。

【分　　布】全旗各苏木乡镇均有分布。

【拍摄地点】巴彦托海镇街道绿化带内

叉歧繁缕

【学　　名】*Stellaria dichotoma* L.

【蒙　　名】图门－章给拉嘎、阿查－阿吉干纳

【别　　名】叉繁缕

【形态特征】多年生草本。全株呈扁球形，高 15~30 厘米；主根圆柱形；茎多数丛生，由基部开始多次二歧式分枝，被腺毛或腺质柔毛，节部膨大；叶卵形或卵状披针形，长 5~16 毫米，宽 3~8 毫米，全缘；二歧聚伞花序生枝顶；苞片和叶同形而较小；萼片披针形，长 4~5 毫米，先端锐尖；花瓣白色，比萼片稍短；雄蕊 5 长，5 短；花柱 3 条；蒴果宽椭圆形。花果期 6—8 月。

【生　　境】旱生植物。生于向阳石质山坡、山顶石缝间、固定沙丘。

【用　　途】中等饲用植物。根及全草入中药，用于骨蒸发热、久症发热、盗汗等；根也入蒙药，主治肺热咳嗽、慢性气管炎、肺脓肿等。

【分　　布】主要分布在巴彦嵯岗苏木、锡尼河东苏木、锡尼河西苏木、伊敏苏木等地。

【拍摄地点】巴彦嵯岗苏木东南

叶苞繁缕

【学　名】*Stellaria crassifolia* Ehrh.

【蒙　名】纳布其日呼－阿吉干纳

【别　名】厚叶繁缕

【形态特征】多年生草本。高 7~20 厘米，全株无毛；根状茎细长，节上生极细的不定根；茎斜倚或斜升，四棱形；叶披针状椭圆形至条状披针形，长 0.5~2.5 厘米，宽 1.5~6 毫米，先端急尖或锐尖，全缘，下面中脉明显凸起；花单生于叶腋或顶生；苞片叶状；萼片卵状披针形，长 3~3.5 毫米，中脉不明显；花瓣白色，比萼片稍长或近等长；蒴果 6 瓣裂。花果期 6—8 月。

【生　境】湿中生植物。生于河岸沼泽、草甸、山地溪边、水渠旁。

【用　途】可作湿地观赏植物。

【分　布】主要分布在巴彦托海镇、巴彦塔拉乡、红花尔基镇、伊敏苏木等地。

【拍摄地点】红花尔基镇达格森

鸭绿繁缕

【学　　名】*Stellaria jaluana* Nakai

【蒙　　名】牙鲁音－阿吉干纳

【别　　名】细叶繁缕

【形态特征】多年生草本。高 20~30 厘米，全株光滑无毛；根状茎细长；茎直立，具四棱；叶条形或狭条形，宽 0.5~1.5 毫米，中脉 1 条；花集成二歧聚伞花序；苞片披针形，仅边缘膜质；萼片披针形，长约 4.5 毫米，先端渐尖，边缘宽膜质，中脉明显；花瓣白色，比萼片长，2 深裂达基部；蒴果成熟时比萼片稍长；种子表面具规整的皱纹状凸起。花果期 6—8 月。

【生　　境】湿中生植物。生于沼泽、草甸。

【用　　途】可作湿地观赏植物。

【分　　布】主要分布于锡尼河东苏木、伊敏苏木等地。

【拍摄地点】伊敏苏木吉登嘎查

卷耳属 *Cerastium* L.

簇生卷耳

【学　　名】*Cerastium fontanum* Baumg.subsp. *vulgare* (Hartman) Greuter et Burdet

【蒙　　名】萨嘎拉嘎日－陶高仁朝日

【别　　名】腺毛簇生卷耳、卷耳、簇生泉卷耳

【形态特征】多年生草本，有时为一或二年生草本。高15~30厘米；茎斜升，茎上部至萼片被腺毛；叶无柄，卵状披针形或矩圆状披针形，全缘，两面密被多细胞单毛；二歧聚伞花序生枝顶；萼片长5~7毫米；花瓣白色，比萼片稍短；雄蕊10；花柱5；蒴果10齿裂；种子表面被小瘤状凸起。花期6—7月，果期7—8月。

【生　　境】中生植物。生于林缘、草甸。

【用　　途】中等饲用植物。

【分　　布】主要分布在伊敏苏木、红花尔基镇、锡尼河东苏木等地。

【拍摄地点】伊敏苏木吉登嘎查居民点河滩地

卷耳

【学　　名】*Cerastium arvense* L. subsp. *strictum* Gaudin

【蒙　　名】陶高仁朝日

【形态特征】多年生草本。高 10~30 厘米；根状茎细长，淡黄白色，节部有鳞叶与须根；茎直立，疏丛生，密生短柔毛；叶披针形、矩圆状披针形或条状披针形；二歧聚伞花序顶生，花梗长 10~15 毫米；花瓣白色，倒卵形，比萼片长 1~1.5 倍，先端 2 浅裂，裂片长圆形或近圆形；雄蕊 10；花柱 5；蒴果 10 齿裂。花期 5—7 月，果期 7—8 月。

【生　　境】中生植物。生于山地林缘、草甸、山沟溪边。

【用　　途】全草入中药，可滋补肝肾。可作野生花卉引种栽培。

【分　　布】全旗各苏木乡镇均有分布。

【拍摄地点】巴彦嵯岗苏木北山

剪秋罗属 *Lychnis* L.

狭叶剪秋罗

【学　　名】*Lychnis sibirica* L.

【蒙　　名】西伯日 – 色伊莫给力格 – 其其格

【形态特征】多年生草本。高 7~20 厘米，全株被短柔毛；直根；茎丛生，直立或斜升；基生叶莲座状，倒披针形或矩圆状倒披针形，茎生叶条状披针形或条形；二歧聚伞花序生于茎顶；花萼被短腺毛；花直径 8~10 毫米，花瓣白色或粉红色，比花萼长 0.5~1 倍，具鳞片状附属物；蒴果 5 齿裂。花期 6—7 月，果期 7—8 月。

【生　　境】中生植物。生于林下、丘顶、盐生草甸、山坡。

【用　　途】劣等饲用植物。

【分　　布】全旗各苏木乡镇均有分布。

【拍摄地点】巴彦嵯岗苏木扎格达木丹嘎查

大花剪秋罗

【学　　名】*Lychnis fulgens* Fisch. ex Spreng.

【蒙　　名】色伊莫给力格 – 其其格

【别　　名】剪秋罗

【形态特征】多年生草本。高 50~80 厘米，全株被长柔毛；须根多数，纺锤形；茎直立，单一，下部圆形，上部具棱，中空；叶无柄，卵形、卵状矩圆形或卵状披针形；头状伞房花序顶生；花萼密被绵毛；花直径 3.5~5 厘米，瓣片鲜深红色，2 叉状深裂，具鳞片状附属物；蒴果 5 齿裂。花期 7—8 月，果期 8—9 月。

【生　　境】中生植物。生于山地草甸、林缘灌丛、林下。

【用　　途】劣等饲用植物。花艳丽，可供观赏。

【分　　布】主要分布于伊敏苏木、锡尼河东苏木等地。

【拍摄地点】绰尔林业局伊敏林场

女娄菜属 *Melandrium* Roehl.

女娄菜

【学　　名】*Melandrium apricum* (Turcz. ex Fisch. et Mey.) Rohrb.

【蒙　　名】苏尼吉莫乐 – 其其格、哈日 – 道黑古日

【别　　名】桃色女娄菜

【形态特征】一或二年生草本。高 10~40 厘米，全株密被倒生短柔毛；茎直立，基部多分枝；茎生叶披针形，宽 4~6 毫米，全缘，中脉在下面明显凸起；聚伞花序顶生和腋生；花萼长 6~8 毫米；花瓣白色或粉红色，与萼近等长或稍长，瓣片先端浅 2 裂；蒴果 6 齿裂；种子表面被钝的瘤状凸起。花期 5—7 月，果期 7—8 月。

【生　　境】中旱生植物。生于石砾质坡地、固定沙地、疏林及典型草原。

【用　　途】中等饲用植物。全草入中药，能下乳、利尿、清热、凉血；也作蒙药用。

【分　　布】全旗各苏木乡镇均有分布。

【拍摄地点】巴彦托海镇二号草库伦

麦瓶草属（蝇子草属）*Silene* L.

狗筋麦瓶草

【学　　名】*Silene vulgaris* (Moench) Garcke

【蒙　　名】额格乐－舍日格讷

【别　　名】白玉草

【形态特征】多年生草本。高 40~100 厘米，全株无毛，呈灰绿色；根数条，圆柱状，具纵条棱；茎直立，丛生，上部分枝；叶披针形或卵状披针形；聚伞花序；萼筒膜质，膨大呈囊泡状，无毛，具 20 条纵脉，常带紫堇色；花瓣白色，2 深裂；蒴果 6 齿裂；种子表面被乳头状凸起。花期 6—8 月，果期 7—9 月。

【生　　境】中生植物。生于沟谷草甸。

【用　　途】低等饲用植物。全草入中药，能治疗妇女病、丹毒和祛痰等。幼嫩植株可作野菜食用；根富含皂甙，可制作肥皂。

【分　　布】全旗各苏木乡镇均有分布。

【拍摄地点】巴彦托海镇居民点附近

毛萼麦瓶草

【学　　名】*Silene repens* Patr.

【蒙　　名】模乐和 – 舍日格讷、扎拉图 – 苏棍 – 其和

【别　　名】蔓茎蝇子草、蔓麦瓶草、匍生蝇子草

【形态特征】多年生草本。高 15~50 厘米，全株被短柔毛；根状茎细长，匍匐地面，分枝；茎通常直立，不分枝；叶条状披针形、条形或条状倒披针形，具 1 条明显的中脉；聚伞状狭圆锥花序生于茎顶；萼筒棍棒形，具 10 条纵脉，密被短柔毛；花瓣白色、淡黄白色或淡绿白色，瓣片 2 叉状浅裂，两侧无裂片；蒴果卵状矩圆形；种子表面被短条形细微凸起。花期 6—8 月，果期 7—9 月。

【生　　境】旱中生 – 中生植物。生于山坡草地、固定沙丘、山沟溪边、林下、林缘草甸、沟谷草甸、河滩草甸、泉水边及撂荒地。

【用　　途】低等饲用植物。全草入中药，可止血、活血、调经。

【分　　布】主要分布在巴彦托海镇、巴彦塔拉乡、伊敏河镇、伊敏苏木、锡尼河西苏木等地。

【拍摄地点】呼伦贝尔市新区

旱麦瓶草

【学　　名】*Silene jenisseensis* Willd.

【蒙　　名】额乐孙－舍日格讷、协日－苏棍－其和

【别　　名】麦瓶草、山蚂蚱草

【形态特征】多年生草本。高 20~50 厘米；直根粗长；茎几个至 10 余个丛生，直立或斜升；基生叶簇生，具长柄，茎生叶狭倒披针状条形或条形，宽 0.5~3 毫米，基部通常无柄；聚伞状圆锥花序顶生或腋生，具花 10 余朵；花萼具 10 条纵脉；花瓣白色；雄蕊外露；蒴果 6 齿裂；种子被条状细微凸起。花期 6—8 月，果期 7—8 月。

【生　　境】旱生植物。生于砾石质山地、草原及固定沙地。

【用　　途】低等饲用植物。根入中药，能清热凉血。

【分　　布】主要分布在辉苏木、锡尼河西苏木、伊敏苏木、红花尔基镇等地。

【拍摄地点】辉苏木松树山

丝石竹属（石头花属）*Gypsophila* L.

草原丝石竹

【学　　名】*Gypsophila davurica* Turcz. ex Fenzl

【蒙　　名】达古日－台日

【别　　名】草原石头花、北丝石竹

【形态特征】多年生草本。高 30~70 厘米，全株无毛；直根圆柱形，灰黄褐色；茎多数丛生，直立或稍斜升，二歧式分枝；叶条状披针形，全缘，中脉在下面明显凸起；花不密集，成疏松的聚伞状圆锥花序，顶生或腋生，花梗长 4~10 毫米；花萼具 5 条纵脉，脉间白膜质；花瓣白色或粉红色；蒴果 4 瓣裂。花期 7—8 月，果期 8—9 月。

【生　　境】旱生植物。生于典型草原、山地草原。

【用　　途】中等饲用植物。根入中药，能逐水、利尿，主治水肿胀满、胸肋满闷、小便不利等。根可作肥皂代用品，用于洗涤羊毛和毛织品；根含皂甙，用于纺织、染料、香料、食品等工业。

【分　　布】主要分布在伊敏苏木、辉苏木、锡尼河西苏木等地。

【拍摄地点】伊敏苏木北

石竹属 *Dianthus* L.

瞿麦

【学　　名】*Dianthus superbus* L.

【蒙　　名】高要 – 巴希卡

【别　　名】洛阳花

【形态特征】多年生草本。高 30~50 厘米；根茎横走；茎丛生，直立；叶条状披针形或条形，全缘，中脉在下面凸起；聚伞花序顶生，有时成圆锥状，稀单生；萼下苞片 2~3 对，萼筒较粗短，苞片长为萼筒的 1/4，先端具长凸尖；花瓣 5，淡紫红色，稀白色，瓣片边缘细裂成流苏状；蒴果包于宿存萼内；种子边缘具翅。花果期 7—9 月。

【生　　境】中生植物。生于林缘、疏林下、草甸、沟谷溪边。

【用　　途】低等饲用植物。地上部分入中药，主治膀胱炎、尿道炎、泌尿系统结石、妇女经闭、外阴糜烂、皮肤湿疮等；地上部分亦入蒙药，主治血热、刺痛、肝热、疹症、产褥热等。可作观赏植物。

【分　　布】主要分布在伊敏苏木、红花尔基镇、巴彦嵯岗苏木、锡尼河东苏木等地。

【拍摄地点】伊敏苏木二道桥北

簇茎石竹

【学　　名】*Dianthus repens* Willd.

【蒙　　名】宝特力格－巴希卡

【形态特征】多年生草本。高达 30 厘米，全株光滑无毛；直根粗壮，根茎多分歧；茎密丛生，直立或上升；叶条形或条状披针形，叶脉 1 或 3 条，中脉明显；花顶生，单一或有时 2 朵；萼下苞片 1~2 对，苞片与萼近等长；花瓣紫红色，上缘具不规则的细长牙齿；蒴果包于宿存花萼内，比萼短；种子中央凸起，边缘具翅。花期 6—8 月，果期 8—9 月。

【生　　境】中生植物。生于山地草甸。

【用　　途】低等饲用植物。可作野生观赏花卉。

【分　　布】主要分布在巴彦嵯岗苏木、锡尼河东苏木、伊敏苏木、红花尔基镇等地。

【拍摄地点】巴彦嵯岗苏木扎格达木丹嘎查北

石竹

【学　　名】*Dianthus chinensis* L.

【蒙　　名】巴希卡

【别　　名】洛阳花

【形态特征】多年生草本。高 20~40 厘米，全株带粉绿色；茎常自基部簇生，直立，光滑无毛，上部分枝；叶披针状条形或条形，全缘，两面平滑无毛，粉绿色，下面中脉明显凸起；花顶生，单一或 2~3 朵成聚伞花序；萼下苞片 2~3 对，长约为萼的一半；花瓣边缘有不整齐齿裂，通常红紫色、粉红色或白色，具长爪；蒴果 4 齿裂；种子边缘有狭翅，表面有短条状细凸起。花果期 6—9 月。

【生　　境】旱中生植物。生于山地草甸及草甸草原。

【用　　途】中等饲用植物。地上部分入中药，能清湿热、利小便、活血通经，主治膀胱炎、尿道炎、泌尿系统结石、妇女经闭、外阴糜烂、皮肤湿疮等；地上部分亦入蒙药，能凉血、止刺痛、解毒，主治血热、刺痛、肝热、疹症、产褥热等。

【分　　布】全旗各苏木乡镇均有分布。

【拍摄地点】伊敏苏木伊敏嘎查观测样地内

芍药科 Paeoniaceae

芍药属 *Paeonia* L.

芍药

【学　　名】*Paeonia lactiflora* Pall.

【蒙　　名】查那 – 其其格、乌兰 – 查那 – 其其格

【形态特征】多年生草本。高 50~70 厘米，稀达 1 米；根圆柱形，外皮紫褐色或棕褐色；茎圆柱形，淡绿色，常略带红色；茎下部的叶为二回三出复叶，小叶椭圆形至披针形，边缘密生白色骨质小齿；花顶生或腋生，每茎着生 1 至数朵花；花瓣倒卵形，白色、粉红色或紫红色；蓇葖果；种子紫黑色或暗褐色。花期 5—7 月，果期 7—8 月。

【生　　境】旱中生植物。生于山地和石质丘陵的灌丛、林缘、山地草甸及草甸草原群落中。

【用　　途】内蒙古珍稀濒危 Ⅱ 级保护植物；内蒙古重点保护植物。根入中药（药材名：赤芍），主治血热吐衄、肝火目赤、血瘀痛经、月经闭止、疮疡肿毒、跌打损伤等；也作蒙药用，主治血热、血瘀痛经等。花大而美，可供观赏；根和叶含鞣质，可提制栲胶。

【分　　布】主要分布在锡尼河东苏木、伊敏苏木、红花尔基镇、巴彦嵯岗苏木等地。

【拍摄地点】锡尼河东苏木呼和乌苏

毛茛科 Ranunculaceae

驴蹄草属 *Caltha* L.

白花驴蹄草

【学　　名】*Caltha natans* Pall.

【蒙　　名】查干－图日艾－额布斯

【形态特征】多年生草本。茎沉水中，匍匐状，长 20~50 厘米，全株无毛；叶浮于水面，有长柄，圆肾形或心形，先端钝圆，基部深心形，全缘或微波状缘；单歧聚伞花序生于茎顶或分枝顶端；花白色，倒卵形，直径约 6 毫米；聚合果球状，蓇葖果 20~30；种子小，近卵形。花期 6—7 月，果期 7—8 月。

【生　　境】湿生植物。生于沼泽草甸、沼泽。

【用　　途】全草可入中药，清热利湿、解毒，用于中暑、尿路感染等；外用治烧烫伤、毒蛇咬伤等。

【分　　布】主要分布在伊敏苏木、锡尼河东苏木等地。

【拍摄地点】伊敏苏木吉登嘎查沼泽中

三角叶驴蹄草

【学　　名】*Caltha palustris* L. var. *sibirica* Regel

【蒙　　名】西伯日 – 巴拉白、古日巴拉金 – 图日艾 – 额布斯

【别　　名】西伯利亚驴蹄草

【形态特征】多年生草本。高 20~50 厘米，全株无毛；根状茎缩短，具多数粗壮的须根；茎直立或上升，单一或上部分枝；基生叶丛生，具长柄，叶多为宽三角状肾形，边缘只在下部有齿，其它部分微波状或近全缘；单歧聚伞花序，花 2 朵；萼片 5，黄色；蓇葖果。花期 6—7 月，果期 7 月。

【生　　境】轻度耐盐的湿中生植物。生于沼泽草甸、盐化草甸、河岸。

【用　　途】全草有毒，牲畜误食可引起中毒，但干草中毒素减少。全草入中药，能祛风、散寒，主治头昏目眩、周身疼痛等；外用治烧伤、化脓性创伤或皮肤病等。

【分　　布】主要分布在锡尼河东苏木、锡尼河西苏木、伊敏苏木、巴彦嵯岗苏木等地。

【拍摄地点】巴彦嵯岗苏木五泉山

金莲花属 *Trollius* L.

短瓣金莲花

【学　　名】*Trollius ledebouri* Reichb.

【蒙　　名】敖好日 – 阿拉坦花 – 其其格

【形态特征】多年生草本。高达 110 厘米，全株无毛；根状茎短粗，着生多数须根；茎直立，单一或上部稍分枝；基生叶 2~3，具长柄，叶片轮廓五角形，基部心形，3 全裂；花单生或 2~3 朵生于茎顶或分枝顶端，橙黄色；萼片花瓣状，黄色，花瓣比萼片短；菁葖果，果喙长 1~1.5 毫米。花期 6—7 月，果期 7—8 月。

【生　　境】湿中生植物。生于河滩草甸、沟谷湿草甸及林缘草甸。

【用　　途】内蒙古重点保护植物。花入中药，能清热解毒，主治上呼吸道感染、急慢性扁桃体炎、肠炎、痢疾、疮疖脓肿、外伤感染、急性中耳炎、急性鼓膜炎、急性结膜炎、急性淋巴管炎等；也作蒙药用，能止血消炎、愈创解毒，主治疮疖、痈疽及外伤等。花可供观赏。

【分　　布】主要分布在巴彦托海镇、巴彦嵯岗苏木、锡尼河东苏木、伊敏苏木等地。

【拍摄地点】锡尼河东苏木呼和乌苏

升麻属 Cimicifuga L.

兴安升麻

【学　　名】*Cimicifuga dahurica* (Turcz. ex Fisch. et C. A. Mey.) Maxim.

【蒙　　名】和应干 – 扎白

【别　　名】升麻、窟窿牙根

【形态特征】多年生草本。高 1~2 米；根状茎粗大，黑褐色，有数个明显的洞状茎痕及多数须根；茎直立，单一；叶为二回或三回三出复叶，小叶宽菱形或狭卵形；花单性，雌雄异株，复总状花序，多分枝；退化雄蕊先端 2 叉状中裂至深裂，有 2 枚乳白色的空花药；蓇葖果卵状椭圆形或椭圆形。花期 7—8 月，果期 8—9 月。

【生　　境】中生植物。生于山地林下、灌丛或草甸中。

【用　　途】内蒙古重点保护植物。根状茎入中药，能散风清热、升阳透疹，主治风热头痛、麻疹、斑疹不透、胃火牙痛、久泻脱肛、胃下垂、子宫脱垂等；也入蒙药，能解表、解毒，主治胃热、咽喉肿痛、口腔炎、扁桃腺炎等。

【分　　布】主要分布在伊敏苏木、锡尼河西苏木、红花尔基镇等地。

【拍摄地点】伊敏苏木二道桥北

单穗升麻

【学　　名】*Cimicifuga simplex* (DC.) Wormsk. ex Turcz.

【蒙　　名】当吐如图 – 扎白

【形态特征】多年生草本。高达 1~1.5 米；根状茎粗大，黑褐色，具多数须根；茎直立，单一，在花序以下无毛；叶二至三回三出近羽状复叶，具长柄，小叶狭卵形或菱形；总状花序单一，或仅基部稍分枝；花两性；萼片白色；退化雄蕊先端近全缘或 2 浅裂，无空花药；蓇葖果具长梗。花期 7—8 月，果期 8—9 月。

【生　　境】中生植物。生于山地灌丛、林缘草甸及林下。

【用　　途】根状茎入中药，能散风清热、升阳透疹，主治风热头痛、麻疹、斑疹不透、胃火牙痛、久泻脱肛、胃下垂、子宫脱垂等。茎、叶可提取芳香油。

【分　　布】主要分布在红花尔基镇、伊敏苏木、锡尼河东苏木等地。

【拍摄地点】红花尔基镇北石碴子

耧斗菜属 *Aquilegia* L.

耧斗菜

【学　　名】*Aquilegia viridiflora* Pall.

【蒙　　名】乌日乐其 – 额布斯

【别　　名】血见愁

【形态特征】多年生草本。高 20~40 厘米，植株被短柔毛和腺毛；直根圆柱形，黑褐色；茎直立，上部稍分枝；基生叶多数，有长柄，二回三出复叶，茎生叶少数，或只一回三出；单歧聚伞花序，花梗被腺毛和短柔毛；花黄绿色；萼片与花瓣瓣片贴近，近等长；距细长，直伸或稍弯；蓇葖果直立；种子三棱状，种皮密布点状皱纹。花期 5—6 月，果期 7 月。

【生　　境】旱中生植物。生于石质山坡的灌丛间、基岩露头上及沟谷中。

【用　　途】全草入中药，能调经止血、清热解毒，主治月经不调、功能性子宫出血、痢疾、腹痛等；也作蒙药用，能调经、治伤、治"协日乌素"、止痛，主治阴道疾病、死胎、胎衣不下、骨折等。

【分　　布】主要分布在锡尼河西苏木、锡尼河东苏木、伊敏苏木等地。

【拍摄地点】锡尼河西苏木巴彦胡硕敖包

蓝堇草属 *Leptopyrum* Reichb.

蓝堇草

【学　　名】*Leptopyrum fumarioides* (L.) Reichb.

【蒙　　名】巴日巴达、呼和木都格讷

【形态特征】一年生草本。高 5~30 厘米，全株无毛，灰绿色；根直，细长；茎直立或上升，通常从基部分枝；基生叶丛生，叶一至二回三出复叶或羽状分裂，具长柄，叶片轮廓卵形或三角形；单歧聚伞花序顶生或腋生；萼片 5，花瓣状，淡黄色；花瓣 4~5，漏斗状，二唇形，下唇显著短；雄蕊 10~15；心皮 5~20；蓇葖果条状矩圆形，果喙直伸。花期 6 月，果期 6—7 月。

【生　　境】中生植物。生于田野、路边或向阳山坡。

【用　　途】全草入中药，可治心血管疾病，有时用于治疗胃肠道疾病和伤寒。

【分　　布】全旗各苏木乡镇均有分布。

【拍摄地点】锡尼河西苏木巴彦胡硕敖包

唐松草属 *Thalictrum* L.

翼果唐松草

【学　　名】*Thalictrum aquilegifolium* L. var. *sibiricum* Regel et Tiling

【蒙　　名】达拉伯其特－查孙－其其格

【别　　名】土黄连、唐松草

【形态特征】多年生草本。高 50~100 厘米；根茎短粗，须根发达；茎圆筒形，光滑，稍带紫色；茎生叶三至四回三出复叶，小叶倒卵形或近圆形，上部通常 3 浅裂，托叶明显；复聚伞花序；萼片 4，白色或带紫色；无花瓣；雄蕊多数，花丝白色，中上部加粗，花药黄白色；瘦果具棱翼，倒卵形或倒卵状椭圆形，长 5~8 毫米，具长梗，下垂。花期 6—7 月，果期 7—8 月。

【生　　境】中生植物。生于山地林缘及林下。

【用　　途】低等饲用植物。根入中药，能清热解毒，主治目赤肿痛；也作蒙药用。

【分　　布】主要分布在伊敏苏木、红花尔基镇、锡尼河东苏木、锡尼河西苏木等地。

【拍摄地点】红花尔基镇北

瓣蕊唐松草

【学　　名】*Thalictrum petaloideum* L.

【蒙　　名】查孙 – 其其格、楚斯 – 额布斯

【别　　名】肾叶唐松草、花唐松草、马尾黄连

【形态特征】多年生草本。高 20~60 厘米，全株无毛；茎直立，具纵细沟；基生叶三至四回三出羽状复叶，小叶近圆形、肾状圆形或倒卵形，先端 3 浅裂至深裂，边缘不反卷；伞房状聚伞花序；萼片 4，白色；无花瓣；雄蕊多数，花药黄色，花丝中上部呈棍棒状；心皮无柄；瘦果无梗，卵状椭圆形，具 8 条纵肋棱。花期 6—7 月，果期 8 月。

【生　　境】旱中生杂类草。生于草甸、草甸草原及山地沟谷中。

【用　　途】中等饲用植物。根入中药，能清热燥湿、泻火解毒，主治肠炎、痢疾、黄疸、目赤肿痛等；根也作蒙药用，功效同中药；种子入蒙药，能消食、开胃，主治肺热咳嗽、咯血、失眠、肺脓肿、消化不良、恶心等。

【分　　布】全旗各苏木乡镇均有分布。

【拍摄地点】锡尼河东苏木维纳河西山坡

展枝唐松草

【学　　名】*Thalictrum squarrosum* Steph. ex Willd.

【蒙　　名】萨格萨嘎日 – 查孙 – 其其格、额乐孙 – 楚斯

【别　　名】叉枝唐松草、歧序唐松草、坚唐松草

【形态特征】多年生草本。高达 1 米；须根发达，灰褐色；茎呈"之"字形曲折，常自中部二叉状分枝，通常无毛；叶为三至四回三出羽状复叶，小叶卵形、倒卵形或宽倒卵形；圆锥花序近二叉状分枝，稍呈伞房状，花梗长 1.5~3 厘米；萼片淡黄绿色，稍带紫色；无花瓣；花药比花丝粗；心皮无柄；瘦果新月形或纺锤形，长 5~8 毫米。花期 7—8 月，果期 8—9 月。

【生　　境】中旱生植物。生于典型草原、沙质草原群落中。

【用　　途】低等饲用植物，秋季山羊、绵羊少食。全草入中药，能清热解毒、健胃、制酸、发汗，主治夏季头痛、头晕、吐酸水、胃灼热等；也作蒙药用。种子含油，供工业用；叶含鞣质，可提制栲胶。

【分　　布】主要分布在巴彦托海镇、巴彦塔拉乡、辉苏木、锡尼河西苏木等地。

【拍摄地点】辉河林场

锐裂箭头唐松草

【学　　名】*Thalictrum simplex* L. var. *affine* (Ledeb.) Regel

【蒙　　名】敖尼图－协日－查孙－其其格

【形态特征】多年生草本。高 50~100 厘米，全株无毛；茎直立，通常不分枝，具纵条棱；基生叶及中部茎生叶为二至三回三出羽状复叶，小叶楔形或狭楔形，基部狭楔形，小裂片狭三角形，顶端锐尖；圆锥花序生于茎顶，花梗长 4~7 毫米；萼片 4，淡黄绿色；无花瓣；雄蕊多数，花丝丝状，花药黄色，比花丝粗，柱头箭头状；瘦果椭圆形或狭卵形。花期 7—8 月，果期 8—9 月。

【生　　境】中生植物。生于河岸草甸、山地草甸。

【用　　途】全草及花、果实入中药，全草可清湿热、解毒，用于黄疸、泻痢等，花、果实用于肝炎、肝肿大等。

【分　　布】全旗各苏木乡镇均有分布。

【拍摄地点】锡尼河东苏木呼和乌苏

银莲花属 *Anemone* L.

二歧银莲花

【学　　名】*Anemone dichotoma* L.

【蒙　　名】保根 – 查干 – 其其格

【别　　名】草玉梅

【形态特征】多年生草本。高 20~70 厘米；根状茎横走，细长，暗褐色；基生叶 1，早脱落；总苞片 2，对生，无柄；花葶直立，被贴伏柔毛，花序二至三回二歧分枝，花单生于花序分枝顶端；萼片通常 5~6，白色或外面稍带淡紫红色；无花瓣；心皮无毛，成熟时扁平；聚合果近球形；瘦果狭卵形。花期 6 月，果期 7 月。

【生　　境】中生植物。生于林下、林缘草甸及沟谷、河岸草甸。

【用　　途】根入中药，舒筋活血、清热解毒，用于跌打损伤、痢疾、风湿性关节痛等，外用可治疮痈。

【分　　布】主要分布在巴彦托海镇、巴彦嵯岗苏木、锡尼河西苏木、锡尼河东苏木、伊敏苏木等地。

【拍摄地点】锡尼河东苏木维纳河林场

大花银莲花

【学　名】*Anemone sylvestris* L.

【蒙　名】奥衣音－保根－查干－其其格

【别　名】林生银莲花

【形态特征】多年生草本。高 20~60 厘米；根状茎横走或直生，多数须根，暗褐色；基生叶 2~5，被长柔毛，叶片轮廓近五角形，3 全裂；总苞片 3，具柄，花单一，大型，直径 3.5~5 厘米；萼片 5，里面白色，外面白色微带紫色；无花瓣；花丝丝形，宿存花柱不弯曲；聚合果密集成棉团状；瘦果密被白色长绵毛。花期 6—7 月，果期 7—8 月。

【生　境】中生植物。生于山地林下、林缘、灌丛及沟谷草甸。

【用　途】内蒙古重点保护植物。全草入中、蒙药，主治寒痞、食积、寒"协日乌素"症、瘰疬、黄水疮等。可作观赏花卉。

【分　布】主要分布在巴彦托海镇、巴彦嵯岗苏木、锡尼河东苏木、锡尼河西苏木、伊敏苏木等地。

【拍摄地点】巴彦托海镇巴彦托海嘎查河滩地

白头翁属 *Pulsatilla* Mill.

掌叶白头翁

【学　　名】*Pulsatilla patens* (L.) Mill. subsp. *multifida* (Pritz.) Zamels

【蒙　　名】乌拉音 – 高乐贵 – 其其格

【形态特征】多年生草本。高40厘米；根状茎粗壮，黑褐色；基生叶近圆状心形或肾形，3全裂，叶的全裂片多少细裂，末回裂片条状披针形至狭条形；花葶、总苞、花梗均被长柔毛；花葶直立；萼片蓝紫色；瘦果纺锤形，被柔毛，宿存花柱密被白柔毛。花期5—6月，果期7月。

【生　　境】中生植物。生于林间草甸、山地草甸。

【用　　途】低等饲用植物。可作早春观赏花卉，果期也可用于观赏。

【分　　布】主要分布在锡尼河西苏木、锡尼河东苏木、伊敏苏木、红花尔基镇、巴彦嵯岗苏木等地。

【拍摄地点】伊敏苏木头道桥林下

细叶白头翁

【学　　名】*Pulsatilla turczaninovii* Kryl. et Serg.

【蒙　　名】那日音 – 纳布其图 – 高乐贵

【别　　名】毛姑朵花

【形态特征】多年生草本。高 10~40 厘米；根粗大，垂直，暗褐色；植株基部密包被纤维状枯叶柄残余，基生叶多数，叶柄被白色柔毛，叶片轮廓卵形，二至三回羽状分裂，最终裂片条形或披针状条形；总苞叶掌状深裂，花梗与苞片近等长；萼片 6，蓝紫色，长椭圆形或椭圆状披针形；瘦果狭卵形，宿存花柱弯曲，密被白色羽毛。花果期 5—6 月。

【生　　境】中旱生植物。生于典型草原与草甸草原群落中，可在群落下层形成早春开花的杂类草层片，也可见于山地灌丛中。

【用　　途】低等饲用植物，早春为山羊、绵羊乐食。根入中药（药材名：白头翁），能清热解毒、凉血止痢、消炎退肿，主治细菌性痢疾、阿米巴痢疾、鼻衄、痔疮出血、湿热带下、淋巴结核、疮疡等；也作蒙药用（蒙药名：伊日贵）。

【分　　布】全旗各苏木乡镇均有分布。

【拍摄地点】巴彦嵯岗苏木莫和尔图嘎查

侧金盏花属 *Adonis* L.

北侧金盏花

【学　　名】*Adonis sibirica* Patr. ex Ledeb.

【蒙　　名】西伯日 – 阿拉坦 – 浑达嘎

【形态特征】多年生草本。植株开花初期高约30厘米，后期可达60厘米；除心皮外，全部无毛；根状茎粗壮而短；茎单一，不分枝或极少分枝，基部被鞘状鳞片，褐色；叶无柄，叶片轮廓卵形或三角形，末回裂片条状披针形；萼片黄绿色，圆卵形；花瓣黄色；瘦果被稀疏短柔毛，果喙向下弯曲。花期5月下旬至6月初，果期7—8月。

【生　　境】中生植物。生于山地林缘草甸。

【用　　途】全株入中药，可作强心剂和利尿药。

【分　　布】主要分布在锡尼河东苏木、伊敏苏木等地。

【拍摄地点】锡尼河东苏木维纳河西

水毛茛属 *Batrachium* (DC.) Gray

毛柄水毛茛

【学　　名】*Batrachium trichophyllum* (Chaix ex Vill.) Bossche

【蒙　　名】乌斯图 – 敖孙 – 好乐得孙 – 其其格、扎麻格 – 花儿

【别　　名】梅花藻

【形态特征】多年生沉水草本。茎长 30 厘米以上，分枝，无毛或节上被疏毛；叶具短柄，长约 2.5 毫米，基部加宽成鞘状，被硬毛，叶片轮廓近半圆形，长 1~2 厘米，小裂片丝形；花梗、萼片均无毛；花瓣白色，下部黄色；聚合果近球形；瘦果有横皱纹，被短毛，具短喙。花果期 6—8 月。

【生　　境】水生植物。生于浅水、湖沼及沼泽草甸中。

【用　　途】可作为水生植物园或沼泽园观赏植物。

【分　　布】主要分布在辉苏木、伊敏苏木、锡尼河东苏木、巴彦嵯岗苏木等地。

【拍摄地点】辉苏木嘎鲁图嘎查西

水葫芦苗属（碱毛茛属）*Halerpestes* E. L. Greene

碱毛茛

【学　　名】*Halerpestes sarmentosa* (Adams) Kom. et Aliss.

【蒙　　名】那木格音 – 格车 – 其其格

【别　　名】水葫芦苗、圆叶碱毛茛

【形态特征】多年生草本。高 3~12 厘米；具细长的匍匐茎，横走，节上生根长叶，无毛；叶全部基生，具长柄，基部加宽成鞘状，叶片近圆形，长 0.4~1.5 厘米；花直径约 7 毫米；萼片 5，淡绿色；花瓣 5，黄色；聚合果长约 6 毫米，椭圆形或卵形；瘦果顶端具短喙。花期 5—7 月，果期 6—8 月。

【生　　境】轻度耐盐的中生植物。生于低湿地草甸及轻度盐化草甸，可成为草甸优势种。

【用　　途】低等饲用植物。全草作蒙药用，能利水消肿、祛风除湿，主治关节炎及各种水肿等。

【分　　布】全旗各苏木乡镇均有分布。

【拍摄地点】锡尼河西苏木西博桥湿地

长叶碱毛茛

【学　　名】*Halerpestes ruthenica* (Jacq.) Ovcz.

【蒙　　名】格车 – 其其格

【别　　名】黄戴戴、金戴戴

【形态特征】多年生草本。高 10~25 厘米；具细长的匍匐茎；叶全部基生，具长柄，叶片卵状梯形，长 1.2~4 厘米；花葶单一或上部分枝，花直径约 2 厘米；萼片 5，淡绿色；花瓣 6~9，黄色；聚合果长约 1 厘米，球形或卵形；瘦果先端有微弯的果喙。花期 5—6 月，果期 7 月。

【生　　境】轻度耐盐的湿中生植物。生于各种低湿地草甸及轻度盐化草甸，可成为草甸优势植物，并常与碱毛茛在同一群落中混生。

【用　　途】全草、种子入中药，可解毒、温中止痛；全草也入蒙药，可治咽喉病。

【分　　布】全旗各苏木乡镇均有分布。

【拍摄地点】巴彦托海镇巴彦托海嘎查湿地

毛茛属 *Ranunculus* L.

单叶毛茛

【学　　名】*Ranunculus monophyllus* Ovcz.

【蒙　　名】甘查嘎日特－好乐得孙－其其格

【形态特征】多年生草本。高 10~30 厘米；根状茎短粗，斜升，着生多数淡褐色细弱须根；茎直立，单一或上部有 1~2 分枝，无毛；基生叶通常 1 枚，圆肾形，基部心形，边缘具粗尖裂齿，茎生叶 3~7 掌状全裂或深裂，裂片狭长矩圆形或条状披针形；花单生茎顶或分枝顶端；萼片 5；花瓣 5，黄色；聚合果卵球形；瘦果密被短细毛，喙直伸或钩状。花果期 5—6 月。

【生　　境】湿中生植物。生于河岸湿草甸及山地沟谷湿草甸。

【用　　途】不详。

【分　　布】全旗各苏木乡镇均有分布。

【拍摄地点】巴彦嵯岗苏木五泉山

石龙芮

【学　　名】*Ranunculus sceleratus* L.

【蒙　　名】乌热乐和格 – 其其格、好日图 – 好乐得孙 – 其其格

【形态特征】一、二年生草本。高约 30 厘米；须根细长成束状，淡褐色；茎直立，中空，具纵槽，分枝，稍肉质；基生叶具长柄，叶片轮廓肾形，3~5 深裂，裂片楔形，再 2~3 浅裂，小裂片具牙齿，茎生叶与基生叶同形，分裂或不分裂；聚伞花序多花；萼片 5，反卷；花瓣 5，倒卵形，黄色；聚合果矩圆形；瘦果具细皱纹，喙极短，长约 0.1 毫米。花果期 7—9 月。

【生　　境】湿生植物。生于沼泽草甸及草甸。

【用　　途】毒草，马、牛、羊采食过多会发生肠胃炎、下痢或便血等中毒现象，而以花期毒性最剧烈，植物干后毒性消失。全草入中药，能消肿、拔毒、散结、截疟，外用治淋巴结核、疟疾、蛇咬伤、慢性下肢溃疡等，不能内服；也作蒙药用。

【分　　布】全旗各苏木乡镇均有分布。

【拍摄地点】巴彦托海镇南

小掌叶毛茛

【学　　名】*Ranunculus gmelinii* DC.

【蒙　　名】那木格音－好乐得孙－其其格

【别　　名】小叶毛茛

【形态特征】多年生草本。高约 10 厘米；茎细长，斜升，稍分枝；叶具柄，下部茎生叶的叶柄长，上部的较短或无柄，基部加宽成叶鞘，膜质，上部具叶耳，叶掌状细裂，末回裂片条形，顶端渐尖，沉水叶 5~8 深裂，末回裂片丝状；花 2~3 朵着生于茎顶或分枝顶端；花萼 5，膜质；花瓣 5，黄色；聚合果直径 2~4 毫米；瘦果宽卵形。花果期 7 月。

【生　　境】湿生植物。生于浅水中或沼泽草甸中。

【用　　途】可用于水生植物园或沼泽园观赏植物。

【分　　布】主要分布在锡尼河东苏木、锡尼河西苏木、红花尔基镇、伊敏苏木等地。

【拍摄地点】锡尼河东苏木维纳河林场河滩地

毛茛

【学　　名】*Ranunculus japonicus* Thunb.

【蒙　　名】好乐得孙 – 其其格

【形态特征】多年生草本。高 15~60 厘米；根茎短缩；茎下部和叶柄被伸展长毛；茎直立，常在上部多分枝；基生叶丛生，具长柄，叶片轮廓五角形，基部心形，3 深裂至全裂，茎生叶少数，似基生叶，上部叶 3 全裂；聚伞花序多花，花梗细长；萼片 5；花瓣 5，鲜黄色，有光泽；花托无毛；聚合果球形；瘦果倒卵形。花果期 6—9 月。

【生　　境】湿中生植物。生于山地林缘草甸、沟谷草甸、沼泽草甸中。

【用　　途】全草有毒，家畜采食后，能引起肠胃炎、肾脏炎、疝痛、下痢、尿血，最后痉挛致死。全草入中药，能利湿、消肿、止痛、退翳、截疟，外用治胃痛、黄疸、疟疾、淋巴结核、角膜云翳等；也作蒙药用。

【分　　布】全旗各苏木乡镇均有分布。

【拍摄地点】锡尼河东苏木宝根图林场东沟谷

匐枝毛茛

【学　　名】*Ranunculus repens* L.

【蒙　　名】哲乐图 – 好乐得孙 – 其其格、莫乐和 – 好乐得孙 – 其其格

【别　　名】伏生毛茛

【形态特征】多年生草本。高 10~60 厘米；须根发达，较粗壮；茎上升或稍直立，近无毛或疏被毛，上部分枝，具匐匐枝，下部节上生根；基生叶具长柄，三出复叶，小叶 3 全裂或 3 深裂，裂片再 3 中裂或浅裂，小裂片具缺刻状牙齿；聚伞花序，花直径约 2 厘米；萼片 5，淡褐色；花瓣 5，稀较多，鲜黄色；花托有毛；聚合果球形；瘦果倒卵形。花期 6—7 月，果期 7 月。

【生　　境】湿中生植物。生于草甸、沼泽草甸。

【用　　途】全草入中药，可利湿、消肿、止痛、截疟、杀虫。

【分　　布】主要分布在巴彦嵯岗苏木、伊敏苏木、锡尼河东苏木等地。

【拍摄地点】巴彦嵯岗苏木扎格达木丹嘎查

铁线莲属 *Clematis* L.

棉团铁线莲

【学　　名】*Clematis hexapetala* Pall.

【蒙　　名】依日绘、哈得衣日音 – 查干 – 额布斯

【别　　名】山蓼、山棉花

【形态特征】多年生草本。高 40~100 厘米；根茎粗壮，具多数须根，黑褐色；茎直立，圆柱形，有纵纹；叶对生，近革质，为一至二回羽状全裂，裂片全缘；聚伞花序腋生或顶生；萼片通常6，稀 4~8，水平开展，白色，外面密被白色绵毛，花蕾时绵毛更密，像棉球；无花瓣；雄蕊无毛，花药黄色；瘦果倒卵形，宿存花柱羽毛状，污白色。花期 6—8 月，果期 7—9 月。

【生　　境】中旱生植物。生于草原及灌丛群落中，亦见于固定沙丘或山坡林缘、林下。

【用　　途】低等饲用植物，在青鲜状态时牛和骆驼乐食，马和羊通常不采食。根入中药（药材名：威灵仙），主治风湿性关节痛、手足麻木、偏头痛、鱼骨鲠喉等；也作蒙药用，主治消化不良、肠痛等，外用除疣、排脓等。亦可作农药，对马铃薯疫病和红蜘蛛有良好的防治作用。

【分　　布】全旗各苏木乡镇均有分布。

【拍摄地点】巴彦托海镇二号草库伦

短尾铁线莲

【学　　名】*Clematis brevicaudata* DC.

【蒙　　名】敖好日－奥日牙木格、绍得给日－奥日牙木格

【别　　名】林地铁线莲

【形态特征】藤本。枝条暗褐色，疏生短毛，具明显的细棱；叶对生，为一至二回三出或羽状复叶，小叶卵形至披针形，先端长渐尖成尾状，边缘具缺刻状牙齿；复聚伞花序腋生或顶生；萼片开展，白色或带淡黄色，两面均有短绢状柔毛；无毛瓣；雄蕊多数，花药黄色；瘦果宽卵形，宿存花柱羽毛状，末端具加粗稍弯曲的柱头。花期8—9月，果期9月。

【生　　境】中生植物。生于山地林下、林缘或灌丛中。

【用　　途】根及茎入中药，有小毒，能利尿、消肿，主治浮肿、小便不利、尿血等；也作蒙药用（蒙药名：奥日牙木格）。

【分　　布】主要分布在红花尔基镇、伊敏苏木等地。

【拍摄地点】红花尔基镇

翠雀花属 *Delphinium* L.

东北高翠雀花

【学　　名】*Delphinium korshinskyanum* Nevski

【蒙　　名】淘日格 – 伯日 – 其其格

【别　　名】科氏飞燕草

【形态特征】多年生草本。高 40~120 厘米；茎直立，单一，被伸展的白色长毛；叶基生和茎生，茎上者等距排列，叶柄被白色长毛，叶片轮廓圆状心形，掌状 3 深裂，小裂片先端锐尖；总状花序单一或基部有分枝，花序轴无毛；萼片 5，暗蓝紫色，卵形；花瓣 2，具距；蓇葖果 3，无毛。花期 7—8 月，果期 8 月。

【生　　境】中生植物。生于山地五花草塘及河滩草甸。

【用　　途】可作杀虫剂，能灭杀蝇和蟑螂。

【分　　布】主要分布在伊敏苏木、锡尼河东苏木、红花尔基镇等地。

【拍摄地点】锡尼河东苏木维纳河路边

翠雀花

【学　　名】*Delphinium grandiflorum* L.

【蒙　　名】伯日 - 其其格

【别　　名】大花飞燕草、鸽子花、摇咀咀花

【形态特征】多年生草本。高 20~65 厘米，茎和花序及花梗密被反曲的白色短柔毛；直根，暗褐色；茎直立；叶片轮廓圆肾形，掌状 3 全裂，裂片再细裂，小裂片条形；总状花序具花 3~15 朵；萼片 5，蓝色、紫蓝色或粉紫色；距钻形，末端稍向下弯曲，外面密被白色短毛；花瓣 2，白色，基部有距，伸入萼距中；退化雄蕊 2，瓣片蓝色；蓇葖果密被短毛。花期 7—8 月，果期 8—9 月。

【生　　境】旱中生植物。生于草甸草原、沙质草原、灌丛、山地草甸及河谷草甸中，是草甸草原的常见杂类草。

【用　　途】毒草，家畜一般不采食，偶有中毒者，会发生呼吸困难、血液循环障碍、心脏、神经、肌肉麻痹或痉挛。全草入中药，能泻火止痛、杀虫，外用治牙痛、关节疼痛、疮痈溃疡、灭虱；也作蒙药用（蒙药名：扎杠），治肠炎、腹泻等。花大而鲜艳，可供观赏。

【分　　布】全旗各苏木乡镇均有分布。

【拍摄地点】伊敏苏木二道沟草甸

乌头属 *Aconitum* L.

草乌头

【学　　名】*Aconitum kusnezoffii* Reichb.

【蒙　　名】哈日 – 好日苏、高乐音 – 哈日 – 好日苏

【别　　名】北乌头、草乌、断肠草

【形态特征】多年生草本。高 60~150 厘米；块根通常 2~3 个连生在一起，倒圆锥形或纺锤状圆锥形，外皮暗褐色；茎直立，无毛，光滑；叶互生，茎中部叶五角形，3 全裂，小裂片具尖牙齿；总状花序顶生，长达 40 厘米，花多而密集，花序轴与花梗无毛；萼片蓝紫色，上萼片盔形或高盔形，下萼片不等长，矩圆形；花瓣无毛；距钩状；雄蕊无毛；蓇葖果；种子沿棱具狭翅，只一面生横膜质翅。花期 7—9 月，果期 9 月。

【生　　境】中生植物。生于林下、林缘草甸及沟谷草甸。

【用　　途】内蒙古重点保护植物。块根入中药，有大毒，主治风湿性关节疼痛、半身不遂、手足拘挛、心腹冷痛等；块根和叶入蒙药，块根（蒙药名：奔瓦）功效同中药，叶（蒙药名：奔瓦音 – 拿布其）主治肠炎、痢疾、头痛、牙痛、白喉等。

【分　　布】主要分布在伊敏苏木、锡尼河东苏木、红花尔基镇、巴彦嵯岗苏木、大雁镇等地。

【拍摄地点】锡尼河东苏木小孤山北桦木林下

防己科 Menispermaceae

蝙蝠葛属 *Menispermum* L.

蝙蝠葛

【学　名】*Menispermum dauricum* DC.

【蒙　名】哈日 – 敖日阳古、巴嘎巴盖 – 敖日阳古

【别　名】山豆根、苦豆根、山豆秧根

【形态特征】缠绕性落叶灌木。长达 10 余米；根状茎细长，茎圆柱形；单叶，盾形，互生，叶片肾圆形至心形，边缘有 3~7 浅裂，有 5~7 条掌状脉，叶柄盾状着生；花白色或黄绿色，成腋生圆锥花序；萼片 6；花瓣 6，肾圆形，肉质，边缘内卷；雄花有雄蕊 10~16，雌花有退化雄蕊 6~12；心皮 3，子房上位；核果肾圆形，黑紫色。花期 6 月，果期 8—9 月。

【生　境】中生植物。生于山地林缘、灌丛、沟谷。

【用　途】低等饲用植物。根和根状茎入中药（药材名：北豆根），主治急性咽喉口腔肿疼、扁桃体炎、牙龈肿痛、肺热咳嗽、湿热黄疸、痈疖肿毒、便秘、食道癌、胃癌等；根和根状茎也入蒙药，主治骨热、丹毒、口渴、皮肤病、热性"协日乌素"、血热等。

【分　布】主要分布在锡尼河东苏木、伊敏苏木、红花尔基镇等地。

【拍摄地点】锡尼河东苏木维纳河北部石头山坡上

罂粟科 Papaveraceae

白屈菜属 *Chelidonium* L.

白屈菜

【学　　名】*Chelidonium majus* L.

【蒙　　名】协日 – 好日、黄林

【别　　名】山黄连

【形态特征】多年生草本。高 30~50 厘米，含黄红色乳汁；主根长圆锥形，暗褐色，具多数侧根；茎直立，多分枝；叶轮廓为椭圆形或卵形，单数羽状全裂；伞形花序顶生和腋生；萼片 2，早落；花瓣 4，黄色；雄蕊多数；子房圆柱形；蒴果条状圆柱形，2 瓣裂。花期 6—7 月，果期 8 月。

【生　　境】中生植物。生于山地林缘、林下、沟谷溪边。

【用　　途】全草入中药，有毒，主治胃炎、胃溃疡、腹痛、肠炎、痢疾、黄疸、慢性支气管炎、百日咳等，外用治水田皮炎、毒虫咬伤；全草也入蒙药（蒙药名：希古得日格讷），主治瘟疫热、结喉、发症、麻疹、肠刺痛、火眼等。

【分　　布】全旗各苏木乡镇均有分布。

【拍摄地点】红花尔基镇北

罂粟属 *Papaver* L.

野罂粟

【学　　名】*Papaver nudicaule* L.

【蒙　　名】哲日利格 – 阿木 – 其其格、呼日干 – 扎萨嘎

【别　　名】野大烟、山大烟

【形态特征】多年生草本。主根圆柱形，木质化，黑褐色；叶全部基生，叶片轮廓矩圆形、狭卵形或卵形，二回羽状深裂，两面被刚毛或长硬毛；花葶 1 至多数，花蕾常下垂；花黄色、橙黄色、淡黄色，稀白色；萼片 2，被棕灰色硬毛；花瓣 4，边缘具细圆齿；花丝淡黄色；蒴果被刚毛。花期 5—7 月，果期 7—8 月。

【生　　境】旱中生植物。生于山地林缘、草甸、草原、固定沙丘。

【用　　途】果实入中药（药材名：山米壳），能敛止咳、涩肠、止泻，主治久咳、久泻、脱肛、胃痛、神经性头痛等；花入蒙药，能止痛。

【分　　布】全旗各苏木乡镇均有分布。

【拍摄地点】红花尔基镇南山坡

紫堇科 Fumariaceae

紫堇属 *Corydalis* Vent.

齿裂延胡索

【学　　名】*Corydalis turtschaninovii* Bess.

【蒙　　名】呼和 – 好日海 – 其其格

【别　　名】齿瓣延胡索

【形态特征】多年生草本。高 10~30 厘米；块茎球状，茎粗壮，直立或倾斜，单一或由下部鳞片叶腋分出 2~3 枝；基生叶柄无鞘，叶二回三出深裂或全裂；总状花序密集；花蓝色或蓝紫色，花冠唇形，花瓣 4，外轮花瓣边缘具波状齿，顶端微凹，中具 1 明显凸尖；蒴果线形或扁圆柱形，2 瓣裂；种子扁肾形。花期 5 月，果期 5—6 月。

【生　　境】中生植物。生于山地林缘、沟谷草甸、河滩及溪沟边。

【用　　途】可入中药，能活血散瘀、理气止痛，主治胃痛、胸腹痛、疝痛、痛经、月经不调、产后瘀血腹痛、跌打损伤等。

【分　　布】主要分布在巴彦嵯岗苏木、锡尼河东苏木、锡尼河西苏木、伊敏苏木等地。

【拍摄地点】巴彦嵯岗苏木五泉山

十字花科 Cruciferae

团扇荠属 *Berteroa* DC.

团扇荠

【学　　名】*Berteroa incana* (L.) DC.

【蒙　　名】布格木 – 和其叶力吉

【形态特征】一、二年生草本。高 20~60 厘米，全株被分枝毛；叶与果瓣上的毛略呈贴伏状，且杂有单毛；茎不分枝，或于中、上部分枝；基生叶早枯，下部叶长圆形，先端钝圆，基部渐狭成柄，边缘具不明显的波状齿；花序伞房状；花瓣白色，顶端 2 深裂；长雄蕊花丝扁，短雄蕊花丝单侧具齿；短角果椭圆形，花柱宿存。花期 6—7 月，果期 7–8 月。

【生　　境】中生植物。生于山坡、河岸、田边。

【用　　途】不详。

【分　　布】分布在巴彦嵯岗苏木。

【拍摄地点】巴彦嵯岗苏木扎格达木丹嘎查阳波公司苜蓿人工草地内

蔊菜属 *Rorippa* Scop.

山芥叶蔊菜

【学　　名】*Rorippa barbareifolia* (DC.) Kitag.

【蒙　　名】哈拉巴根 – 萨日伯

【形态特征】一或二年生草本。高 30~80 厘米；茎直立，常多分枝，基部密生长柔毛，且混生短柔毛；茎下部叶羽状深裂或羽状全裂，轮廓矩圆形至披针形，裂片常三角形尖裂片，边缘具不整齐牙齿，两面伏生疏柔毛；总状花序顶生和侧生；花淡黄色，花瓣与萼片等长；短角果成熟时 4 瓣裂。花果期 6—8 月。

【生　　境】中生植物。生于林缘草甸、河边草甸。

【用　　途】低等饲用植物。

【分　　布】主要分布在伊敏苏木、红花尔基镇、锡尼河东苏木等地。

【拍摄地点】伊敏苏木吉登嘎查湿地

风花菜

【学　　名】*Rorippa palustris* (L.) Bess.

【蒙　　名】那木根 – 萨日伯、萨巴日

【别　　名】沼生蔊菜

【形态特征】二年生或多年生草本。高 10~60 厘米，无毛；茎直立或斜升，多分枝，有时带紫色；基生叶和茎下部叶大头羽状深裂，边缘有粗钝齿；总状花序生枝顶，花极小；萼片淡黄绿色；花瓣黄色；短角果稍弯曲，圆柱状长椭圆形；种子长 0.5~1 毫米，无翅。花果期 6—8 月。

【生　　境】湿中生沼泽草甸与草甸植物。生于水边、沟谷。

【用　　途】低等饲用植物，嫩苗可作饲料。全草入中药，有清热利尿、解毒、消肿之功效，主治黄疸、水肿、淋病、咽喉肿痛、痈肿、关节炎等；外用治烫火伤。种子含油，可供食用或工业用。

【分　　布】全旗各苏木乡镇均有分布。

【拍摄地点】巴彦托海镇河滩水边

菥蓂属（遏蓝菜属）*Thlaspi* L.

山菥蓂

【学　　名】*Thlaspi cochleariforme* DC.

【蒙　　名】乌拉音－淘力都－额布斯

【别　　名】山遏蓝菜

【形态特征】多年生草本。高 5~20 厘米；直根圆柱状，淡灰黄褐色，根状茎木质化，多头；茎丛生，直立或斜升，无毛；基生叶莲座状，茎生叶卵形或披针形，先端钝，基部箭形或心形抱茎；总状花序生枝顶；花瓣白色，长约 6 毫米；短角果倒卵状楔形，长 5~8 毫米，顶端凹缺，上半部分具狭翅。花果期 5—7 月。

【生　　境】砾石生旱生植物。生于山地石质山坡或石缝间。

【用　　途】中等饲用植物。种子入蒙药（蒙药名：乌拉音－恒日格－额布斯），能清热、解毒、强壮、开胃、利水、消肿，主治肺热、肾热、肝炎、腰腿痛、恶心、睾丸肿痛、遗精、阳痿等。

【分　　布】全旗各苏木乡镇均有分布。

【拍摄地点】巴彦嵯岗苏木阿拉坦敖希特嘎查西

独行菜属 *Lepidium* L.

独行菜

【学　　名】*Lepidium apetalum* Willd.

【蒙　　名】昌古、哈伦－温都苏

【别　　名】腺茎独行菜、辣辣根、辣麻麻

【形态特征】一或二年生草本。高 5~30 厘米；茎直立或斜升，多分枝，被微小头状毛；基生叶莲座状，一回羽裂，叶片狭匙形，茎生叶狭披针形至条形；总状花序顶生，花小，不明显；花瓣极小，匙形，有时退化成丝状或无花瓣；雄蕊 2~4；短角果。花果期 5—7 月。

【生　　境】旱中生杂草。轻度耐盐碱，生于村边、路旁、田间、撂荒地、山地、沟谷。

【用　　途】良等饲用植物，青绿时羊有时吃一些，骆驼不喜食、干后较乐食，马与牛不吃。全草及种子入中药，全草主治肠炎腹泻、小便不利、血淋、水肿等，种子（药材名：葶苈子），主治肺痈、喘咳痰多、胸肋满闷、水肿、小便不利等；种子也入蒙药（蒙药名：汉毕勒），主治毒热、气血相讧、咳嗽气喘、血热等。

【分　　布】全旗各苏木乡镇均有分布。

【拍摄地点】巴彦托海镇居民点

荠属 *Capsella* Medik.

荠

【学　　名】*Capsella bursa-pastoris* (L.) Medik.

【蒙　　名】阿布嘎

【别　　名】荠菜

【形态特征】一或二年生草本。高 10~50 厘米；茎直立，有分枝，被星状毛且混生单毛；基生叶为不整齐羽裂或不分裂，茎生叶披针形，先端锐尖，基部箭形且抱茎，全缘或具疏齿；总状花序生枝顶；花瓣白色；短角果倒三角状心形，先端微凹，有极短的宿存花柱。花果期 6—8 月。

【生　　境】中生杂草。生于田边、村舍附近或路旁。

【用　　途】中等饲用植物。全草及根入中药，全草主治咯血、肠出血、子宫出血、月经过多、肾炎水肿、乳糜尿、肠炎、高血压、头痛、目病、视网膜出血等，根能治赤白痢、结膜炎等；果实入蒙药，主治呕吐、水肿、小便不利、脉热等。嫩枝可作蔬菜食用；种子油可供工业用。

【分　　布】全旗各苏木乡镇均有分布。

【拍摄地点】呼伦贝尔市新区公园

亚麻荠属 *Camelina* Crantz

小果亚麻荠

【学　　名】*Camelina microcarpa* Andrz.

【蒙　　名】吉吉格 – 萨日黑牙格 – 额布斯

【形态特征】一年生草本。高 30~60 厘米；茎直立，不分枝或稍分枝，下部密被分枝毛和单毛，上部近无毛；叶披针形或条形，先端锐尖，基部箭形半抱茎，全缘，两面被疏硬毛；总状花序；花瓣淡黄色；短角果长 4~6 毫米，宽 2.5~3 毫米，果瓣的中脉常自基部达中部以下。花果期 6—8 月。

【生　　境】中生植物。生于撂荒地、农田边。

【用　　途】良等饲用植物。

【分　　布】主要分布在辉苏木、伊敏苏木、锡尼河东苏木等地。

【拍摄地点】辉河林场西

庭荠属 *Alyssum* L.

北方庭荠

【学　　名】*Alyssum lenense* Adam.

【蒙　　名】协日－得米格

【别　　名】条叶庭荠、线叶庭荠

【形态特征】多年生草本。高 3~15 厘米，全株密被长星状毛，灰白色，有时呈银灰白色；直根长圆柱形，灰褐色；茎自基部多分枝；叶条形或倒披针状条形，全缘，无柄；总状花序具多数稠密的花；花瓣黄色，长 4.5~8 毫米，顶端凹缺，中部两侧常具尖裂片；短角果表面无毛，果瓣开裂后果实呈团扇状。花果期 5—7 月。

【生　　境】砾石生旱生植物。散生于草原区的丘陵坡地、石质丘顶、沙地。

【用　　途】可作野生观赏花卉。

【分　　布】主要分布在巴彦嵯岗苏木、巴彦托海镇、辉苏木、锡尼河西苏木、巴彦塔拉乡等地。

【拍摄地点】巴彦嵯岗苏木阿拉坦敖希特嘎查西

倒卵叶庭荠

【学　　名】*Alyssum obovatum* (C. A. Mey.) Turcz.

【蒙　　名】温得格乐金 – 得米格

【别　　名】西伯利亚庭荠

【形态特征】多年生草本。高 4~15 厘米，全株密被短星状毛，呈银灰绿色；茎于基部木质化，自基部分枝，下部茎平卧；叶匙形或倒卵状披针形，全缘，两面被短星状毛，中脉在下面凸起；总状花序顶生；花瓣黄色，长 2.5~4 毫米，中部两侧无裂片；短角果被短星状毛。花果期 7—9 月。

【生　　境】旱生植物。生于山地草原、石质山坡。

【用　　途】可作野生观赏花卉。

【分　　布】主要分布在巴彦嵯岗苏木、巴彦托海镇、辉苏木、锡尼河西苏木、巴彦塔拉乡等地。

【拍摄地点】辉苏木巴彦代樟子松林

燥原荠属 *Ptilotrichum* C. A. Mey.

细叶燥原荠

【学　　名】*Ptilotrichum tenuifolium* (Steph. ex Willd.) C. A. Mey.

【蒙　　名】纳日音 – 好日格

【别　　名】薄叶燥原荠

【形态特征】半灌木。高（5）10~30 厘米，全株密被星状毛；茎直立或斜升；叶条形，全缘，呈灰绿色；花序伞房状，果期极延长；花瓣白色，瓣片近圆形，基部具爪，长 3.5~4.5 毫米；短角果椭圆形或卵形，花柱宿存。花果期 6—9 月。

【生　　境】中旱生植物。生于砾石质山坡、草地、河谷。

【用　　途】可作干旱地区野生观赏花卉。

【分　　布】全旗各苏木乡镇均有分布。

【拍摄地点】锡尼河东苏木维纳河山坡

葶苈属 *Draba* L.

葶苈

【学　　名】*Draba nemorosa* L.

【蒙　　名】哈木比乐

【形态特征】一或二年生草本。高10~30厘米；茎直立，下半部被单毛、二或三叉状分枝毛和星状毛，上半部近无毛；基生叶莲座状，茎生叶矩圆形或披针形，基部楔形，无柄，边缘具疏齿或近全缘，两面被单毛、分枝毛和星状毛；总状花序在开花时伞房状，结果时极延长；花黄色，花梗丝状；短角果密被短柔毛或无毛，果瓣具网状脉纹；种子有颗粒状花纹。花果期6—8月。

【生　　境】中生植物。生于山坡草甸、林缘、沟谷溪边。

【用　　途】低等饲用植物。种子入药，能清热祛痰、定喘、利尿。种子含油，可供工业用。

【分　　布】全旗各苏木乡镇均有分布。

【拍摄地点】巴彦嵯岗苏木五泉山

花旗杆属 *Dontostemon* Andrz. ex C. A. Mey.

小花花旗杆

【学　　名】*Dontostemon micranthus* C. A. Mey.

【蒙　　名】吉吉格 - 巴格太 - 额布斯

【形态特征】一或二年生草本。高 20~50 厘米，植株被短曲柔毛和硬单毛；茎直立，单一或上部分枝；茎生叶着生较密，条形，全缘；总状花序结果时延长；花白色或白粉色，花瓣长 3~4 毫米，条状倒披针形，顶端圆形；长角果具极短的宿存花柱。花果期 6—8 月。

【生　　境】中生植物。生于山地林缘草甸、沟谷、河滩、固定沙地。

【用　　途】低等饲用植物。

【分　　布】全旗各苏木乡镇均有分布。

【拍摄地点】锡尼河西苏木巴彦胡硕敖包山

全缘叶花旗杆

【学　　名】*Dontostemon integrifolius* (L.) C. A. Mey.

【蒙　　名】布屯－巴格太－额布斯

【别　　名】线叶花旗杆、多年生花旗杆、无腺花旗杆

【形态特征】一或二年生草本。高 5~25 厘米，全株密被短曲柔毛、长柔毛或有腺毛；茎直立，多分枝；叶狭条形，全缘；总状花序顶生和侧生，果期延长；花瓣淡紫色，宽倒卵形，长 5~7 毫米，顶端平截微凹；长角果具极短的宿存花柱。花果期 6—8 月。

【生　　境】旱生植物。生于沙质草原、石质坡地。

【用　　途】低等饲用植物。

【分　　布】主要分布在巴彦托海镇、巴彦塔拉乡、锡尼河西苏木、辉苏木等地。

【拍摄地点】锡尼河西苏木巴彦胡硕敖包山

大蒜芥属 *Sisymbrium* L.

多型大蒜芥

【学　　名】*Sisymbrium polymorphum* (Murr.) Roth

【蒙　　名】敖兰其 – 哈木白

【别　　名】寿蒜芥

【形态特征】多年生草本。高 15~35 厘米，全株无毛，淡灰蓝色；直根粗壮，木质，多头；茎直立，有分枝；叶多型，羽状全裂或羽状深裂，茎上部叶丝状狭条形，全缘；总状花序疏松，花期伞房状；花瓣黄色，狭倒卵状楔形；长角果斜开展，狭条形，长 3~4 厘米。花果期 6—8 月。

【生　　境】中旱生植物。生于草原地区的山坡或草地。

【用　　途】低等饲用植物。

【分　　布】主要分布在巴彦托海镇、辉苏木等地。

【拍摄地点】巴彦托海镇巴彦托海嘎查奶牛村

新疆大蒜芥

【学　　名】*Sisymbrium loeselii* L.

【蒙　　名】新疆 – 哈木白

【形态特征】一年生草本。高 20~100 厘米，具长单毛；茎直立，上部毛稀疏或近无毛；叶羽状深裂至全裂，中、下部茎生叶顶端裂片较大，三角状长圆形、戟形至长戟形，基部戟形，两侧具波状齿或小齿；伞房状花序顶生，果期伸长；花瓣黄色；长角果圆筒状，具棱，长 2~3.5 厘米，无毛，略弯曲。花果期 5—8 月。

【生　　境】中生植物。生于田野、路边、村落。

【用　　途】不详。

【分　　布】分布在红花尔基镇（疑为绿化时带来的种子）。

【拍摄地点】红花尔基镇宾馆院内

碎米荠属 *Cardamine* L.

细叶碎米荠

【学　　名】*Cardamine trifida* (Lam. ex Poir.)B. M. G. Jones

【蒙　　名】那日音－照古其

【别　　名】细叶石芥花

【形态特征】多年生草本。高 6~25 厘米；根状茎短，具地下扁球状小块茎；茎单一，常直立，着生叶 1~3 片，无毛；叶为羽状全裂，裂片 3~5 片，条形或披针状条形；总状花序顶生，伞房状；萼片具膜质边缘；花瓣紫红色，倒卵状楔形；长角果狭条形，花柱宿存。花果期 5—7 月。

【生　　境】中生植物。生于林下、塔头草甸。

【用　　途】低等饲用植物。

【分　　布】主要分布在锡尼河东苏木、锡尼河西苏木、伊敏苏木等地。

【拍摄地点】锡尼河东苏木维纳河泉眼附近塔头

浮水碎米荠

【学　　名】*Cardamine prorepens* Fisch. ex DC.

【蒙　　名】其根 – 照古其

【别　　名】伏水碎米荠

【形态特征】多年生草本。高 10~30 厘米；茎下部匍匐地面，节部生不定根，上部斜升；叶同型，为羽状全裂，裂片卵形、近圆形或椭圆形；总状花序顶生，伞房状；花瓣白色，长 8~15 毫米；长角果狭条形，花柱宿存。花果期 6—8 月。

【生　　境】湿生植物。生于河边浅水中或林下湿地。

【用　　途】可用于水生植物园或沼泽园观赏植物。

【分　　布】主要分布在伊敏苏木、锡尼河东苏木等地。

【拍摄地点】锡尼河东苏木维纳河林场塔头

白花碎米荠

【学　　名】*Cardamine leucantha* (Tausch) O. E. Schulz

【蒙　　名】查干－照古其

【形态特征】多年生草本。高 30~70 厘米；根状茎短而匍匐，着生多数须根和白色横走的长匍匐枝；茎直立，单一，有纵棱槽，被短柔毛；单数羽状复叶，常有小叶 2 对，顶生小叶卵形至长卵状披针形，边缘有不整齐的钝齿或锯齿，两面被短硬毛；圆锥花序顶生，常由 3~5 个总状花序组成；萼片、花梗与花轴都有短硬毛；花瓣白色，倒卵状楔形；长角果条形，花柱宿存。花果期 6—8 月。

【生　　境】中生植物。生于林下、林缘、灌丛下、湿草地。

【用　　途】中等饲用植物。根状茎入中药，能解痉镇咳、活血止痛，主治百日咳、跌打损伤等。全草晒干，民间用以代茶饮；鲜苗可作野菜食用。

【分　　布】主要分布在伊敏苏木、锡尼河东苏木等地。

【拍摄地点】伊敏苏木吉登嘎查居民点附近河滩地

草甸碎米荠

【学　　名】*Cardamine pratensis* L.

【蒙　　名】淖高音 – 照古其

【形态特征】多年生草本。高 15~30 厘米；茎直立，不分枝或上部稍分枝；叶羽状全裂，裂片椭圆形或披针形，全缘；顶生总状花序；外萼片基部浅囊状，内萼片比外萼方稍小，边缘膜质；花瓣淡紫色，稀白色；长角果条形，花柱宿存。花果期 6—7 月。

【生　　境】湿中生植物。生于林区湿草甸、塔头草甸。

【用　　途】全草入中药，可清热解毒，用于坏血病。叶有强烈辣味，可作调味品；嫩叶可食用；还可作蜜源植物；全草供观赏。

【分　　布】主要分布在巴彦嵯岗苏木、锡尼河东苏木、锡尼河西苏木、红花尔基镇、伊敏苏木等地。

【拍摄地点】巴彦嵯岗苏木五泉山

播娘蒿属 *Descurainia* Webb et Berth.

播娘蒿

【学　　名】*Descurainia Sophia* (L.) Webb ex Prantl

【蒙　　名】协热乐金 – 哈木白

【别　　名】野芥菜

【形态特征】一或二年生草本。高 20~80 厘米，全株密被分枝状短柔毛，呈灰白色；茎直立；叶二至三回羽状全裂或深裂，最终裂片条形或条状矩圆形；总状花序顶生，具多数花；花瓣黄色，匙形；雄蕊比花瓣长；长角果狭条形，淡黄绿色，无毛，顶端无花柱，柱头压扁；种子 1 行，黄棕色。花果期 6—9 月。

【生　　境】中生杂草。生于山地草甸、沟谷、村旁、田边。

【用　　途】低等饲用植物。种子入中药（药材名：葶苈子），主治喘咳痰多、胸肋满闷、水肿、小便不利等；种子也入蒙药（蒙药名：汉毕勒），主治毒热、气血相讧、咳嗽气喘、血热等。全草可制农药，对于棉蚜、菜青虫等有杀死效用；种子含油，可供制肥皂和油漆用；也可食用。

【分　　布】全旗各苏木乡镇均有分布。

【拍摄地点】巴彦托海镇索伦桥西

糖芥属 *Erysimum* L.

小花糖芥

【学　　名】*Erysimum cheiranthoides* L.

【蒙　　名】高恩淘格

【别　　名】桂竹香糖芥

【形态特征】一或二年生草本。高 30~50 厘米；茎直立，密被伏生丁字毛；叶狭披针形至条形，中脉在下面明显隆起；总状花序顶生；萼片披针形或条形；花瓣黄色或淡黄色，匙形，长 3~5 毫米，基部具爪；长角果条形，果梗长 5~13 毫米，果瓣伏生三或四叉状分枝毛，中央具凸起主脉 1 条。花果期 7—8 月。

【生　　境】中生植物。生于草原、山地林缘、草甸、沟谷。

【用　　途】良等饲用植物。全草入中药，能强心利尿、健脾和胃、消食，主治心悸、浮肿、消化不良等；种子入蒙药，能清热、解毒、止咳、化痰、平喘，主治毒热、咳嗽气喘、血热等。

【分　　布】全旗各苏木乡镇均有分布。

【拍摄地点】伊敏苏木三道桥北

蒙古糖芥

【学　　名】*Erysimum flavum* (Georgi) Bobrov

【蒙　　名】阿拉泰 – 高恩淘格

【别　　名】阿尔泰糖芥

【形态特征】多年生草本。高 5~30 厘米；直根粗壮，淡黄褐色，根状茎顶部常具多头，基部通常包被残叶；茎直立，不分枝，被丁字毛；叶狭条形，全缘，两面密被丁字毛，灰蓝绿色，边缘内卷或对折；总状花序顶生；花瓣淡黄色或黄色，长 15~18 毫米，近圆形或宽倒卵形；长角果，花柱宿存，柱头 2 裂。花果期 5—8 月。

【生　　境】中旱生杂类草。生于山坡、河滩及典型草原、草甸草原。

【用　　途】良等饲用植物。种子入蒙药，能清热、解毒、止咳、化痰、平喘，主治毒热、咳嗽气喘、血热等。

【分　　布】全旗各苏木乡镇均有分布。

【拍摄地点】巴彦嵯岗苏木林下

曙南芥属 *Stevenia* Adams et Fisch.

曙南芥

【学　　名】*Stevenia cheiranthoides* DC.

【蒙　　名】好日格

【形态特征】多年生草本。高 10~30 厘米，全株密被星状毛；直根圆柱形，灰黄褐色，根状茎木质，通常具多头；茎直立，基部常包被褐黄色残叶；基生叶密生呈莲座状，条形，两面密被星状毛，全缘；总状花序，具花 20 余朵；花瓣紫色或淡红色，后变白色；长角果长椭圆形或条形，密被星状毛，花柱宿存。花果期 6—8 月。

【生　　境】旱中生植物。生于山地石质坡地、岩石缝。

【用　　途】可作旱生区园林绿化植物。

【分　　布】主要分布在伊敏苏木、锡尼河东苏木、红花尔基镇等地。

【拍摄地点】锡尼河东苏木维纳河山坡

南芥属 *Arabis* L.

垂果南芥

【学　　名】*Arabis pendula* L.

【蒙　　名】温吉格日－少布都海、宝日－宝它

【别　　名】粉绿垂果南芥

【形态特征】一或二年生草本。高 20~80 厘米；茎直立，不分枝或上部稍分枝，被硬单毛，有时混生短星状毛；叶披针形，先端长渐尖，基部耳状抱茎，边缘具疏锯齿；总状花序顶生或腋生；萼片矩圆形；花瓣白色，倒披针形；长角果向下弯曲，长条形；种子 2 行，近椭圆形，棕色。花果期 6—9 月。

【生　　境】中生植物。生于山地林缘、灌丛下、沟谷、河边。

【用　　途】低等饲用植物。果实入中、蒙药，能清热解毒、消肿，主治疮痈肿毒。

【分　　布】全旗各苏木乡镇均有分布。

【拍摄地点】红花尔基镇北

硬毛南芥

【学　　名】*Arabis hirsuta* (L.) Scop.

【蒙　　名】希如棍 – 少布都海

【别　　名】毛南芥

【形态特征】一年生草本。高 20~60 厘米；茎直立，不分枝或上部稍分枝，密生分枝毛并混生少量硬单毛；叶倒披针形至披针形，先端圆钝，基部平截或微心形，稍抱茎，全缘或边缘具不明显的疏齿，两面被分枝毛，中脉在下面隆起；总状花序顶生或腋生；花瓣白色，近匙形；长角果向上直立，贴紧于果轴，果梗劲直。花果期 6—8 月。

【生　　境】中生植物。生于林下、林缘、湿草甸、沟谷溪边。

【用　　途】中等饲用植物。

【分　　布】全旗各苏木乡镇均有分布。

【拍摄地点】巴彦嵯岗苏木撂荒地

景天科 Crassulaceae

瓦松属 *Orostachys* Fisch.

钝叶瓦松

【学　　名】*Orostachys malacophylla* (Pall.) Fisch.

【蒙　　名】矛好日－斯琴－额布斯

【形态特征】二年生肉质草本。高 10~30 厘米；第一年仅有莲座状叶，叶矩圆形、椭圆形、倒卵形、矩圆状披针形或卵形，叶全部不具尖头，第二年抽出花茎，茎生叶互生，无柄，两面有紫红色斑点；花序圆柱形总状；花瓣白色或淡绿色，干后呈淡黄色；花药黄色；蓇葖果卵形。花期 8—9 月，果期 9 月。

【生　　境】旱生植物。多生于山地、丘陵的砾石质坡地及平原的沙质地，常为草原及草甸草原植被的伴生植物。

【用　　途】中等饲用植物，为多汁饲用植物，羊采食后可减少饮水量。全草入中药，内服可治痢疾、便血、子宫出血等，外敷可治疮口久不愈合，煎汤含漱可治齿龈肿痛。

【分　　布】全旗各苏木乡镇均有分布。

【拍摄地点】锡尼河东苏木孟根楚鲁嘎查沙地上

黄花瓦松

【学　　名】*Orostachys spinosa* (L.) Sweet

【蒙　　名】协日 – 斯琴 – 额布斯、协日 – 伊力图 – 额布斯、协日 – 爱日格 – 额布斯

【形态特征】二年生肉质草本。高 10~30 厘米；第一年有莲座状叶丛，叶矩圆形，先端有半圆形、白色、全缘、软骨质的附属物，中央具刺尖，第二年抽出花茎，茎生叶互生；花序顶生，狭长，穗状或总状；花梗长 1 毫米或无梗；花瓣 5，黄绿色；雄蕊 10，花药黄色；蓇葖果椭圆状披针形。花期 8—9 月，果期 9 月。

【生　　境】旱生植物。生于山坡石缝中及林下岩石上，在草甸草原及草原石质山坡植被中常为伴生种。

【用　　途】中等饲用植物。全草入药，能活血、止血、敛疮，内服可治痢疾、便血、子宫出血等；鲜品捣烂或焙干研末外敷可治疮口久不愈合；煎汤含漱可治齿龈肿痛。

【分　　布】全旗各苏木乡镇均有分布。

【拍摄地点】锡尼河东苏木石山坡

八宝属 *Hylotelephium* H. Ohba

白八宝

【学　　名】*Hylotelephium pallescens* (Freyn) H. Ohba

【蒙　　名】查干－其孙乃－呼日麻格－敖日好代

【别　　名】白景天、长茎景天

【形态特征】多年生肉质草本。高 30~60 厘米；根束生，须根纤细，非肉质，根状茎短，直立；茎直立；叶互生，有时对生，矩圆状卵形至椭圆状披针形，上面有多数红褐色斑点；聚伞花序顶生；花瓣 5，白色至淡红色；蓇葖直立，披针状椭圆形。花期 7—9 月，果期 8—9 月。

【生　　境】湿中生植物。生长于山地林缘草甸、河谷湿草甸、沟谷、河边砾石滩。

【用　　途】低等饲用植物。可作观赏植物。

【分　　布】主要分布在伊敏苏木、巴彦嵯岗苏木等地。

【拍摄地点】伊敏苏木二道桥北

紫八宝

【学　　名】*Hylotelephium triphyllum* (Haworth) Holub

【蒙　　名】宝日 – 其孙乃 – 呼日麻格 – 敖日好代

【别　　名】紫景天

【形态特征】多年生肉质草本。高30~60厘米；块根多数，胡萝卜状，须根纺锤状，肉质；茎直立；叶互生，卵状矩圆形至矩圆形，边缘有不整齐牙齿，上面散生斑点；伞房状聚伞花序，花密生；萼片5；花瓣5，紫红色；雄蕊10，与花瓣近等长；鳞片5；心皮5。花期7—8月，果期9月。

【生　　境】中生植物。生长于山地林缘草甸、山坡草甸、岩石缝、路边。

【用　　途】低等饲用植物。全草入中药，能止血、清热解毒、镇痛，用于痈疽疮肿、瘰疬、感冒、风湿痛等。可作观赏植物。

【分　　布】主要分布在伊敏苏木、锡尼河东苏木、巴彦嵯岗苏木等地。

【拍摄地点】巴彦嵯岗苏木林缘

费菜属 *Phedimus* Rafin.

费菜

【学　　名】*Phedimus aizoon* (L.) 't Hart.

【蒙　　名】乌拉布日－矛钙－伊得

【别　　名】土三七、景天三七、见血散

【形态特征】多年生肉质草本。茎高 20~50 厘米，具 1~3 条茎，直立，不分枝，全体无毛；根状茎短而粗；叶互生，椭圆状披针形至倒披针形，宽 5~20 毫米，先端锐尖或稍钝，边缘有不整齐的锯齿；聚伞花序顶生，分枝平展，多花；花瓣黄色；雄蕊 10，较花瓣短；蓇葖呈星芒状排列，有直喙；种子椭圆形。花期 6—8 月，果期 8—9 月。

【生　　境】中生植物。生于山地林下、林缘草甸、沟谷草甸、山坡灌丛。

【用　　途】内蒙古重点保护植物。劣等饲用植物。根及全草入中药，能散瘀止血、安神镇痛，主治血小板减少性紫癜、衄血、吐血、咯血、便血、齿龈出血、子宫出血、心悸、烦躁、失眠等；外用治跌打损伤、外伤出血、烧烫伤、疮疖痈肿等症。根含鞣质，可提制栲胶。

【分　　布】全旗各苏木乡镇均有分布。

【拍摄地点】红花尔基镇北

虎耳草科 Saxifragaceae

梅花草属 *Parnassia* L.

梅花草

【学　　名】*Parnassia palustris* L.

【蒙　　名】孟根 – 地格达、纳木日音 – 查干 – 其其格

【别　　名】苍耳七

【形态特征】多年生草本。高 20~40 厘米，全株无毛；根状茎近球形，肥厚，须根多数；基生叶丛生，有长柄，叶片心形或宽卵形，全缘，茎生叶 1 片，无柄；花单生于花茎顶端；花白色或淡黄色，外形如梅花，花瓣 5，平展，宽卵形；退化雄蕊条裂状；子房上位，蒴果上部 4 裂。花期 7—8 月，果期 9 月。

【生　　境】湿中生植物。多在林区及草原带山地的沼泽化草甸中零星生长。

【用　　途】中等饲用植物。全草入中药，主治细菌性痢疾、咽喉肿痛、百日咳等；全草也入蒙药，主治间热痞、内热痞、脉痞、脏腑"协日"病等。可作蜜源及观赏植物。

【分　　布】全旗各苏木乡镇均有分布。

【拍摄地点】辉苏木北辉河边

金腰属 *Chrysosplenium* L.

五台金腰

【学　　名】*Chrysosplenium serreanum* Hand.-Mazz.

【蒙　　名】阿拉坦 – 布格日

【别　　名】金腰子、互叶金腰

【形态特征】多年生矮小草本。高 5~12 厘米；具白色纤细的地下匍匐枝；茎肉质，直立或斜升；基生叶 2~4 片，肾形或圆肾形，茎生叶 1~2 片，互生，肾圆形；聚伞花序紧密，苞片围绕花序，绿色，似茎生叶；花近无梗，黄绿色或鲜黄色；萼片 4；蒴果近下位。花果期 6—8 月。

【生　　境】湿生植物。生于山地林下阴湿地、石崖阴处、山谷溪边。

【用　　途】不详。

【分　　布】主要分布在伊敏苏木、红花尔基镇等地。

【拍摄地点】绰尔林业局伊敏林场

茶藨属 *Ribes* L.

楔叶茶藨

【学　　名】*Ribes diacanthum* Pall.

【蒙　　名】乌混 – 少布特日、希日初、布珠日格讷

【别　　名】双刺茶藨子

【形态特征】灌木。高 1~2 米，全株平滑无毛；当年生小枝红褐色，有纵棱，老枝灰褐色，稍剥裂，节上有皮刺 1 对；叶倒卵形，稍革质，3 浅裂，基部楔形，掌状三出脉；花单性，雌雄异株，总状花序，雄花序较长，常下垂，雌花序较短；花淡绿黄色，花瓣鳞片状；萼筒浅碟状；浆果红色，球形。花期 5—6 月，果期 8—9 月。

【生　　境】中生植物。生于沙丘、沙地、河岸及石质山地，可成为沙地灌丛的优势植物。

【用　　途】低等饲用植物。可作观赏灌木；水土保持植物；果实可食；种子含油脂。

【分　　布】全旗各苏木乡镇均有分布。

【拍摄地点】锡尼河西苏木巴彦胡硕敖包山

蔷薇科 Rosaceae

假升麻属 *Aruncus* Adans.

假升麻

【学　　名】*Aruncus sylvester* Kostel. ex Maxim.

【蒙　　名】呼日麻格 – 扎白

【别　　名】棣棠升麻

【形态特征】多年生草本。高 1~2 米；根茎粗大，褐色；茎直立，粗壮；二回羽状复叶，小叶菱状卵形或长椭圆形，先端渐尖或尾尖，边缘具不规则的小锯齿；大型圆锥花序，花单性，雌雄异株，稀杂性；花托碟状；萼片 5；花瓣 5，白色；雄蕊 20；心皮 3；蓇葖果下垂，无毛。花期 7 月，果期 8—9 月。

【生　　境】中生植物。生于山地林下、林缘及林间草甸。

【用　　途】低等饲用植物。根入中药，用于跌打损伤、劳伤、筋骨痛等。

【分　　布】主要分布在伊敏苏木、锡尼河东苏木等地。

【拍摄地点】锡尼河东苏木维纳河林场

绣线菊属 *Spiraea* L.

柳叶绣线菊

【学　　名】*Spiraea salicifolia* L.

【蒙　　名】乌丹 – 塔比勒干纳

【别　　名】绣线菊、空心柳

【形态特征】灌木。高 1~2 米；小枝黄褐色，幼时被短柔毛，逐渐变无毛，冬芽具数枚外露鳞片；叶片矩圆状披针形或披针形，边缘具锐锯齿或重锯齿；圆锥花序，花多密集，花序着生于当年生直立的长枝上，总花梗被柔毛；花粉红色；雄蕊多数；蓇葖果直立，花萼宿存。花期 7—8 月，果期 8—9 月。

【生　　境】湿中生植物。为沼泽化灌丛的建群种，生于河流沿岸、湿草甸、山坡林缘及沟谷。

【用　　途】低等饲用植物。根、全草入中药，可通经活血、通便利水，用于关节痛、周身酸痛、咳嗽多痰、刀伤、闭经等。可栽培供观赏用。

【分　　布】全旗各苏木乡镇均有分布。

【拍摄地点】巴彦托海镇南

欧亚绣线菊

【学　　名】*Spiraea media* Schmidt

【蒙　　名】雅干 – 塔比勒干纳

【别　　名】石棒绣线菊、石棒子

【形态特征】灌木。高 0.5~1.5 米；小枝灰褐色或红褐色，近无毛；芽有数鳞片，被柔毛，棕褐色；叶片椭圆形或卵形，边缘通常全缘，叶背面疏被柔毛，不孕枝上叶先端常有不规则锯齿；伞房花序，有总花梗；花瓣白色，近圆形；雄蕊长于花瓣；蓇葖果被短柔毛，宿存花柱倾斜或开展；萼片宿存，反折。花期 6 月，果期 7—8 月。

【生　　境】中生植物。耐寒。主要见于针叶林、针阔混交林，也见于草原带较高的山地，生于林下、林缘、山地灌丛及石质山坡。

【用　　途】低等饲用植物。根、叶、种子入中药，主治吐泻、蛔虫病、风湿性关节痛、带下病等。可栽培供观赏用。

【分　　布】主要分布在巴彦嵯岗苏木、锡尼河东苏木、锡尼河西苏木、伊敏苏木、辉苏木、红花尔基镇等地。

【拍摄地点】巴彦嵯岗苏木扎格达木丹嘎查

耧斗叶绣线菊

【学　　名】*Spiraea aquilegifolia* Pall.

【蒙　　名】牙巴干－塔比勒干纳

【形态特征】灌木。高 50~60 厘米；小枝紫褐色、褐色或灰褐色，有条裂或片状剥落；芽卵形，褐色，具鳞片，被柔毛；花及果枝上的叶通常为倒披针形或狭倒卵形，全缘或先端 3 浅裂，不孕枝上的叶片二型，为扇形和倒卵形，先端圆钝，基部狭楔形，两面被短柔毛；伞形花序无总花梗；花瓣白色；雄蕊约与花瓣等长；蓇葖果；花萼宿存，直立。花期 5—6 月，果期 6—8 月。

【生　　境】旱中生植物。主要见于草原带的低山丘陵阴坡，可成为建群种，形成团块状的山地灌丛，也零星见于石质山坡，可进入森林草原地带，也可进入荒漠草原地带的山地。

【用　　途】低等饲用植物。可栽培供观赏用；又是蜜源植物；也可作水土保持植物。

【分　　布】主要分布在锡尼河西苏木、锡尼河东苏木、伊敏苏木、红花尔基镇等地。

【拍摄地点】锡尼河东苏木巴彦乌拉嘎查敏东矿附近

珍珠梅属 *Sorbaria* (Ser.) A. Br. ex Asch.

珍珠梅

【学　　名】*Sorbaria sorbifolia* (L.) A. Br.

【蒙　　名】苏布得力格－其其格、查干－干达嘎日

【别　　名】东北珍珠梅、华楸珍珠梅

【形态特征】灌木。高达 2 米；枝条开展，嫩枝绿色，老枝红褐色或黄褐色，无毛；芽宽卵形，有数鳞片，先端有毛，紫褐色；单数羽状复叶，小叶无柄，卵状披针形或长椭圆状披针形，边缘有重锯齿；圆锥花序，顶生；花瓣宽卵形或近圆形，白色；雄蕊 30~40，均长于花瓣；子房密被毛；蓇葖果密被白色柔毛，花柱顶生，宿存，反折或直立。花期 7—8 月，果期 8—9 月。

【生　　境】中生植物。散生于山地林缘，有时也可形成群落片段，也少量见于林下、路旁、沟边及林缘草甸。

【用　　途】低等饲用植物。茎皮、枝条和果穗入中药，能活血散瘀、消肿止痛，主治骨折、跌打损伤、风湿性关节炎等。可栽培供观赏用。

【分　　布】主要分布在锡尼河东苏木、伊敏苏木、红花尔基镇等地。

【拍摄地点】红花尔基镇北

栒子属 *Cotoneaster* Medikus

黑果栒子

【学　　名】*Cotoneaster melanocarpus* Lodd.

【蒙　　名】伊日钙

【别　　名】黑果栒子木、黑果灰栒子

【形态特征】灌木。高达 2 米；枝紫褐色、褐色或棕褐色，嫩枝密被柔毛，逐渐脱落至无毛；叶片卵形、宽卵形或椭圆形，全缘，叶两面、叶柄、托叶和苞片均被毛；聚伞花序，有花 3~15 朵，总花梗和花梗有毛，下垂，花序与叶片近等长；萼片无毛或先端边缘稍被毛；花瓣粉红色，直立；果实成熟时蓝黑色，被蜡粉。花期 6—7 月，果期 8—9 月。

【生　　境】中生植物。生于山地和丘陵坡地、灌丛、林缘、疏林中。

【用　　途】低等饲用植物。枝叶、果实入中药，可祛风除湿、止血、消炎，用于风湿痹痛、刀伤出血等。可栽培供观赏用。

【分　　布】主要分布在巴彦嵯岗苏木、锡尼河东苏木、伊敏苏木、红花尔基镇等地。

【拍摄地点】锡尼河东苏木孟根楚鲁嘎查东山

山楂属 *Crataegus* L.

辽宁山楂

【学　　名】*Crataegus sanguinea* Pall.

【蒙　　名】花 - 道老纳

【别　　名】红果山楂、面果果、白槎子（内蒙古土名）

【形态特征】落叶阔叶小乔木。高 2~4 米；枝刺锥形，小枝紫褐色、褐色或灰褐色，老枝及树皮灰白色；叶宽卵形、菱状卵形，羽状浅裂，有重锯齿或锯齿，上面疏生短柔毛，下面沿叶脉疏生短柔毛；伞房花序，有花 4~13 朵；花白色；雄蕊 20；花柱 2~5；子房顶端有毛；果实血红色，直径 1~1.5 厘米，果梗无毛；萼片宿存，反折。花期 5—6 月，果期 7—9 月。

【生　　境】中生植物。见于森林区和草原区山地，多生于山地阴坡、半阴坡或河谷，为杂木林的伴生种。

【用　　途】中等饲用植物。果实入中药或食用，能健胃消食。可供观赏。

【分　　布】主要分布在锡尼河西苏木、锡尼河东苏木、伊敏苏木等地。

【拍摄地点】锡尼河西苏木巴彦胡硕敖包山

光叶山楂

【学　　名】*Crataegus dahurica* Koehne ex C. K. Schneid.

【蒙　　名】和应干 - 道老纳

【形态特征】落叶灌木或小乔木。植株高 2~6 米；小枝暗紫色或紫褐色，无毛，散生灰白色皮孔，多年生枝条暗灰色；叶菱状卵形，稀椭圆状卵形或倒卵形，边缘有细锐重锯齿，叶片上面无柔毛，下面近无毛；复伞房花序，有花 7~20 朵，总花梗、花梗、苞片、萼片均无毛；花白色；花药红色，约与花瓣等长；柱头头状；子房顶端无毛；果实红色或橘红色，直径 6~8 毫米。花期 6 月，果期 8 月。

【生　　境】中生植物。生于河岸林间草甸、灌木丛中、沙丘坡上。

【用　　途】中等饲用植物。果可入中药或食用，能健胃消食。可供观赏。

【分　　布】全旗各苏木乡镇均有分布。

【拍摄地点】锡尼河东苏木东山阳坡

苹果属 *Malus* Mill.

山荆子

【学　　名】*Malus baccata* (L.) Borkh.

【蒙　　名】乌日勒

【别　　名】山定子、林荆子

【形态特征】落叶阔叶小乔木或乔木。高达 10 米；树皮灰褐色，枝红褐色或暗褐色，无毛；叶片椭圆形或卵形，边缘有细锯齿，嫩时沿叶脉稍有短柔毛或完全无毛；叶柄、叶脉、花梗、萼筒外面均无毛；伞形花序或伞房花序，有花 4~8 朵；花瓣白色；雄蕊比花瓣短约一半；果实球形，直径 8~10 毫米，红色或黄色，萼片脱落。花期 5 月，果期 9 月。

【生　　境】中生植物。喜肥沃、潮湿的土壤，常见于河流两岸谷地，山地林缘及森林草原带的沙地。

【用　　途】低等饲用植物。果实入中药，用于治疗吐泻、细菌感染等。果实可以酿酒；嫩叶可代茶叶用；叶含鞣质，可提制栲胶；本种抗寒力强，易于繁殖，可栽培供观赏用。

【分　　布】全旗各苏木乡镇均有分布。

【拍摄地点】锡尼河西苏木巴彦胡硕敖包山坡

蔷薇属 *Rosa* L.

山刺玫

【学　　名】*Rosa davurica* Pall.

【蒙　　名】和应干 – 扎木日、闹海 – 呼术、哲日力格 – 萨日盖

【别　　名】刺玫果

【形态特征】落叶灌木。高 1~2 米；多分枝，枝通常暗紫色，无毛，在叶柄基部有向下弯曲的成对的皮刺；单数羽状复叶，小叶 5~7（9），矩圆形或长椭圆形，边缘有细锐锯齿，近基部全缘，上面近无毛，下面被短柔毛和粒状腺点；花常单生，有时数朵簇生；花瓣紫红色；蔷薇果近球形，顶部无颈，红色，平滑无毛，萼片宿存。花期 6—7 月，果期 8—9 月。

【生　　境】中生植物。生于山地林下、林缘、石质山坡、河岸沙质地。

【用　　途】低等饲用植物。花、果、根入中药，花主治消化不良、气滞腹痛、月经不调等，果主治脉管炎、高血压、头晕等，根主治慢性支气管炎、肠炎、细菌性痢疾、功能性子宫出血、跌打损伤等；果实入蒙药，主治毒热、热性"黄水"病、肝热、青腿病等。果可食用，制果酱与酿酒；花味清香，可制成玫瑰酱、点心馅或提取香精；根、茎皮和叶可提制栲胶。

【分　　布】全旗各苏木乡镇均有分布。

【拍摄地点】巴彦托海镇园林处

地榆属 *Sanguisorba* L.

地榆

【学　　名】*Sanguisorba officinalis* L.

【蒙　　名】苏都－额布斯、其巴嘎－额布斯

【别　　名】蒙古枣、黄瓜香

【形态特征】多年生草本。高 30~80 厘米，全株光滑无毛；根圆柱形或纺锤形；茎直立，上部有分枝；单数羽状复叶，基生叶和茎下部叶卵形、椭圆形、矩圆状卵形或条状披针形，基部心形或截形，边缘具尖圆牙齿，两面均无毛；穗状花序顶生，花由顶端向下逐渐开放；萼片紫色；花药黑紫色，花丝红色；子房被柔毛，花柱紫色；瘦果。花期 7—8 月，果期 8—9 月。

【生　　境】中生植物。为林缘草甸（五花草塘）的优势种和建群种，生态幅度比较广，在落叶阔叶林中可生于林下，在草原区则见于河滩草甸及草甸草原中。

【用　　途】良等饲用植物。根入中药，主治便血、血痢、尿血、崩漏、疮疡肿毒及烫火伤等症。全株可提制栲胶；根可供酿酒；种子油可供制肥皂和工业用。全草可作农药，对防治蚜虫、红蜘蛛和小麦秆锈病有效。

【分　　布】全旗各苏木乡镇均有分布。

【拍摄地点】锡尼河东苏木呼和乌苏

细叶地榆

【学　　名】*Sanguisorba tenuifolia* Fisch. ex Link

【蒙　　名】那日音－苏都－额布斯

【形态特征】多年生草本。高达 120 厘米；根茎粗壮，黑褐色；茎直立，上部分枝，具棱，光滑；单数羽状复叶，基生叶披针形或矩圆状披针形，基部圆形至斜楔形，边缘有锯齿，两面绿色，无毛；穗状花序通常下垂，花由顶端向下逐渐开放，粉红色；花丝扁平扩大，顶端与花药近等宽，比萼片长 0.5~1 倍；柱头扩大呈盘状；瘦果。花期 7—8 月，果期 8—9 月。

【生　　境】中生植物。生于山坡草地、草甸及林缘。

【用　　途】良等饲用植物。根可入中药，能凉血、止血。可作观赏花卉。

【分　　布】全旗各苏木乡镇均有分布。

【拍摄地点】锡尼河东苏木南河滩地

小白花地榆

【学　　名】*Sanguisorba tenuifolia* Fisch. ex Link var. *alba* Trautv. et C. A. Mey.

【蒙　　名】查干－苏都－额布斯

【形态特征】多年生草本。高达 120 厘米；根茎粗壮，黑褐色；茎直立，上部分枝，具棱，光滑；单数羽状复叶，基生叶披针形或矩圆状披针形，基部圆形至斜楔形，边缘有锯齿，两面无毛；穗状花序通常下垂，花由顶端向下逐渐开放；花白色；花丝比萼片长 1~2 倍；瘦果。花期 7—8 月，果期 8—9 月。

【生　　境】中生植物。生于湿地、草甸、林缘及林下。

【用　　途】中等饲用植物。

【分　　布】全旗各苏木乡镇均有分布。

【拍摄地点】红花尔基镇北河边

悬钩子属 *Rubus* L.

石生悬钩子

【学　　名】*Rubus saxatilis* L.

【蒙　　名】哈达音 – 布格日勒哲根

【别　　名】地豆豆

【形态特征】多年生草本。高 15~30 厘米，茎、叶柄和花梗被柔毛和针刺；根状茎横走，黑褐色，节上生较细的不定根；羽状三出复叶，稀单叶 3 裂，小叶片卵状菱形，基部宽楔形或歪宽楔形，边缘有粗重锯齿，托叶分离；花数朵成束或成伞房花序；花瓣白色；雌蕊 5~6，彼此离生；聚合果含小核果 2~5，红色；果核具蜂巢状孔穴。花期 6—7 月，果期 8—9 月。

【生　　境】耐寒中生植物。喜湿润，生于山地林下、林缘、灌丛、林缘草甸和森林上限的石质山坡，亦可见于林区的沼泽灌丛中。

【用　　途】低等饲用植物。果实、全株入中药，果实能补肾固精、助阳明目，全株可补肝健胃、祛风止痛，用于肝炎、食欲不振、风湿性关节痛等。果虽可食，因数量少，故开发利用价值不大；可作为观赏、绿化树种。

【分　　布】主要分布在锡尼河东苏木、伊敏苏木、红花尔基镇等地。

【拍摄地点】锡尼河东苏木维纳河南山北坡

水杨梅属 *Geum* L.

水杨梅

【学　　名】*Geum aleppicum* Jacq.

【蒙　　名】高哈图如

【别　　名】路边青

【形态特征】多年生草本。高 20~70 厘米；根状茎粗短，着生多数须根；茎直立，上部分枝，被开展的长硬毛和稀疏的腺毛；基生叶为不整齐的单数羽状复叶，顶生小叶大，常 3~5 深裂，小叶间常夹生小裂片；花常 3 朵成伞房状排列；萼片 5，副萼片 5；花瓣 5，黄色；雄蕊多数，雌蕊多数，着生在凸起的花托上；花柱顶生，纤细，弯曲；瘦果顶端有钩状喙。花期 6—7 月，果期 8—9 月。

【生　　境】中生植物。喜湿润，散生于林缘草甸、河滩沼泽草甸、河边。

【用　　途】良等饲用植物。全草入中药，能清热解毒、利尿、消肿止痛、解痉，主治跌打损伤、腰腿疼痛、疔疮肿毒、痈疽发背、痢疾、小儿惊风、脚气、水肿等症。全株含鞣质，可提制栲胶；种子含干性油，可制肥皂和油漆。

【分　　布】全旗各苏木乡镇均有分布。

【拍摄地点】锡尼河东苏木呼和乌苏

龙芽草属 *Agrimonia* L.

龙芽草

【学　　名】*Agrimonia pilosa* Ledeb.

【蒙　　名】淘古如－额布斯

【别　　名】仙鹤草、黄龙尾

【形态特征】多年生草本。高 30~60 厘米；根茎横走地下，具节；茎直立；具不整齐单数羽状复叶，顶生小叶大，小叶间夹生小裂片，边缘常在 1/3 以上部分有锯齿；茎、叶、叶柄均被开展长柔毛和细腺点；多数花形成穗状的总状花序；萼筒上部有 1 圈钩状刺毛，萼片 5；花瓣 5，黄色；雄蕊 10，雌蕊 1；瘦果包藏在萼筒内。花期 6—7 月，果期 8—9 月。

【生　　境】中生植物。散生于山地林缘草甸、低湿地草甸、河边、路旁，主要见于落叶阔叶林地区，可进入常绿阔叶林北部。

【用　　途】良等饲用植物。全草入中药，能收敛止血、益气补虚，主治各种出血症、中气不足、劳伤脱力、肺虚劳嗽等症，冬芽与根茎能驱虫，主治绦虫、阴道滴虫等。全株含鞣质，可提制栲胶；可作农药，用于防治蚜虫、小麦锈病等。

【分　　布】全旗各苏木乡镇均有分布。

【拍摄地点】巴彦托海镇南

蚊子草属 *Filipendula* Mill.

蚊子草

【学　　名】*Filipendula palmata* (Pall.) Maxim.

【蒙　　名】塔布拉嘎 – 额布斯、塔布拉嘎

【别　　名】合叶子

【形态特征】多年生草本。高约 1 米；根茎横走，具多数黑褐色须根；茎直立，具条棱，光滑无毛；单数羽状复叶，基生叶与茎下部叶有长柄，顶生小叶掌状深裂，裂片菱状披针形或披针形，边缘有不整齐的锐锯齿，上面被短硬毛，下面密被白色绒毛，侧生小叶通常 3 深裂，上部茎生叶有小叶 1~3，掌状深裂；多数小花组成圆锥花序；萼筒浅碟状，萼片花后反折；花瓣白色；雄蕊多数；瘦果近镰形，花柱宿存。花期 7 月，果期 8—9 月。

【生　　境】中生植物。喜湿润，生于山地河滩、沼泽草甸、河岸杨柳林及杂木灌丛，亦散见于林缘草甸及针阔混交林下。

【用　　途】低等饲用植物。全株含鞣质，可提制栲胶。

【分　　布】全旗各苏木乡镇均有分布。

【拍摄地点】红花尔基镇北

细叶蚊子草

【学　　名】*Filipendula angustiloba* (Turcz.) Maxim.

【蒙　　名】那日音 – 塔布拉嘎 – 额布斯

【形态特征】多年生草本。高 80~100 厘米；茎直立，有纵条棱，无毛；单数羽状复叶，掌状深裂，裂片条形至披针状条形，边缘有不规则尖锐锯齿，叶片下面近无毛或无短柔毛，托叶绿色，宽大，半心形，抱茎；圆锥花序顶生；萼片花后反折；花瓣白色；瘦果椭圆状镰形，沿背腹线有睫毛。花果期 6—8 月。

【生　　境】中生植物。生于山地林缘、草甸、河边。

【用　　途】花入中药，可止血，用于治疗各种出血。

【分　　布】全旗各苏木乡镇均有分布。

【拍摄地点】巴彦托海镇南旅游点

草莓属 *Fragaria* L.

东方草莓

【学　　名】*Fragaria orientalis* Losinsk.

【蒙　　名】道日纳音 – 古哲勒哲根讷

【别　　名】野草莓、高丽果

【形态特征】多年生草本。高 10~20 厘米；根状茎横走，黑褐色，具多数须根，匍匐茎细长；掌状三出复叶，基生，叶质薄，叶柄密被开展的长柔毛，小叶近无柄，宽卵形或菱状卵形，边缘自 1/4~1/2 有粗圆齿状锯齿；聚伞花序生花葶顶部，花少数；花白色；花萼被长柔毛，萼片与副萼片近等长或稍长；瘦果直径 1~2 厘米。花期 6 月，果期 8 月。

【生　　境】中生植物。一般生于山地林下，也进入林缘灌丛、林间草甸及河滩草甸。

【用　　途】低等饲用植物。果实入中药，可止渴生津、祛痰。果实可食，可制作酒及果酱。

【分　　布】全旗各苏木乡镇均有分布。

【拍摄地点】红花尔基镇南山

金露梅属 *Pentaphylloides* Ducham.

金露梅

【学　　名】*Pentaphylloides fruticosa* (L.) O. Schwarz

【蒙　　名】乌日拉格、塔牙

【别　　名】金老梅、金蜡梅、老鸹爪

【形态特征】灌木。高 50~130 厘米；多分枝，树皮灰褐色，片状剥落，小枝淡红褐色或浅灰褐色，幼枝被绢状长柔毛；单数羽状复叶，小叶 5，少 3，明显羽状排列，通常矩圆形，长 5~20 毫米；花单生叶腋或数朵成伞状花序；花梗、花萼、子房与瘦果均被绢毛；花瓣黄色；副萼几与萼片等长。花期 6—8 月，果期 8—9 月。

【生　　境】较耐寒的中生植物。生于山地沟谷、灌丛、林下、林缘。

【用　　途】中等饲用植物，春季山羊喜食嫩枝，绵羊少食，骆驼喜食，秋季和冬季羊与骆驼喜食嫩枝，牛和马则不喜食。花、叶入中药，主治消化不良、中暑、月经不调等；花入蒙药，主治乳腺炎、消化不良、咳嗽等。叶与果可提制栲胶；嫩叶可当茶叶用；还可作庭园观赏灌木。

【分　　布】主要分布在辉苏木、伊敏苏木等地。

【拍摄地点】辉河林场西

银露梅

【学　　名】*Pentaphylloides glabra* (Lodd.) Y. Z. Zhao

【蒙　　名】孟根－乌日拉格

【别　　名】银老梅、白花棍儿茶

【形态特征】灌木。高 30~100 厘米；多分枝，树皮纵向条状剥裂，小枝棕褐色；单数羽状复叶，小叶近革质，椭圆形、矩圆形或倒披针形，全缘，边缘向下反卷，两面无毛或下面疏生柔毛；托叶膜质，淡黄棕色，披针形；花常单生叶腋或数朵成伞房花序；萼筒钟状，副萼片条状披针形，萼片卵形；花瓣白色，宽倒卵形；花柱侧生；子房密被长柔毛。花期 6—8 月，果期 8—9 月。

【生　　境】耐寒的中生植物。多生于海拔较高的山地灌丛中。

【用　　途】内蒙古重点保护植物。中等饲用植物。花、叶入中药，能健脾化湿、清暑、调经，主治消化不良、中暑、月经不调等；花入蒙药，能润肺、消食、消肿，主治乳腺炎、消化不良、咳嗽等。可作观赏花卉。

【分　　布】主要分布在伊敏苏木。

【拍摄地点】绰尔林业局伊敏林场

委陵菜属 *Potentilla* L.

高二裂委陵菜

【学　　名】*Potentilla bifurca* L. var. *major* Ledeb.

【蒙　　名】陶木 – 阿叉 – 陶来音 – 汤乃

【别　　名】长叶二裂委陵菜

【形态特征】多年生草本。植株比正种高大，全株被稀疏或稠密的伏柔毛；根状茎木质化，棕褐色，多分枝；茎直立或斜升，自基部分枝；单数羽状复叶，顶生的 3 小叶常基部下延与叶柄汇合，叶柄、花茎下部伏生柔毛或脱落几无毛，小叶长椭圆形或条形；聚伞花序生于茎顶部；花较大，直径 12~15 毫米；瘦果。花果期 5—9 月。

【生　　境】旱中生植物。生于农田、路旁、河滩沙地、山地草甸。

【用　　途】中等饲用植物，青鲜时羊喜食，干枯后一般采食，骆驼四季均食，牛、马采食少。在植物体基部有时由幼芽密集簇生而形成紫色的垫状丛，称"地红花"，可入中药，能止血，主治功能性子宫出血、产后出血过多等。

【分　　布】全旗各苏木乡镇均有分布。

【拍摄地点】呼伦贝尔市新区路边

轮叶委陵菜

【学　　名】*Potentilla verticillaris* Steph. ex Willd.

【蒙　　名】布力古日 – 陶来音 – 汤乃

【形态特征】多年生草本。高 4~15 厘米，全株除小叶上面和花瓣外几乎全都覆盖一层白色毡毛；根圆柱状，黑褐色，根状茎木质化，多头，包被多数褐色老叶柄与残余托叶；茎丛生，直立或斜升；单数羽状复叶多基生，小叶狭条形或条形，先端不裂，假轮状排列；聚伞花序生茎顶部；花瓣黄色；花柱顶生；瘦果卵状肾形。花果期 5—9 月。

【生　　境】旱生植物。生长于典型草原群落、荒漠草原群落及山地草原和灌丛中。

【用　　途】低等饲用植物。可作旱生地区绿化植物。

【分　　布】全旗各苏木乡镇均有分布。

【拍摄地点】巴彦嵯岗苏木防火站

匍枝委陵菜

【学　　名】*Potentilla flagellaris* Willd. ex Schlecht.

【蒙　　名】哲勒图－陶来音－汤乃

【别　　名】蔓委陵菜

【形态特征】多年生匍匐草本。根纤细，3~5 条，黑褐色；茎匍匐，长 10~25 厘米，基部常包被黑褐色老叶柄残余；掌状五出复叶，有时侧生小叶基部稍联合，小叶菱状披针形，边缘有大小不等的缺刻状锯齿或圆齿状牙齿；茎、叶柄、小叶两面、托叶、花梗、花萼均被伏柔毛；花单生叶腋，花梗纤细；萼片与副萼近等长；花瓣黄色，稍长于萼片；瘦果。花果期 6—8 月。

【生　　境】中生植物。为山地林间草甸、河滩草甸的伴生植物，可在局部成为优势种，也可见于落叶松林及桦木林下的草本层中。

【用　　途】中等饲用植物，嫩苗可作饲料。全草入中药，可清热解毒。

【分　　布】主要分布于巴彦嵯岗苏木、锡尼河东苏木、伊敏苏木、红花尔基镇等地。

【拍摄地点】红花尔基镇水库路边

星毛委陵菜

【学　　名】*Potentilla acaulis* L.

【蒙　　名】纳布塔嘎日 – 陶来音 – 汤乃

【别　　名】无茎委陵菜

【形态特征】多年生草本。高 2~10 厘米，全株被白色星状毡毛，呈灰绿色；根状茎木质化，横走，棕褐色，被伏毛，茎自基部分枝；掌状三出复叶，小叶近无柄，倒卵形，边缘中部以上有钝齿，两面均密被星状毛与毡毛，灰绿色；聚伞花序，有花 2~5 朵，稀单花；花瓣黄色；瘦果椭圆形。花期 5—6 月，果期 7—8 月。

【生　　境】旱生植物。生于典型草原带的沙质草原、砾石质草原及放牧退化草原，在针茅草原、矮禾草原、冷蒿群落中最为多见，可成为草原优势植物，常形成斑块状小群落，是草原放牧退化的标志植物。

【用　　途】中等饲用植物，羊在冬季与春季喜食其花与嫩叶，牛、骆驼不食，马仅在缺草情况下少量采食。全草入中药，可清热解毒、止血止痢。

【分　　布】全旗各苏木乡镇均有分布。

【拍摄地点】巴彦嵯岗苏木阿拉坦敖希特嘎查西

三出委陵菜

【学　　名】*Potentilla betonicifolia* Poir.

【蒙　　名】沙嘎吉钙音 – 萨布日、塔古音 – 呼乐

【别　　名】白叶委陵菜、三出叶委陵菜、白萼委陵菜

【形态特征】多年生草本。根木质化，圆柱状，直伸；茎短缩，粗大，多头，外包以褐色老托叶残余；花茎高 6~20 厘米，常带暗紫红色；基生叶为掌状三出复叶，小叶革质，矩圆状披针形、披针形或条状披针形，边缘有粗大牙齿，上面暗绿色，有光泽，无毛，下面密被白色毡毛；聚伞花序生于茎顶部；花瓣黄色；瘦果椭圆形，稍扁。花期 5—6 月，果期 6—8 月。

【生　　境】砾石生旱生植物。生于向阳石质山坡、石质丘顶及粗骨性土壤上，可在砾石丘顶上形成群落片段。

【用　　途】中等饲用植物。地上部分入中药，能消肿利水，主治水肿。

【分　　布】全旗各苏木乡镇均有分布。

【拍摄地点】巴彦嵯岗苏木防火站

鹅绒委陵菜

【学　　名】*Potentilla anserina* L.

【蒙　　名】陶来音－汤乃、嘎伦－萨日巴古

【别　　名】河篦梳、蕨麻、曲尖委陵菜

【形态特征】多年生匍匐草本。根木质，圆柱形，黑褐色；根状茎粗短，包被棕褐色托叶，具匍匐长茎，有时长达80厘米；基生叶多数，为不整齐的单数羽状复叶，小叶无柄，矩圆形、椭圆形或倒卵形，基部宽楔形，边缘有缺刻状锐锯齿，叶下面常密被绢毛；花单生于叶腋；萼片与副萼片等长或较短；花瓣黄色；瘦果褐色。花果期5—9月。

【生　　境】湿中生耐盐植物。生于河滩、低湿地草甸、盐化草甸、沼泽化草甸、农田。

【用　　途】中等饲用植物，嫩茎叶可作家禽饲料。根及全草入中药，能凉血止血、解毒止痢、祛风湿，主治各种出血、细菌性痢疾、风湿性关节炎等；全草入蒙药，能止泻，主治痢疾、腹泻等。全株含鞣质，可提制拷胶；茎叶可提取黄色染料；又为蜜源植物。

【分　　布】全旗各苏木乡镇均有分布。

【拍摄地点】辉苏木北

朝天委陵菜

【学　　名】*Potentilla supina* L.

【蒙　　名】纳木嘎音－陶来音－汤乃、淖高音－陶来音－汤乃

【别　　名】伏委陵菜、背铺委陵菜、铺地委陵菜

【形态特征】一或二年生草本。高 10~35 厘米；茎从基部分枝；单数羽状复叶，基生叶和茎下部叶有长柄，小叶无柄，矩圆形、椭圆形或倒卵形，边缘具羽状浅裂片或圆齿，两面均绿色；茎、叶柄和花梗都被稀疏长柔毛；花单生于叶腋，常排列成总状；萼片比副萼稍长或等长；花瓣黄色，比萼片稍短或近等长；瘦果褐色。花果期 5—9 月。

【生　　境】轻度耐盐的旱中生植物。生于草原区及荒漠区的低湿地上，为草甸及盐化草甸的伴生植物，也常见于农田及路旁。

【用　　途】低等饲用植物。全草入中药，可止血、固精、收敛、滋补等。可作草坪观赏花卉。

【分　　布】全旗各苏木乡镇均有分布。

【拍摄地点】巴彦托海镇居民点

莓叶委陵菜

【学　　名】*Potentilla fragarioides* L.

【蒙　　名】奥衣音 – 陶来音 – 汤乃

【别　　名】雉子莛

【形态特征】多年生草本。全株被直伸的长柔毛；具粗壮、木质化、多头的根状茎，须根多数，根皮黑褐色；茎、叶柄、花梗有腺状凸起；花茎直立或斜倚，高 5~15 厘米；单数羽状复叶，基生叶有长叶柄，小叶 5~9，顶生 3 小叶特别大、无柄，椭圆形、卵形或菱形，边缘有锯齿，两面都有长柔毛；聚伞花序着生多花；花瓣黄色，比萼片长。花期 5—6 月，果期 6—7 月。

【生　　境】中生植物。生于山地林下、林缘、灌丛、林间草甸，也稀见于草甸化草原，多为伴生种。

【用　　途】低等饲用植物。全草入中药，有益气、补阴虚、止血功能，用于治疗妇女产后出血、肺出血、疝气等。

【分　　布】主要分布在巴彦嵯岗苏木、锡尼河西苏木、锡尼河东苏木、伊敏苏木、红花尔基镇等地。

【拍摄地点】巴彦嵯岗苏木扎格达木丹嘎查

腺毛委陵菜

【学　　名】*Potentilla longifolia* Willd. ex Schlecht.

【蒙　　名】乌斯图－陶来音－汤乃

【别　　名】粘委陵菜

【形态特征】多年生草本。高（15）20~40（60）厘米，茎、叶柄、总花梗、花梗和花萼被长柔毛、短柔毛和短腺毛；直根木质化，粗壮，根状茎木质化，多头，包被棕褐色老叶柄与残余托叶；茎自基部丛生，直立或斜升；单数羽状复叶，基生叶和茎下部叶有小叶 11~17，顶生 3 小叶与侧生小叶近等长，狭长椭圆形、椭圆形或倒披针形；伞房状聚伞花序紧密；萼片比副萼片短；花瓣黄色；瘦果。花期 7—8 月，果期 8—9 月。

【生　　境】中旱生植物。是典型草原和草甸草原的常见伴生种。

【用　　途】低等饲用植物。根、全草入中药，可收敛止血、解毒等。可作野生观赏花卉。

【分　　布】主要分布在巴彦托海镇、巴彦塔拉乡、锡尼河西苏木、锡尼河东苏木、辉苏木等地。

【拍摄地点】巴彦托海镇西山东坡路边

菊叶委陵菜

【学　　名】*Potentilla tanacetifolia* Willd. ex Schlecht.

【蒙　　名】协日勒金 – 陶来音 – 汤乃

【别　　名】蒿叶委陵菜、沙地委陵菜

【形态特征】多年生草本。高 10~45 厘米；直根木质化，黑褐色，根状茎短缩，多头，木质，包被老叶柄和托叶残余；茎自基部丛生，茎、叶柄被长柔毛、短柔毛或曲柔毛，茎上部分枝；单数羽状复叶，基生叶与茎下部具小叶 11~17，小叶片狭长椭圆形、椭圆形或倒披针形；伞房状聚伞花序，花多数，较疏松；花萼和花梗被柔毛；萼片比副萼片稍长；花瓣黄色；瘦果。花果期 7—9 月。

【生　　境】中旱生植物。为典型草原和草甸草原的常见伴生植物。

【用　　途】中等饲用植物，牛、马在青鲜时少量采食，干枯后几乎不食，干鲜状态时，羊少量采食其叶。全草入中药，能清热解毒、消炎止血，主治肠炎、痢疾、吐血、便血、感冒、肺炎、疮痈肿毒等。

【分　　布】全旗各苏木乡镇均有分布。

【拍摄地点】伊敏苏木二道桥北

多裂委陵菜

【学　　名】*Potentilla multifida* L.

【蒙　　名】奥尼图－陶来音－汤乃

【别　　名】细叶委陵菜

【形态特征】多年生草本。高 20~40 厘米；茎、总花梗、花梗与花萼都被长柔毛和短柔毛；直根圆柱形，木质化，根状茎短，多头，包被棕褐色老叶柄与托叶残余；茎斜升、斜倚或近直立；单数羽状复叶有小叶 7，排列较疏松，小叶羽状深裂几达中脉，狭长椭圆形或椭圆形，裂片条形或条状披针形，边缘向下反卷；伞房状聚伞花序生于茎顶端，排列较疏松；花萼果期增大；花瓣黄色；瘦果褐色。花果期 7—9 月。

【生　　境】中生植物。生于山地草甸、林缘。

【用　　途】中等饲用植物。全草入中药，有止血、杀虫、祛湿热的作用。

【分　　布】主要分布在伊敏苏木、锡尼河东苏木、红花尔基镇等地。

【拍摄地点】绰尔林业局伊敏林场

大萼委陵菜

【学　　名】*Potentilla conferta* Bunge

【蒙　　名】图如特 – 陶来音 – 汤乃

【别　　名】大头委陵菜、白毛委陵菜

【形态特征】多年生草本。高 10~45 厘米；茎、叶柄、总花梗密被开展的白色长柔毛和短柔毛；直根圆柱形，木质化，粗壮；茎直立、斜生或斜倚；单数羽状复叶，有小叶 9~13，小叶片分裂较浅，裂片三角状披针形或条状矩圆形；伞房状聚伞花序紧密，花梗、花萼两面密生短柔毛和稀疏长柔毛；萼片与副萼片等长，果期均增大；瘦果。花期 6—7 月，果期 7—8 月。

【生　　境】旱生植物。为常见的草原伴生植物，生于典型草原和草甸草原。

【用　　途】低等饲用植物。根入中药，能清热、凉血、止血，主治功能性子宫出血、鼻衄等。

【分　　布】全旗各苏木乡镇均有分布。

【拍摄地点】巴彦嵯岗苏木莫和尔图嘎查

沼委陵菜属 *Comarum* L.

沼委陵菜

【学　　名】*Comarum palustre* L.

【蒙　　名】哲德格乐吉、纳木格音－哲德格乐吉

【形态特征】多年生草本。高 20~30 厘米；具长根状茎，茎斜升，稍分枝，下部近无毛，上部密生柔毛和腺毛；单数羽状复叶，小叶片 5~7，有时似掌状，椭圆形或矩圆形，上面深绿色，下面灰绿色；上部叶具 3 小叶；聚伞花序，有一至数花；萼片深紫色；花瓣紫色，卵状披针形，比萼片短，先端尾尖；雄蕊紫色，比花瓣短；瘦果多数，无毛。花期 7—8 月，果期 8—9 月。

【生　　境】湿生植物。生于沼泽、沼泽草甸。

【用　　途】低等饲用植物。根状茎、叶及全草入药，根状茎可治疗腹泻，其浸剂治疗胃癌和乳腺癌，叶煎剂外用洗伤口可促进愈合，全草治疗肺结核、血栓性静脉炎、黄疸、神经痛等，含漱剂治牙痛和牙龈松动。

【分　　布】主要分布在锡尼河东苏木、伊敏苏木等地。

【拍摄地点】锡尼河东苏木维纳河泉水边

山莓草属 *Sibbaldia* L.

伏毛山莓草

【学　　名】*Sibbaldia adpressa* Bunge

【蒙　　名】乌斯图 – 稀伯日格

【形态特征】多年生草本。根粗壮，黑褐色，木质化；花茎丛生，斜倚或斜升，长 2~10 厘米，疏被绢毛；基生叶为单数羽状复叶，顶生 3 小叶，小叶倒披针形或倒卵状矩圆形，先端常有 3 牙齿，基部楔形，全缘，其它小叶片全缘，小叶上面疏被绢毛，稀近无毛，下面疏被绢毛；聚伞花序，具花数朵，或单花；花瓣 5 或 4，黄色或白色，与萼片近等长或较短；瘦果。花果期 5—7 月。

【生　　境】旱生植物。生于沙质及砾石质典型草原或山地草原群落中。

【用　　途】低等饲用植物。可作固沙和沙区绿化草本植物。

【分　　布】主要分布在锡尼河西苏木、辉苏木等地。

【拍摄地点】锡尼河西苏木特莫胡珠嘎查西放牧场

地蔷薇属 *Chamaerhodos* Bunge

地蔷薇

【学　　名】*Chamaerhodos erecta* (L.) Bunge

【蒙　　名】图门－塔那

【别　　名】直立地蔷薇

【形态特征】二年生或一年生草本。高 20~50 厘米；根较细，长圆锥形；茎通常单一，直立，上部有分枝，基部草质，密生腺毛和短柔毛，有时混生长柔毛；基生叶三回三出羽状全裂，最终小裂片狭条形，基生叶在结果时枯萎；聚伞花序着生茎顶，多花，常形成圆锥花序；花小，直径 2~3 毫米，密被短柔毛与腺毛，花瓣粉红色；瘦果淡褐色。花果期 7—9 月。

【生　　境】中旱生植物。生于草原带的砾石质丘陵、山坡，也可生在沙砾质草原，在石质丘顶可成为优势植物，组成小面积的群落片段。

【用　　途】低等饲用植物。全草入中药，能祛风除湿，主治风湿性关节炎。

【分　　布】全旗各苏木乡镇均有分布。

【拍摄地点】巴彦托海镇巴彦托海嘎查奶牛村

毛地蔷薇

【学　　名】*Chamaerhodos canescens* J. Krause

【蒙　　名】乌斯图 – 图门 – 塔那

【别　　名】灰毛地蔷薇

【形态特征】多年生草本。高 7~20 厘米；直根圆柱形，木质化，黑褐色，根状茎短缩，多头，包被多数褐色老叶柄残余；茎多数丛生，直立或斜升，密被腺毛和长柔毛；基生叶二回三出羽状全裂，小裂片狭条形，先端细尖，茎生叶互生；伞房状聚伞花序紧密，花梗长 1~2 毫米；萼筒钟形；花瓣粉红色，宽倒卵形，先端微凹，明显比花萼长；瘦果带黑色斑点。花果期 6—9 月。

【生　　境】旱生植物。生于砾石质、沙砾质草原及沙地。

【用　　途】低等饲用植物。可作沙区绿化草本植物。

【分　　布】主要分布在辉苏木、巴彦嵯岗苏木、巴彦托海镇、锡尼河西苏木等地。

【拍摄地点】巴彦托海镇西山路边

杏属 *Armeniaca* Mill.

西伯利亚杏

【学　　名】*Armeniaca sibirica* (L.) Lam.

【蒙　　名】西伯日 – 归勒斯

【别　　名】山杏

【形态特征】小乔木或灌木。高 2~5（12）米；小枝灰褐色或淡红褐色；单叶互生，叶片卵形或近圆形，先端尾尖至长渐尖，基部圆形或近心形，边缘有细钝锯齿；花单生，萼筒钟状，花后反折；花瓣白色或粉红色；雄蕊多数，比花瓣短；核果近球形，黄色而带红晕，果肉干燥，离核，成熟时开裂，果核扁球形，表面平滑，腹棱锐利。花期 5 月，果期 7—8 月。

【生　　境】旱中生植物。生于石质向阳山坡、沙地。

【用　　途】低等饲用植物。杏仁入中、蒙药，主治咳嗽、气喘、肠燥、便秘等症。杏仁油可用于油漆，也可作肥皂、润滑油的原料，医药上常用作软膏剂、涂布剂和注射药的溶剂等；树干胶质可作粘接剂。

【分　　布】主要分布在巴彦嵯岗苏木、锡尼河东苏木、伊敏苏木等地。

【拍摄地点】巴彦嵯岗苏木扎格达木丹嘎查

稠李属 *Padus* Mill.

稠李

【学　　名】*Padus avium* Mill.

【蒙　　名】矛衣勒、矛努斯

【别　　名】臭李子

【形态特征】小乔木。高 5~8 米；树皮黑褐色；腋芽单生；单叶互生，椭圆形或倒卵形，先端锐尖或渐尖，基部宽楔形或圆形，边缘有尖锐细锯齿；总状花序疏松下垂；萼片 5；花瓣 5，白色；雄蕊多数，比花瓣短一半，雌蕊 1；子房上位，花柱顶生；核果近球形，黑色，无毛，果核宽卵形，表面有弯曲沟槽。花期 5—6 月，果期 8—9 月。

【生　　境】中生植物。耐阴、喜潮湿，常见于河流两岸，也见于山麓洪积扇及沙地，为落叶阔叶林地带河岸杂木林的优势种，是草原带沙地灌丛的常见植物，也零星见于山坡杂木林中。

【用　　途】低等饲用植物。叶入中药，可镇咳祛痰。种子可榨油，供工业用和制肥皂；果实可生食，制果酱；木材可供建筑、家具等用材；树皮含鞣质，可提制栲胶，也可作染料。

【分　　布】全旗各苏木乡镇均有分布。

【拍摄地点】巴彦嵯岗苏木阿拉坦敖希特嘎查西

豆科 Leguminosae

槐属 *Sophora* L.

苦参

【学　　名】*Sophora flavescens* Aiton

【蒙　　名】道古勒－额布斯、力特日

【别　　名】苦参麻、山槐、地槐、野槐

【形态特征】多年生草本。高 1~3 米；根圆柱状，外皮浅棕黄色；茎直立，多分枝；单数羽状复叶，具小叶 11~19，卵状矩圆形、披针形或狭卵形；枝和小叶无毛或疏生毛；总状花序顶生；花冠淡黄色，旗瓣匙形，翼瓣无耳；荚果条形。花期 6—7 月，果期 8—9 月。

【生　　境】中旱生植物。多生于草原带的沙地、田埂、山坡。

【用　　途】内蒙古重点保护植物。劣等饲用植物。根入中药，主治热痢便血、湿热疮毒、疥癣麻风、黄疸尿闭等症，又能抑制多种皮肤真菌和杀灭阴道滴虫；根也入蒙药，主治瘟病、感冒发烧、风热、痛风、游痛症、麻疹、风湿性关节炎等。种子可作农药。

【分　　布】主要分布于巴彦嵯岗苏木、锡尼河东苏木、伊敏苏木等地。

【拍摄地点】伊敏苏木头道桥林场西

黄华属 *Thermopsis* R. Br.

披针叶黄华

【学　　名】*Thermopsis lanceolata* R. Br.

【蒙　　名】他日巴干－希日

【别　　名】披针叶野决明、苦豆子、面人眼睛、绞蛆爬、牧马豆

【形态特征】多年生草本。高 10~30 厘米；主根深长；茎直立，有分枝，被平伏或稍开展的白色柔毛；掌状三出复叶，具小叶 3，矩圆状椭圆形或倒披针形，长达 7.5 厘米，先端通常反折；小叶下面、花萼被柔毛；总状花序顶生，花于花序轴每节 3~7 朵轮生；花冠黄色，翼瓣和龙骨瓣比旗瓣短；荚果在种子间不缢缩。花期 5—7 月，果期 7—9 月。

【生　　境】耐盐碱的中旱生植物。生于盐化草甸、沙质地或石质山坡。

【用　　途】中等饲用植物，植株有毒，羊、牛于晚秋和冬春喜食或在干旱时采食。全草入中药，能祛痰、镇咳，主治痰喘咳嗽。牧民称其花与叶可杀蛆。

【分　　布】全旗各苏木乡镇均有分布。

【拍摄地点】巴彦塔拉乡河滩地

甘草属 *Glycyrrhiza* L.

甘草

【学　　名】*Glycyrrhiza uralensis* Fisch. ex DC.

【蒙　　名】希禾日 – 额布斯

【别　　名】甜草苗

【形态特征】多年生草本。高 30~70 厘米；主根圆柱形，长 1~2 米或更长，根皮有甜味；茎直立，密被白色短柔毛及鳞片状、点状或小刺状腺体；单数羽状复叶，小叶卵形、倒卵形、近圆形或椭圆形；总状花序腋生；花淡蓝紫色或紫红色，翼瓣比旗瓣短，比龙骨瓣长；荚果条状矩圆形、镰刀形或弯曲成环状，具刺毛状腺体和瘤状凸起。花期 6—7 月，果期 7—9 月。

【生　　境】中旱生植物。生于碱化沙地、沙质草原、具沙质土的田边、路旁、低地边缘及河岸轻度碱化的草甸。

【用　　途】国家 II 级保护植物；内蒙古珍稀濒危 II 级保护植物；内蒙古重点保护植物。良等饲用植物，现雷前骆驼乐食，绵羊、山羊亦采食，渐干后各种家畜均采食。根入中药，主治咽喉肿痛、咳嗽、脾胃虚弱、胃及十二指肠溃疡、肝炎、癔病、痈疖肿毒、药物及食物中毒等症；根及根茎入蒙药，主治肺痨、肺热咳嗽、吐血、口渴、各种中毒、白脉病、咽喉肿痛、血液病等。可作啤酒的泡沫剂或酱油、蜜饯果品香料剂；也可作灭火器的泡沫剂及纸烟的香料。

【分　　布】主要分布于锡尼河西苏木、辉苏木等地。

【拍摄地点】锡尼河西苏木巴彦胡硕敖包山南坡

米口袋属 *Gueldenstaedtia* Fisch.

狭叶米口袋

【学　　名】*Gueldenstaedtia stenophylla* Bunge

【蒙　　名】纳日音 – 萨勒吉日、纳日音 – 少布乃 – 萨布日

【别　　名】地丁

【形态特征】多年生草本。高 5~15 厘米，全株有长柔毛；主根圆柱状，茎短缩，丛生，具宿存的托叶；叶为单数羽状复叶，小叶片矩圆形至条形，或春季常为近卵形，果期条形，具小尖头，全缘，两面被白柔毛；总花梗数个自叶丛间抽出，顶端各具 2~3（4）朵花，排列成伞形；花粉紫色；花萼长 4~5 毫米；旗瓣长 6~9 毫米，翼瓣比旗瓣短；荚果圆筒形。花期 5 月，果期 5—7 月。

【生　　境】旱生植物。生于草地、沙地，为草原带的沙质草原伴生种，也有少量进入森林草原带和荒漠草原带。

【用　　途】良等饲用植物，幼嫩时绵羊、山羊采食，结实后则乐食其荚果。全草入中、蒙药，能清热解毒，主治痈疽、疔毒、瘰疬、恶疮、黄疸、痢疾、腹泻、目赤、喉痹、毒蛇咬伤等。

【分　　布】全旗各苏木乡镇均有分布。

【拍摄地点】巴彦嵯岗苏木扎格达木丹嘎查

棘豆属 *Oxytropis* DC.

大花棘豆

【学　　名】*Oxytropis grandiflora* (Pall.) DC.

【蒙　　名】陶木 – 奥日图哲

【形态特征】多年生草本。高 20~35 厘米；通常无地上茎；叶基生或近基生，成丛生状，全株被白色平伏柔毛；单数羽状复叶，小叶矩圆状披针形，有时为矩圆状卵形，全缘，两面被白色绢状柔毛；总状花序比叶长，花大，花密集于总花梗顶端呈穗状或头状；苞片披针形；花冠红紫色或蓝紫色，旗瓣倒卵形；荚果革质。花期 6—7 月，果期 7—8 月。

【生　　境】旱中生草本。在森林草原带含丰富杂类草的草甸草原群落中是较常见的伴生植物，也见于山地杂类草草甸群落。

【用　　途】良等饲用植物。可作野生观赏花卉。

【分　　布】主要分布在伊敏苏木、巴彦嵯岗苏木、锡尼河东苏木、辉苏木等地。

【拍摄地点】伊敏苏木东南部林缘

薄叶棘豆

【学　　名】*Oxytropis leptophylla* (Pall.) DC.

【蒙　　名】纳日音 – 奥日图哲、尼莫根 – 纳布其图 – 奥日图哲

【别　　名】山泡泡、光棘豆

【形态特征】多年生草本。高约 8 厘米，全株被灰白色毛；根粗壮，通常呈圆柱状伸长；无地上茎；托叶与叶柄基部合生，密生长毛；单数羽状复叶，小叶 7~13，对生，条形，通常干后边缘反卷，两端渐尖，上面无毛，下面被平伏长柔毛；花 2~5 朵集生于总花梗顶部构成短总状花序；花紫红色或蓝紫色；苞片椭圆状披针形，长 3~5 毫米；荚果膜质，膨胀，密被短柔毛。花期 5—6 月，果期 6 月。

【生　　境】旱生植物。在森林草原及草原带的砾石质和沙砾质草原群落为伴生植物。

【用　　途】中等饲用植物，茎叶较柔嫩，为绵羊、山羊喜食，秋季采食其荚果。根入中药，可用于秃疮、瘰疬等。

【分　　布】全旗各苏木乡镇均有分布。

【拍摄地点】伊敏苏木苇子坑嘎查山上

多叶棘豆

【学　　名】*Oxytropis myriophylla* (Pall.) DC.

【蒙　　名】达兰 – 奥日图哲、敖兰 – 纳布其图 – 奥日图哲、达格沙

【别　　名】狐尾藻棘豆、鸡翎草

【形态特征】多年生草本。高 20~30 厘米；主根深长，粗壮；无地上茎或茎极短缩；叶为具轮生小叶的复叶，具小叶 25~32 轮，小叶片条状披针形，先端渐尖，干后边缘反卷，两面密生长柔毛；总状花序有花多数；花淡红紫色，翼瓣稍短于旗瓣，龙骨瓣短于翼瓣；荚果。花期 6—7 月，果期 7—9 月。

【生　　境】中旱生植物。生于丘陵顶部、山地砾石质或沙质土壤上。

【用　　途】中等饲用植物，青鲜状态各种家畜均不采食，夏季或枯后绵羊、山羊少食。全草入中药，主治流感、咽喉肿痛、痈疮肿毒、创伤、瘀血肿胀、各种出血等；地上部分入蒙药，主治瘟疫、发症、丹毒、腮腺炎、阵刺痛、肠刺痛、脑刺痛、麻疹、痛风、游痛症、创伤、月经过多、创伤出血、吐血、咳痰等。

【分　　布】全旗各苏木乡镇均有分布。

【拍摄地点】锡尼河东苏木哈日嘎那嘎查西

尖叶棘豆

【学　　名】*Oxytropis oxyphylla* (Pall.) DC.

【蒙　　名】少布呼－奥日图哲

【别　　名】山棘豆、呼伦贝尔棘豆、海拉尔棘豆

【形态特征】多年生草本。高 7~20 厘米；根深而长，黄褐色至黑褐色；茎短缩，基部通常多分歧；小叶轮生或近轮生，具小叶 3~9 轮，每轮有 2（3）~4（6）小叶，条状披针形、矩圆状披针形或条形，边缘常反卷，两面密被绢状长柔毛；短总状花序密集为头状；花红紫色、淡紫色或稀为白色，花冠长 14~18 毫米；荚果膜质，膨大，长 10~18 毫米。花期 6—7 月，果期 7—8 月。

【生　　境】旱生植物。在草原带的沙质草原中稀疏生长，有时进入丘陵石质坡地。

【用　　途】中等饲用植物。可作野生观赏花卉。

【分　　布】全旗各苏木乡镇均有分布。

【拍摄地点】辉苏木北沙地

黄耆属 *Astragalus* L.

蒙古黄耆

【学　　名】*Astragalus mongholicus* Bunge

【蒙　　名】蒙古勒－好恩其日

【别　　名】黄耆、绵黄耆、内蒙黄耆

【形态特征】多年生草本。高 50~100 厘米；主根圆柱形，外皮淡棕黄色至深棕色；茎直立，上部多分枝，有细棱，被白色柔毛；单数羽状复叶，互生，小叶 25~37，长 5~10 毫米，宽 3~5 毫米，通常椭圆形，先端圆钝，排列紧密；总状花序顶部腋生；花黄色或淡黄色；子房及荚果无毛。花期 6—8 月，果期 8—9 月。

【生　　境】旱中生植物。散生于山地草原、灌丛、林缘、沟边。

【用　　途】内蒙古珍稀濒危Ⅱ级保护植物；内蒙古重点保护植物。中等饲用植物。根入中药，主治体虚自汗、久泻脱肛、子宫脱垂、体虚浮肿、疮疡溃不收口等症；根也入蒙药（蒙药名：好恩其日），主治内伤、跌扑肿痛等。并可作兽药，治风湿等。

【分　　布】主要分布于巴彦嵯岗苏木、伊敏苏木、锡尼河东苏木、红花尔基镇等地。

【拍摄地点】伊敏苏木二道桥林场

草木樨状黄耆

【学　　名】*Astragalus melilotoides* Pall.

【蒙　　名】哲格仁－希勒比

【别　　名】扫帚苗、层头、小马层子

【形态特征】多年生草本。高 30~100 厘米；根深长，较粗壮；茎多数由基部丛生，直立或稍斜升，多分枝，有条棱，疏生短柔毛或近无毛；单数羽状复叶；具小叶 3~7，条状矩圆形，宽1.5~3 毫米，全缘，两面疏生白色短柔毛；总状花序腋生；花粉红色或白色，翼瓣比旗瓣短，顶端成不均等 2 裂，龙骨瓣比翼瓣短；荚果近圆形或椭圆形，长 2.5~3.5 毫米。花期 7—8 月，果期 8—9 月。

【生　　境】中旱生植物。为典型草原及森林草原最常见伴生植物，在局部可成为次优势植物，多生长于沙质及轻壤质土壤。

【用　　途】优等饲用植物，春季幼嫩时，羊、马、牛喜采食，开花后茎质逐渐变硬，骆驼四季均采食，且为其抓膘草之一。全草入中药，能祛湿，主治风湿性关节疼痛、四肢麻木等。可作水土保持植物。

【分　　布】全旗各苏木乡镇均有分布。

【拍摄地点】伊敏苏木头道桥林场西

察哈尔黄耆

【学　　名】*Astragalus zacharensis* Bunge

【蒙　　名】察哈尔 – 好恩其日

【别　　名】小果黄耆、皱黄耆、密花黄耆、鞑靼黄耆、小叶黄耆

【形态特征】多年生草本。高 10~30 厘米，被白色单毛；根粗壮；茎多数，斜升或斜倚，有条棱，常自基部分歧，形成密丛；单数羽状复叶，具小叶 13~21，披针形、椭圆形、长卵形、倒卵形或矩圆形；短总状花序腋生，花 5~12 朵集于总花梗顶端；萼齿长为萼筒的 1/2 或稍长；花冠淡蓝紫色或天蓝色，旗瓣顶端微凹；荚果柄稍长于萼筒，荚果直伸，卵状椭圆形，稍膨胀。花期 6—7 月，果期 7—8 月。

【生　　境】中旱生植物。生于草甸草原群落中、小溪旁、干河床砾石地、草原化草甸及山地草原。

【用　　途】良等饲用植物。

【分　　布】主要分布在巴彦托海镇、伊敏河镇等地。

【拍摄地点】伊敏河镇明珠广场草坪内

达乌里黄耆

【学　　名】*Astragalus dahuricus* (Pall.) DC.

【蒙　　名】和应干－好恩其日

【别　　名】驴干粮、兴安黄耆、野豆角花

【形态特征】一或二年生草本。高 30~60 厘米，全株被白色柔毛；根单一或稍分歧；茎直立，多分枝；单数羽状复叶，小叶 11~21，矩圆形、狭矩圆形至倒卵状矩圆形，全缘，两面被毛；总状花序腋生，具 10~20 朵花；花紫红色，长 10~15 毫米；荚果圆筒状，长 2~2.5 厘米，通常呈镰刀状弯曲，被毛。花期 7—9 月，果期 8—9 月。

【生　　境】旱中生植物。为草原化草甸和草甸草原的伴生植物，在农田、撂荒地及沟渠边也常有散生。

【用　　途】良等饲用植物，各种家畜均喜食，冬季其叶脱落，残存的茎枝较粗老，家畜多不食。种子可入中药，能补肾益肝、固精明目等。可引种栽培用作放牧或刈制干草；又可作绿肥。

【分　　布】主要分布在锡尼河东苏木、伊敏苏木等地。

【拍摄地点】锡尼河东苏木维纳河路边

湿地黄耆

【学　　名】*Astragalus uliginosus* L.

【蒙　　名】珠勒格音—好恩其日

【形态特征】多年生草本。高 30~60 厘米；茎单一或数个丛生，通常直立，被白色或黑色的丁字毛；单数羽状复叶，具小叶 13（15）~23（27），椭圆形至矩圆形，先端常带小刺尖，上面无毛，下面被白色丁字毛；总状花序腋生，花密集，下垂，淡黄色；花萼筒状，长 7~11 毫米；翼瓣比旗瓣短，龙骨瓣比翼瓣稍短；荚果矩圆形，长 9~13 毫米，无毛。花期 6—7 月，果期 8—9 月。

【生　　境】湿中生植物。为林下草甸、沼泽化草甸的伴生植物，在草原带的山地河岸边、柳灌丛下也有零星生长。

【用　　途】良等饲用植物。

【分　　布】全旗各苏木乡镇均有分布。

【拍摄地点】巴彦嵯岗苏木扎格达木丹嘎查湿地

斜茎黄耆

【学　　名】*Astragalus laxmannii* Jacq.

【蒙　　名】矛日音－好恩其日、希路棍－好恩其日

【别　　名】直立黄耆、马拌肠

【形态特征】多年生草本。高 20~60 厘米；根较粗壮，暗褐色；茎丛生，斜升，稍有毛或近无毛；单数羽状复叶，具小叶 7~23，卵状椭圆形、椭圆形或矩圆形，全缘，上面无毛或近无毛，下面有白色丁字毛；花蓝紫色、近蓝色或红紫色，稀近白色，长 11~15 毫米，密集成较长的总状花序；荚果矩圆形。花期 7—8 月，果期 8—9 月。

【生　　境】中旱生植物。生于森林草原、典型草原、河滩草甸、灌丛和林缘。

【用　　途】优等饲用植物，开花前，牛、马、羊均乐食，开花后茎质粗硬，适口性降低，骆驼冬季采食。种子可作"沙苑子"入中药，能补肝肾、固精、明目，主治腰膝酸疼、遗精早泄、尿频、遗尿、白带、视物不清等症。可作为改良天然草场和培育人工牧草地之用，引种试验栽培颇有前途；又可作为绿肥植物，用以改良土壤。

【分　　布】全旗各苏木乡镇均有分布。

【拍摄地点】巴彦托海镇西山路边

糙叶黄耆

【学　　名】*Astragalus scaberrimus* Bunge

【蒙　　名】希如棍 – 好恩其日

【别　　名】春黄耆、掐不齐

【形态特征】多年生草本。高 8~15 厘米，全株密被白色丁字毛，呈灰白色或灰绿色；地下具短缩而分歧的木质化的茎或具横走的木质化根状茎；叶呈莲座状，单数羽状复叶，具小叶 7~15，椭圆形、近矩圆形，两面密被白色平伏的丁字毛；总状花序具花 3~5 朵，具总花梗；花白色或淡黄色，旗瓣卵形或倒卵形，长 18~24 毫米，宽 8~9 毫米，中部不收缢；荚果矩圆形，喙不明显。花期 5—8 月，果期 7—9 月。

【生　　境】旱生植物。为草原带中常见的伴生植物，多生于山坡、草地和沙质地，也见于草甸草原、林缘。

【用　　途】中等饲用植物，春季开花时，绵羊、山羊最喜食其花，夏秋采食其枝叶。种子入中药，可补肾益肝、固精明目等。可作水土保持植物。

【分　　布】主要分布在巴彦托海镇、巴彦塔拉乡、锡尼河西苏木、辉苏木等地。

【拍摄地点】巴彦托海镇西山路边

乳白花黄耆

【学　　名】*Astragalus galactites* Pall.

【蒙　　名】希敦 – 查干、查干 – 好恩其日

【别　　名】白花黄耆

【形态特征】多年生草本。高 5~10 厘米；具短缩而分歧的地下茎，地上部分无茎或具极短的茎；单数羽状复叶，具小叶 9~21，矩圆形、披针形或条状披针形，上面无毛或疏被丁字毛或仅靠近边缘被丁字毛，下面密被平伏丁字毛；花序近无梗，通常每叶腋具花 2 朵，密集于叶丛基部如根生状；花白色或稍带黄色；花萼密被开展的白色长柔毛；旗瓣菱状矩圆形，顶端微凹，中部稍缢缩；荚果卵形，先端具喙。花期 5—6 月，果期 6—8 月。

【生　　境】旱生植物。生于典型草原、荒漠草原群落中，是草原区分布广泛的植物，春季在草原群落中可形成明显的开花季相，喜砾石质和沙砾质土壤，尤其在放牧退化的草场上大量繁生。

【用　　途】中等饲用植物，绵羊、山羊春季喜食其花和嫩叶，花后采食其叶，马春、夏季均喜食，但也有记载，羊采食花后便稀粪，多吃易中毒。

【分　　布】全旗各苏木乡镇均有分布。

【拍摄地点】锡尼河东苏木阿木基

锦鸡儿属 *Caragana* Fabr.

小叶锦鸡儿

【学　　名】*Caragana microphylla* Lam.

【蒙　　名】乌禾日 – 哈日嘎纳、哈日嘎纳 – 包特、吉吉格 – 纳布其图 – 哈日嘎纳

【别　　名】柠条、连针、中间锦鸡儿、灰色小叶锦鸡儿

【形态特征】灌木。高达 1.5 米；树皮灰黄色、灰褐色或黄色，无光泽，小枝黄白色至黄褐色，枝条扩展；长枝上的托叶宿存并硬化成针刺状；小叶 10~20，羽状排列，倒卵形或矩圆状倒卵形，先端钝、平截、微凹或稍尖；花单生；花萼钟形或筒状钟形，长显著大于宽；花冠黄色，旗瓣近圆形，耳短，圆齿状；荚果细长，长为宽的 4~10 倍。花期 5—6 月，果期 8—9 月。

【生　　境】广幅旱生植物。生于高平原、平原、沙地、山地阳坡、黄土丘陵，在沙砾质、沙壤质或轻壤质土壤的针茅草原群落中形成灌木层片，并可成为亚优势植物。

【用　　途】良等饲用植物，绵羊、山羊及骆驼均喜采食其嫩枝，尤其于春末喜食其花，马、牛不喜采食。全草、根、花、种子入药，花主治高血压；根主治慢性支气管炎；全草主治月经不调；种子能祛风止痒、解毒，主治神经性皮炎、牛皮癣、黄水疮等症；种子入蒙药，主治咽喉肿痛、高血压、血热头痛、脉热等。

【分　　布】主要分布于巴彦托海镇、巴彦塔拉乡、锡尼河东苏木、辉苏木、伊敏苏木等地。

【拍摄地点】锡尼河东苏木哈日嘎那嘎查西

野豌豆属 *Vicia* L.

广布野豌豆

【学　　名】*Vicia cracca* L.

【蒙　　名】伊曼 – 给希

【别　　名】草藤、落豆秧

【形态特征】多年生草本。高 30~120 厘米；茎攀援或斜升，有棱，被短柔毛；叶为双数羽状复叶，叶轴末端成分枝或单一的卷须，小叶条形、矩圆状条形或披针状条形，具小刺尖，全缘，叶脉稀疏，不明显，上面无毛或近无毛，下面疏生短柔毛，稍呈灰绿色，常宽而质薄；总状花序腋生，7~20 朵花；花紫色或蓝紫色；荚果矩圆状菱形。花期 6—8 月，果期 7—9 月。

【生　　境】中生植物。为草甸种，稀进入草甸草原，生于山地林缘、灌丛林间草甸、河滩草甸，亦生于林区的撂荒地。

【用　　途】优等饲用植物，有抓膘作用。全草可作"透骨草"入中药，主治风湿肋骨痛、阴囊湿疹及疮毒等症；地上部分入蒙药，可治腹水、小便不利、浮肿、跌打损伤、久疮不愈等。可补播改良草场或与禾本科牧草混播；也为水土保持及绿肥植物。

【分　　布】主要分布在巴彦嵯岗苏木、锡尼河东苏木、锡尼河西苏木、伊敏苏木等地。

【拍摄地点】巴彦嵯岗苏木扎格达木丹嘎查

灰野豌豆

【学　　名】*Vicia cracca* L. var. *canescens* (Maxim.) Franch. et Sav.

【蒙　　名】柴布日－给希

【形态特征】多年生草本。高 30~120 厘米，植株及叶两面密被长柔毛，呈灰白色；茎攀援或斜升，有棱；叶为双数羽状复叶，叶轴末端成分枝或单一的卷须，小叶条形、矩圆状条形或披针状条形，常狭而质厚；总状花序腋生，总花梗超出叶或与叶近等长，7~20 朵花；花紫色或蓝紫色；荚果矩圆状菱形，稍膨胀或压扁。花期 6—8 月，果期 7—9 月。

【生　　境】中生植物。生于林间草地、林缘草甸、灌丛、沟边等生境。

【用　　途】优等饲用植物，有抓膘作用。全草可作"透骨草"入中药，主治风湿肋骨痛、阴囊湿疹及疮毒等症；地上部分入蒙药，可治腹水、小便不利、浮肿、跌打损伤、久疮不愈等。可补播改良草场或与禾本科牧草混播；也为水土保持及绿肥植物。

【分　　布】主要分布在巴彦托海镇、巴彦嵯岗苏木、锡尼河东苏木、伊敏苏木、红花尔基镇等地。

【拍摄地点】伊敏苏木吉登嘎查林下

东方野豌豆

【学　　名】*Vicia japonica* A. Gray

【蒙　　名】道日那音－给希

【形态特征】多年生草本。茎攀援，长 60~120 厘米，稍有毛或无毛；双数羽状复叶，叶轴末端具分枝卷须，托叶长 3~7 毫米，2 深裂至基部，裂片条形或披针状条形；小叶近膜质、椭圆形、卵形或长卵形，全缘、上面无毛，下面伏生细柔毛，侧脉与主脉成锐角；总状花序腋生，具 7~12（15）朵花；花蓝紫色或紫色，翼瓣比旗瓣稍短，与龙骨瓣近等长；荚果近矩圆形。花期 7—8 月，果期 8—9 月。

【生　　境】中生植物。为森林草原带的林缘、草甸的伴生植物，生于河岸湿地、沙质地、山坡、路旁等。

【用　　途】优等饲用植物。地上部分入蒙药，可治腹水、小便不利、浮肿、跌打损伤、久疮不愈等。是一种抗寒、耐霜的优良牧草种质资源，可引种栽培和研究。

【分　　布】主要分布在伊敏苏木、锡尼河东苏木、巴彦嵯岗苏木等地。

【拍摄地点】伊敏苏木头道桥北

大叶野豌豆

【学　　名】*Vicia pseudo-orobus* Fisch. et C. A. Mey.

【蒙　　名】乌日根 – 纳布其特 – 给希

【别　　名】假香野豌豆、大叶草藤

【形态特征】多年生草本。高 50~150 厘米；根茎粗壮，分歧；茎直立或攀援，有棱，稍有毛或近无毛；叶为双数羽状复叶，互生，叶轴末端成分枝或单一的卷须；托叶半边箭头形，边缘通常具一至数个锯齿，小叶卵形，下面疏生柔毛或近无毛；总状花序密集，具花 20~25 朵；花紫色或蓝紫色，长 10~14 毫米；荚果扁平或稍扁，矩圆形。花期 7—9 月，果期 8—9 月。

【生　　境】中生植物。为森林草甸植物，生于林下、林缘草甸、山地灌丛以及森林草原带的丘陵阴坡，多散生，为伴生成分。

【用　　途】优等饲用植物，植株高大，叶量丰富，各种家畜均喜食。全草可作"透骨草"入中药，可散风祛湿、活血止痛。

【分　　布】主要分布在伊敏苏木、锡尼河东苏木等地。

【拍摄地点】伊敏苏木二道桥北

多茎野豌豆

【学　　名】*Vicia multicaulis* Ledeb.

【蒙　　名】萨格拉嘎日 – 给希

【形态特征】多年生草本。高 10~50 厘米；根茎粗壮，茎直立或斜升，有棱，被柔毛或近无毛；叶为双数羽状复叶，叶轴末端成分枝或单一的卷须；托叶长 6~8 毫米，茎上部托叶 2 裂，裂片条形或披针状条形，下部托叶为半戟形或半边箭头形；小叶矩圆形或椭圆形以至条形，侧脉两面特别明显凸出，排列呈羽状或近于羽状；总状花序腋生，具 4~15 朵花；花紫色或蓝紫色。花期 6—7 月，果期 7—8 月。

【生　　境】中生植物。生于森林草原与草原带的山地及丘陵坡地，散见于林缘、灌丛、山地森林上限的草地，也进入河岸沙地与草甸草原。

【用　　途】良等饲用植物，秋季为羊所乐食。全草入中药，主治风湿性关节痛、筋骨拘挛、黄疸、带下病、鼻衄、热疟、阴囊湿疹等；地上部分入蒙药，可治腹水、小便不利、浮肿、跌打损伤、久疮不愈等。

【分　　布】全旗各苏木乡镇均有分布。

【拍摄地点】锡尼河东苏木维纳河西

山野豌豆

【学　　名】*Vicia amoena* Fisch. ex Seringe

【蒙　　名】乌拉音 – 给希

【别　　名】山黑豆、落豆秧、透骨草

【形态特征】多年生草本。高 40~80 厘米；主根粗壮，茎攀援或直立，具四棱，疏生柔毛或近无毛；叶为双数羽状复叶，互生，叶轴末端成分枝或单一的卷须；托叶长 8~16 毫米，为半边戟形或半边箭头形，具数个大锯齿；小叶椭圆形或矩圆形，侧脉仅下面明显，但不凸出；总状花序腋生，具 10~20 朵；花红紫色或蓝紫色；荚果矩圆状菱形。花期 6—7 月，果期 7—8 月。

【生　　境】中生植物。为草甸草原和林缘草甸的优势种或伴生种，生长在山地林缘、灌丛、草甸草原、沙地、溪边、丘陵低湿地。

【用　　途】优等饲用植物，茎叶柔嫩，各种牲畜均乐食，羊喜食其叶，马于秋、冬、春季采食，骆驼四季均采食。全草入中药，主治风湿关节痛、闪挫伤、无名肿毒、阴囊湿疹等；全草也入蒙药，主治腹水、小便不利、浮肿、跌打损伤、久疮不愈等。种子采收容易，发芽率高、耐荫性强，可与多年生丛生性禾本科牧草混播，用于改良天然草场和建设人工草地。

【分　　布】全旗各苏木乡镇均有分布。

【拍摄地点】伊敏苏木头道桥林场西

歪头菜

【学　　名】*Vicia unijuga* A. Br.

【蒙　　名】好日黑纳格－额布斯、希路棍－给希

【别　　名】草豆

【形态特征】多年生草本。高 40~100 厘米；根茎粗壮，近木质；茎直立，常数茎丛生，有棱，无毛或疏生柔毛；叶为双数羽状复叶，叶轴末端成刺状；托叶半边箭头形，小叶 1 对，卵状披针形，先端尾尖；总状花序腋生或顶生；花蓝紫色或淡紫色；荚果扁平，矩圆形。花期 6—7 月，果期 8—9 月。

【生　　境】中生植物。森林草甸植物，生于山地林下、林缘草甸、山地灌丛和草甸草原，是森林边缘草甸群落（五花草塘）的亚优势植物或伴生植物。

【用　　途】优等饲用植物，马、牛最喜食其嫩叶和枝，干枯后仍喜食，羊一般采食，枯后少食。全草入中药，能解热、利尿、理气、止痛，主治头晕、浮肿、胃痛等；外用治疗毒。营养价值较高，耐牧性强，可用作改良天然草地和混播之用；也可作为水土保持植物。

【分　　布】全旗各苏木乡镇均有分布。

【拍摄地点】红花尔基镇西

山黧豆属 *Lathyrus* L.

矮山黧豆

【学　　名】*Lathyrus humilis*（Ser.）Spreng.

【蒙　　名】宝古尼－扎嘎日－宝日其格

【别　　名】矮香豌豆

【形态特征】多年生草本。高 20~50 厘米；根茎横走地下；茎有棱，直立，稍分枝，常呈“之”字形屈曲；双数羽状复叶，小叶 6~10，卵形或椭圆形，具羽状网脉，叶轴末端成单一或分歧的卷须；托叶半箭头形或斜卵状披针形；总状花序腋生，有 2~4 朵花；花红紫色；荚果矩圆状条形。花期 6 月，果期 7 月。

【生　　境】耐阴中生草本。在森林带的针阔混交林、阔叶林下草本层中可成为优势植物，森林草原和草原带的灌丛草甸群落中常作为伴生种出现。

【用　　途】良等饲用植物，青鲜时牛乐食，秋季羊采食一些。

【分　　布】主要分布在巴彦嵯岗苏木、锡尼河东苏木、伊敏苏木、红花尔基镇等地。

【拍摄地点】红花尔基镇达格森

山黧豆

【学　　名】*Lathyrus quinquenervius* (Miq.) Litv.

【蒙　　名】扎嘎日 – 宝日其格、他布纳 – 苏达拉图 – 扎嘎日 – 豌豆

【别　　名】五脉山黧豆、五脉香豌豆

【形态特征】多年生草本。高 20~40 厘米；根茎细而稍弯，横走地下；茎单一，直立或稍斜升，有棱，具翅；双数羽状复叶，小叶 2~6，小叶矩圆状披针形，条状披针形或条形，具 5 条明显凸出的纵脉，卷须单一，不分枝；托叶为狭细的半箭头状，长 5~15 毫米，宽 0.5~1.5 毫米；总状花序腋生，具 3~7 朵花；花蓝紫色或紫色；荚果矩圆状条形。花期 6—7 月，果期 8—9 月。

【生　　境】草甸中生植物。是森林草原带的山地草甸、河谷草甸群落伴生种，也进入草原带的草甸草原群落。

【用　　途】良等饲用植物。全草入中、蒙药，主治关节痛、头痛等。

【分　　布】全旗各苏木乡镇均有分布。

【拍摄地点】伊敏苏木敖义木沟

毛山黧豆

【学　　名】*Lathyrus palustris* L. var. *pilosus* (Cham.) Ledeb.

【蒙　　名】乌斯图 – 扎嘎日 – 宝日其格

【别　　名】柔毛山黧豆

【形态特征】多年生草本。高 30~50 厘米；根茎细，横走地下；茎攀援，常呈"之"字形屈曲，有齿，通常稍分枝；双数羽状复叶，具小叶 4~8（10），叶轴末端具分歧的卷须；托叶长 6~15 毫米，宽 1.5~4 毫米；小叶披针形、条状披针形、条形或近矩圆形，叶脉不明显；总状花序腋生，具花 2~6 朵；花蓝紫色；荚果矩圆状条形或条形。花期 6—7 月，果期 8—9 月。

【生　　境】草甸中生植物。在森林草原及草原带的沼泽化草甸和草甸群落中为伴生植物，也进入山地林缘和沟谷草甸。

【用　　途】良等饲用植物，羊在秋季采食一些，马、牛乐食其嫩枝叶。

【分　　布】主要分布在锡尼河东苏木、伊敏苏木等地。

【拍摄地点】锡尼河东苏木巴彦乌拉嘎查河滩地

车轴草属 *Trifolium* L.

野火球

【学　　名】*Trifolium lupinaster* L.

【蒙　　名】禾日音 – 好希杨古日

【别　　名】野车轴草

【形态特征】多年生草本。高 15~30 厘米；通常数茎丛生，茎直立或斜升，多分枝，略呈四棱形；掌状复叶，叶通常 5 枚，稀 3~7 枚，长椭圆形或倒披针形；花序呈头状，顶生或腋生；花多数，红紫色或淡红色；荚果条状矩圆形，含种子 1~3 粒。花期 7—8 月，果期 8—9 月。

【生　　境】中生植物。为森林草甸种，是林缘草甸（五花草塘）的伴生种或次优势种，也见于草甸草原、山地灌丛及沼泽化草甸。

【用　　途】良等饲用植物，青嫩时为各种家畜所喜食，其中以牛为最喜食，开花后质地粗糙，适口性稍有下降，刈制成干草后各种家畜均喜食。全草入中药，能镇静、止咳、止血等。可引种驯化、推广栽培、与禾本科牧草混播建立人工打草场及放牧场；又为蜜源植物。

【分　　布】全旗各苏木乡镇均有分布。

【拍摄地点】巴彦托海镇南

苜蓿属 *Medicago* L.

天蓝苜蓿

【学　　名】*Medicago lupulina* L.

【蒙　　名】呼和 – 查日嘎苏、扫格图 – 查日嘎苏

【别　　名】黑荚苜蓿

【形态特征】一或二年生草本。高 10~30 厘米；茎斜倚或斜升，被长柔毛或腺毛，稀近无毛；羽状三出复叶，小叶宽倒卵形或倒卵形，边缘上部具锯齿，下部全缘；头状花序；花黄色，翼瓣显著比旗瓣短；荚果弯曲呈肾形，成熟时黑色，长 2~3 毫米，含种子 1 粒。花期 7—8 月，果期 8—9 月。

【生　　境】中生植物。多生于微碱性草甸、沙质草原、田边、路旁等处。

【用　　途】优等饲用植物，营养价值较高，适口性好，各种家畜一年四季均喜食，其中以羊最喜食。全草入中、蒙药，能舒筋活络、利尿，主治坐骨神经痛、风湿筋骨痛、黄疸型肝炎、白血病等。可以与禾本科牧草混播或改良天然草场；又为水土保持植物或绿肥植物。

【分　　布】主要分布于巴彦托海镇、巴彦塔拉乡、锡尼河西苏木、辉苏木等地。

【拍摄地点】巴彦托海镇园林处

黄花苜蓿

【学　　名】*Medicago falcata* L.

【蒙　　名】协日 – 查日嘎苏、哲日力格 – 查日嘎苏、协日 – 好希杨古日

【别　　名】野苜蓿、镰荚苜蓿

【形态特征】多年生草本。根粗壮，木质化；茎斜升或平卧，长 30~60（100）厘米，多分枝，被短柔毛；叶为羽状三出复叶，小叶倒披针形、条状倒披针形、稀倒卵形或矩圆状倒卵形，先端钝圆或微凹，具小刺尖，基部楔形，边缘上部有锯齿，下部全缘；总状花序密集成头状，腋生，具花 5~20 朵；花黄色，花梗长约 2 毫米；荚果弯曲呈镰刀形，长 7~12 毫米。花期 7—8月，果期 8—9 月。

【生　　境】耐寒的旱中生植物。在森林草原及草原带的草原化草甸群落中可形成伴生植物或优势种，喜生于沙质或沙壤质土，多见于河滩、沟谷等低湿生境中。

【用　　途】内蒙古重点保护植物。优等饲用植物，各种家畜均喜食。全草入中、蒙药，主治胸腹胀满、消化不良、浮肿等症。产草量也较高，用作放牧或打草均可，但茎多为半直立或平卧，可选择直立型的进行驯化栽培；也可作为杂交育种材料，有引种栽培前途。

【分　　布】全旗各苏木乡镇均有分布。

【拍摄地点】巴彦托海镇二号草库伦内

草木樨属 *Melilotus*（L.）Mill.

草木樨

【学　　名】*Melilotus officinalis* (L.) Lam.

【蒙　　名】呼庆黑

【别　　名】黄花草木樨、马层子、臭苜蓿

【形态特征】一或二年生草本。高 60~90 厘米，有时可达 1 米以上；茎直立，多分枝，光滑无毛；叶为羽状三出复叶，小叶倒卵形、矩圆形或倒披针形，边缘有不整齐的疏锯齿；托叶基部两侧不齿裂，稀具 1 或 2 齿裂；总状花序，细长，腋生，有多数花；花黄色；荚果小，近球形或卵形，内含种子 1 粒。花期 6—8 月，果期 7—10 月。

【生　　境】旱中生植物。在森林草原和草原带的草甸或轻度盐化草甸中为常见伴生植物，并可进入荒漠草原的河滩低湿地以及轻度盐化草甸，多逸生于河滩、河谷、湖盆洼地等生境中。

【用　　途】优等饲用植物，幼嫩时为各种家畜所喜食，开花后质地粗糙，有强烈的"香豆素"气味，故家畜不喜采食，但逐步适应后，适口性还可提高。全草入中药，主治暑湿胸闷、口臭、头胀、头痛、疟疾、痢疾等症；全草也入蒙药，主治毒热、陈热等。可推广种植作饲料、绿肥及水土保持植物；也可作蜜源植物。

【分　　布】全旗各苏木乡镇均有分布。

【拍摄地点】巴彦托海镇西路边山东坡

白花草木樨

【学　　名】*Melilotus albus* Medik.

【蒙　　名】查干 – 呼庆黑

【别　　名】白香草木樨

【形态特征】一或二年生草本。高达 1 米以上；茎直立，圆柱形，中空，全株有香味；叶为羽状三出复叶，小叶椭圆形、矩圆形、卵状矩圆形或倒卵状矩圆形等，边缘具疏锯齿；托叶基部两侧无齿裂；总状花序腋生；花冠白色；荚果椭圆形或近矩圆形，初时绿色，后变黄褐色至黑褐色；种子肾形，褐黄色。花果期 7—8 月。

【生　　境】中生植物。原产于亚洲西部，在我国东北、西部、西北以及世界各国有栽培，在我地区属逸生种，生于路边、沟旁、盐碱地及草甸等生境中。

【用　　途】优等饲用植物，幼嫩时为各种家畜所喜食，开花后质地粗糙，有强烈的"香豆素"气味，故家畜不喜采食，但逐步适应后，适口性还可提高。全草入中药，主治暑湿胸闷、口臭、头胀、头痛、疟疾、痢疾等症；全草也入蒙药，主治毒热、陈热等。营养价值较高，适应性强，较耐旱，可推广种植作饲料、绿肥及水土保持植物；也可作蜜源植物。

【分　　布】全旗各苏木乡镇均有分布。

【拍摄地点】巴彦托海镇西路边

扁蓿豆属 *Melilotoides* Heist. ex Fabr.

扁蓿豆

【学　　名】*Melilotoides ruthenica* (L.) Soják

【蒙　　名】其日格－额布斯

【别　　名】野苜蓿、花苜蓿

【形态特征】多年生草本。高 20~60 厘米；根茎粗壮，茎斜生、近平卧或直立，多分枝；茎、枝常四棱形，疏生短毛；羽状三出复叶，小叶倒卵形至条形，边缘上半部有锯齿，下半部全缘，叶脉明显；总状花序腋生；花黄色，带深紫褐色；萼齿 5；荚果扁平，矩圆形，网纹明显，先端有短喙。花期 7—8 月，果期 8—9 月。

【生　　境】中旱生植物。多为草原带的典型草原或草甸草原常见伴生植物，有时可达优势种，在沙质草原也可见到，生于丘陵坡地、山坡、林缘、路旁、沙质地、固定或半固定沙地等处。

【用　　途】优等饲用植物，营养价值高，适口性好，各种家畜一年四季均喜食。可选择直立类型引种驯化、推广种植；也可作补播材料改良草场；又可作水土保持植物。

【分　　布】全旗各苏木乡镇均有分布。

【拍摄地点】巴彦托海镇原旗苗圃

岩黄耆属 *Hedysarum* L.

山岩黄耆

【学　　名】*Hedysarum alpinum* L.

【蒙　　名】乌拉音－他日波勒吉、乌拉音－希莫日苏

【形态特征】多年生草本。高 40~100 厘米；根粗壮，暗褐色；茎直立，具纵沟，无毛；单数羽状复叶，小叶卵状矩圆形、狭椭圆形或披针形，侧脉密而明显；总状花序腋生，显著比叶长；花蓝紫色或紫红色；萼齿 5；翼瓣比旗瓣稍短或近等长，龙骨瓣比旗瓣及翼瓣显著长；荚果有荚节（1）2~3（4），子房和荚节无毛。花期 7 月，果期 8 月。

【生　　境】草甸中生植物。为森林区的河谷草甸、山地林间草甸、林缘草甸、山地灌丛及草甸草原的伴生植物，稀疏进入森林草原和草原带。

【用　　途】良等饲用植物，嫩枝为各种家畜所乐食。根入中、蒙药，用于体虚、止汗等。也可作绿肥或观赏用。

【分　　布】主要分布在锡尼河东苏木、伊敏苏木等地。

【拍摄地点】锡尼河东苏木呼和乌苏

山竹子属 *Corethrodendron* Fisch. et Basin.

山竹子

【学　　名】*Corethrodendron fruticosum* (Pall.) B. H. Choi et H. Ohashi

【蒙　　名】布它力格－乌日格苏格讷

【别　　名】山竹岩黄耆

【形态特征】半灌木。高 60~120 厘米；根深长，少分枝，红褐色；茎直立，多分枝，树皮灰黄色或灰褐色，常呈纤维状剥落，小枝黄绿色或带紫褐色；单数羽状复叶，小叶多互生，矩圆形、椭圆形或条状矩圆形，先端有小凸尖；总状花序腋生；花紫红色，翼瓣长约为旗瓣的 1/3；子房和荚节密被贴伏短柔毛，荚节有时具瘤状凸起甚至针刺。花期 7—8 月，果期 9 月。

【生　　境】草原区的沙生中旱生植物。生于草原区的沙丘、沙地、戈壁红土断层冲刷沟或砾石质地，也进入森林草原地区。

【用　　途】内蒙古重点保护植物。良等饲用植物，青鲜时绵羊、山羊采食其枝叶，骆驼也采食。

【分　　布】主要分布在巴彦塔拉乡、锡尼河西苏木、锡尼河东苏木、伊敏苏木、辉苏木等地。

【拍摄地点】辉河林场西

胡枝子属 *Lespedeza* Michx.

达乌里胡枝子

【学　　名】*Lespedeza davurica* (Laxm.) Schindl.

【蒙　　名】和应干 – 呼吉苏、呼日恩 – 宝汗 – 柴、呼日布格

【别　　名】兴安胡枝子、牤牛茶、牛枝子

【形态特征】草本状小半灌木。高 20~50 厘米；茎单一或数个簇生，直立或稍倾斜，老枝黄褐色或赤褐色，有短柔毛，嫩枝绿褐色；羽状三出复叶，互生，托叶 2，刺芒状，小叶椭圆形或椭圆状卵形，长 15~30 毫米，宽 5~15 毫米，上面无毛或有平伏柔毛，下面伏生柔毛；总状花序腋生，短于叶或与叶近等长；萼片披针状钻形，先端刺芒状，几乎与花冠等长；花冠黄白色，旗瓣中央稍带紫色；荚果倒卵形或长倒卵形。花期 7—8 月，果期 8—9 月。

【生　　境】中旱生植物。较喜温暖，生于森林草原和草原带的干山坡、丘陵坡地、沙地以及草原群落中，为草原群落的次优势成分或伴生成分。

【用　　途】优等饲用植物，幼嫩枝条为各种家畜所乐食，但开花以后茎叶粗老，可食性降低。全草入中药，能解表散寒，主治感冒发热、咳嗽等。

【分　　布】主要分布在巴彦嵯岗苏木、锡尼河东苏木、伊敏苏木、辉苏木等地。

【拍摄地点】巴彦嵯岗苏木扎格达木丹嘎查北

尖叶胡枝子

【学　　名】*Lespedeza juncea* (L. f.) Pers.

【蒙　　名】好尼音 – 呼日布格

【别　　名】尖叶铁扫帚、铁扫帚、黄蒿子

【形态特征】草本状小半灌木。高 30~50 厘米；分枝少或上部多分枝成帚状，小枝灰绿色或黄绿色，基部褐色，具细棱并被白色平伏柔毛；羽状三出复叶，托叶刺芒状，顶生小叶条状矩圆形至披针形，先端锐尖或圆钝，有短刺尖，上面近无毛，下面密被平伏柔毛；总状花序，具 2~5 朵花；小苞片条状披针形，与萼筒近等长；花冠白色，有紫斑，旗瓣不反卷，翼瓣较旗瓣稍短，龙骨瓣与旗瓣近等长；荚果宽椭圆形或倒卵形。花期 8—9 月，果期 9 月。

【生　　境】中旱生植物。生于草甸草原带的丘陵坡地、沙质地，也见于柞林边缘的干山坡，在山地草甸草原群落中为次优势种或伴生种。

【用　　途】良等饲用植物，幼嫩时马、牛、羊均乐食，粗老后适口性降低。可作水土保持植物。

【分　　布】主要分布在巴彦嵯岗苏木、锡尼河东苏木等地。

【拍摄地点】巴彦嵯岗苏木扎格达木丹嘎查北

鸡眼草属 *Kummerowia* Schindl.

长萼鸡眼草

【学　　名】*Kummerowia stipulacea* (Maxim.) Makino

【蒙　　名】乌日特－他黑延－尼都－额布斯

【别　　名】掐不齐

【形态特征】一年生草本。高 5~20 厘米；根纤细；茎斜升、斜倚或直立，分枝开展，茎及枝上疏生向上的细硬毛，有时仅节处有毛；掌状三出复叶，少近羽状，托叶 2，卵形，小叶通常倒卵形，先端微凹或近圆形，具短尖，基部楔形，上面无毛，下面中脉及边缘有白色长硬毛；花通常 1~2 朵腋生，花冠淡红紫色，龙骨瓣较旗瓣及翼瓣长；荚果椭圆形或卵形，成熟时长于萼筒 3~4 倍。花期 7—8 月，果期 8—9 月。

【生　　境】中生杂草。遍及草原和森林草原带的山地、丘陵、田边、路旁，为常见杂草，也可进入荒漠草原群落中。

【用　　途】优等饲用植物，青干草均为马、牛、羊所乐食。全草入中、蒙药，能清热解毒、活血、利尿、止泻，主治胃肠炎、痢疾、肝炎、夜盲症、泌尿系统感染、跌打损伤、疔疮疖肿等。可用于短期放牧地混播材料；又可作绿肥植物。

【分　　布】主要分布在巴彦嵯岗苏木、锡尼河东苏木等地。

【拍摄地点】锡尼河东苏木

牻牛儿苗科 Geraniaceae

牻牛儿苗属 *Erodium* L' Hérit.

牻牛儿苗

【学　　名】*Erodium stephanianum* Willd.

【蒙　　名】曼久亥、和日彦 – 呼硕

【别　　名】太阳花

【形态特征】一或二年生草本。根直立，圆柱状；茎平铺地面或稍斜升，高 10~60 厘米，多分枝；叶对生，二回羽状深裂，一回羽状裂片基部下延；伞形花序腋生，通常有 2~5 花；萼片先端具长芒；花瓣淡紫色或紫蓝色，倒卵形；蒴果长 4~5 厘米，具长喙。花期 6—8 月，果期 8—9 月。

【生　　境】旱中生植物。广布种，生于山坡、典型草原、沙质草原、河岸、沙丘、田间、路旁。

【用　　途】中等饲用植物。全草入中药，主治风寒湿痹、筋骨酸痛、肌肉麻木、肠炎痢疾等；全草也入蒙药，主治关节疼痛、跌打损伤、云翳、月经不调等。

【分　　布】全旗各苏木乡镇均有分布。

【拍摄地点】巴彦托海镇居民点附近

老鹳草属 *Geranium* L.

毛蕊老鹳草

【学　　名】*Geranium platyanthum* Duthie

【蒙　　名】乌斯图－西木德格来、乌斯图－宝哈－额布斯

【形态特征】多年生草本。根状茎短，直立或斜上，上部被有淡棕色鳞片状膜质托叶，茎直立，高 30~80 厘米，向上分枝，具开展的白毛，上部有腺毛；叶互生，肾状五角形，掌状 5 中裂或略深，裂片菱状卵形，不分裂，边缘缺刻状或具粗牙齿；聚伞花序顶生，花序梗 2~3 条出自 1 对叶状苞片腋间；花瓣蓝紫色；花梗果期直立，花梗、萼片和蒴果被腺毛和混生腺毛。花期 6—8 月，果期 8—9 月。

【生　　境】中生植物。生于山地林下、林间、林缘草甸及灌丛。

【用　　途】低等饲用植物。全草入中药，祛风除湿、活血痛经、清热止泻，主治风湿性关节炎、跌打损伤、坐骨神经痛、急性胃肠炎、痢疾、月经不调、疱疹性角膜炎等。

【分　　布】主要分布在锡尼河东苏木、伊敏苏木、巴彦嵯岗苏木等地。

【拍摄地点】锡尼河东苏木维纳河林下

草地老鹳草

【学　　名】*Geranium pratense* L.

【蒙　　名】塔拉音 – 西木德格来

【别　　名】草甸老鹳草、草原老鹳草

【形态特征】多年生草本。根状茎被棕色鳞片状托叶，具多数肉质粗根；茎直立，高 20~70 厘米，下部被倒生伏毛及柔毛，上部混生腺毛；叶对生，肾状圆形，掌状 7~9 深裂，裂片菱状卵形或菱状楔形，裂片又羽状分裂或具羽状缺刻；花序通常生 2 花，花梗果期弯曲；花瓣蓝紫色；花序轴、花梗、萼片、蒴果均被短柔毛及腺毛。花期 7—8 月，果期 8—9 月。

【生　　境】中生植物。生于山地林下、林缘草甸、灌丛、草甸及河边湿地。

【用　　途】中等饲用植物，青鲜时家畜不食，干燥后家畜稍采食，牛较喜食，马、羊少食。全草入中药，主治风湿痹痛、四肢麻木、血瘀、痢疾等；也入蒙药，主治结膜炎、月经不调、白带等。

【分　　布】全旗各苏木乡镇均有分布。

【拍摄地点】巴彦嵯岗苏木湿地

突节老鹳草

【学　　名】*Geranium krameri* Franch. et Savat.

【蒙　　名】委图－西木德格来

【形态特征】多年生草本。根状茎短，具多数粗根；茎直立或稍斜升，高 40~100 厘米，被倒生白毛或伏毛；叶对生，肾状圆形或近圆形，掌状 5~7 深裂几达基部，裂片又 2~3 深裂，小裂片具缺刻状及粗牙齿；聚伞花序通常具 2 花；花序轴及花梗均具白色伏毛，萼片背面疏生柔毛；花瓣淡红色或紫红色；蒴果疏生短柔毛。花期 7—8 月，果期 8—9 月。

【生　　境】中生植物。生于草甸、灌丛、山地林缘草甸及路边湿地。

【用　　途】低等饲用植物。全草地上部分及根入中药，有祛风除湿、通经活血、强筋健骨、清热解毒、止泻之功效。茎、叶含鞣质，可提制烤胶。

【分　　布】主要分布在锡尼河东苏木、伊敏苏木、巴彦嵯岗苏木等地。

【拍摄地点】锡尼河东苏木维纳河路边

灰背老鹳草

【学　　名】*Geranium wlassovianum* Fisch. ex Link

【蒙　　名】柴布日 – 西木德格来

【形态特征】多年生草本。根状茎短，倾斜或直立；茎高 30~70 厘米，直立或斜升，全株被短伏柔毛；叶片肾圆形，5 深裂达 2/3~3/4，裂片倒卵状楔形或倒卵状菱形，下部全缘，上部 3 深裂，侧小裂片具 1~3 牙齿，叶片背面灰白色；花序通常具 2 花，花瓣淡紫红色或淡紫色，花丝基部扩大部分的边缘及背部均有长白毛，花瓣比花萼长 1 倍以上；蒴果被短柔毛。花期 7—8月，果期 8—9 月。

【生　　境】湿中生植物。草甸种，生于山地林下、沼泽草甸、河岸湿地。

【用　　途】低等饲用植物。全草入中药，可祛风、活血、通络、清热，用于风寒湿痹、四肢拘挛、跌打损伤、泻痢等。

【分　　布】全旗各苏木乡镇均有分布。

【拍摄地点】锡尼河东苏木呼和乌苏

鼠掌老鹳草

【学　　名】*Geranium sibiricum* L.

【蒙　　名】西比日－西木德格来、西比日－宝哈－额布斯

【别　　名】鼠掌草

【形态特征】多年生草本。高 20~100 厘米；根垂直，单一或 2~3 个，圆锥状圆柱形；茎伏卧或上部斜向上，多分枝，被倒生毛；叶对生，肾状五角形，掌状 5 深裂，裂片倒卵形或狭倒卵形，上部羽状分裂或具齿状深缺刻，叶片两面有疏伏毛；花通常单生叶腋，花瓣淡红色或近于白色；蒴果具短柔毛。花期 6—8 月，果期 8—9 月。

【生　　境】中生杂草。生于居民点附近及河滩湿地、沟谷、林缘、山坡草地。

【用　　途】低等饲用植物。全草作老鹳草入中药；也作蒙药用（蒙药名：米格曼森法），能明目、活血、调经，主治结膜炎、月经不调、白带等。

【分　　布】全旗各苏木乡镇均有分布。

【拍摄地点】巴彦托海镇巴彦托海嘎查西草库伦内

粗根老鹳草

【学　　名】*Geranium dahuricum* DC.

【蒙　　名】达古日－西木德格来、图木斯图－宝哈－额布斯

【别　　名】块根老鹳草

【形态特征】多年生草本。根状茎直立，根多数，纺锤形；茎直立，高 20~70 厘米，具纵棱，被倒向伏毛，常二歧分枝；叶对生，叶片肾状圆形，掌状 5~7 裂几达基部，裂片倒披针形或倒卵形，不规则羽状分裂，小裂片披针状条形或条形，两面被硬毛；花序腋生，通常具 2 花；花瓣淡紫红色，蔷薇色或白色带紫色脉纹；蒴果密生伏毛。花期 7—8 月，果期 8—9 月。

【生　　境】中生植物。生于山地林下、林缘草甸、灌丛、湿草甸。

【用　　途】低等饲用植物。全草作老鹳草入中药。根、茎、叶含鞣酸，可提制栲胶。

【分　　布】主要分布在锡尼河东苏木、伊敏苏木等地。

【拍摄地点】锡尼河东苏木维纳河路边

亚麻科 Linaceae

亚麻属 *Linum* L.

野亚麻

【学　　名】*Linum stelleroides* Planch.

【蒙　　名】哲日力格－麻嘎领古

【别　　名】山胡麻

【形态特征】一或二年生草本。高 40~70 厘米；茎直立，圆柱形，光滑，上部多分枝；叶互生，密集，条形或条状披针形，全缘，两面无毛；聚伞花序，分枝多；萼片 5，边缘稍膜质，具黑色腺点；花瓣 5，倒卵形，粉红色；蒴果。花果期 6—8 月。

【生　　境】中生杂草。生于干燥山坡、路旁。

【用　　途】低等饲用植物。鲜草、种子入中药，鲜草外敷可治疗疮肿毒，种子主治便秘、皮肤瘙痒、荨麻疹等；种子也作蒙药用，主治眩晕、皮肤瘙痒、便秘、肿块等。茎皮纤维可作人造棉、麻布和造纸原料等；种子供榨油。

【分　　布】主要分布在巴彦托海镇、伊敏苏木、锡尼河东苏木等地。

【拍摄地点】巴彦托海镇西山

宿根亚麻

【学　　名】*Linum perenne* L.

【蒙　　名】塔拉音—麻嘎领古

【形态特征】多年生草本。高 20~70 厘米；主根垂直，粗壮，木质化；茎从基部丛生，直立或稍斜生，分枝，通常有或无不育枝；叶互生，条形或条状披针形，基部狭窄，先端尖，具 1 脉；聚伞花序，花通常多数，暗蓝色或蓝紫色，直径约 2 厘米；萼片卵形；花瓣倒卵形，基部楔形；雄蕊与花柱异长，稀等长；蒴果近球形，草黄色，开裂；种子矩圆形，栗色。花期 6—8 月，果期 8—9 月。

【生　　境】旱生植物。草原种，广泛生于草原地带，多见于沙砾质地、山坡，为草原伴生植物。

【用　　途】低等饲用植物。花及种子入中药，用于子宫瘀血、经闭、身体虚弱等；种子也入蒙药，主治眩晕、皮肤瘙痒、便秘、肿块等。种子可榨油；茎皮纤维可用。

【分　　布】全旗各苏木乡镇均有分布。

【拍摄地点】伊敏苏木伊敏嘎查观测样地内

芸香科 Rutaceae

拟芸香属 *Haplophyllum* A. Juss.

北芸香

【学　　名】*Haplophyllum dauricum* (L.) G. Don

【蒙　　名】呼吉 – 额布斯

【别　　名】假芸香、单叶芸香、草芸香

【形态特征】多年生草本。高 6~25 厘米，全株有特殊香气；根棕褐色；茎丛生，直立；单叶互生，全缘，无柄，条状披针形至狭矩圆形，叶两面具腺点；伞房状聚伞花序多花，花的各部分具腺点，黄色；心皮 3，少 2~4；蒴果成熟时黄绿色，3 瓣裂；种子肾形，黄褐色。花期 6—7 月，果期 8—9 月。

【生　　境】旱生植物。广布于典型草原和森林草原地区，亦见于荒漠草原区的山地，为草原群落的伴生植物。

【用　　途】良等饲用植物。在西部地区青鲜时为各种家畜所乐食，秋季为羊和骆驼所喜食，有抓膘作用。

【分　　布】全旗各苏木乡镇均有分布。

【拍摄地点】锡尼河东苏木呼和乌苏

白鲜属 *Dictamnus* L.

白鲜

【学　　名】*Dictamnus dasycarpus* Turcz.

【蒙　　名】阿格查嘎海

【别　　名】八股牛、好汉拔、山牡丹

【形态特征】多年生草本。高约 1 米；根肉质，粗长，淡黄白色；茎直立，基部木质；单数羽状复叶，互生，小叶卵状披针形，先端渐尖，边缘有锯齿，上面密布油点；总状花序顶生；花瓣 5，淡红色或淡紫色，稀白色，花瓣有红紫色脉纹；萼片 5 深裂，宿存，其背面有多数红色腺点；雄蕊 10；蒴果 5 裂，背面密被棕色腺点及白色柔毛。花期 7 月，果期 8—9 月。

【生　　境】中生植物。生于山地林缘、灌丛、草甸。

【用　　途】内蒙古重点保护植物。劣等饲用植物。根皮入中、蒙药（药材名：白鲜皮），能祛风燥湿、清热解毒、杀虫止痒，主治风湿性关节炎、急性黄疸型肝炎、皮肤瘙痒、荨麻疹、疥癣、黄水疮等；外用治淋巴结炎、外伤出血等。

【分　　布】主要分布在锡尼河东苏木、伊敏苏木等地。

【拍摄地点】锡尼河东苏木呼和乌苏

远志科 Polygalaceae

远志属 *Polygala* L.

细叶远志

【学　　名】*Polygala tenuifolia* Willd.

【蒙　　名】吉如很 – 其其格

【别　　名】远志、小草

【形态特征】多年生草本。高 8~30 厘米；根肥厚，圆柱形，外皮浅黄色或棕色；茎多数，直立或斜升；叶条形或狭条形，宽 0.5~1 毫米；总状花序顶生或腋生；花瓣 3，紫色，中央龙骨状花瓣背部顶端具流苏状缨；蒴果扁圆形，无缘毛；种子棕黑色。花期 7—8 月，果期 8—9 月。

【生　　境】广幅旱生植物。嗜砾石，多见于石质草原、山坡、草地、灌丛下。

【用　　途】内蒙古重点保护植物。低等饲用植物。根入中药，主治惊悸健忘、失眠多梦、咳嗽多痰、支气管炎、痈疽疮肿等；根皮入蒙药，主治肺脓肿、痰多咳嗽、胸伤等。

【分　　布】全旗各苏木乡镇均有分布。

【拍摄地点】锡尼河东苏木呼和乌苏

大戟科 Euphorbiaceae

大戟属 *Euphorbia* L.

乳浆大戟

【学　　名】*Euphorbia esula* L.

【蒙　　名】查干－塔日努

【别　　名】猫儿眼、烂疤眼

【形态特征】多年生草本。高可达 50 厘米；根细长，褐色；茎直立，单一或分枝，光滑无毛，具纵沟；叶条形或条状披针形，全缘，两面无毛，无柄；总花序顶生，具 3~10 伞梗；基部有 3~7 轮生苞叶，杯状总苞先端 4 裂，腺体 4，新月形，两端有短角；蒴果无毛，无瘤状凸起。花期 5—7 月，果期 7—8 月。

【生　　境】广幅中旱生植物。多零散分布于草原、山坡、干燥沙质地、石质坡地、路旁。

【用　　途】全株入中药，有毒，主治四肢浮肿、小便不利、疟疾等，外用治颈淋巴结结核、疮癣瘙痒等；全草也作蒙药，主治肠胃湿热、黄疸等，外用治疥癣痈疮。

【分　　布】全旗各苏木乡镇均有分布。

【拍摄地点】锡尼河东苏木孟根楚鲁嘎查铁路路基下

狼毒大戟

【学　　名】*Euphorbia fischeriana* Steud.

【蒙　　名】好日图 – 塔日努

【别　　名】狼毒、猫眼草

【形态特征】多年生草本。高 30~40 厘米；根肥厚肉质，圆柱形，外皮红褐色或褐色；茎单一，直立；茎基部的叶为鳞片状，黄褐色，互生，披针形或卵状披针形，中上部的叶常 3~5 轮生，卵状矩圆形；花序顶生，伞梗 5~6；基部苞叶 5，轮生；总苞广钟状，5 浅裂；腺体 5，肾形，总苞和腺体均被白色柔毛；蒴果宽卵形，3 瓣裂。花期 6 月，果期 7 月。

【生　　境】中旱生植物。生于森林草原及草原区石质山地向阳山坡。

【用　　途】根入中药，有大毒，能破积杀虫、除湿止痒，主治淋巴结结核、骨结核、皮肤结核、神经性皮炎、慢性支气管炎及各种疮毒等；根也入蒙药（蒙药名：塔日努），能泻下、消肿、消 "奇哈"、杀虫、燥 "黄水"，主治结喉、发症、疖肿、黄水疮、疥癣、水肿、痛风、游痛症等。茎、叶的浸出液可防治螟虫、蚜虫等。

【分　　布】全旗各苏木乡镇均有分布。

【拍摄地点】巴彦嵯岗苏木扎格达木丹嘎查

水马齿科 Callitrichaceae

水马齿属 *Callitriche* L.

沼生水马齿

【学　　名】*Callitriche palustris* L.

【蒙　　名】奥孙 – 那木嘎拉吉

【形态特征】一年生草本。常生于浅水中，有时陆生；高 30~40 厘米；茎细弱，多分枝；叶鲜绿色，无毛，对生，茎顶端者簇生，形成莲座状，叶匙形或倒卵形，具 3 脉；花具 2 枚苞片，花极小，单生于叶腋，或雌雄花同生于一叶腋内；果实仅顶部具膜质狭翅。花果期 7—8 月。

【生　　境】水生植物。生于溪流或沼泽。

【用　　途】全草可作饲料和绿肥。全草入中药，可清热解毒、利尿消肿，主治目赤肿痛、水肿、湿热淋痛等。

【分　　布】主要分布在锡尼河东苏木、伊敏苏木等地。

【拍摄地点】伊敏苏木吉登嘎查居民点河边

卫矛科 Celastraceae

卫矛属 *Euonymus* L.

白杜

【学　　名】*Euonymus maackii* Rupr.

【蒙　　名】额莫根 – 查干

【别　　名】桃叶卫矛、华北卫矛、丝棉木、明开夜合

【形态特征】落叶灌木或小乔木。高可达 6 米；树皮灰色，幼时光滑，老则浅纵裂，小枝对生，圆筒形或微四棱形，无木栓质翅，光滑；叶对生，卵形、椭圆状卵形或椭圆状披针形，边缘具细锯齿，两面光滑无毛，明显具叶柄；聚伞花序；花瓣黄绿色；蒴果 4 浅裂，粉红或淡黄色；种子外被橘红色假种皮，上端有小孔，露出种子。花期 6 月，果期 8 月。

【生　　境】中生植物。生于山地、沟坡、沙丘。

【用　　途】中等饲用植物。根皮入中药，能祛风除湿、止痛，主治风湿性关节炎。木材供家具及细工雕刻用；树皮、根皮含硬橡胶；种子含油，可制肥皂；为庭园观赏树种。

【分　　布】主要分布在锡尼河东苏木、伊敏苏木等地。

【拍摄地点】锡尼河东苏木孟根楚鲁嘎查沙丘下

凤仙花科 Balsaminaceae

凤仙花属 *Impatiens* L.

水金凤

【学　　名】*Impatiens noli-tangere* L.

【蒙　　名】禾格仁－好木孙－宝都格－其其格、扎干－哈麻日－其其格

【别　　名】辉菜花

【形态特征】一年生草本。高 30~60 厘米；主根短，支根多数，常带红色；茎直立，上部分枝，肉质；叶互生，卵形、椭圆形或卵状披针形，边缘具疏大钝齿，侧脉 5~7 对；总花梗腋生，无腺毛，具花 2~4 朵，花二型，大花黄色或淡黄色，有时具红紫色斑点，小花为闭锁花，淡黄白色；蒴果圆柱形。花期 7—8 月，果期 8—9 月。

【生　　境】湿中生植物。生于湿润的森林地区山沟溪边、山坡林下、林缘湿地。

【用　　途】低等饲用植物。全草入中药，能活血调经、舒筋活络，主治月经不调、痛经、跌打损伤、风湿疼痛、阴囊湿疹等；全草作蒙药用，能利尿消肿，主治浮肿、慢性肾炎、膀胱炎等。

【分　　布】主要分布在巴彦嵯岗苏木、伊敏苏木、锡尼河东苏木、红花尔基镇等地。

【拍摄地点】巴彦嵯岗苏木五泉山泉水边

鼠李科 Rhamnaceae

鼠李属 *Rhamnus* L.

鼠李

【学　　名】*Rhamnus davurica* Pall.

【蒙　　名】牙西拉、其努娃音－额力格

【别　　名】老鹳眼、乌苏里鼠李

【形态特征】灌木或小乔木。高达 4 米；树皮暗灰褐色，呈环状剥落，小枝近对生，光滑；单叶对生于长枝，丛生于短枝，椭圆状倒卵形至长椭圆形或宽倒披针形，长 3~11 厘米，边缘具钝锯齿，齿端具黑色腺点；单性花，雌雄异株，黄绿色；萼片 4，有退化花瓣；雄蕊 4，与萼片互生；核果熟后呈紫黑色；种子背沟无开口。花期 5—6 月，果期 8—9 月。

【生　　境】中生植物。生于山地沟谷、林缘、杂木林间、低山山坡、沙丘间地。

【用　　途】低等饲用植物。树皮和果实入中、蒙药，树皮可治大便秘结，果实可治痈疔、龋齿痛等。木材可供雕刻等细工及器具、家具等；外皮和果含鞣质，可提制栲胶及黄色染料；种子可制润滑油用；也可作固土及庭园绿化树种。

【分　　布】主要分布在锡尼河西苏木、锡尼河东苏木、伊敏苏木等地。

【拍摄地点】锡尼河东苏木锡尼河桥附近

锦葵科 Malvaceae

锦葵属 *Malva* L.

野葵

【学　　名】*Malva verticillata* L.

【蒙　　名】套日－淖高、额布乐株日－其其格

【别　　名】菟葵、冬苋菜

【形态特征】一年生草本。茎直立或斜升，高 40~100 厘米，下部近无毛，上部具星状毛；叶近圆形或肾形，掌状 5 浅裂，裂片三角形，边缘具圆钝重锯齿或锯齿；花萼 5 裂，小苞片（副萼片）3，条状披针形；花多数，簇生于叶腋，直径约 1 厘米，花瓣淡紫色或淡红色，花梗极短或近无梗；分果果瓣背面稍具横皱纹，侧面具辐射状皱纹。花期 7—9 月，果期 8—9 月。

【生　　境】中生杂草。生于田间、路旁、村边、山坡。

【用　　途】低等饲用植物。种子作"冬葵子"入中药，能利尿、下乳、通便；果实作蒙药用（蒙药名：萨嘎日木克－扎木巴），主治尿闭、淋病、水肿、口渴、肾热、膀胱热等。

【分　　布】全旗各苏木乡镇均有分布。

【拍摄地点】巴彦托海镇居民点

苘麻属 *Abutilon* Mill.

苘麻

【学　　名】*Abutilon theophrasti* Medik.

【蒙　　名】黑衣麻

【别　　名】青麻、白麻、车轮草

【形态特征】一年生半灌木状草本。高 1~2 米；茎直立，圆柱形，上部常分枝，密被星状柔毛；叶圆心形，先端长渐尖，基部心形，边缘具细圆锯齿，叶两面及叶柄被星状柔毛；花单生于茎上部叶腋；萼裂片 5；花瓣 5，黄色；雄蕊多数；分果瓣 15~20，黑褐色，有粗毛，顶端有 2 长芒。花果期 7—9 月。

【生　　境】中生植物。生于田边、路旁、荒地和河岸等处。

【用　　途】低等饲用植物。种子入中药，能清热利湿、解毒、退翳，主治赤白痢疾、淋病涩痛、痈肿目翳等；种子也入蒙药（蒙药名：黑曼－乌热），能燥“黄水”杀虫，主治“黄水”病、麻风病、癣、疥、秃疮、黄水疮、皮肤病、痛风、游痛症、青腿病、浊热等。种子可榨油，供制造肥皂、油漆及工业上作润滑油等用。

【分　　布】主要分布在巴彦托海镇、伊敏河镇、大雁镇等地。

【拍摄地点】呼伦贝尔市新区天骄大桥下

藤黄科 Clusiaceae

金丝桃属 *Hypericum* L.

黄海棠

【学　　名】*Hypericum ascyron* L.

【蒙　　名】乌日特 – 阿拉坦 – 车格其乌海

【别　　名】长柱金丝桃、红旱莲、金丝蝴蝶

【形态特征】多年生草本。高 60~80 厘米；茎四棱形；叶卵状椭圆形或宽披针形，基部圆形或心形，抱茎，叶片有透明腺点；花通常 3 朵成顶生聚伞花序；萼片宽卵形，宽约 7~8 毫米；花黄色，直径 4~6 厘米，花瓣呈镰状向一边弯曲；花柱从中部 5 裂；柱头、心皮及雄蕊束均为 5数；蒴果先端 5 裂；种子一侧具狭翼。花期 7—8 月，果期 8—9 月。

【生　　境】中生植物。见于森林及森林草原地区，生于林缘、山地草甸和灌丛中。

【用　　途】优等饲用植物。全草及种子入中药，全草主治吐血、咯血、子宫出血、黄疸、肝炎等症，外用治创伤出血、烧烫伤、湿疹、黄水疮等，种子主治胃病、解毒、排脓等。民间用叶代茶饮。

【分　　布】主要分布在锡尼河东苏木、伊敏苏木、红花尔基镇等地。

【拍摄地点】红花尔基镇北

乌腺金丝桃

【学　　名】*Hypericum attenuatum* Fisch. ex Choisy

【蒙　　名】宝拉其日海图 – 阿拉坦 – 车格其乌海

【别　　名】野金丝桃、赶山鞭

【形态特征】多年生草本。高 30~60 厘米，全株散生黑色腺点；茎直立，圆柱形，具 2 条纵线棱；叶长卵形，倒卵形或椭圆形，基部宽楔形或圆形，抱茎，无叶柄，两面均无毛；聚伞圆锥花序；花瓣黄色；柱头、心皮及雄蕊束均为 3 个；蒴果先端 3 裂；种子一侧具狭翼。花期 7—8 月，果期 8—9 月。

【生　　境】中生植物。生于草原区山地林缘、草甸、灌丛、草甸草原。

【用　　途】中等饲用植物。全草入中、蒙药，能止血、镇痛、通乳，主治咯血、吐血、子宫出血、风湿关节痛、神经痛、跌打损伤、乳汁缺乏、乳腺炎等；外用治创伤出血、痈疖肿痛等。

【分　　布】主要分布在锡尼河东苏木、锡尼河西苏木、伊敏苏木、红花尔基镇等地。

【拍摄地点】红花尔基镇北

堇菜科 Violaceae

堇菜属 *Viola* L.

奇异堇菜

【学　　名】*Viola mirabilis* L.

【蒙　　名】奥温导 – 尼勒 – 其其格

【别　　名】伊吹堇菜

【形态特征】多年生草本。高 6~23 厘米；根茎垂直或倾斜，多结节，具暗赤褐色或褐色鳞片，根多数，褐色；有地上茎，有时花前或花初期无地上茎；托叶全缘；叶片肾状宽椭圆形、肾形或圆状心形，边缘具较浅的圆齿；花紫色或淡紫色，侧瓣里面有须毛；下瓣的距较粗，常向上弯，末端钝；蒴果椭圆形，无毛。花果期 5—8 月。

【生　　境】中生植物。生于阔叶林或针阔混交林下、林缘、山地灌丛。

【用　　途】叶形和花观赏性较高，可作园林绿化植物。

【分　　布】主要分布在巴彦嵯岗苏木、锡尼河东苏木、伊敏苏木、红花尔基镇等地。

【拍摄地点】锡尼河东苏木维纳河林缘

库页菫菜

【学　　名】*Viola sacchalinensis* H. Boiss.

【蒙　　名】萨哈林 – 尼勒 – 其其格

【形态特征】多年生草本。有地上茎，高 15~20 厘米；根茎具结节，被暗褐色鳞片，根多数；茎下部托叶边缘流苏状，褐色，上部托叶边缘具不整齐的细尖牙齿；叶片宽卵形、卵形或卵圆形，边缘具钝锯齿；萼片基部附属物发达，末端齿裂；花淡紫色，侧瓣通常有较密的须毛，距直或稍向上弯曲；蒴果椭圆形，无毛。花果期 5 月中旬至 8 月。

【生　　境】中生植物。生于针叶林、针阔混交林或阔叶林下及林缘。

【用　　途】叶形和花观赏性较高，可作园林绿化植物。

【分　　布】主要分布在锡尼河东苏木、伊敏苏木、红花尔基镇等地。

【拍摄地点】伊敏苏木二道桥林下

鸡腿堇菜

【学　　名】*Viola acuminata* Ledeb.

【蒙　　名】奥古特图 – 尼勒 – 其其格

【别　　名】鸡腿菜

【形态特征】多年生草本。高 15~50 厘米；根茎垂直或倾斜，密生黄白色或褐色根；茎直立，通常 2~6 茎丛生；托叶通常羽状深裂；叶片心状卵形或卵形，边缘具钝齿，并密被绣色腺点；花白色或淡紫色，侧瓣里有须毛；蒴果椭圆形，无毛。花果期 5—9 月。

【生　　境】中生植物。生长于疏林下、山地林缘、灌丛间、山坡草地、河谷湿地。

【用　　途】中等饲用植物。全草入中药，能清热解毒、消肿止痛，主治肺热咳嗽、跌打损伤、疮疖肿毒等。

【分　　布】全旗各苏木乡镇均有分布。

【拍摄地点】辉苏木新桥河边

掌叶堇菜

【学　　名】*Viola dactyloides* Roem. et Schult.

【蒙　　名】阿拉嘎力格 – 尼勒 – 其其格

【形态特征】多年生草本。高 5~10 厘米；根茎短，稍斜生，具多数赤褐色根；无地上茎；托叶卵状披针形，近膜质，全缘或具疏锯齿，1/2 以上与叶柄合生；基生叶 1~2 片，叶片掌状 5 全裂，裂片卵状披针形或矩圆状卵形，边缘具 4~6 钝锯齿或略呈波状，有时有的裂片再裂；花淡堇色，侧瓣里面具较长的白色须毛；距细长，微弯，末端钝；蒴果无毛。花果期 5—8 月。

【生　　境】中生植物。生长于落叶阔叶林及针阔混交林的林下、林缘草甸、灌丛间或悬崖庇荫处。

【用　　途】据《黑龙江植物志》记载可药用。

【分　　布】主要分布在锡尼河东苏木、伊敏苏木等地。

【拍摄地点】锡尼河东苏木维纳河南山

裂叶堇菜

【学　　名】*Viola dissecta* Ledeb.

【蒙　　名】奥尼图 – 尼勒 – 其其格

【形态特征】多年生草本。高 5~15（30）厘米；根茎短，根数条，白色；无地上茎；托叶披针形，约 2/3 与叶柄合生，边缘疏具细齿；叶片掌状 3~5 全裂或深裂并再裂，或近羽状深裂，裂片条形，两面通常无毛，下面脉凸出明显；花淡紫堇色，具紫色脉纹，侧瓣里面无须毛或稍有须毛；距稍细，直或微弯，末端钝；蒴果无毛。花果期 5—9 月。

【生　　境】中生植物。生于山坡、林缘草甸、山地林下及河滩地。

【用　　途】中等饲用植物。全草入中药，能清热解毒、消痈肿，主治无名肿毒、疮疖、麻疹热毒等。

【分　　布】全旗各苏木乡镇均有分布。

【拍摄地点】巴彦嵯岗苏木扎格达木丹嘎查

球果堇菜

【学　　名】*Viola collina* Bess.

【蒙　　名】乌斯图 – 尼勒 – 其其格

【别　　名】毛果堇菜

【形态特征】多年生草本。花期高 3~8 厘米，果期可达 30 厘米，叶片、叶柄、萼片和蒴果密被毛；根茎肥厚有结节，黄褐色或白色，垂直、斜生或横卧，上端常分枝，有时露出地面；无地上茎；托叶披针形，先端尖，边缘具疏细齿；基生叶多数，叶柄具狭翅，叶片近圆形、心形或宽卵形，边缘具钝齿；花瓣淡紫色或近白色，侧瓣里面有毛或无毛；距较短；蒴果球形，果梗通常向下弯曲接近地面；种子白色。花果期 5—8 月。

【生　　境】中生植物。生于山地林下、林缘草甸、灌丛、山坡、溪旁等腐殖土层厚或较阴湿的草地。

【用　　途】中等饲用植物。全草入中药，可清热解毒、消肿止血，用于痈疽疮毒、肿痛、跌打损伤、刀伤出血。

【分　　布】主要分布在红花尔基镇、伊敏苏木等地。

【拍摄地点】红花尔基水库旁林下

东北堇菜

【学　　名】*Viola mandshurica* W. Beck.

【蒙　　名】满吉－尼勒－其其格

【别　　名】紫花地丁

【形态特征】多年生草本。高 7~24 厘米；根茎短，垂直，具很稠密的结节，根茎及根赤褐色；无地上茎；托叶 2/3 以上与叶柄合生，全缘或稍有细齿；叶片卵状披针形、舌形或卵状矩圆形，果期常呈长三角形；花紫堇色或蓝紫色；侧瓣里面有明显的须毛，距直或微向上弯，末端粗圆；蒴果矩圆形，无毛。花果期 5 月上旬至 9 月。

【生　　境】中生植物。生于山地湿草甸、林缘草甸、疏林下或灌丛。

【用　　途】全草入中药，能清热解毒、消肿，主治无名肿毒、疮疖、麻疹热毒等，外敷可排脓消炎。幼苗及嫩茎叶可食。

【分　　布】主要分布在锡尼河东苏木、伊敏苏木等地。

【拍摄地点】锡尼河东苏木维纳河河滩地

斑叶堇菜

【学　　名】*Viola variegata* Fisch. ex Link

【蒙　　名】导拉布图 – 尼勒 – 其其格、阿拉格 – 尼勒 – 其其格

【形态特征】多年生草本。高 3~20 厘米；根茎细短，分生一至数条细长的根，根白色、黄白色或淡褐色；无地上茎；托叶 2/5~3/5 与叶柄合生，具不整齐牙齿或近全缘，疏生睫毛；叶片圆形或宽卵形，先端圆形或钝，基部心形，边缘具圆齿，上面绿色，沿叶脉处具白斑，花期尤显著，下面紫红色；萼片常带紫色或淡紫褐色；花瓣暗紫色或红紫色，侧瓣里面基部通常为白色并有白色长须毛；蒴果椭圆形至矩圆形。花果期 5—9 月。

【生　　境】中生植物。生于山地、草坡、山坡砾石地、林下岩石缝、疏林地及灌丛间。

【用　　途】全草入中药，能凉血止血，主治创伤出血。

【分　　布】全旗各苏木乡镇均有分布。

【拍摄地点】巴彦嵯岗苏木阿拉坦敖希特嘎查西

细距堇菜

【学　　名】*Viola tenuicornis* W. Beck.

【蒙　　名】纳日伯其 – 尼勒 – 其其格

【形态特征】多年生草本。高 2~13 厘米；根状茎短，节密生，通常垂直；无地上茎；托叶约 2/3 与叶柄合生；叶 2 至多数，均基生，卵形、宽卵形或卵圆形，果期增大，先端钝，基部微心形或近圆形，边缘具浅圆齿，两面皆为绿色，无毛或沿叶脉及叶缘有微柔毛；叶柄近无翅或上部有狭翅；花紫堇色，侧瓣里面稍具须毛或无毛；距圆筒状，较细或稍粗，末端圆而向上弯；蒴果椭圆形，无毛。花果期 4 月下旬至 9 月。

【生　　境】中生植物。生于林缘、杂木林间、湿润草甸。

【用　　途】据《黑龙江植物志》记载可药用。

【分　　布】主要分布在锡尼河东苏木、伊敏苏木等地。

【拍摄地点】锡尼河东苏木维纳河居民点路边坡下

早开菫菜

【学　　名】*Viola prionantha* Bunge

【蒙　　名】合日其也斯图 – 尼勒 – 其其格

【别　　名】尖瓣菫菜、早花地丁

【形态特征】多年生草本。花期高 4~10 厘米，果期可达 15 厘米；无地上茎；根茎粗或稍粗，根黄白色，通常向下伸展，有时近横生；托叶 1/2~2/3 与叶柄合生，边缘具细齿；叶柄有翅；叶通常多数，叶片矩圆状卵形或卵形，基部钝圆、截形或微心形，边缘具钝锯齿，两面被柔毛；花瓣紫堇色或淡紫色，侧瓣里有须毛或近无毛；蒴果椭圆形至矩圆形，无毛。花果期 5—9 月。

【生　　境】中生植物。生于丘陵谷地、山坡、草地、荒地、路旁、沟边、庭园、林缘等处。

【用　　途】全草入中、蒙药，能清热解毒、凉血消肿，主治痈疽发背、疔疮瘰疬、无名肿毒、丹毒、乳腺炎、目赤肿痛、咽炎、黄疸型肝炎、肠炎、毒蛇咬伤等。

【分　　布】主要分布在巴彦托海镇、巴彦塔拉乡、锡尼河西苏木等地。

【拍摄地点】呼伦贝尔市新区公园

白花堇菜

【学　　名】*Viola patrinii* DC. ex Ging.

【蒙　　名】查干 – 尼勒 – 其其格

【别　　名】白花地丁

【形态特征】多年生草本。高 6~22 厘米；根茎短，根长而较粗，赤褐色，通常向下直伸或稍横生；无地上茎；托叶 1/2 以上与叶柄合生；叶片椭圆形至矩圆形或卵状椭圆形至卵状矩圆形；花白色，带紫色脉纹，侧瓣里面有须毛；距短而粗，长 1.5~3 毫米，浅囊状，末端圆；子房、蒴果均无毛。花果期 5—9 月。

【生　　境】湿中生植物。生于沼泽化草甸、灌丛或林缘。

【用　　途】中等饲用植物。全草入中、蒙药，可清热解毒、消瘀消肿，用于疮毒红肿、淋浊、狂犬咬伤、目赤、咽喉肿痛等。

【分　　布】主要分布在伊敏苏木、锡尼河东苏木等地。

【拍摄地点】伊敏苏木吉登嘎查居民点河滩地

瑞香科 Thymelaeaceae

狼毒属 *Stellera* L.

狼毒

【学　　名】*Stellera chamaejasme* L.

【蒙　　名】达兰 – 图茹、垂灯花

【别　　名】断肠草、小狼毒、红火柴头花、棉大戟

【形态特征】多年生草本。高 20~50 厘米；直根粗大；茎丛生，直立，不分枝；叶互生，椭圆状披针形，全缘；顶生头状花序；花萼圆筒状，淡紫色或紫红色，顶部 5 裂；雄蕊 10，2 轮，着生于萼的喉部和萼筒的中部；花丝极短；小坚果卵形，棕色。花果期 6—7 月。

【生　　境】旱生植物。广泛分布于草原区，在过度放牧影响下，数量常增多，成为景观植物。

【用　　途】根入中药，有大毒，主治水气肿胀、淋巴结核、骨结核等，外用治疥癣、瘙痒、顽固性皮炎、杀蝇、灭蛆等；根也作蒙药用，主治各种"奇哈"症、疖痛等。

【分　　布】全旗各苏木乡镇均有分布。

【拍摄地点】巴彦嵯岗苏木阿拉坦敖希特嘎查西

柳叶菜科 Onagraceae

露珠草属 *Circaea* L.

高山露珠草

【学　　名】*Circaea alpina* L.

【蒙　　名】乌拉音 – 伊黑日 – 额布斯、塔格音 – 伊黑日 – 额布斯

【形态特征】多年生草本。植株纤细，直立，高 5~25 厘米；地下有小的长卵形肉质块茎及细根茎；茎无毛；叶卵状三角形或宽卵状心形，基部近心形或圆形，边缘具稀疏锯齿及缘毛，叶无毛或疏被毛；总状花序顶生及腋生；花萼筒紫红色；花瓣白色，倒卵状三角形，与萼裂片约等长；果实长圆状倒卵形成棒状，无沟，子房下位，1 室，1 粒种子。花果期 8—9 月。

【生　　境】中生植物。耐阴湿，生于山地林下、林缘草甸及山沟溪边或山坡潮湿石缝中。

【用　　途】中等饲用植物。全草入中药，能清热解毒、拔脓生肌，用于脓肿、瘰疬、黄癣、湿疣等；全草也入蒙药，外用治脓肿疮疡、瘰疬、黄癣、湿疣等。

【分　　布】主要分布在伊敏苏木。

【拍摄地点】伊敏苏木吉登嘎查林缘

柳叶菜属 *Epilobium* L.

柳兰

【学　　名】*Epilobium angustifolium* L.

【蒙　　名】呼崩 – 奥日艾特

【形态特征】多年生草本。高约 1 米；根粗壮，棕褐色，具粗根茎；茎直立，光滑无毛；叶互生，披针形，两面近无毛，全缘或具稀疏腺齿；总状花序顶生；花萼紫红色；花瓣紫红色，花下垂，稍两侧对称；雄蕊 1 轮；柱头 4 裂；蒴果圆柱状，略四棱形；种子顶端具一簇白色种缨。花期 7—8 月，果期 8—9 月。

【生　　境】中生植物。主要分布于林区，亦见于森林草原及草原带的山地，生于山地林缘、森林采伐迹地、丘陵阴坡、路旁，有时在路旁或新翻动的土壤上可形成优势的小群落。

【用　　途】低等饲用植物。全草或根状茎入中药，有小毒，能调经活血、消肿止痛，主治月经不调、骨折、关节扭伤等；全草也入蒙药，主治月经不调、乳汁不下、挫伤、阴囊肿大等。

【分　　布】全旗各苏木乡镇均有分布。

【拍摄地点】锡尼河东苏木呼和乌苏

沼生柳叶菜

【学　　名】*Epilobium palustre* L.

【蒙　　名】那木嘎音－呼崩朝日

【别　　名】沼泽柳叶菜、水湿柳叶菜

【形态特征】多年生草本。高 20~50 厘米；茎直立，基部具匍匐枝，上部被曲柔毛，下部通常稀少或无；茎下部叶对生，上部互生，披针形或长椭圆形，全缘，边缘反卷，无柄；花单生于茎上部叶腋，粉红色，花瓣顶端 2 裂；柱头头状；蒴果及果梗被弯曲短毛；种子倒披针形，顶端有附属物，种缨淡棕色或乳白色。花期 7—8 月，果期 8—9 月。

【生　　境】湿生植物。生于山沟溪边、河岸边或沼泽草甸中。

【用　　途】低等饲用植物。带根全草入中药，能清热消炎、调经止痛、活血止血、去腐生肌，主治咽喉肿痛、牙痛、目赤肿痛、月经不调、白带过多、跌打损伤、疔疮痈肿、外伤出血等；全草也入蒙药，主治风湿性关节炎、腹泻等。

【分　　布】全旗各苏木乡镇均有分布。

【拍摄地点】辉苏木北辉河边

小二仙草科 Haloragaceae

狐尾藻属 *Myriophyllum* L.

轮叶狐尾藻

【学　　名】*Myriophyllum verticillatum* L.

【蒙　　名】布力古日 – 图门德苏

【别　　名】狐尾藻

【形态特征】多年生草本。高 20~40 厘米；泥中具根状茎；茎直立，圆柱形，光滑无毛；叶通常 4 叶轮生，羽状全裂，水上叶裂片狭披针形，沉水叶裂片呈丝状；花单性，雌雄同株或杂性，单生于叶腋，上部为雄花，下部为雌花，有时中部为两性花；果实卵球形，具 4 浅沟。花期 8—9 月，果期 9 月。

【生　　境】水生植物。生于池塘、河边浅水中。

【用　　途】良等饲用植物，可作为猪、鱼、鸭的饲料。

【分　　布】全旗各苏木乡镇均有分布。

【拍摄地点】巴彦托海镇伊敏河

杉叶藻科 Hippuridaceae

杉叶藻属 *Hippuris* L.

杉叶藻

【学　　名】*Hippuris vulgaris* L.

【蒙　　名】嘎海音－色古乐－额布斯、阿木达图－哲格苏

【形态特征】多年生草本。生于水中，全株光滑无毛，高 20~60 厘米；根茎匍匐，生于泥中；茎圆柱形，直立，不分枝，有节；叶轮生，（4）8~12 枚一轮，披针形或线形，长 1.5~2.5 厘米，宽 0.1~0.2 厘米，全缘，沉水叶比挺水叶长；花小，两性，稀单性，无梗，单生于叶腋，无花瓣；雄蕊 1；子房下位，椭圆形；核果矩圆形，平滑无毛。花期 6 月，果期 7 月。

【生　　境】水生植物。生于池塘浅水中或河岸边湿草地。

【用　　途】低等饲用植物。全草入中药，主治烦渴、结核咳嗽、劳热骨蒸、肠胃炎等；全草也作蒙药用（蒙药名：当布嘎日），功效同中药。

【分　　布】全旗各苏木乡镇均有分布。

【拍摄地点】辉苏木嘎鲁图嘎查水边

伞形科 Umbelliferae

柴胡属 *Bupleurum* L.

大叶柴胡

【学　　名】*Bupleurum longiradiatum* Turcz.

【蒙　　名】淘日格 – 宝日车 – 额布斯、淘日格 – 巴日西

【形态特征】多年生草本。高 50~150 厘米；茎直立，单一或 2~3 条，有粗槽纹，多分枝；叶大型，上面鲜绿色，下面带粉蓝绿色，卵形或狭卵形，基部扩大，心形，抱茎；复伞形花序顶生和腋生；小总苞片稍短于花和果实；花黄色；花柱基鲜黄色；双悬果矩圆状椭圆形。花期 7—8 月，果期 8—9 月。

【生　　境】中生植物。生于山地林缘草甸、灌丛下。

【用　　途】中等饲用植物。根及根茎入中药，能解表和里、升阳、疏肝解郁，主治感冒、寒热往来、胸满、胁痛、疟疾、肝炎、胆道感染、胆囊炎、月经不调、子宫下垂、脱肛等；根及根茎也作蒙药用，能清肺止咳，主治肺热咳嗽、慢性气管炎等。

【分　　布】主要分布在锡尼河东苏木、伊敏苏木等地。

【拍摄地点】锡尼河东苏木维纳河南部山区

红柴胡

【学　　名】*Bupleurum scorzonerifolium* Willd.

【蒙　　名】乌兰－宝日车－额布斯

【别　　名】狭叶柴胡、软柴胡

【形态特征】多年生草本。植株高（10）20~60厘米；主根长圆锥形，常红棕色，根茎圆柱形，具横皱纹，不分枝，上部包被毛刷状叶鞘残留纤维；茎通常单一，直立，稍呈"之"字形弯曲，具纵细棱；叶片条形或披针状条形，长5~10厘米，宽3~5毫米，基部渐狭，具脉5~7条；复伞形花序顶生或腋生；花瓣黄色；果近椭圆形。花期7—8月，果期8—9月。

【生　　境】旱生植物。生于草甸草原、典型草原、固定沙丘、山地灌丛。

【用　　途】内蒙古重点保护植物。中等饲用植物，青鲜时为各种牲畜所喜食，渐干时也为各种牲畜所乐食。根及根茎入中药，主治感冒、寒热往来、胸满、胁痛、疟疾、肝炎、胆道感染、胆囊炎、月经不调、子宫下垂、脱肛等；根及根茎也作蒙药用，主治肺热咳嗽、慢性气管炎等。

【分　　布】全旗各苏木乡镇均有分布。

【拍摄地点】巴彦托海镇西山

泽芹属 *Sium* L.

泽芹

【学　　名】*Sium suave* Walt.

【蒙　　名】那木格音 – 朝古日

【形态特征】多年生草本。高 40~100 厘米；根多数成束状，棕褐色；茎直立，上部分枝，具明显纵棱与宽且深的沟槽，节部稍膨大，节间中空；基生叶与茎下部叶具长柄，叶一回单数羽状复叶，小叶条状披针形或条形，先端渐尖，边缘具尖锯齿；复伞形花序；花瓣白色；果近球形，具锐角状宽棱，木栓质。花期 7—8 月，果期 9 月。

【生　　境】湿生植物。生于沼泽、池沼边、沼泽草甸。

【用　　途】低等饲用植物。全草入中、蒙药，能散风寒、止头痛、降血压，主治风寒感冒头痛、高血压等。

【分　　布】全旗各苏木乡镇均有分布。

【拍摄地点】红花尔基镇北

毒芹属 *Cicuta* L.

毒芹

【学　　名】*Cicuta virosa* L.

【蒙　　名】好日图 – 朝古日、高乐音 – 好日

【别　　名】芹叶钩吻

【形态特征】多年生草本。高 50~140 厘米；具多数肉质须根，根茎绿色，节间极短；茎直立，上部分枝，圆筒形，节间中空，具纵细棱；基生叶与茎下部叶具长柄，中空，基部具叶鞘，叶片二至三回羽状全裂，最终裂片披针形至条形，先端锐尖，边缘具不整齐的尖锯齿；复伞形花序；花瓣白色；果近球形，果棱肥厚，钝圆，带木栓质。花期 7—8 月，果期 8—9 月。

【生　　境】湿生植物。生于河边、沼泽、沼泽草甸和林缘草甸。

【用　　途】全草有剧毒，人或家畜误食后往往中毒致死，根茎有香气，带甜味，切开后流出淡黄色毒液，其有毒物质主要是毒芹毒素。根茎入中药，有大毒，将根茎捣烂，外敷用能拔毒、祛瘀，主治化脓性骨髓炎；根也入蒙药，外用治化脓性骨髓炎，亦可用于灭臭虫。果可提取挥发油，油中主要成分是毒芹醛和伞花烃。

【分　　布】主要分布在巴彦嵯岗苏木、锡尼河西苏木、锡尼河东苏木、伊敏苏木等地。

【拍摄地点】巴彦嵯岗苏木阿拉坦敖希特嘎查西

茴芹属 *Pimpinella* L.

羊红膻

【学　　名】*Pimpinella thellungiana* H. Wolff

【蒙　　名】和勒特日黑 – 那布其特 – 其禾日

【别　　名】缺刻叶茴芹、东北茴芹

【形态特征】多年生或二年生草本。高 30~80 厘米；主根长圆锥形；茎直立，上部稍分枝，下部密被稍倒向的短柔毛，具纵细棱，节间实心；基生叶与茎下部叶具长柄，基部具叶鞘，叶片一回单数羽状复叶，小裂片矩圆形或卵圆状披针形；复伞形花序；花瓣白色；果卵形，棕色。花期 6—8 月，果期 8—9 月。

【生　　境】中生植物。生于林缘草甸、沟谷及河边草甸。

【用　　途】劣等饲用植物。全草入中药，能温中散寒，主治克山病、心悸、气短、咳嗽等。

【分　　布】全旗各苏木乡镇均有分布。

【拍摄地点】巴彦托海镇二号草库伦内

葛缕子属 *Carum* L.

田葛缕子

【学　　名】*Carum buriaticum* Turcz.

【蒙　　名】塔林－哈如木吉、塔林－高尼得

【别　　名】田苗蒿

【形态特征】二年生草本。全株无毛，高 25~80 厘米；主根圆柱形或圆锥形，肉质；茎直立，常自下部多分枝，具纵细棱；基生叶与茎下部叶具长柄，有长三角状叶鞘，叶片二至三回羽状全裂，轮廓矩圆状卵形，最终裂片狭条形，上部和中部茎生叶叶柄全成条形叶鞘，叶鞘具白色狭膜质边缘；复伞形花序，具小总苞片 8~12；花瓣白色；果椭圆形，棱槽棕色，果棱棕黄色。花期 7—8 月，果期 9 月。

【生　　境】旱中生杂草。有时成为撂荒地建群种，生于田边路旁、撂荒地、山地沟谷。

【用　　途】优等饲用植物。全草及根入中药，能健胃、驱风、理气，主治胃痛、腹痛、小肠疝气等；果实入蒙药，主治胃寒呕逆、腹痛等。果实含芳香油，称苗蒿油，可制作食品、糖果、牙膏和洁口剂的香料。

【分　　布】全旗各苏木乡镇均有分布。

【拍摄地点】巴彦托海镇西草库伦

防风属 *Saposhnikovia* Schischk.

防风

【学　　名】*Saposhnikovia divaricata* (Turcz.) Schischk.

【蒙　　名】疏古日格讷、哲格讷

【别　　名】关防风、北防风、旁风

【形态特征】多年生草本。高 30~70 厘米；主根圆柱形，外皮灰棕色，根状茎短圆柱形；茎直立，二歧式多分枝，表面具细纵棱，稍呈"之"字形弯曲，圆柱形；基生叶多数簇生，具长柄与叶鞘，叶片二至三回羽状深裂，末回裂片狭楔形，顶部常具 2~3 缺刻状齿；复伞形花序；花瓣白色；子房密被白色瘤状凸起；果椭圆形，背腹稍压扁，背棱和中棱稍隆起，侧棱较宽。花期 7—8 月，果期 9 月。

【生　　境】旱生植物。分布广泛，常为草原植被伴生种，也见于高平原、丘陵坡地、固定沙丘。

【用　　途】内蒙古重点保护植物。低等饲用植物，青鲜时骆驼乐食，其它牲畜不喜食。根入中、蒙药，主治风寒感冒、头痛、周身尽痛、风湿痛、神经痛、破伤风、皮肤瘙痒等。

【分　　布】主要分布在巴彦托海镇、锡尼河西苏木、巴彦塔拉乡、辉苏木、锡尼河东苏木等地。

【拍摄地点】辉苏木北部

蛇床属 *Cnidium* Cuss.

蛇床

【学　　名】*Cnidium monnieri* (L.) Cuss.

【蒙　　名】哈拉嘎拆、毛盖塔希

【形态特征】一年生草本。高 30~80 厘米；根圆锥形，褐黄色；茎单一，上部稍分枝，具细纵棱，下部被微短硬毛，上部近无毛；基生叶与茎下部叶具长柄与叶鞘，叶片二至三回羽状全裂，最终裂片条形或条状披针形，具小刺尖，沿叶脉与边缘常被微短硬毛；复伞形花序，具总苞片和小总苞片；花瓣白色；双悬果宽椭圆形，长约 2 毫米。花期 6—7 月，果期 7—8 月。

【生　　境】中生植物。生于河边或湖边草甸、田边。

【用　　途】内蒙古重点保护植物。低等饲用植物。果实入中药（药材名：蛇床子），能祛风、燥湿、杀虫、止痒、补肾；主治阴痒带下、阴道滴虫、皮肤湿疹、阳痿等；果实也作蒙药用（蒙药名：呼希格图 – 乌热），能温中、杀虫，主治胃寒、消化不良、青腿病、游痛症、滴虫病、痔疮、皮肤瘙痒、湿疹等。

【分　　布】主要分布在巴彦托海镇、巴彦塔拉乡等地。

【拍摄地点】巴彦托海镇巴彦托海嘎查湿地

独活属 Heracleum L.

短毛独活

【学　　名】*Heracleum moellendorffii* Hance

【蒙　　名】巴勒其日嘎那、敖好日 – 乌斯图 – 查干 – 好日

【别　　名】兴安牛防风、东北牛防风、短毛白芷

【形态特征】多年生草本。高 80~200 厘米，植株幼嫩时几乎全被茸毛，老时被短硬毛；主根圆锥形，多支根，淡黄棕色或褐棕色；茎直立，具粗钝棱与宽沟槽，上部分枝；基生叶与茎下部叶具长柄与叶鞘，一回羽状分裂，侧生小叶多为 3~5 浅裂，稀中裂或深裂，裂片通常不再分裂；复伞形花序顶生与腋生；花瓣白色；果宽椭圆形或倒卵形，淡棕黄色。花期 7—8 月，果期 8—9 月。

【生　　境】中生植物。生于山坡林下、林缘、山沟溪边。

【用　　途】劣等饲用植物。根入中药，有祛风除湿、发表散寒、止痛的功效，主治风湿性关节痛、伤风头痛、腰腿酸痛等。东北地区作山野菜食用。

【分　　布】主要分布在锡尼河东苏木、伊敏苏木、红花尔基镇等地。

【拍摄地点】锡尼河东苏木孟根楚鲁嘎查

前胡属 *Peucedanum* L.

石防风

【学　　名】*Peucedanum terebinthaceum* (Fisch. ex Trev.) Ledeb.

【蒙　　名】哈丹 – 疏古日格讷

【形态特征】多年生草本。高 35~100 厘米；主根圆柱形，灰黄色，具支根，根状茎包被棕黑色纤维状叶柄残基；茎直立，上部分枝，表面具细纵棱，节部膨大，节间中实，无毛；基生叶与茎下部叶具长柄与叶鞘，二至三回羽状全裂，最终裂片卵状披针形至披针形，边缘具缺刻状牙齿，并具小凸尖，两面无毛；复伞形花序，通常无总苞片，稀具 1 片，具小总苞片；花瓣白色；果无毛，果实每棱槽中具油管 1 条，合生面具 2 条。花果期 8—9 月。

【生　　境】中生植物。生于山地林缘、山坡草地。

【用　　途】内蒙古重点保护植物。低等饲用植物。根入中、蒙药，能止咳祛痰，主治感冒咳嗽、支气管炎等。

【分　　布】主要分布在巴彦嵯岗苏木、锡尼河东苏木、伊敏苏木等地。

【拍摄地点】巴彦嵯岗苏木扎格达木丹嘎查

当归属 *Angelica* L.

兴安白芷

【学　　名】*Angelica dahurica* (Fisch. ex Hoffm.) Benth. et Hook. f. ex Franch. et Sav.

【蒙　　名】朝古日高那、布日叶 – 额布斯、查干 – 苏格伯

【别　　名】大活、独活、走马芹、白芷

【形态特征】多年生草本。高 1~2 米；直根圆柱形，有分枝，棕黄色，具香气；茎直立，上部分枝，节间中空，具细纵棱，除花序下部被短毛外，均无毛；基生叶与茎下部叶具长柄，叶鞘紧抱茎，囊状，常带紫色，叶片三回羽状全裂，最终裂片披针形或条状披针形；复伞花序，无总苞片或具 1 个椭圆形鞘状总苞，小总苞片 10 余片；无萼齿；花瓣白色；分生果背棱钝圆而肥厚，合生面有油管 2 条。花期 7—8 月，果期 8—9 月。

【生　　境】中生植物。散见于针叶林及阔叶林区，生于山沟溪旁灌丛下、林缘草甸。

【用　　途】低等饲用植物。根入中药，能祛风散湿、发汗解表、排脓、生肌止痛，主治风寒感冒、前额头痛、鼻窦炎、牙痛、痔漏便血、白带、痈疖肿毒、烧伤等。

【分　　布】主要分布在锡尼河东苏木、伊敏苏木、红花尔基镇等地。

【拍摄地点】红花尔基镇

迷果芹属 *Sphallerocarpus* Bess. ex DC.

迷果芹

【学　　名】*Sphallerocarpus gracilis* (Bess. ex Trev.) K.-Pol.

【蒙　　名】朝高日乐吉、乌和日 – 高尼得

【别　　名】东北迷果芹

【形态特征】一或二年生草本。高 30~120 厘米；茎直立，多分枝，具纵细棱，被开展或弯曲的长柔毛；叶片三至四回羽状全裂，末回裂片条形；复伞形花序顶生或腋生，常无总苞片，小总苞片通常 5；萼齿很小；花瓣白色；双悬果矩圆状椭圆形，黑色，两侧压扁，果棱隆起，狭窄。花期 7—8 月，果期 8—9 月。

【生　　境】中生植物。杂草，有时成为撂荒地植被的建群种，生于田边、村旁、撂荒地及山地林缘草甸。

【用　　途】劣等饲用植物，青鲜时骆驼乐食，干燥状态不喜食，其它牲畜不食。

【分　　布】全旗各苏木乡镇均有分布。

【拍摄地点】巴彦托海镇园林处

岩风属（香芹属）*Libanotis* Haller ex Zinn

香芹

【学　　名】*Libanotis seseloides* (Fisch. et C. A. Mey. ex Turcz.) Turcz.

【蒙　　名】哈日依 – 乌努日图 – 淖高、昂给拉玛 – 朝古日

【别　　名】邪蒿

【形态特征】多年生草本。高 40~90 厘米；根直生或斜生，常分出数侧根，淡褐黄色，根茎短，圆柱形；茎直立，上部分枝，具纵向深槽及锐棱，节间实心；基生叶和茎下部叶具长柄与叶鞘，叶片三回羽状全裂，最终裂片条形或条状披针形，两面无毛；复伞花序；花瓣白色；子房与果实被微短硬毛，果卵形，果棱同形，稍隆起；花柱在果期比果实短得多，花柱基黄色。花期 7—9 月，果期 9 月。

【生　　境】中生植物。生于山地草甸、林缘。

【用　　途】全草入中药，具有利肠胃、通血脉的功效，主治痢疾。嫩茎叶可食用。

【分　　布】主要分布在伊敏苏木、锡尼河东苏木等地。

【拍摄地点】伊敏苏木二道桥北

山茱萸科 Cornaceae

山茱萸属 *Cornus* L.

红瑞木

【学　　名】*Cornus alba* L.

【蒙　　名】乌兰－塔日乃

【别　　名】红瑞山茱萸

【形态特征】落叶灌木。高达 2 米；小枝紫红色，光滑，幼时常被蜡状白粉，具柔毛；叶对生，卵状椭圆形或宽卵形，先端尖或短凸尖，下面粉白色，疏生长柔毛，脉上几无毛；顶生伞房状聚伞花序，花梗与花轴密被柔毛；花瓣 4，黄白色；核果乳白色，矩圆形，先端不对称。花期 5—6 月，果期 8—9 月。

【生　　境】中生植物。生于河谷、溪流旁及山地杂木林中。

【用　　途】可作庭园绿化树种，种子含油，供工业用。

【分　　布】主要分布在锡尼河西苏木、锡尼河东苏木、伊敏苏木、红花尔基镇等地。

【拍摄地点】红花尔基镇达格森

鹿蹄草科 Pyrolaceae

鹿蹄草属 *Pyrola* L.

红花鹿蹄草

【学　　名】*Pyrola incarnata* Fisch. ex DC.

【蒙　　名】乌兰 – 宝棍 – 突古日爱

【形态特征】多年生常绿草本。高 15~25 厘米，全株无毛；根状茎细长，斜升；基部簇生叶 1~5 片，革质，近圆形或椭圆形，先端和基部圆形，叶脉两面隆起；总状花序有花 7~15 朵，花开展且俯垂；花萼 5 深裂；花瓣粉红色至紫红色；花药粉红色至紫红色（干后赤紫色）；蒴果扁球形。花期 6—7 月，果期 8—9 月。

【生　　境】耐阴中生植物。生于山地针阔叶混交林、阔叶林及灌丛下。

【用　　途】全草入中药，能祛风除湿、强筋健骨、止血、清热、消炎，主治风湿疼痛、肾虚腰痛、肺结核、咯血、衄血、慢性菌痢、急性扁桃体炎、上呼吸道感染等，外用治外伤出血。

【分　　布】主要分布在伊敏苏木、锡尼河东苏木、红花尔基镇等地。

【拍摄地点】伊敏苏木头道桥林下

鹿蹄草

【学　　名】*Pyrola rotundifolia* L. (*Pyrola calliantha* H. Andr.)

【蒙　　名】宝棍－突古日爱－额布斯

【别　　名】鹿衔草、鹿含草、圆叶鹿蹄草

【形态特征】多年生常绿草本。高 10~30 厘米，全株无毛；根状茎细长横走；叶于植株基部簇生，革质，卵形、宽卵形或近圆形，上面暗绿色，下面带紫红色，两面叶脉清晰；总状花序；花萼 5 深裂，裂片披针形至三角状披针形；花冠白色或稍带蔷薇色，花瓣 5；花柱顶端有环状凸起；蒴果扁球形。花期 6—7 月，果期 8—9 月。

【生　　境】耐阴中生植物。生于针阔叶混交林、阔叶林及灌丛下。

【用　　途】劣等饲用植物。全草入中药，能祛风除湿、强筋健骨、止血、清热、消炎，主治风湿疼痛、肾虚腰痛、肺结核、咯血、衄血、慢性菌痢、急性扁桃体炎、上呼吸道感染等，外用治外伤出血。

【分　　布】主要分布在伊敏苏木、锡尼河东苏木、红花尔基镇等地。

【拍摄地点】绰尔林业局伊敏林场

水晶兰属 *Monotropa* L.

松下兰

【学　　名】*Monotropa hypopitys* L.

【蒙　　名】西归日勒－其其格

【形态特征】多年生腐生寄生草本。肉质，白色或淡黄色，干后变黑，高10~20厘米；根多分枝，密集，外面包被一层菌根；茎直立；叶互生，鳞片状，卵状矩圆形，两面无毛，无柄；在茎顶集成总状花序，有花3~10朵，常偏一侧；萼片4~5，鳞片状，顶端钝圆，边缘具不规则锯齿；花瓣4~5，淡黄色；蒴果椭圆状球形；种子条形，中部棕色，两端淡黄白色。花果期8—9月。

【生　　境】中生植物。生于山地落叶松或樟子松林下。

【用　　途】内蒙古珍稀濒危Ⅱ级保护植物。全草浸剂能镇静、解痉、止咳，用于治疗痉挛性咳嗽、气管炎等，其地下部分可作利尿、催吐剂。

【分　　布】主要分布在伊敏苏木、红花尔基镇等地。

【拍摄地点】伊敏苏木吉登嘎查头道桥林下

杜鹃花科 Ericaceae

杜鹃属 *Rhododendron* L.

兴安杜鹃

【学　　名】*Rhododendron dauricum* L.

【蒙　　名】特日乐吉、阿拉坦 – 哈日布日

【别　　名】达乌里杜鹃

【形态特征】半常绿多分枝的灌木。高 0.5~1.5 米；幼枝细，常几个集生于前年枝的顶端，具柔毛和鳞斑，后渐脱落；叶近革质，椭圆形或卵状椭圆形，两端钝圆，有时基部宽楔形，长 1.5~3.5 厘米，两面被鳞斑；花 1~4 朵侧生枝端；花梗长 2~3 毫米，被芽鳞覆盖；花萼被鳞斑；花冠粉红色，长 1.5~1.8 厘米；蒴果长圆柱形。花期 5—6 月，果期 7 月。

【生　　境】山地中生植物。生于山地落叶松林、桦木林下及林缘。

【用　　途】根、叶入中药，根用于痢疾，叶用于止咳、祛痰；叶入蒙药（蒙药名：冬青叶），主治消化不良、脘痞、胃痛、不思饮食、阵咳、气喘、肺气肿、营养不良、身体发僵、"奇哈"病等。叶可配制香精用；茎、叶、果可作栲胶原料；可作观赏灌木树种。

【分　　布】主要分布在伊敏苏木。

【拍摄地点】绰尔林业局伊敏林场

报春花科 Primulaceae

报春花属 *Primula* L.

粉报春

【学　　名】*Primula farinosa* L.

【蒙　　名】嫩得格特 – 乌兰 – 哈布日西乐 – 其其格

【别　　名】黄报春、红花粉叶报春

【形态特征】多年生草本。根状茎极短，须根多数；叶通常全部基生，莲座状，倒卵状矩圆形、近匙形或矩圆状披针形，全缘或边缘具稀疏锯齿，无毛，叶下面有或无白色或淡黄色粉状物；花葶高 3.5~27.5 厘米；伞形花序一轮，有花 3 至 10 余朵；苞片果期不反折；花萼绿色，里面常有粉状物；花冠淡紫红色，裂片楔状倒心形，喉部黄色，先端 2 深裂；蒴果圆柱形，棕色。花期 5—6 月，果期 7—8 月。

【生　　境】草甸中生植物。生于低湿地草甸、沼泽化草甸、亚高山草甸及沟谷灌丛中，也可进入稀疏落叶松林下，在许多草甸群落中可达次优势种，开花时形成季相。

【用　　途】低等饲用植物。全草入中药，用于疗痛、创伤等；全草也入蒙药（蒙药名：叶拉莫唐），能消肿愈创、解毒，主治疗痛、创伤、热性黄水病等，多外用。

【分　　布】全旗各苏木乡镇均有分布。

【拍摄地点】锡尼河东苏木乌兰哈日嘎那

天山报春

【学　　名】*Primula nutans* Georgi

【蒙　　名】西比日 – 哈布日西乐 – 其其格

【形态特征】多年生草本。具多数须根；叶通常全部基生，莲座状，具明显叶柄，叶片圆形，圆状卵形至椭圆形，两面无毛；花葶高 10~23 厘米；伞形花序 1 轮，具 2~6 朵花；苞片边缘密生短腺毛，基部有耳状附属物；花萼筒状钟形；花冠淡紫红色，高脚碟状，裂片倒心形，顶端 2 深裂；蒴果圆柱形。花果期 5—7 月。

【生　　境】中生植物。生于河谷草甸、碱化草甸、山地草甸。

【用　　途】花期长，具有较高的观赏价值。

【分　　布】全旗各苏木乡镇均有分布。

【拍摄地点】锡尼河东苏木乌兰哈日嘎那

翠南报春

【学　　名】*Primula sieboldii* E. Morren

【蒙　　名】萨格萨嘎日 – 哈布日西乐 – 其其格

【别　　名】樱草

【形态特征】多年生草本。根状茎短，偏斜生长，自根状茎生出多数细根；叶通常全部基生，莲座状，卵形、卵状矩圆形至矩圆形，边缘浅裂，基部心形至圆形，边缘具不整齐的圆缺刻及牙齿；花葶高 15~23（34）厘米；伞形花序 1 轮，有花 2~9 朵；苞片基部无浅囊或耳状附属物；花冠紫红色至淡红色，稀白色，裂片倒心形，顶端 2 深裂；蒴果圆筒形至椭圆形。花期 5—6 月，果期 7 月。

【生　　境】湿中生植物。生于山地林下、林缘、草甸、草甸化沼泽。

【用　　途】根入中、蒙药，能止咳、化痰、平喘，主治上呼吸道感染、咽炎、支气管炎、寒喘咳嗽等。可供观赏。

【分　　布】主要分布在锡尼河东苏木、伊敏苏木、红花尔基镇等地。

【拍摄地点】锡尼河东苏木维纳河西

点地梅属 *Androsace* L.

小点地梅

【学　　名】*Androsace gmelinii* (L.) Roem. et Schult.

【蒙　　名】吉吉格 – 达兰 – 套布其

【别　　名】高山点地梅、兴安点地梅

【形态特征】一年生矮小草本。全株被长柔毛，高 3~6 厘米；直根细长，支根少；叶通常全部基生，莲座状，心状卵形、心状圆形或心状肾形，边缘具 7~11 个圆齿，有明显叶柄；花葶、花梗与花萼均被长柔毛和腺毛；伞形花序有花 2~4 朵；花萼浅裂或中裂，果期萼裂片略开展或稍反折；花冠较小，白色，与萼近等长或稍超出；蒴果圆球形；种子褐色。花期 6 月，果期 6—7 月。

【生　　境】中生植物。生于河岸草甸、山地沟谷及林缘草甸。

【用　　途】低等饲用植物。全草入中药，可祛风清热、消肿解毒。

【分　　布】主要分布在锡尼河东苏木、伊敏苏木等地。

【拍摄地点】伊敏苏木吉登嘎查居民点河滩地

东北点地梅

【学　　名】*Androsace filiformis* Retz.

【蒙　　名】那日音 – 达兰 – 套布其

【别　　名】丝点地梅

【形态特征】一年生草本。高 8~17（27）厘米，常呈亮绿色，全株近无毛或花葶上部被短腺毛；须根多数丛生，黄白色；叶通常全部基生，莲座状，矩圆形、矩圆状卵形或倒披针形，基部下延成狭翅状柄，边缘上部具浅缺刻状牙齿，下部全缘，两面无毛；苞片披针形；伞形花序有多数花；花萼杯状，中脉不隆起；花冠白色；蒴果近球形，5 瓣裂。花期 5—6 月，果期 6—7 月。

【生　　境】中生植物。生于低湿草甸、沼泽草甸、山地林缘及沟谷中。

【用　　途】低等饲用植物。全草入中药，能清凉解毒、消肿止痛，主治扁桃体炎、咽喉炎、口腔炎、急性结膜炎、跌打损伤等。

【分　　布】主要分布在伊敏苏木、红花尔基镇等地。

【拍摄地点】红花尔基镇北河滩地

北点地梅

【学　　名】*Androsace septentrionalis* L.

【蒙　　名】塔拉音 – 达兰 – 套布其、乌麻日图 – 达兰 – 套布其

【别　　名】雪山点地梅

【形态特征】一年生草本。高 7~25（30）厘米，植株被分叉毛；直根系，主根细长，支根较少；叶通常全部基生，莲座状，倒披针形、条状倒披针形至狭菱形，无柄，上面及边缘被毛，下面近无毛；苞片条状披针形；伞形花序具多数花；萼钟形，中脉隆起，5 浅裂；花冠白色，坛状；蒴果倒卵状球形，5 瓣裂。花期 6 月，果期 7 月。

【生　　境】中生植物。散生于草甸草原、砾石质草原、山地草甸、林缘及沟谷中。

【用　　途】低等饲用植物。全草入中、蒙药（蒙药名：叶拉莫唐），能消肿愈创、解毒，主治疔痈、创伤、热性黄水病等。

【分　　布】全旗各苏木乡镇均有分布。

【拍摄地点】巴彦嵯岗苏木扎格达木丹嘎查

海乳草属 *Glaux* L.

海乳草

【学　　名】*Glaux maritima* L.

【蒙　　名】苏苏 - 额布斯、车格乐吉

【形态特征】多年生小草本。高 4~20（40）厘米；根常数条束生，有少数支根，根状茎横走，节上有对生的卵状膜质鳞片；茎直立或斜升，通常单一或下部分枝；叶全部茎生，密集，交互对生，近互生，偶三叶轮生，叶片矩圆状披针形，肉质，全缘；单花腋生；花萼钟形，粉白色至蔷薇色，5 中裂；雄蕊 5；蒴果近球形，顶端 5 瓣裂。花期 6 月，果期 7—8 月。

【生　　境】耐盐中生植物。生于低湿地矮草草甸、轻度盐化草甸，可成为草甸优势成分之一。

【用　　途】中等饲用植物。全草入中药，可清热解毒。

【分　　布】全旗各苏木乡镇均有分布。

【拍摄地点】锡尼河东苏木维纳河湿地

珍珠菜属 *Lysimachia* L.

黄连花

【学　　名】*Lysimachia davurica* Ledeb.

【蒙　　名】和应干 – 侵娃音 – 苏乐

【形态特征】多年生草本。根较粗，根状茎横走；茎直立，高 40~82 厘米；叶全部茎生，对生，或 3（4）叶轮生，叶片条状披针形、披针形、矩圆状披针形至矩圆状卵形，上面密布黑褐色腺状斑点，边缘向外反卷；顶生圆锥花序或复伞房状圆锥花序；花萼深 5 裂；花冠黄色，5 深裂，宽约 4 毫米；蒴果球形；种子为近球形的多面体，红棕色。花期 7—8 月，果期 8—9 月。

【生　　境】中生植物。生于草甸、灌丛、林缘及路旁。

【用　　途】低等饲用植物。带根全草入中药，能镇静、降压，主治高血压、失眠等。

【分　　布】全旗各苏木乡镇均有分布。

【拍摄地点】巴彦托海镇南

狼尾花

【学　　名】*Lysimachia barystachys* Bunge

【蒙　　名】侵娃音 – 苏乐

【别　　名】虎尾草、重穗珍珠菜

【形态特征】多年生草本。根状茎横走，节上有红棕色鳞片；茎直立，高 35~70 厘米，上部被密长柔毛；叶全部茎生，互生，条状倒披针形、披针形至矩圆状披针形，通常无腺状斑点；总状花序顶生，花密集，常向一侧弯曲呈狼尾状；花萼深 5 裂；花冠白色，裂片宽 1.5 毫米；蒴果近球形；种子红棕色。花期 6—7 月，果期 8-9 月。

【生　　境】中生植物。生于草甸、沙地、山地灌丛及路旁。

【用　　途】低等饲用植物。全草入中药，能活血调经、散瘀消肿、利尿，主治月经不调、白带、小便不利、跌打损伤、痈疮肿毒等。

【分　　布】主要分布在伊敏苏木、锡尼河东苏木等地。

【拍摄地点】绰尔林业局伊敏林场

球尾花

【学　　名】*Lysimachia thyrsiflora* L.

【蒙　　名】好您 – 好日木

【形态特征】多年生草本。高（10）25~75厘米；根状茎粗壮，横走，节上有对生鳞片；茎直立，上部被长柔毛，下部常呈红色，自基部数节生出多数长须根；叶全部茎生，交互对生，披针形至矩圆状披针形，密生红黑色圆腺点；总状花序生于茎中部叶腋，花多数密集；花冠淡黄色，6深裂，裂片狭长，宽约0.6毫米；雄蕊伸出花冠之外；蒴果广椭圆形，5瓣裂；种子淡褐色。花果期6—8月。

【生　　境】湿生植物。生于沼泽或沼泽化草甸。

【用　　途】可作湿地绿化植物。

【分　　布】主要分布在锡尼河东苏木、伊敏苏木等地。

【拍摄地点】锡尼河东苏木巴彦乌拉嘎查

白花丹科 Plumbaginaceae

补血草属 *Limonium* Mill.

黄花补血草

【学　　名】*Limonium aureum* (L.) Hill

【蒙　　名】协日－义拉干－其其格

【别　　名】黄花苍蝇架、金匙叶草、金色补血草

【形态特征】多年生草本。高 9~30 厘米，全株除萼外均无毛；根皮红褐色至黄褐色；茎多数，大部分平卧，从基部叉状分枝，呈 "之" 字形曲折；叶灰绿色，矩圆状匙形至倒披针形；伞房状圆锥花序，花序轴和嫩枝密被疣状凸起；萼檐金黄色；花冠橙黄色；蒴果倒卵状矩圆形。花期 6—8 月，果期 7—8 月。

【生　　境】耐盐旱生植物。散生于荒漠草原或草原区形成的盐化低地上，适应于轻度盐化的土壤、沙砾质、沙质土壤，常见于芨芨草草甸群落、芨芨草加白刺群落。

【用　　途】内蒙古重点保护植物。低等饲用植物。花入中药，主治各种炎症，内服治神经痛、月经少、耳鸣、乳汁少、牙痛、感冒、发烧等；外用治疮疖痈肿；花也入蒙药，功效同中药。

【分　　布】主要分布在巴彦塔拉乡、锡尼河西苏木、辉苏木等地。

【拍摄地点】巴彦塔拉乡纳文嘎查

曲枝补血草

【学　　名】*Limonium flexuosum* (L.) Kuntze

【蒙　　名】塔黑日－义拉干－其其格

【形态特征】多年生草本。高 10~30（45）厘米，全株除萼外均无毛；根皮红褐色至黑褐色，根颈常略肥大；基生叶倒卵状矩圆形至矩圆状倒披针形，基部渐狭下延成叶柄；穗状花序在每一枝端集成一紧密近球形的复花序，花序轴略呈"之"字形曲折，下部 1~5 节上有叶；萼筒脉红紫色，萼檐近白色；花冠淡紫红色。花期 6 月下旬至 8 月上旬，果期 7—8 月。

【生　　境】旱生植物。散生于草原。

【用　　途】可作观赏植物。

【分　　布】主要分布在巴彦托海镇、锡尼河西苏木、辉苏木等地。

【拍摄地点】巴彦托海镇安康小区路边绿化带内

二色补血草

【学　　名】*Limonium bicolor* (Bunge) Kuntze

【蒙　　名】义拉干－其其格

【别　　名】苍蝇架、落蝇子花

【形态特征】多年生草本。高（6.5）20~50 厘米，全株除萼外均无毛；根皮暗褐色，根颈略肥大，单头或具 2~5 个头；基生叶匙形、倒卵状匙形至矩圆状匙形，长 3~15 厘米（连下延的叶柄），宽 0.5~3 厘米；由穗状花序在花序分枝的顶端或上部组成的圆锥花序；花萼淡紫色、粉红色或白色；花冠黄色；雄蕊 5。花期 5 月下旬至 7 月，果期 6—8 月。

【生　　境】旱生植物。散生于典型草原、草甸草原及山地，能适应于沙质土、沙砾质土及轻度盐化土壤，也偶见于旱化的草甸群落中。

【用　　途】内蒙古重点保护植物。低等饲用植物。带根全草入中药，能活血、止血、温中健脾、滋补强壮，主治月经不调、功能性子宫出血、痔疮出血、胃溃疡、诸虚体弱等；全草也入蒙药，功效同中药。

【分　　布】主要分布在锡尼河西苏木、辉苏木等地。

【拍摄地点】辉苏木乌兰宝力格嘎查沙丘

龙胆科 Gentianaceae

龙胆属 *Gentiana* L.

鳞叶龙胆

【学　　名】*Gentiana squarrosa* Ledeb.

【蒙　　名】希如棍 – 主力根 – 其木格、哈丹 – 地格达

【别　　名】小龙胆、石龙胆

【形态特征】一年生小草本。高 2~7 厘米；茎近四棱形，通常多分枝，密被短腺毛；叶边缘软骨质，先端反卷，具芒刺，基生叶卵圆形或倒卵状椭圆形，茎生叶倒卵形至披针形，对生叶基部合生成筒，抱茎；花单顶生；萼裂片卵形，先端反折；花冠管状钟形，蓝色；蒴果倒卵形或短圆状倒卵形，淡黄褐色，2 瓣开裂。花果期 6—8 月。

【生　　境】中生植物。散生于山地草甸、旱化草甸及草甸草原。

【用　　途】全草入中药，能清热利湿、解毒消痈，主治咽喉肿痛、阑尾炎、白带、尿血等，外用治疮疡肿毒、淋巴结结核。

【分　　布】全旗各苏木乡镇均有分布。

【拍摄地点】巴彦嵯岗苏木阿拉坦敖希特嘎查

假水生龙胆

【学　　名】*Gentiana pseudoaquatica* Kusnez.

【蒙　　名】淖高音 – 主力根 – 其木格

【形态特征】一年生小草本。高 2~4（6）厘米；茎近四棱形，分枝或不分枝，被微短腺毛；叶边缘软骨质，先端稍反卷，具芒刺，下面中脉软骨质，基生叶卵形或近圆形，茎生叶近卵形，对生叶基部合生成筒，抱茎；花单生枝顶；花萼裂片直立，披针形，花萼筒状漏斗形，长为花冠的一半，萼筒绿色，无膜质纵纹；花冠管状钟形，蓝色，裂片 5；蒴果淡黄褐色，具长柄。花果期 6—9 月。

【生　　境】中生植物。生于山地灌丛、草甸、沟谷。

【用　　途】可作观赏花卉。

【分　　布】主要分布在锡尼河东苏木、伊敏苏木等地。

【拍摄地点】锡尼河东苏木小孤山河滩地

达乌里龙胆

【学　　名】*Gentiana dahurica* Fisch.

【蒙　　名】达古日 – 主力根 – 其木格、达古日 – 地格达

【别　　名】小秦艽、达乌里秦艽

【形态特征】多年生草本。高 10~30 厘米；直根圆柱形，深入地下，黄褐色；茎斜升，基部为纤维状的残叶基所包围；基生叶呈莲座状，条状披针形，先端锐尖，全缘，平滑无毛，3~5 出脉，茎生叶条状披针形或条形，1~3 出脉；聚伞花序顶生或腋生；花萼不开裂或一侧稍开展，萼齿条形；花冠蓝色；蒴果条状倒披针形。花果期 7—9 月。

【生　　境】中旱生植物。为草甸草原的常见伴生种，生于典型草原、草甸草原、山地草原、草甸、灌丛。

【用　　途】内蒙古重点保护植物。中等饲用植物。根入中药（药材名：秦艽），能祛风除湿、退虚热、止痛，主治风湿性关节炎、低热、小儿疳积发热等；花入蒙药（蒙药名：呼和棒仗），能清肺、止咳、解毒，主治肺热咳嗽、支气管炎、天花、咽喉肿痛等。

【分　　布】全旗各苏木乡镇均有分布。

【拍摄地点】伊敏苏木红花尔基嘎查夏营地

秦艽

【学　　名】*Gentiana macrophylla* Pall.

【蒙　　名】套日格－主力根－其木格、乌和日－地格达、哈日－吉乐哲

【别　　名】大叶龙胆、萝卜艽、西秦艽

【形态特征】多年生草本。高 30~60 厘米；根稍呈圆锥形，黄棕色；茎单一斜生或直立，圆柱形，基部被纤维状残叶基所包围；基生叶披针形至倒披针形，先端钝尖，全缘，平滑无毛，5~7 出脉，茎生叶披针形，3~5 出脉；聚伞花序具多数花，簇生成头状，花无梗；花萼一侧开裂，萼齿三角状卵形；花冠蓝色或蓝紫色，卵圆形；蒴果长椭圆形；种子矩圆形，棕色。花果期 7—10 月。

【生　　境】中生植物。生于山地草甸、林缘、灌丛与沟谷。

【用　　途】内蒙古重点保护植物。低等饲用植物。根入中药，能祛风除湿、退虚热、止痛，主治风湿性关节炎、低热、小儿疳积发热等；花入蒙药（蒙药名：呼和基力吉），能清热、消炎，主治热性黄水病、炭疽、扁桃腺炎等。

【分　　布】主要分布在巴彦嵯岗苏木、锡尼河东苏木、伊敏苏木、红花尔基镇等地。

【拍摄地点】巴彦嵯岗苏木五泉山下

扁蕾属 *Gentianopsis* Y. C. Ma

扁蕾

【学　　名】*Gentianopsis barbata* (Froel.) Y. C. Ma

【蒙　　名】乌苏图－特木日－地格达、特木日－地格达

【别　　名】剪割龙胆

【形态特征】一年生草本。高 20~50 厘米；根细长，圆锥形；茎具四纵棱，光滑无毛，有分枝，节部膨大；茎生叶对生，条形或狭披针形，先端长渐尖；单花生于分枝的顶端，直立；花萼长于或近等长于花冠筒，2 对裂片极不等长，内对裂片先端长渐尖，明显短于外对；花冠蓝色或蓝紫色；蒴果狭矩圆形；种子椭圆形，棕褐色。花果期 7—9 月。

【生　　境】中生植物。生于山地林缘、灌丛、低湿草甸、沟谷及河滩砾石层中。

【用　　途】中等饲用植物。全草入蒙药，能清热、利胆、退黄，主治肝炎、胆囊炎、头痛、发烧等。

【分　　布】主要分布在巴彦嵯岗苏木、锡尼河东苏木、伊敏苏木、红花尔基镇等地。

【拍摄地点】红花尔基国家森林公园

腺鳞草属 *Anagallidium* Griseb.

腺鳞草

【学　　名】*Anagallidium dichotomum* (L.) Griseb.

【蒙　　名】阿查图 – 刚嘎格 – 地格达

【别　　名】歧伞獐牙菜、歧伞当药

【形态特征】一年生草本。高 5~20 厘米，全株无毛；茎斜升，四棱形，自基部多分枝，上部二歧式分枝；基部叶匙形，全缘，具 5 脉，茎部叶卵形或卵状披针形；聚伞花序（通常具 3 花）或单花，顶生或腋生；花冠白色或淡绿色，裂片先端圆钝，花后增大，宿存；蒴果卵圆形，淡黄褐色；种子淡黄色。花果期 7—9 月。

【生　　境】中生植物。生于河谷草甸。

【用　　途】全草入中药，可清热、健胃、利湿，用于消化不良、胃脘痛胀、黄疸、目赤、牙痛、口疮。

【分　　布】主要分布在锡尼河东苏木、伊敏苏木、红花尔基镇等地。

【拍摄地点】锡尼河东苏木维纳河林业居民点路边

獐牙菜属 *Swertia* L.

瘤毛獐牙菜

【学　　名】*Swertia pseudochinensis* H. Hara

【蒙　　名】比拉出特 – 地格达

【别　　名】紫花当药

【形态特征】一年生草本。高 15~30 厘米；根通常黄色，主根有少数支根，味苦；茎直立，四棱形，沿棱具狭翅，通常多分枝；叶对生，条状披针形或条形，全缘，具 1 脉，无基生莲座状叶；聚伞花序通常具 3 花，稀单花，顶生或腋生；花冠淡蓝紫色，直径 20~25 毫米，基部具 2 囊状淡黄色腺洼，其边缘具白色流苏状长毛，表面具小瘤状凸起；蒴果矩圆形；种子近球形。花果期 9 月。

【生　　境】中生植物。生于山坡林缘、草甸。

【用　　途】低等饲用植物。全草入中药，能清湿热、健胃，主治黄疸型肝炎、急性细菌性痢疾、消化不良等；也入蒙药，主治发烧、瘟疫、流感、胆结石、中暑、头痛、肝胆热、黄疸、伤热、食积胃热等。

【分　　布】主要分布在巴彦嵯岗苏木、锡尼河东苏木、伊敏苏木、红花尔基镇等地。

【拍摄地点】锡尼河东苏木小孤山北

花锚属 *Halenia* Borkh.

花锚

【学　　名】*Halenia corniculata* (L.) Cornaz

【蒙　　名】章古图 – 地格达

【别　　名】西伯利亚花锚

【形态特征】一年生草本。高 15~45 厘米；茎直立，近四棱形，具分枝，节间比叶长；叶对生，椭圆状披针形，全缘，具 3~5 脉，基生叶倒披针形；聚伞花序顶生或腋生；萼裂片条形或条状披针形；花冠黄白色或淡绿色，钟状，长 8~10 毫米，4 裂，基部具 4 个长距；蒴果矩圆状披针形；种子扁球形，棕色。花果期 7—8 月。

【生　　境】中生植物。生于山地林缘及低湿草甸。

【用　　途】中等饲用植物。全草入中药，能清热解毒、凉血止血，主治肝炎、脉管炎、外伤感染发烧、外伤出血等；也入蒙药（蒙药名：希给拉 – 地格达），能清热、解毒、利胆、退黄，主治黄疸型肝炎、感冒、发烧、外伤感染、胆囊炎等。

【分　　布】主要分布在锡尼河东苏木、伊敏苏木等地。

【拍摄地点】锡尼河东苏木小孤山北

睡菜科 Menyanthaceae

荇菜属 *Nymphoides* Seguier

荇菜

【学　　名】*Nymphoides peltata* (S. G. Gmel.) Kuntze

【蒙　　名】扎木勒 – 额布斯

【别　　名】莲叶荇菜、水葵、莕菜

【形态特征】多年生草本。地下茎生于水底泥中，横走匍匐状，茎圆柱形，多分枝；叶漂浮水面，对生或互生，近革质，叶片圆形，基部深心形，全缘或微波状；伞形状花序簇生叶腋；花萼5深裂；花冠多黄色，5深裂，边缘具毛；假雄蕊5，密被白色长毛，位于花冠中部；蒴果卵形；种子褐色。花果期7—9月。

【生　　境】水生植物。生于池塘或湖泊中。

【用　　途】中等饲用植物。全草入中药，能发汗、透疹、清热、利尿，主治感冒发热无汗、麻疹透发不畅、荨麻疹、水肿、小便不利等，外用治毒蛇咬伤；全草也入蒙药，功效同中药。

【分　　布】全旗各苏木乡镇均有分布。

【拍摄地点】锡尼河西苏木巴彦胡硕敖包山下伊敏河中

萝藦科 Asclepiadaceae

鹅绒藤属 *Cynanchum* L.

徐长卿

【学　　名】*Cynanchum paniculatum* (Bunge) Kitag.

【蒙　　名】那日音 – 好同和日、占龙 – 额布斯

【别　　名】了刁竹、土细辛

【形态特征】多年生草本。高 40~60 厘米；根须状；茎直立，不分枝，具纵细棱；叶对生，纸质，条形或披针状条形，基部渐狭，边缘向下反卷，中脉明显隆起；伞状聚伞花序生于茎顶部叶腋内；花萼 5 深裂；花冠黄绿色，辐状，5 深裂，副花冠肉质，裂片 5，与合蕊柱等长；蓇葖单生；种子黄棕色，顶端种缨白色。花期 7 月，果期 8—9 月。

【生　　境】中生植物。生于石质山地及丘陵的阳坡，多散生在草甸草原及灌丛中。

【用　　途】内蒙古重点保护植物。低等饲用植物。根和根茎入中药，能解毒消肿、通经活络、止痛，主治风湿关节痛、腰痛、牙痛、胃痛、痛经、毒蛇咬伤、跌打损伤等，外用治神经性皮炎、荨麻疹、带状疱疹；根及根茎也入蒙药，功效同中药。

【分　　布】主要分布在辉苏木、锡尼河西苏木等地。

【拍摄地点】辉苏木巴彦代樟子松林

紫花杯冠藤

【学　　名】*Cynanchum purpureum* (Pall.) K. Schum.

【蒙　　名】宝日－特木根－呼呼

【别　　名】紫花白前、紫花牛皮消

【形态特征】多年生草本。高 20~40 厘米；根茎部粗大，根木质，垂直生长；茎直立，上部分枝，被疏长柔毛，干时中空；叶对生，纸质，条形，全缘，中脉明显隆起，两面被柔毛；聚伞花序伞状，腋生或顶生，呈半球形；总花梗、花梗、苞片、花萼均被长柔毛；花冠紫色，副花冠黄色，圆筒形，顶端 5 裂，比合蕊柱高 1 倍，花直径约 15 毫米；蓇葖纺锤形。花期 5—6 月，果期 6 月。

【生　　境】中生植物。生于石质山地及丘陵阳坡、山地灌丛、林缘草甸、草甸草原。

【用　　途】根入蒙药，用于肺热咳嗽、热淋、肾炎水肿、小便不利等。

【分　　布】主要分布在巴彦托海镇。

【拍摄地点】巴彦托海镇三道湾人工樟子松林下

地梢瓜

【学　　名】*Cynanchum thesioides* (Freyn) K. Schum.

【蒙　　名】特木根 – 呼呼

【别　　名】沙奶草、地瓜瓢、沙奶奶、老瓜瓢

【形态特征】多年生草本。高 15~30 厘米；根褐色，具横行绳状的支根；茎直立，圆柱形，具纵细棱，密被短硬毛；叶对生，条形，全缘，中脉明显隆起，两面被短硬毛，边缘常向下反折；伞状聚伞花序腋生；花萼 5 深裂；花冠白色，辐状，5 深裂，副花冠杯状，5 深裂，与合蕊柱近等长；蓇葖单生，纺锤形；种子棕色，顶端种缨白色，绢状。花期 6—7 月，果期 7—8 月。

【生　　境】中旱生植物。生于典型草原、丘陵坡地、沙丘、撂荒地、田埂。

【用　　途】良等饲用植物。带果实的全草入中药，能益气、通乳、清热降火、消炎止痛、生津止渴，主治乳汁不通、气血两虚、咽喉疼痛等，外用治瘊子；种子也入蒙药（蒙药名：特木根 – 呼呼 – 都格木宁），能利胆、退黄、止泻，主治热性腹泻、痢疾、发烧等。全株含橡胶、树脂，可作工业原料；种缨可作填充料；幼果可食。

【分　　布】全旗各苏木乡镇均有分布。

【拍摄地点】红花尔基镇北

萝藦属 *Metaplexis* R. Br.

萝藦

【学　　名】*Metaplexis japonica* (Thunb.) Makino

【蒙　　名】阿古乐朱日－吉米斯

【别　　名】赖瓜瓢、婆婆针线包

【形态特征】多年生草质藤本。具乳汁；茎缠绕，圆柱形，具纵棱，被短柔毛；叶对生，卵状心形，先端渐尖或骤尖，全缘，基部心形；聚伞花序呈总状排列，腋生；花萼5深裂；花冠白色，裂片5，副花冠环状，着生于合蕊冠上，5短裂；雄蕊着生在花冠基部；花丝合生成端管；蓇葖果叉生，纺锤形；种子顶端具1簇白色绢质长种毛。花果期7—9月。

【生　　境】中生植物。生于河边沙质坡地。

【用　　途】全株可作中药用，果可治劳伤、虚弱、腰腿疼痛、咳嗽等，根可治跌打损伤、蛇咬、疔疮等，茎叶可治小儿疳积、疔肿等，种毛可止血，乳汁可除瘊子；全草也入蒙药，功效同中药。茎皮纤维可造人造棉。

【分　　布】主要分布在巴彦托海镇、伊敏河镇等地。

【拍摄地点】巴彦托海镇沿河公园内

旋花科 Convolvulaceae

打碗花属 *Calystegia* R. Br.

宽叶打碗花

【学　　名】*Calystegia silvatica* (Kit.) Griseb. subsp. *orientalis* Brummitt

【蒙　　名】乌日根 – 阿牙根 – 其其格

【别　　名】篱天剑、旋花、鼓子花

【形态特征】多年生草本。全株不被毛；茎缠绕或平卧，具分枝；叶三角状卵形或宽卵形，先端急尖，基部心形、箭形或戟形，两侧具浅裂或全缘；花单生叶腋；苞片卵状心形，长 1.7~2.7 厘米；萼片卵圆状披针形；花冠白色或有时粉红色，漏斗状；雄蕊花丝基部有细鳞毛；蒴果球形，宿萼及苞片增大包藏果实。花期 6—8 月，果期 8—9 月。

【生　　境】草甸中生杂类草。生于撂荒地、农田、路旁、溪边草丛或山地林缘草甸中。

【用　　途】良等饲用植物。根入中药，能清热利湿、理气健脾，主治急性结膜炎、咽喉炎、白带、疝气等。

【分　　布】主要分布在伊敏苏木。

【拍摄地点】绰尔林业局伊敏林场

旋花属 *Convolvulus* L.

田旋花

【学　　名】*Convolvulus arvensis* L.

【蒙　　名】塔拉音－色得日根讷

【别　　名】箭叶旋花、中国旋花

【形态特征】多年生草本。细弱茎蔓生或微缠绕，常形成缠结的密丛；茎、叶无毛或疏被柔毛；茎有条纹及棱角；叶卵状矩圆形或椭圆形，基部心形或箭形，具柄；花序腋生，有 1~3 花；花冠宽漏斗状，长 15~20 毫米，白色或粉红色；蒴果卵状球形或圆锥形。花期 6—8 月，果期 7—9 月。

【生　　境】中生农田杂草。生于田间、撂荒地、村舍与路旁，并可见于轻度盐化的草甸中。

【用　　途】低等饲用植物，全草各种牲畜均喜食，鲜时绵羊、骆驼采食差，干时各种家畜采食。全草、花和根入中药，能活血调经、止痒、祛风，全草主治神经性皮炎，花主治牙痛，根主治风湿性关节痛。

【分　　布】全旗各苏木乡镇均有分布。

【拍摄地点】巴彦托海镇居民点

银灰旋花

【学　　名】*Convolvulus ammannii* Desr.

【蒙　　名】宝日－额力根讷

【别　　名】阿氏旋花

【形态特征】多年生矮小草本植物。全株密生银灰色绢毛；茎少数或多数，平卧或上升；叶互生，条形或狭披针形，先端锐尖，基部渐狭，无柄；花单生枝端；花冠长 9~15 毫米，白色、淡玫瑰色或白色带紫红色条纹；蒴果球形，2 裂；种子卵圆形，淡褐红色。花期 7—9 月，果期 9 月。

【生　　境】典型旱生植物。生于荒漠草原、典型草原、草原上的畜群点、饮水点附近，山地阳坡、石质丘陵，是荒漠草原和典型草原群落的常见伴生植物。

【用　　途】中等饲用植物，小牲畜在新鲜状态时喜食，干枯时乐食。全草入中药，能解表、止咳，主治感冒、咳嗽等；全草也入蒙药，功效同中药。

【分　　布】主要分布在巴彦塔拉乡、锡尼河西苏木、辉苏木等地。

【拍摄地点】巴彦塔拉乡西山

鱼黄草属 *Merremia* Dennst.

北鱼黄草

【学　　名】*Merremia sibirica* (L.) H. Hall.

【蒙　　名】西伯日 – 莫日莫

【别　　名】囊毛鱼黄草、西伯利亚鱼黄草

【形态特征】一年生缠绕草本。全株无毛；茎多分枝，具细棱；单叶互生，狭卵状心形，先端尾状长渐尖，基部心形，边缘稍波状；1~2 朵或数朵组成聚伞花序，腋生，苞片 2，条形；萼片 5，近等长；花冠漏斗状，白色或淡红色；雄蕊 5；蒴果圆锥状卵形，4 瓣裂；种子黑色，密被囊状毛。花果期 7—9 月。

【生　　境】中生植物。生于路边、田边、山地草丛或山地灌丛。

【用　　途】全草和种子入中药，有泻下、逐水之效，可治疗下肢肿痛和疔疮等。

【分　　布】主要分布在巴彦托海镇。

【拍摄地点】巴彦托海镇伊敏河畔绿化带内

菟丝子科 Cuscutaceae

菟丝子属 *Cuscuta* L.

大菟丝子

【学　　名】*Cuscuta europaea* L.

【蒙　　名】柴布日 – 协日 – 奥日义羊古

【别　　名】欧洲菟丝子

【形态特征】一年生寄生草本。茎纤细，淡黄色或淡红色，缠绕；无叶；花序球状或头状；花萼杯状，4~5 裂；花冠淡红色，壶形，通常向外反折，宿存；花柱 2，叉分，柱头伸长，条形棒状；蒴果球形，成熟时稍扁；种子淡褐色。花期 7—8 月，果期 8—9 月。

【生　　境】寄生于多种草本植物上，尤以豆科、菊科、藜科为主。

【用　　途】种子入蒙药，能补阳肝肾、益精明目、安胎，主治腰膝酸软、阳痿、遗精、头晕、目眩、视力减退、胎动不安等。

【分　　布】主要分布在锡尼河东苏木、巴彦嵯岗苏木等地。

【拍摄地点】巴彦嵯岗苏木扎格达木丹嘎查

花葱科 Polemoniaceae

花葱属 *Polemonium* L.

花葱

【学　　名】*Polemonium caeruleum* L.

【蒙　　名】伊音吉 – 宝古日乐

【别　　名】中华花葱、毛茎花葱、苏木山花葱

【形态特征】多年生草本。高 40~80 厘米；具根状茎和多数纤维状须根；茎单一，不分枝，上部被腺毛，中部以下无毛；奇数羽状复叶，卵状披针形至披针形，全缘；聚伞圆锥花序顶生或上部叶腋生，疏生多花；总花梗、花梗、花萼均被短腺毛和柔毛；花萼钟状，裂片先端钝或微尖；花冠蓝紫色，钟状；蒴果卵球形；种子褐色，纺锤形。花期 6—7 月，果期 7—8 月。

【生　　境】中生植物。生于山地林下、林缘草甸或沟谷湿地。

【用　　途】根及根状茎入中药，有祛痰、止血、镇静等功效，可治疗急慢性支气管炎、胃溃疡、咳血、衄血、子宫出血、癫痫、失眠、月经过多等。

【分　　布】全旗各苏木乡镇均有分布。

【拍摄地点】锡尼河东苏木呼和乌苏

紫草科 Boraginaceae

紫丹属 *Tournefortia* L.

细叶砂引草

【学　　名】*Tournefortia sibirica* L. var. *angustior* (DC.) G. L. Chu et M. G. Gilbert

【蒙　　名】那日音 – 好吉格日 – 额布斯

【别　　名】砂引草、紫丹草、挠挠糖

【形态特征】多年生草本。具细长的根状茎；茎高 8~25 厘米，密被长柔毛，常自基部分枝；叶条形或条状披针形，两面被密伏生的长柔毛；伞房状聚伞花序顶生，仅花序基部具 1 条形苞片；苞片、花萼、花冠、果均被密柔毛；花萼 5 深裂；花冠白色，花冠筒 5 裂，喉部无附属物；果矩圆状球形。花期 5—6 月，果期 7 月。

【生　　境】中旱生植物。生于沙地、沙漠边缘、盐生草甸、干河沟边。

【用　　途】低等饲用植物。花可提取香料。全株又可供固定沙丘用，为良好的固沙植物。

【分　　布】主要分布在锡尼河东苏木、巴彦托海镇、辉苏木等地。

【拍摄地点】巴彦托海镇职业中学院内

琉璃草属 *Cynoglossum* L.

大果琉璃草

【学　　名】*Cynoglossum divaricatum* Steph. ex Lehm.

【蒙　　名】囊给－章古

【别　　名】大赖鸡毛子、展枝倒提壶、粘染子

【形态特征】二年生或多年生草本。根垂直，单一或稍分枝；茎高 30~65 厘米，密被贴伏的短硬毛，上部多分枝；基生叶和下部叶矩圆状披针形或披针形，叶两面及花萼两面密被贴伏的短硬毛；花序长达 15 厘米，有稀疏的花，具苞片；花萼 5 裂，果期向外反折；花冠蓝色、红紫色，5 裂，近方形，在喉部以下具 5 个梯形附属物；小坚果 4，长 5~6 毫米，密生锚状刺，背盘不明显，果柄长 5~10 毫米。花期 6—7 月，果期 8-9 月。

【生　　境】旱中生植物。生于沙地、干河谷的沙砾质冲积物上以及田边、路边及村旁，为常见的农田杂草。

【用　　途】低等饲用植物。果实和根入中、蒙药，果能收敛、止泻，主治小儿腹泻等；根能清热解毒，主治扁桃体炎、疮疖痈肿等。

【分　　布】全旗各苏木乡镇均有分布。

【拍摄地点】巴彦托海镇索伦桥西

鹤虱属 *Lappula* Moench

鹤虱

【学　　名】*Lappula myosotis* Moench

【蒙　　名】闹朝日嘎那

【别　　名】小粘染子

【形态特征】一或二年生草本。高 20~35 厘米，全株均密被白色细刚毛；茎直立，中部以上多分枝；基生叶矩圆状匙形，全缘，茎生叶披针形或条形；花序在花期较短，果期则伸长；花萼 5 深裂，条形；花冠浅蓝色，漏斗状至钟状，喉部具 5 矩圆形附属物；小坚果卵形，通常有颗粒状瘤凸，背面边缘有 2 行近等长的锚状刺，内行刺长 1.5~2 毫米，外行刺稍短。花果期 6—8 月。

【生　　境】旱中生植物。喜生于河谷草甸、山地草甸及路旁等处。

【用　　途】果实入中药，有消炎杀虫之效，主治蛔虫病、蛲虫病、绦虫病、虫积腹痛、小儿疳积等；果实也入蒙药，用于蛔虫病，蛲虫病、疮疡、关节伤、鼠疮等。

【分　　布】全旗各苏木乡镇均有分布。

【拍摄地点】锡尼河西苏木巴彦胡硕嘎查草库伦内

齿缘草属 *Eritrichium* Schrad.

北齿缘草

【学　　名】*Eritrichium borealisinense* Kitag.

【蒙　　名】乌麻日特音－巴特哈

【别　　名】大叶蓝梅

【形态特征】多年生草本。全株均密被绢状细刚毛、混生刚毛，呈灰白色；根粗壮；茎高 15~40 厘米；基生叶丛生，倒披针状或倒披针状条形，长 3~6 厘米，宽 4~8 毫米，茎生叶狭倒披针形至矩圆状披针形，长 1.5~3 厘米，宽 4~8 毫米；花序分枝 3 或 4 个；花萼 5 裂；花冠蓝色，辐状，花冠筒 5 裂，附属物半月形至矮梯形，伸出喉部外；小坚果腹面两侧具皱棱及短硬毛，中部具龙骨状凸起，棱缘具三角形锚状刺，刺上具微毛。花果期 7—9 月。

【生　　境】中旱生植物。生于山地草原、山地林缘、路边。

【用　　途】花、叶可入中药，有清温解热功效，可治风热感冒。

【分　　布】主要分布在巴彦嵯岗苏木、锡尼河东苏木等地。

【拍摄地点】巴彦嵯岗苏木扎格达木丹嘎查

勿忘草属 *Myosotis* L.

湿地勿忘草

【学　　名】*Myosotis caespitosa* C. F. Schultz

【蒙　　名】那木给音 – 道日斯嘎拉 – 额布斯

【形态特征】二年生或多年生草本。全株被糙伏毛；茎高 19~28 厘米，常多分枝；茎下部叶矩圆形或倒卵状矩圆形，茎上部叶倒披针形或条状倒披针形；花序长达 18 厘米；花萼 5 裂至中部，裂片三角形；花冠淡蓝色，喉部黄色，有 5 附属物；小坚果宽卵形。花期 5—6 月，果期 7—8 月。

【生　　境】湿中生植物。常生于河滩沼泽草甸及低湿沙地。

【用　　途】可作湿地观赏植物。

【分　　布】全旗各苏木乡镇均有分布。

【拍摄地点】伊敏苏木吉登嘎查湿地

勿忘草

【学　　名】*Myosotis alpestris* F. W. Schmidt

【蒙　　名】章古图－额布斯

【别　　名】林勿忘草、草原勿忘草

【形态特征】多年生草本。全株被开展毛及弯曲毛；具多数黑褐色须根；茎直立，高 10~40 厘米；基生叶和茎下部叶条状披针形或倒披针形，中部以上叶矩圆状披针形或长椭圆形；花序长达 20 厘米；花萼裂至中下部，裂片披针形；花冠蓝色，喉部黄色，具 5 附属物；小坚果宽卵状圆形，黑色；种子栗褐色。花期 5—6 月，果期 7—8 月。

【生　　境】中生植物。生于山地林下、山地灌丛、山地草甸，并可进入亚高山地带。

【用　　途】可作野生观赏花卉。

【分　　布】全旗各苏木乡镇均有分布。

【拍摄地点】巴彦嵯岗苏木阿拉坦敖希特嘎查西

钝背草属 *Amblynotus* Johnst.

钝背草

【学　　名】*Amblynotus rupestris* (Pall. ex Georgi) Popov ex L. Sergiev.

【蒙　　名】阿木伯力闹图、布和都日根讷

【形态特征】多年生丛簇状小草本。全株均密被伏硬毛，呈灰白色，高 2~8 厘米；直立或斜升，中部以上分枝；基生叶窄匙形，基部渐狭呈细长柄，上部叶狭倒披针形；花序长达 2.5 厘米，具苞片；花萼 5 裂；花冠高脚蝶状，蓝色，裂片 5，喉部具 5 个小片状附属物；雄蕊 5，着生在花冠筒上；小坚果卵形，具光泽。花果期 6—8 月。

【生　　境】旱生植物。生于典型草原、砾石质草原及沙质草原中。

【用　　途】劣等饲用植物。

【分　　布】全旗各苏木乡镇均有分布。

【拍摄地点】红花尔基水库南山坡

唇形科 Labiatae

黄芩属 *Scutellaria* L.

黄芩

【学　　名】*Scutellaria baicalensis* Georgi

【蒙　　名】混芩、黄芩 – 柴、巴布

【别　　名】黄芩茶

【形态特征】多年生草本。高 20~35 厘米；主根圆锥形；茎直立或斜升，被稀疏短柔毛，多分枝；叶披针形或条状披针形，全缘，下面有凹腺点，叶柄长约 1 毫米；花序顶生，总状，常偏一侧；花冠紫色、紫红色或蓝色，上唇盔状，先端微裂，下唇 3 裂；小坚果具瘤。花期 7—8月，果期 8—9 月。

【生　　境】生态幅度较广的中旱生植物。多生于山地、丘陵的砾石质坡地及沙质地上，为草甸草原及山地草原的常见种，在线叶菊草原中可成为优势植物之一。

【用　　途】内蒙古重点保护植物。低等饲用植物。根入中药，主治温病发热、肺热咳嗽、肺炎、咯血、黄疸、肝炎、痢疾、目赤、胎动不安、高血压症、痈肿疔疮等；也作蒙药用，功效同中药。

【分　　布】全旗各苏木乡镇均有分布。

【拍摄地点】伊敏苏木敖义木沟原观测样地内

并头黄芩

【学　　名】*Scutellaria scordifolia* Fisch. ex Schrank

【蒙　　名】好斯－其其格特－混芩、敖古都纳－其其格

【别　　名】头巾草

【形态特征】多年生草本。高 10~30 厘米；根茎细长，淡黄白色；茎直立或斜升，四棱形；叶三角状披针形、条状披针形或披针形，边缘具疏锯齿或全缘，叶上面无毛，下面近无毛或沿脉疏被柔毛且具凹点；花单生于茎上部叶腋内，偏向一侧，长 18~24 毫米；花冠蓝色或蓝紫色，外面被短柔毛，上唇盔状，内凹，下唇 3 裂；小坚果具瘤状凸起，腹部中间具果脐，隆起。花期 6—8 月，果期 8—9 月。

【生　　境】中生植物。生于河滩草甸、山地草甸、山地林缘、林下以及撂荒地、路旁、村舍附近，为中生略耐旱的植物，其生境较为广泛。

【用　　途】低等饲用植物。全草入中药，味微苦、性凉，能清热解毒、利尿，主治肝炎、阑尾炎、跌打损伤、蛇咬伤等；全草也入蒙药，主治黄疸、肝热、蛇咬伤等。

【分　　布】全旗各苏木乡镇均有分布。

【拍摄地点】巴彦托海镇三道湾

盔状黄芩

【学　　名】*Scutellaria galericulata* L.

【蒙　　名】道古拉嘎特 – 混芩

【形态特征】多年生草本。高 10~30 厘米；根茎细长，黄白色；茎直立，被短柔毛，中部以上分枝；叶矩圆状披针形，基部浅心形，边缘具圆齿状锯齿，叶两面被短柔毛，上面凹陷，下面明显隆起；花单生于茎中部以上叶腋内，偏向一侧，长 14~18 毫米；花冠紫色、紫蓝至蓝色，上唇盔状，内凹，下唇中裂片三角状卵圆形，两侧裂片矩圆形；小坚果黄色，三棱状卵圆形。花期 6—7 月，果期 7—8 月。

【生　　境】中生植物。生于河滩草甸及沟谷湿地。

【用　　途】低等饲用植物。全草入中药，清热解毒、活血止痛、利尿消肿，用于淋症、肝炎、疟疾、跌打损伤、疮痈肿毒等。也可作染料。

【分　　布】主要分布在巴彦托海镇、伊敏苏木等地。

【拍摄地点】巴彦托海镇伊敏河岸边

夏至草属 *Lagopsis* (Bunge ex Benth.) Bunge

夏至草

【学　　名】*Lagopsis supina* (Steph. ex Willd.) Ik.- Gal. ex Knorr.

【蒙　　名】套来音 – 奥如乐 – 额布斯

【形态特征】多年生草本。高 15~30 厘米；茎密被微柔毛，分枝；叶宽卵形，3 浅裂至 3 深裂，裂片有疏圆齿，两面密被微柔毛；轮伞花序具疏花；花萼管状钟形，萼齿 5，先端具浅黄色刺尖；花冠二唇形，白色，稍伸出于萼筒；雄蕊 4，二强；小坚果卵状三棱形，褐色，有鳞秕。花期 5 月，果期 5—6 月。

【生　　境】旱中生植物。多生于田野、撂荒地及路旁，为农田杂草，常在撂荒地上形成小群聚。

【用　　途】全草入中药，能养血调经，主治贫血性头晕、半身不遂、月经不调等；也作蒙药用（蒙药名：查干西莫体格），能消炎利尿，主治沙眼、结膜炎、遗尿等。

【分　　布】主要分布在巴彦托海镇。

【拍摄地点】呼伦贝尔市新区路边

裂叶荆芥属 *Schizonepeta* Briq.

多裂叶荆芥

【学　　名】*Schizonepeta multifida* (L.) Briq.

【蒙　　名】哈嘎日海－吉如格巴

【别　　名】东北裂叶荆芥

【形态特征】多年生草本。高 30~40 厘米；主根粗壮，暗褐色；茎坚硬，被白色长柔毛，植株单一或稍分枝；叶轮廓为卵形，羽状深裂或全裂，有时浅裂至全缘，基部楔形至心形，裂片条状披针形，全缘或疏齿，具腺点；由多数轮伞花序组成顶生穗状花序，下部一轮远离；苞叶卵形，具骤尖；花萼紫色，长 4~5 毫米；花冠蓝紫色，长 6~7 毫米；小坚果倒卵状矩圆形。花期 7—9 月，果期在 9 月以后。

【生　　境】中旱生杂类草。草甸草原和典型草原的常见伴生种，也见于林缘及灌丛中，生于沙质平原、丘陵坡地及石质山坡等生境的草原中。

【用　　途】劣等饲用植物。全株含芳香油，透明淡黄色、味清香，适于制香皂用。

【分　　布】全旗各苏木乡镇均有分布。

【拍摄地点】辉苏木三道梁

青兰属 *Dracocephalum* L.

光萼青兰

【学　　名】*Dracocephalum argunense* Fisch. ex Link

【蒙　　名】额尔古那音 – 比日羊古

【形态特征】多年生草本。高 35~50 厘米；数茎自根茎生出，直立，不分枝，近四棱形，疏被倒向微柔毛；叶条状披针形或条形，全缘，边缘向下反卷，中脉明显凸起；轮伞花序生于茎顶 2~4 节上；花萼 2 裂近中部，萼齿狭长，先端渐尖，常带紫色；花冠蓝紫色，长 3~4 厘米；花药密被长柔毛；花丝疏被毛。花果期 7—9 月。

【生　　境】中生植物。生于森林区和森林草原带的山地草甸、山地草原、林缘灌丛，也散见于沟谷及河滩沙地。

【用　　途】地上部分作蒙药用（蒙药名：比日羊古），能泻肝火、清胃热、止血，主治黄疸、吐血、衄血、胃炎、头痛、咽痛等。可作观赏花卉。

【分　　布】主要分布在锡尼河东苏木、伊敏苏木、辉苏木等地。

【拍摄地点】辉河林场西

香青兰

【学　　名】*Dracocephalum moldavica* L.

【蒙　　名】乌努日图－比日羊古

【别　　名】山薄荷

【形态特征】一年生草本。高 15~40 厘米；茎直立，被短柔毛，钝四棱形；叶长圆状披针形，边缘具疏犬牙齿，基部的牙齿齿尖常具长刺，两面均被微毛及黄色小腺点；轮伞花序生于茎或分枝上部；花萼具金色腺点，常带紫色，2 裂近中部；花冠蓝紫色，长 2~2.5 厘米，外面密被白色短柔毛，冠檐二唇形；小坚果矩圆形。花期 7—8 月，果期 8—9 月。

【生　　境】中生杂草。生于山坡、沟谷、河谷砾石滩地。

【用　　途】低等饲用植物。地上部分作蒙药用（蒙药名：昂凯鲁莫勒－比日羊古），能泻肝火、清胃热、止血，主治黄疸、吐血、衄血、胃炎、头痛、咽痛等。全株含芳香油，可作香料植物。

【分　　布】主要分布在锡尼河西苏木、锡尼河东苏木等地。

【拍摄地点】锡尼河西苏木巴彦胡硕嘎查

糙苏属 *Phlomis* L.

块根糙苏

【学　　名】*Phlomis tuberosa* L.

【蒙　　名】土木斯得 – 奥古乐今 – 土古日爱、好您 – 和莫力古日

【形态特征】多年生草本。高 40~110 厘米；根呈块根状增粗；植株被毛无星状毛，茎单生或分枝，紫红色，暗紫色或绿色，无毛或仅棱上疏被柔毛；叶三角形，先端钝圆或锐尖，基部心形或深心形，边缘具不整齐粗圆牙齿，上面被极短的刚毛或近无毛，下面无毛或仅脉上被极短的刚毛；轮伞花序，含 3~10 朵花；花萼管状钟形，长 8~10 毫米，萼齿 5；花冠紫红色，长 1.6~2.5 厘米，二唇形；小坚果先端被柔毛。花期 7—8 月，果期 8—9 月。

【生　　境】旱中生植物。生于山地沟谷草甸、山地灌丛、林缘，也见于草甸化杂类草草原中。

【用　　途】低等饲用植物。全草或根入中药，有小毒，用于月经失调、梅毒、化脓性创伤等；块根作蒙药用（蒙药名：露格莫尔 – 奥古乐今 – 土古日爱），能祛风清热、止咳化痰、生肌敛疤，主治感冒咳嗽、支气管炎、疮疡不愈等。

【分　　布】全旗各苏木乡镇均有分布。

【拍摄地点】巴彦托海镇西山路边

鼬瓣花属 *Galeopsis* L.

鼬瓣花

【学　　名】*Galeopsis bifida* Boenn.

【蒙　　名】套心朝格

【形态特征】一年生草本。高 20~60 厘米；茎直立，密被具节刚毛及腺毛，上部分枝；叶卵状披针形，先端锐尖，基部渐狭或宽楔形，边缘具整齐的圆状锯齿；轮伞花序，腋生，多花密集；花萼管状钟形，萼齿 5；花冠紫红色，外面密被刚毛，二唇形；雄蕊 4，二强；小坚果倒卵状三棱形。花果期 7—9 月。

【生　　境】中生植物。散生于山地针叶林区和森林草原带的林缘、草甸、田边及路旁。

【用　　途】全草及根入中药，根可止咳、化痰，全草发汗解表、祛暑化湿、利尿；全草也可入蒙药，用于肺虚痨、骨蒸潮热、咳嗽等。

【分　　布】主要分布在锡尼河东苏木、伊敏苏木、红花尔基镇等地。

【拍摄地点】伊敏苏木三道桥

野芝麻属 *Lamium* L.

短柄野芝麻

【学　　名】*Lamium album* L.

【蒙　　名】敖乎日 – 哲日立格 – 麻阿吉

【别　　名】野芝麻

【形态特征】多年生草本。高 30~60 厘米；茎直立，单生，四棱形，中空；叶卵状披针形，先端长尾状渐尖，边缘具牙齿状锯齿，上面贴生短毛，下面密被疏柔毛；轮伞花序腋生；花萼钟形，萼齿 5；花冠浅黄色或污白色，二唇形；雄蕊 4，二强；小坚果三棱状长卵圆形。花期 7—9 月，果期 8—9 月。

【生　　境】中生植物。为森林草甸种，生于山地林缘草甸。

【用　　途】低等饲用植物。全草和花入中药，全草主治跌打损伤、小儿疳积、白带、痛经、月经不调、肾炎及膀胱炎等，花能调经、利湿，主治月经不调、白带、宫颈炎及小便不利等；地上部分也入蒙药，主治跌打损伤、痛经、带下病、小便不利、子宫内膜炎等。

【分　　布】主要分布在锡尼河东苏木、伊敏苏木、红花尔基镇等地。

【拍摄地点】伊敏苏木二道桥北

益母草属 Leonurus L.

益母草

【学　　名】*Leonurus japonicus* Houtt.

【蒙　　名】都日伯乐吉－额布斯、巴乐－额布斯

【别　　名】益母蒿、坤草、龙昌昌

【形态特征】一或二年生草本。高 30~80 厘米，植株全部被贴伏短柔毛；茎直立，钝四棱形，有倒向糙伏毛，分枝；叶形变化较大，茎下部叶轮廓为卵形，基部宽楔形，掌状 3 裂，中部叶轮廓为菱形，基部狭楔形，掌状 3 半裂或 3 深裂，花序上部叶全缘；轮伞花序腋生，多花密集，多数远离而组成长穗状花序；花萼管状钟形，萼齿 5；花冠粉红至淡紫红色，长 10~15 毫米，冠檐二唇形；雄蕊 4；小坚果矩圆状三棱形。花期 6—9 月，果期 9 月。

【生　　境】中生杂草。生于田野、沙地、灌丛、疏林、草甸草原、山地草甸、房舍附近等多种生境。

【用　　途】低等饲用植物。全草入中药，用于妇女闭经、痛经、月经不调、产后出血过多、恶露不尽、产后子宫收缩不全、胎动不安、子宫脱垂及赤白带下等症。

【分　　布】全旗各苏木乡镇均有分布。

【拍摄地点】巴彦塔拉乡西

水苏属 *Stachys* L.

毛水苏

【学　　名】*Stachys riederi* Chamisso ex Benth.

【蒙　　名】乌斯图 – 阿日归、白嘎乐 – 阿日归

【别　　名】华水苏、水苏

【形态特征】多年生草本。高 20~50 厘米；根茎伸长，节上生须根；茎直立，沿棱及节具刚毛；叶片矩圆状条形或披针状条形，基部近圆形或浅心形，两面被贴生的刚毛，边缘有小的圆齿状锯齿，叶柄长 1~3 毫米；轮伞花序组成顶生穗状花序，基部一轮远离，其余密集；花冠淡紫至紫色；小坚果棕褐色，光滑无毛，近圆形。花期 7—8 月，果期 8—9 月。

【生　　境】湿中生植物。生于山地森林区、森林草原带的低湿草甸、河岸沼泽草甸及沟谷中。

【用　　途】劣等饲用植物。全草入中药，能止血、祛风解毒，主治吐血、衄血、血痢、崩中带下、感冒头痛、中暑目昏、跌打损伤等。

【分　　布】全旗各苏木乡镇均有分布。

【拍摄地点】巴彦托海镇三道湾旅游点

百里香属 *Thymus* L.

百里香

【学　　名】*Thymus serpyllum* L.

【蒙　　名】刚嘎 – 额布斯

【别　　名】亚洲百里香、地椒

【形态特征】小半灌木。高 5~15 厘米；茎多分枝，匍匐，垫状；叶条状披针形至椭圆形，先端钝，全缘；轮伞花序紧密排列成头状；花萼狭钟形，具 10~11 纵脉，明显二唇形，上唇 3 浅裂，齿三角形，下唇 2 深裂，裂片钻形；花近辐射对称，紫红色、紫色、粉红色或白色；雄蕊 4，二强；小坚果卵球形。花期 7—8 月，果期 9 月。

【生　　境】旱生 – 中旱生植物。广泛生于典型草原带的平原沙壤质土、石质丘陵、山地阳坡，常为草原群落的伴生种。

【用　　途】中等饲用植物，对小畜有一定的饲用价值，牛和骆驼不吃，幼嫩时羊和马乐食；夏季家畜不食，秋季当渐干时，又被家畜采食，在冬季植株残留较好，绵羊和山羊喜食、马乐食。全草入中药，有小毒，能祛风解表、行气止痛，主治感冒、头痛、牙痛、遍身疼痛、腹胀冷痛等；外用防腐杀虫。含芳香油，供香料工业用。

【分　　布】全旗各苏木乡镇均有分布。

【拍摄地点】巴彦托海镇西山

风轮菜属 *Clinopodium* L.

麻叶风轮菜

【学　　名】*Clinopodium urticifolium* (Hance) C. Y. Wu et Hsuan ex H. W. Li

【蒙　　名】道归 – 其其格

【别　　名】风车草、风轮菜、紫苏

【形态特征】多年生草本。高 30~80 厘米；根茎木质；茎直立，近四棱形，疏被短硬毛，基部稍木质，常带紫红色；叶卵形，先端钝尖，边缘具锯齿；轮伞花序，多花密集，半球形，常偏于一侧；花萼管状，萼齿 5，二唇形；花冠紫红色，二唇形，上唇直伸，下唇平展，冠檐近辐射对称；雄蕊 4，二强；小坚果倒卵球形，无毛。花期 6—8 月，果期 8—9 月。

【生　　境】中生植物。生于山地森林及森林草原带的林下、林缘、灌丛，也见沟谷草甸及路旁。

【用　　途】中等饲用植物。全草入中药，可疏风清热、解毒止痢、活血止血，用于感冒、中暑、痢疾、肝炎、急性胆囊炎、痄腮、目赤红肿、疔疮肿毒、皮肤瘙痒、妇女各种出血、尿血、外伤出血等。

【分　　布】主要分布在锡尼河东苏木、伊敏苏木等地。

【拍摄地点】锡尼河东苏木维纳河路边

薄荷属 *Mentha* L.

薄荷

【学　　名】*Mentha canadensis* L.

【蒙　　名】巴得日阿西

【形态特征】多年生草本。高 30~60 厘米；茎直立，具长根状茎，四棱形，被柔毛；叶矩圆状披针形、椭圆形、椭圆状披针形或卵状披针形，边缘具锯齿或浅锯齿；轮伞花序多个，腋生，疏散，轮廓球形；萼齿披针状钻形或狭三角形，先端长渐尖；花冠淡紫或淡红紫色，冠檐 4 裂；雄蕊 4，伸出花冠之外或与花冠近等长；小坚果卵球形。花期 7—8 月，果期 9 月。

【生　　境】湿中生植物。生于水旁低湿地，如湖滨草甸、河滩沼泽草甸。

【用　　途】内蒙古重点保护植物。劣等饲用植物。地上部分入中药，能祛风热、清头目，主治风热感冒、头痛、目赤、咽喉肿痛、口舌生疮、牙痛、荨麻疹、风疹、麻疹初起等。

【分　　布】全旗各苏木乡镇均有分布。

【拍摄地点】巴彦托海镇南

兴安薄荷

【学　　名】*Mentha dahurica* Fisch. ex Benth.

【蒙　　名】和应干 – 巴得日阿西

【形态特征】多年生草本。高 30~60 厘米；茎直立，稀分枝，沿棱被倒向微柔毛，四棱形；叶片卵形或卵状披针形，先端锐尖，基部宽楔形，边缘在基部以上具浅圆齿状锯齿；轮伞花序 2 个，密集成头状，其下方 1~2 节的轮伞花序稍远离；花萼管状钟形，10~13 脉明显，萼齿 5，宽三角形，先端锐尖；花冠浅红或粉紫色，冠檐 4 裂；雄蕊 4；小坚果卵球形。花期 7—8 月，果期 8–9 月。

【生　　境】湿中生植物。生于山地森林地带和森林草原带河滩湿地及草甸。

【用　　途】全草入中药，主治风热感冒、头痛、目赤、鼻塞流涕、咽喉肿痛、牙痛、食滞气胀、胸闷胁痛、恶心、肝气不舒、口疮、疮疖、瘾疹、皮肤瘙痒等。

【分　　布】主要分布在伊敏苏木、锡尼河东苏木等地。

【拍摄地点】伊敏苏木吉登嘎查

香薷属 *Elsholtzia* Willd.

密花香薷

【学　　名】*Elsholtzia densa* Benth.

【蒙　　名】伊格其 – 昂给鲁木 – 其其格

【别　　名】细穗香薷

【形态特征】一年生草本。高 20~80 厘米；侧根密集；茎直立，自基部多分枝，被短柔毛；叶条状披针形或披针形，先端渐尖，基部宽楔形或楔形，边缘具锯齿，两面被短柔毛；穗状花序圆柱形，多花密集，密被紫色串珠状长柔毛；苞片倒卵形，边缘被串珠状疏柔毛；花萼宽钟状，萼齿 5；花冠淡紫色，二唇形，上唇先端微缺，下唇 3 裂；雄蕊 4，前对较长，微露出；小坚果卵球形。花果期 7—9 月。

【生　　境】中生植物。生于山地林缘、草甸、沟谷及撂荒地，也生于沙地。

【用　　途】全草入中药，能发汗解暑、利水消肿，用于伤暑感冒、水肿，外用于脓疮及皮肤病。

【分　　布】主要分布在锡尼河东苏木。

【拍摄地点】锡尼河东苏木维纳河林场居民点

茄科 Solanaceae

茄属 *Solanum* L.

龙葵

【学　　名】*Solanum nigrum* L.

【蒙　　名】闹害音－乌吉马

【别　　名】天茄子

【形态特征】一年生草本。高 0.2~1 米；茎直立，多分枝，小枝无棱或不明显，无毛或微被毛；叶卵形，有不规则的波状粗齿或全缘，两面光滑或有疏短柔毛；花序短蝎尾状，腋外生，下垂，有花 4~10 朵；花萼杯状；花冠白色，辐状，裂片卵状三角形；浆果球形，直径约 8 毫米，熟时黑色；种子近卵形，压扁状。花期 7—9 月，果期 8—9 月。

【生　　境】中生杂草。生于路旁、村边、水沟边。

【用　　途】劣等饲用植物。全草可入中、蒙药，能清热解毒、利尿、止血、止咳，主治疔疮肿毒、气管炎、癌肿、膀胱炎、小便不利、痢疾、咽喉肿痛等。

【分　　布】全旗各苏木乡镇均有分布。

【拍摄地点】巴彦托海镇南加油站旁

泡囊草属 *Physochlaina* G. Don

泡囊草

【学　　名】*Physochlaina physaloides* (L.) G. Don

【蒙　　名】混 – 好日苏

【形态特征】多年生草本。高 10~20 厘米；根肉质，肥厚；茎直立，被蛛丝状毛；叶在茎下部呈鳞片状，叶互生，卵形，先端锐尖，全缘或微波状；伞房状聚伞花序顶生；花萼 5 浅裂；花冠漏斗状，5 浅裂，裂片紫堇色，筒部细瘦，黄白色；雄蕊 5，生于花冠筒近中部，微外露；蒴果球形，包藏在增大的宿萼内；种子扁肾形。花期 5—6 月，果期 6—7 月。

【生　　境】旱中生杂类草。生于草原区的山地、沟谷。

【用　　途】根和全草作中、蒙药用（蒙药名：堂普伦 – 嘎拉步），能镇痛、解痉、杀虫、消炎，主治胃肠痉挛疼痛、白喉、炭疽等，外治疮疡、皮肤瘙痒等。

【分　　布】主要分布在锡尼河西苏木、巴彦托海镇等地。

【拍摄地点】锡尼河西苏木巴彦胡硕敖包山东坡

天仙子属 *Hyoscyamus* L.

天仙子

【学　　名】*Hyoscyamus niger* L.

【蒙　　名】特讷格－额布斯

【别　　名】山烟子、薰牙子、小天仙子

【形态特征】一或二年生草本。高 30~80 厘米，全株密生粘性腺毛及柔毛，有臭气；具纺锤状粗壮肉质根；基生叶丛生呈莲座状，茎生叶互生，长卵形或三角状卵形，先端渐尖，边缘羽状深裂或浅裂；花单生于叶腋，在茎顶聚集成蝎尾式总状花序，偏于一侧；花萼 5 浅裂，果时增大成壶状；花冠钟状，土黄色，有紫色网纹，先端 5 浅裂；雄蕊 5；蒴果卵球形，盖裂，藏于宿萼内。花期 6—8 月，果期 8—9 月。

【生　　境】中生杂草。生于村舍、路边及田野。

【用　　途】种子入中药（药材名：莨菪子，也称天仙子），能解痉、止痛、安神，主治胃痉挛、喘咳、癫狂等；莨菪子也作蒙药用（蒙药名：莨菪），疗效同中药。莨菪叶可作提制莨菪碱的原料；种子油供制肥皂、油漆。

【分　　布】主要分布在巴彦嵯岗苏木。

【拍摄地点】巴彦嵯岗苏木莫和尔图嘎查

玄参科 Scrophulariaceae

柳穿鱼属 *Linaria* Mill.

柳穿鱼

【学　　名】*Linaria vulgaris* Mill. subsp. *sinensis* (Bunge ex Debeaux) D. Y. Hong

【蒙　　名】好您 – 扎吉鲁希

【形态特征】多年生草本。主根细长，黄白色；茎直立，单一或有分枝，高 15~50 厘米，无毛；叶多互生，部分轮生，少全部轮生，条形至披针状条形，具 1 条脉；总状花序顶生，花序轴、花梗、花萼无毛或有少量短腺毛；花萼裂片 5，萼裂片披针形；花冠黄色，上唇 2 裂，下唇 3 裂；距狭细，常向外弯，弧曲状；蒴果卵球形；种子圆盘状。花期 7—8 月，果期 8—9 月。

【生　　境】旱中生植物。生于山地草甸、沙地及路边。

【用　　途】低等饲用植物。地上部分入中药，主要用于头痛、头晕、黄疸、小便不利、痔疮、便秘、皮肤病、烧烫伤等；全草入蒙药，主治温疫、黄疸、烫伤、伏热等。花美丽，可供观赏。

【分　　布】全旗各苏木乡镇均有分布。

【拍摄地点】锡尼河东苏木南

水茫草属 *Limosella* L.

水茫草

【学　　名】*Limosella aquatica* L.

【蒙　　名】奥孙 – 希巴日嘎那、希巴日嘎那

【别　　名】伏水茫草

【形态特征】一年生草本。高 2~5 厘米，全体无毛；根簇生，须状而短；几无直立茎，具纤细而短的匍匐茎；叶于基部簇生成莲座状，狭匙形或宽条形，先端钝，全缘；花单生于叶腋；萼齿 5；花冠白色或粉红色，5 裂；雄蕊 4；蒴果卵球形；种子纺锤形。花期 5—8 月，果期 6—9 月。

【生　　境】水生或湿生植物。生于河岸、湖边。

【用　　途】劣等饲用植物。

【分　　布】主要分布在伊敏苏木、锡尼河东苏木等地。

【拍摄地点】伊敏苏木吉登嘎查居民点河滩地

鼻花属 *Rhinanthus* L.

鼻花

【学　　名】*Rhinanthus glaber* Lam.

【蒙　　名】哈木日苏－其其格、红呼乐代

【形态特征】一年生直立草本。高 30~65 厘米；具 4 棱，有 4 列柔毛或近无毛，分枝靠近主轴；叶对生，无柄，条状披针形，叶缘具三角状锯齿；总状花序顶生；花萼侧扁，果期膨胀成囊状，4 裂，3 枚浅裂，后方 1 枚深裂达中部；花冠二唇形，黄色；雄蕊 4；蒴果扁圆形，室背开裂，种子近肾形，扁平。花果期 7—8 月。

【生　　境】中生植物。生于林缘草甸。

【用　　途】可作观赏花卉。

【分　　布】主要分布在巴彦嵯岗苏木、锡尼河东苏木、伊敏苏木等地。

【拍摄地点】巴彦嵯岗苏木扎格达木丹嘎查林缘草甸

小米草属 *Euphrasia* L.

小米草

【学　　名】*Euphrasia pectinata* Ten.

【蒙　　名】巴希嘎那

【形态特征】一年生草本。高 10~30 厘米；茎直立，常单一，暗紫色、褐色或绿色，被白色柔毛；叶对生，叶及苞叶卵形，边缘具 2~5 对急尖或稍钝的牙齿，两面被短硬毛；穗状花序顶生；花萼筒状，4 裂；花冠 2 唇形，白色或淡紫色，上唇 2 浅裂，下唇 3 裂；蒴果扁；种子狭卵形，淡棕色。花期 7—8 月，果期 9 月。

【生　　境】中生植物。生于山地草甸、草甸草原以及林缘、灌丛。

【用　　途】劣等饲用植物。全草入中药，能清热解毒，主治咽喉肿痛、肺炎咳嗽、口疮等。

【分　　布】全旗各苏木乡镇均有分布。

【拍摄地点】锡尼河东苏木维纳河北山

东北小米草

【学　　名】*Euphrasia amurensis* Freyn

【蒙　　名】阿木日 – 巴希嘎那

【形态特征】一年生草本。高 15~25 厘米，叶、苞叶及花萼被硬毛和多细胞长腺毛，腺毛的柄有（2）3 至多个细胞；茎常粗壮，上部多分枝，被白色柔毛；叶对生，叶及苞叶卵形，基部楔形至宽楔形，边缘具 2~5 对急尖或稍钝的牙齿；穗状花序多花；花萼裂片钻形；花冠 2 唇形，白色，有时上唇淡紫色，背面长约 10 毫米，下唇明显长于上唇，裂片顶端明显凹缺；蒴果矩圆状，长约 4 毫米。花期 6—8 月，果期 9 月。

【生　　境】中生植物。生于山地林下、林缘草甸及山坡。

【用　　途】低等饲用植物。

【分　　布】主要分布在锡尼河东苏木、伊敏苏木等地。

【拍摄地点】锡尼河东苏木维纳河路边

疗齿草属 *Odontites* Ludwig

疗齿草

【学　　名】*Odontites vulgaris* Moench

【蒙　　名】宝日 – 巴沙嘎、巴沙嘎、哈塔日嘎纳

【别　　名】齿叶草

【形态特征】一年生草本。高 10~40 厘米，全株被贴伏而倒生的白色细硬毛；茎上部四棱形，常在中上部分枝；叶对生，有时上部的互生，无柄，条状披针形，先端渐尖，边缘疏生锯齿；总状花序顶生；苞叶叶状；花萼钟状，4 等裂；花冠二唇形，紫红色；雄蕊 4，二强；蒴果矩圆形，室背开裂；种子卵形，褐色，具狭翅。花期 7—8 月，果期 8—9 月。

【生　　境】广幅中生植物。生于低湿草甸及水边。

【用　　途】劣等饲用植物，牲畜采食其干草。全草入中药，主治热性病、肝胆湿热、瘀血作痛、肝火头痛、胁痛等；地上部分入蒙药，有小毒，主治肝火头痛、肝胆瘀热、瘀血作痛等。

【分　　布】全旗各苏木乡镇均有分布。

【拍摄地点】巴彦托海镇巴彦托海嘎查低湿地草甸

马先蒿属 *Pedicularis* L.

旌节马先蒿

【学　　名】*Pedicularis sceptrum-carolinum* L.

【蒙　　名】为特 – 好您 – 额伯日 – 其其格

【别　　名】黄旗马先蒿

【形态特征】多年生草本。高 25~60 厘米，干后不变黑色，茎、叶、苞片、花萼无毛；根束生，线状；茎通常单一，直立；基生叶丛生，具长柄，两边常有狭翅，叶片倒披针形至条状长圆形，上半部羽状深裂，裂片椭圆形至矩圆形，下半部羽状全裂，裂片三角状卵形，茎生叶仅 1~2 枚，无柄；花序穗状，顶生；苞片宽卵形；萼齿 5；花冠黄色，盔直立，顶部略弓曲，下缘密被须毛；蒴果扁球形；种子歪卵形或不整齐的肾形。花期 6—7 月，果期 8 月。

【生　　境】中生植物。生于山地阔叶林林下、林缘草甸及潮湿草甸和沼泽。

【用　　途】可作野生观赏花卉。

【分　　布】主要分布在巴彦托海镇。

【拍摄地点】巴彦托海镇巴彦托海嘎查湿地灌丛下

卡氏沼生马先蒿

【学　　名】*Pedicularis palustris* L. subsp. *karoi* (Freyn) P. C. Tsoong

【蒙　　名】那木给音 – 好您 – 额伯日 – 其其格

【别　　名】沼地马先蒿

【形态特征】一年生草本。高 30~60 厘米；主根粗短，侧根聚生于根颈周围；茎直立，黄褐色，无毛，多分枝，互生或有时对生；叶近无柄，互生或对生，偶轮生，三角状披针形，羽状全裂，裂片条形，缘具小缺刻或锯齿，齿有胼胝，常反卷；花序总状，生于茎枝顶部；苞片叶状；萼齿 2，裂片边缘具波状齿，向外反卷；花冠紫红色，盔直立，前端下方具 1 对小齿；蒴果卵形；种子卵形。花期 7—8 月，果期 8—9 月。

【生　　境】湿中生植物。生于湿草甸及沼泽草甸。

【用　　途】地上部分入中药，能利水通淋，主治石淋、膀胱结石、排尿困难等。

【分　　布】主要分布在巴彦嵯岗苏木、锡尼河东苏木、伊敏苏木等地。

【拍摄地点】巴彦嵯岗苏木扎格达木丹嘎查湿地

红纹马先蒿

【学　　名】*Pedicularis striata* Pall.

【蒙　　名】那日音（那日音－纳布其图）－好您－额伯日－其其格

【别　　名】细叶马先蒿

【形态特征】多年生草本。高 20~80 厘米，干后不变黑；根多分枝；茎直立，单出或于基部抽出数枝，密被短卷毛；基生叶成丛而柄较长，茎生叶互生，叶片轮廓披针形，羽状全裂或深裂，裂片条形，边缘具胼胝质浅齿；花序穗状，花序轴、苞片和花萼无毛或被短毛；苞片披针形；萼齿 5；花冠黄色，具绛红色脉纹，盔镰状弯曲，端部下缘具 2 齿，下唇 3 浅裂；蒴果卵圆形；种子矩圆形，扁平，具网状孔纹。花期 6—7 月，果期 8 月。

【生　　境】中生植物。生于山地草甸草原、林缘草甸或疏林中。

【用　　途】劣等饲用植物。全草作蒙药用（蒙药名：芦格鲁色日步），能利水涩精，主治水肿、遗精、耳鸣、口干舌燥、痈肿等。

【分　　布】全旗各苏木乡镇均有分布。

【拍摄地点】巴彦托海镇西山

返顾马先蒿

【学　　名】*Pedicularis resupinata* L.

【蒙　　名】好您 – 额伯日 – 其其格

【形态特征】多年生草本。高 30~70 厘米，干后不变黑，茎、叶、苞叶、花萼无毛或疏被毛；须根多数，纤维状；茎单出或数条，具 4 棱，带深紫色；叶茎生，互生或有时下部甚至中部的对生，叶片披针形、矩圆状披针形至狭卵形，边缘具重齿，齿上有白色胼胝或刺状尖头，常反卷；总状花序；苞片叶状；萼齿 2；花冠淡紫红色，自基部起即向外扭旋，使下唇及盔部成回顾状，盔的上部两次多少作膝状弓曲，顶端呈圆形短喙；蒴果斜矩圆披针形；种子长矩圆形，棕褐色，表面具白色膜质网状孔纹。花期 6—8 月，果期 7—9 月。

【生　　境】中生植物。生于山地林下、林缘草甸及沟谷草甸。

【用　　途】根或茎叶作马先蒿入中药，主治风湿关节痛、小便不利、砂淋、带下病、疥疮等；全草作蒙药用，主治肉食中毒、急性胃肠炎等。

【分　　布】全旗各苏木乡镇均有分布。

【拍摄地点】巴彦托海镇南

轮叶马先蒿

【学　　名】*Pedicularis verticillata* L.

【蒙　　名】布立古日－好您－额伯日－其其格

【形态特征】多年生草本。干后不变黑；主根短细，具须状侧根，根颈端有膜质鳞片；茎直立，常成丛；基生叶被白色长柔毛，叶片条状披针形或矩圆形，羽状深裂至全裂，具缺刻状齿，茎生叶通常4叶轮生；总状花序顶生；苞片叶状；花萼球状卵圆形，长约6毫米，5萼齿，后方1枚小，其余4枚两两结合，叶及萼齿常稍有白色脉胝；花冠紫红色，下唇与盔等长或稍长；蒴果多少披针形，果端渐尖。花期6—7月，果期8月。

【生　　境】湿中生植物。生于沼泽草甸或低湿草甸。

【用　　途】中等饲用植物。根入中药，有大补元气之功效，主治气血虚损等症。

【分　　布】主要分布在锡尼河东苏木、伊敏苏木等地。

【拍摄地点】锡尼河东苏木河边

唐古特轮叶马先蒿

【学　　名】*Pedicularis verticillata* L. var. *tangutica* (Bonati) P. C. Tsoong

【蒙　　名】唐古特 – 好您 – 额伯日 – 其其格

【形态特征】多年生草本。与其正种轮叶马先蒿相比，全株毛较多；主根短细，具须状侧根，根颈端有膜质鳞片；茎直立，常成丛；叶及萼齿常多坚硬的白色胼胝；基生叶片条状披针形或矩圆形，羽状深裂至全裂，具缺刻状齿，茎生叶通常 4 叶轮生；总状花序；花萼球状卵圆形，萼齿 5，多分离；花冠紫红色，较正种大，下唇与盔等长或稍长；蒴果多少披针形，果端稍钝。花期 6—7 月，果期 8 月。

【生　　境】湿中生植物。生于芨芨草滩、湿地草甸或滩地草甸。

【用　　途】中等饲用植物。

【分　　布】主要分布在巴彦托海镇、巴彦塔拉乡、锡尼河西苏木、辉苏木、伊敏河镇等地。

【拍摄地点】伊敏河镇小区居民点草坪内

穗花马先蒿

【学　　名】*Pedicularis spicata* Pall.

【蒙　　名】图如特－好您－额伯日－其其格

【形态特征】一年生草本。干时不变黑或微变黑；根木质化，多分枝；茎被白色柔毛；基生叶开花时已枯，茎生叶常4枚轮生，叶片矩圆状披针形或条状披针形，边缘羽状浅裂至深裂，缘具刺尖的锯齿；穗状花序；花萼不膨大，钟状，长3~4毫米；花冠紫红色，干后变紫色，下唇长于盔2倍；蒴果狭卵形，长6~7毫米。花期7—8月，果期9月。

【生　　境】中生植物。生于山地林缘草甸、河滩草甸及灌丛中。

【用　　途】中等饲用植物。全草作蒙药用（蒙药名：芦格鲁纳克福），能清热、解毒，主治肉食中毒、急性胃肠炎等。也可作野生观赏花卉。

【分　　布】主要分布在巴彦嵯岗苏木、锡尼河东苏木、伊敏苏木等地。

【拍摄地点】巴彦嵯岗苏木扎格达木丹嘎查

阴行草属 *Siphonostegia* Benth.

阴行草

【学　　名】*Siphonostegia chinensis* Benth.

【蒙　　名】协日－奥如乐－其其格

【别　　名】刘寄奴、金钟茵陈

【形态特征】一年生草本。高 20~40 厘米，全株被粗糙短毛或混生腺毛；茎单一；叶对生，无柄或有短柄，叶片二回羽状全裂，末回裂片条形；花对生于茎上部，成疏总状花序；萼筒细筒形，有 10 纵脉，5 裂；花冠黄色或带紫色，二唇形；雄蕊 4，二强；蒴果长椭圆形，室背开裂。花期 7—8 月，果期 8—9 月。

【生　　境】中生植物。生于山坡草地。

【用　　途】中等饲用植物。全草入中药，能清热利湿、凉血祛痰，主治黄疸型肝炎、尿路结石、小便不利、便血、外伤出血等。

【分　　布】主要分布在巴彦嵯岗苏木、锡尼河东苏木、伊敏苏木等地。

【拍摄地点】巴彦嵯岗苏木莫和尔图嘎查

芯芭属 *Cymbaria* L.

达乌里芯芭

【学　　名】*Cymbaria dahurica* L.

【蒙　　名】和应干 – 哈吞 – 额布斯、和应干 – 阿拉坦 – 阿给

【别　　名】芯芭、大黄花、白蒿茶

【形态特征】多年生草本。高 4~20 厘米，全株密被白色绵毛，呈银灰白色；根茎垂直或稍倾斜向下，多少弯曲，向上呈多头；叶披针形、条状披针形或条形，先端具 1 小刺尖头；萼通常有脉 11 条，萼齿 5；花冠黄色，二唇形，下唇三裂；花药长约 4 毫米，顶端具长柔毛；蒴果革质，长卵圆形。花期 6—8 月，果期 7—9 月。

【生　　境】旱生植物。生于典型草原、荒漠草原及山地草原上。

【用　　途】中等饲用植物，从春至秋小畜和骆驼喜食其鲜草、乐食其干草，马稍采食，牛不采食或采食差。全草入中药，能祛风除湿、利尿、止血，主治风湿性关节炎、月经过多、吐血、衄血、便血、外伤出血、肾炎水肿、黄水疮等；也作蒙药用（蒙药名：韩琴色日高），功效同中药。

【分　　布】全旗各苏木乡镇均有分布。

【拍摄地点】伊敏苏木后山

腹水草属 *Veronicastrum* Heist. ex Farbic.

草本威灵仙

【学　　名】*Veronicastrum sibiricum* (L.) Pennell

【蒙　　名】扫宝日嘎拉吉

【别　　名】轮叶婆婆纳、斩龙剑

【形态特征】多年生草本。根状茎横走；茎直立，单一，不分枝，高1米左右，圆柱形；叶（3）4~6（9）枚轮生，矩圆状披针形至披针形，基部楔形，边缘具锐锯齿，宽1.5~3.5厘米；花序顶生，呈长圆锥状；花萼5深裂，披针形或钻状披针形；花冠红紫色，筒状，上部4裂；蒴果卵形，花柱宿存。花期6—7月，果期8月。

【生　　境】中生植物。生于山地阔叶林林下、林缘草甸及灌丛中。

【用　　途】低等饲用植物。全草入中药，能祛风除湿、解毒消肿、止痛止血，主治风湿性腰腿疼、膀胱炎等，外用治创伤出血。

【分　　布】主要分布在巴彦嵯岗苏木、锡尼河东苏木、伊敏苏木、红花尔基镇等地。

【拍摄地点】红花尔基镇北

穗花属 *Pseudolysimachion* (W. D. J. Koch) Opiz

细叶穗花

【学　　名】*Pseudolysimachion linariifolium* (Pall. ex Link) Holub

【蒙　　名】好您 – 扎吉路稀稀格 – 图如图 – 钦达干 – 苏乐

【别　　名】细叶婆婆纳

【形态特征】多年生草本。根状茎粗短，具多数须根；茎直立，高30~80厘米，被白色短曲柔毛；叶互生，有时下部的对生，条形至倒披针状条形，中部以下全缘，上部边缘具锯齿或疏齿；总状花序单生或复出，长尾状；花萼4深裂；花冠蓝色或蓝紫色；蒴果卵球形。花期7—8月，果期8—9月。

【生　　境】旱中生植物。生于山坡草地、灌丛间。

【用　　途】低等饲用植物。全草入中药，能祛风除湿、解毒止痛，主治风湿性关节痛。

【分　　布】全旗各苏木乡镇均有分布。

【拍摄地点】巴彦塔拉乡巴彦诺尔嘎查

白毛穗花

【学　　名】*Pseudolysimachion incanum* (L.) Holub

【蒙　　名】查干－图如图－钦达干－苏乐

【别　　名】白婆婆纳、白兔儿尾苗

【形态特征】多年生草本。全株密被白色毡状绵毛而呈灰白色；根状茎斜走，具须根；茎直立，高10~40厘米，单一或自基部抽出数条丛生，上部不分枝；叶对生，上部叶有的互生，无柄或具短柄，下部叶常密集，具柄，椭圆状披针形或宽条形，全缘或微具圆齿；总状花序，单一，少复出；花萼4深裂；花冠蓝色，少白色；成熟蒴果略长于花萼。花期7—8月，果期9月。

【生　　境】中旱生植物。生于草原带的山地、固定沙地，为草原群落的一般常见伴生种。

【用　　途】中等饲用植物。全草入中药，能消肿止血，外用主治痈疖红肿。

【分　　布】全旗各苏木乡镇均有分布。

【拍摄地点】伊敏苏木头道桥林场西

大穗花

【学　　名】*Pseudolysimachion dauricum* (Stev.) Holub

【蒙　　名】达古日 – 图如图 – 钦达干 – 苏乐

【别　　名】大婆婆纳

【形态特征】多年生草本。全株密被柔毛，有时混生腺毛；根状茎粗短，具多数须根；茎直立，单一，上部通常不分枝，高 30~70 厘米；叶对生，三角状卵形或三角状披针形，有的下部羽裂，基部心形至截形，先端钝尖或锐尖；总状花序顶生，细长，单生或复出；花萼 4 深裂；花冠白色或粉色；雄蕊伸出花冠；蒴果卵球形，稍扁；花萼与花柱宿存。花期 7—8 月，果期 9 月。

【生　　境】中生植物。生于山坡、沟谷、岩隙、沙丘低地的草甸以及路边。

【用　　途】可作野生观赏花卉。

【分　　布】全旗各苏木乡镇均有分布。

【拍摄地点】红花尔基镇北

兔儿尾苗

【学　　名】*Pseudolysimachion longifolium* (L.) Opiz

【蒙　　名】乌日特 – 纳布其图 – 图如图 – 钦达干 – 苏乐

【别　　名】长尾婆婆纳

【形态特征】多年生草本。根状茎长而斜走，具多数须根；茎直立，高约 1 米，通常不分枝；叶对生，披针形，基部浅心形、圆形或宽楔形，先端渐尖至长渐尖，边缘具细尖锯齿，有时呈大牙齿状，齿端常呈弯钩状；总状花序顶生，细长，单生或复出；花萼 4 深裂；花蓝色，4 裂；雄蕊显著伸出花冠；蒴果卵球形，稍扁；花萼与花柱宿存。花期 7—8 月，果期 8—9 月。

【生　　境】中生植物。生于山地林下、林缘草甸、沟谷及河滩草甸。

【用　　途】全草入中药，能祛风除湿、解毒止痛。

【分　　布】全旗各苏木乡镇均有分布。

【拍摄地点】巴彦托海镇柳灌丛下

婆婆纳属 *Veronica* L.

北水苦荬

【学　　名】*Veronica anagallis-aquatica* L.

【蒙　　名】乌麻日图－奥孙－钦达干、乌和日音－和乐

【别　　名】水苦荬、珍珠草、秋麻子

【形态特征】多年生草本，稀一年生。高 10~80 厘米，全体常无毛，稀在花序轴、花梗、花萼、蒴果上有疏腺毛；根状茎斜走，节上有须根；叶对生，上部的叶半抱茎，椭圆形或长卵形；总状花序腋生，宽不足 1 厘米；花梗弯曲上升；花萼 4 深裂；花冠浅蓝色、淡紫色或白色，裂片宽卵形；花药为紫色；花柱长 1.5~2 毫米；蒴果近圆形或卵圆形，顶端微凹。花果期 7—9 月。

【生　　境】湿生植物。生于溪水边或沼泽地。

【用　　途】良等饲用植物。果实带虫瘿的全草入中药，能活血止血、解毒消肿，主治咽喉肿痛、肺结核咯血、风湿疼痛、月经不调、血小板减少性紫癜、跌打损伤等；外用治骨折、痈疖肿毒；也入蒙药（蒙药名：查干曲麻之），能祛黄水、利尿、消肿，主治水肿、肾炎、膀胱炎、黄水病、关节痛等。

【分　　布】主要分布在巴彦托海镇、巴彦塔拉乡、锡尼河西苏木等地。

【拍摄地点】巴彦托海镇南

列当科 Orobanchaceae

列当属 *Orobanche* L.

列当

【学　　名】*Orobanche coerulescens* Steph.

【蒙　　名】特木根 – 苏乐

【别　　名】兔子拐棍、独根草

【形态特征】二年生或多年生草本。高 10~35 厘米，全株被蛛丝状绵毛；茎不分枝，圆柱形，黄褐色，基部常膨大；叶鳞片状，卵状披针形，黄褐色；穗状花序顶生；花萼 2 深裂；花冠 2 唇形，蓝紫色或淡紫色，稀淡黄色，上唇顶部微凹，下唇 3 裂；雄蕊着生于花冠管的中部；花药无毛；蒴果卵状椭圆形；种子黑褐色。花期 6—8 月，果期 8—9 月。

【生　　境】根寄生肉质植物。寄生在蒿属植物的根上，习见寄主有冷蒿、白莲蒿、黑沙蒿、南牡蒿、龙蒿等，生于固定或半固定沙丘、向阳山坡、山沟草地。

【用　　途】低等饲用植物。全草入中药，能补肾助阳、强筋健骨，主治阳痿、腰腿冷痛、神经官能症、小儿腹泻等，外用治消肿；也作蒙药用，主治炭疽。

【分　　布】主要分布在巴彦托海镇、锡尼河东苏木、辉苏木、锡尼河西苏木等地。

【拍摄地点】巴彦托海镇伊敏河岸沙地

狸藻科 Lentibulariaceae

狸藻属 *Utricularia* L.

弯距狸藻

【学　　名】*Utricularia vulgaris* L. subsp. *macrorhiza* (Le Conte) R. T. Clausen

【蒙　　名】温都苏力格 – 恩格音 – 布木布黑

【别　　名】狸藻

【形态特征】多年生食虫草本。无根；茎呈绳索状，横生于水中；叶互生，叶片轮廓卵形、矩圆形或卵状椭圆形，长 2~5 厘米，二至三回羽状分裂，裂片边缘具刺状齿，裂片基部具许多捕虫囊；花葶直立，露出水面，高 15~25 厘米，花两性，两侧对称，总状花序具 5~11 朵花；花萼 2 深裂；花冠唇形，黄色，基部有长距；蒴果球形。花果期 7—9 月。

【生　　境】水生植物。生于河岸沼泽、湖泊及浅水中。

【用　　途】劣等饲用植物。可栽培作观赏水生植物。

【分　　布】主要分布在锡尼河西苏木、辉苏木、锡尼河东苏木等地。

【拍摄地点】锡尼河西苏木西博桥下辉河水中

车前科 Plantaginaceae

车前属 *Plantago* L.

盐生车前

【学　　名】*Plantago maritima* L. subsp. *ciliata* Printz

【蒙　　名】呼吉日色格 – 乌和日 – 乌日根讷

【形态特征】多年生草本。高 5~30 厘米；根深入地下，灰褐色或黑棕色；叶基生，多数，直立或平铺地面，叶片狭，条形或狭条形，全缘，基部具宽三角形叶鞘，黄褐色，无叶柄；穗状花序圆柱形，上部花密生，下部花疏生；花冠中央及基部呈黄褐色，边缘膜质，白色，有睫毛；蒴果圆锥形。花期 6—8 月，果期 7—9 月。

【生　　境】耐盐中生植物。生于盐化草甸、盐湖边缘及盐化、碱化湿地。

【用　　途】良等饲用植物。

【分　　布】主要分布在巴彦托海镇。

【拍摄地点】巴彦托海镇巴彦托海嘎查水泡边马蔺滩内

平车前

【学　　名】*Plantago depressa* Willd.

【蒙　　名】吉吉格（巴嘎）- 乌和日 - 乌日根讷

【别　　名】车前草、车轱辘菜、车串串

【形态特征】一或二年生草本。根圆柱状，中部以下多分枝，灰褐色或黑褐色；叶基生，直立或平铺，椭圆形、矩圆形、椭圆状披针形、倒披针形或披针形，叶缘具不规则疏牙齿，弧形纵脉5~7条；花葶高 4~40 厘米；叶和花序梗疏被短柔毛；穗状花序圆柱形；苞片三角状卵形，长 1~2 毫米；花萼长约 2 毫米；蒴果圆锥形。花果期 6—9 月。

【生　　境】中生植物。生于草甸、轻度盐化草甸，也见于路旁、田野、居民点附近。

【用　　途】良等饲用植物。种子与全草入中药，种子能清热、利尿、明目、祛痰，主治小便不利、泌尿系统感染、结石、肾炎水肿、暑湿泄泻、肠炎、目赤肿痛、痰多咳嗽等，全草能清热、利尿、凉血、祛痰，主治小便不利、尿路感染、暑湿泄泻、痰多咳嗽等；也作蒙药用，能止泻利尿，主治腹泻、水肿、小便淋痛等。

【分　　布】全旗各苏木乡镇均有分布。

【拍摄地点】巴彦托海镇居民点附近

毛平车前

【学　　名】*Plantago depressa* Willd. subsp. *turczaninowii* (Ganjeschin) N. N. Tsvelev

【蒙　　名】乌苏日和格－乌和日－乌日根讷

【形态特征】一或二年生草本。根圆柱状；中部以下多分枝，灰褐色或黑褐色；叶片、叶柄和花葶均密被柔毛；叶基生，直立或平铺，椭圆形、矩圆形、椭圆状披针形、倒披针形或披针形，全缘，少有疏齿，弧形纵脉 5~7 条；花葶直立或斜升，高 4~40 厘米；穗状花序圆柱形；苞片三角状卵形；蒴果圆锥形。花果期 6—9 月。

【生　　境】中生植物。生于草甸、轻度盐化草甸，也见于路旁、田野、居民点附近。

【用　　途】良等饲用植物。种子与全草入中药，种子能清热、利尿、明目、祛痰，主治小便不利、泌尿系统感染、结石、肾炎水肿、暑湿泄泻、肠炎、目赤肿痛、痰多咳嗽等；全草能清热、利尿、凉血、祛痰，主治小便不利、尿路感染、暑湿泄泻、痰多咳嗽等；也作蒙药用，能止泻利尿，主治腹泻、水肿、小便淋痛等。

【分　　布】全旗各苏木乡镇均有分布。

【拍摄地点】伊敏苏木吉登嘎查

车前

【学　　名】*Plantago asiatica* L.

【蒙　　名】乌和日－乌日根讷、塔布讷－萨拉图

【别　　名】大车前、车轱辘菜、车串串

【形态特征】多年生草本。具须根；叶基生，椭圆形、宽椭圆形、卵状椭圆形或宽卵形，边缘近全缘、波状或有疏齿至弯缺，有5~7条弧形脉；花葶直立或斜升，高20~50厘米，被疏短柔毛；穗状花序圆柱形，花具短梗；苞片宽三角形；花萼边缘白色膜质；花冠反卷，淡绿色；蒴果椭圆形或卵形；种子5~8粒，黑褐色。花果期6—9月。

【生　　境】中生植物。生于草甸、沟谷、耕地、田野及路边。

【用　　途】良等饲用植物。种子与全草入中药（药材名：车前子），种子能清热、利尿、明目、祛痰，主治小便不利、泌尿系统感染、结石、肾炎水肿、暑湿泄泻、肠炎、目赤肿痛、痰多咳嗽等；全草能清热、利尿、凉血、祛痰，主治小便不利、尿路感染、暑湿泄泻、痰多咳嗽等；也作蒙药用，能止泻利尿，主治腹泻、水肿、小便淋痛等。

【分　　布】全旗各苏木乡镇均有分布。

【拍摄地点】锡尼河西苏木西博桥下

茜草科 Rubiaceae

拉拉藤属 *Galium* L.

北方拉拉藤

【学　　名】*Galium boreale* L.

【蒙　　名】查干 – 乌如木杜乐

【别　　名】砧草

【形态特征】多年生草本。茎直立，高 15~65 厘米，具 4 纵棱；叶 4 片轮生，披针形或狭披针状条形，宽 3~5（7）毫米，两面无毛，基出脉 3 条，表面凹下，背面明显凸起，无柄；顶生聚伞圆锥花序；苞片具毛；花密集，白色；花冠 4 裂；雄蕊 4；果爿单生或双生，花萼和果密被钩状毛。花期 7 月，果期 9 月。

【生　　境】中生植物。生于山地林下、林缘、灌丛及草甸中，也有少量生于杂类草草甸草原。

【用　　途】低等饲用植物。全草入中药，主治瘰疬、肾炎水肿、风湿头痛、风热咳嗽、皮肤病、带下病、经闭等。

【分　　布】主要分布在巴彦托海镇、巴彦嵯岗苏木、锡尼河东苏木、伊敏苏木等地。

【拍摄地点】巴彦托海镇南

蓬子菜

【学　　名】*Galium verum* L.

【蒙　　名】乌如木杜乐、协日－呼伊格

【别　　名】松叶草

【形态特征】多年生草本。基部稍木质，地下茎横走，暗棕色；茎高 25~65 厘米，近直立，具 4 纵棱，被短柔毛；叶 6~8（10）片轮生，条形或狭条形，两面均无毛，中脉 1 条，背面凸起，边缘反卷，无柄；聚伞圆锥花序，花黄色；花冠裂片 4；雄蕊 4；花萼和果无毛；果爿双生，近球状。花期 7 月，果期 8—9 月。

【生　　境】中生植物。生于草甸草原、杂类草草甸、山地林缘及灌丛中，常成为草甸草原的优势植物之一。

【用　　途】低等饲用植物。全草入中药，能活血祛瘀、解毒止痒、利尿、通经，主治疮痈肿毒、跌打损伤、经闭、腹水、蛇咬伤、风疹瘙痒等；茎可提取绛红色染料；植株上部分含硬性橡胶，可作工业原料。

【分　　布】全旗各苏木乡镇均有分布。

【拍摄地点】巴彦托海镇二号草库伦内

茜草属 *Rubia* L.

茜草

【学　　名】*Rubia cordifolia* L.

【蒙　　名】马日那、粗得

【别　　名】红丝线、粘粘草

【形态特征】多年生攀援草本。根紫红色或橙红色；茎粗糙，小枝四棱形，棱上具倒生小刺；叶 4~6（8）片轮生，纸质，卵状披针形或卵形，基部心形，全缘，边缘具倒生小刺，基出脉 3~5 条；聚伞花序顶生或腋生，通常组成大而疏松的圆锥花序；花黄白色，花冠辐状，檐部 5 裂；雄蕊 5；果实成熟后为橙红色，熟时不变黑。花期 7 月，果期 9 月。

【生　　境】中生植物。生于山地林下、林缘、路旁草丛、沟谷草甸及河边。

【用　　途】低等饲用植物。根入中药，能凉血、止血、祛瘀、通经，主治吐血、衄血、崩漏、经闭、跌打损伤等；也作蒙药，主治赤痢、肺炎、肾炎、尿血、吐血、衄血、便血、血崩、产褥热、麻疹等。根含茜根酸、紫色精和茜素，可作染料。

【分　　布】主要分布在巴彦嵯岗苏木、巴彦托海镇、锡尼河东苏木、伊敏苏木等地。

【拍摄地点】巴彦托海镇南

忍冬科 Caprifoliaceae

忍冬属 *Lonicera* L.

黄花忍冬

【学　　名】*Lonicera chrysantha* Turcz. ex Ledeb.

【蒙　　名】协日 – 达兰 – 哈力苏

【别　　名】黄金银花、金花忍冬

【形态特征】灌木。高 1~2 米；冬芽窄卵形，具数对鳞片，边缘具睫毛，背部被疏柔毛；小枝被长柔毛，后变光滑；叶菱状卵形至菱状披针形或卵状披针形，全缘，具睫毛；总花梗较叶柄短；小苞片分离，长为萼筒 1/4~1/2；花黄色，花冠外被柔毛，花冠筒基部一侧浅囊状，上唇 4 浅裂；雄蕊 5；浆果红色。花期 6 月，果熟期 9 月。

【生　　境】中生耐阴性植物。生于海拔 1 200~1 400 米的山地阴坡杂木林下或沟谷灌丛中。

【用　　途】花蕾、嫩枝、叶入中药，可清热解毒。树皮可造纸或作人造棉；种子可榨油；又为庭园绿化树种。

【分　　布】主要分布在伊敏苏木、锡尼河东苏木、红花尔基镇等地。

【拍摄地点】红花尔基镇山地河谷

接骨木属 *Sambucus* L.

接骨木

【学　　名】*Sambucus williamsii* Hance

【蒙　　名】宝棍 – 宝拉代、干达嘎日

【别　　名】野杨树

【形态特征】灌木。高约 3 米；小叶柄、小叶下面、叶轴、花序轴及花梗均无毛，或后变无毛；树皮浅灰褐色，具纵条棱；单数羽状复叶，小叶 5~7 枚，矩圆状卵形或矩圆形，先端长渐尖稀尾尖，边缘具稍不整齐锯齿；圆锥花序；花带黄白色；花萼 5 裂，花期花冠裂片向外反折；雄蕊 5；果为浆果状核果，果实红色，极少蓝紫黑色；种子有皱纹。花期 5 月，果熟期 9 月。

【生　　境】中生植物。喜生于山地灌丛、林缘及山麓。

【用　　途】劣等饲用植物。全株入中药，主治骨折、跌打损伤、风湿性关节炎、痛风、大骨节病、急慢性肾炎等；外用治创伤出血；茎干作蒙药用，主治感冒咳嗽、风热等。嫩叶可食；种子可榨油，制作肥皂及工业用；全株供庭园绿化树种。

【分　　布】主要分布在伊敏苏木、红花尔基镇、锡尼河东苏木等地。

【拍摄地点】锡尼河东苏木小孤山林缘

五福花科 Adoxaceae

五福花属 *Adoxa* L.

五福花

【学　　名】*Adoxa moschatellina* L.

【蒙　　名】阿日棍－扎嘎日特－额布斯

【形态特征】多年生草本。全草有香味，高 8~12 厘米；茎单一，无毛，有匍枝；基生叶为一至二回三出复叶，裂片宽卵形，再 3 裂，先端钝圆，具小凸尖，边缘具不整齐圆锯齿，茎叶 2 枚，对生，三出复叶，3 裂；头状聚伞花序顶生；花绿色或黄绿色，有顶生花与侧生花，顶生花的花萼裂片 2、花冠裂片 4、雄蕊 8、花柱 4，侧生花各部多为五基数、花萼裂片 3、花冠裂片 5、雄蕊 10、花柱 5；核果球形。花期 5—7 月，果期 7—8 月。

【生　　境】中生植物。生于山地落叶松林下、桦木林下及林间草甸中。

【用　　途】低等饲用植物。

【分　　布】主要分布在红花尔基镇、伊敏苏木、锡尼河东苏木等地。

【拍摄地点】绰尔林业局伊敏林场

败酱科 Valerianaceae

败酱属 *Patrinia* Juss.

败酱

【学　　名】*Patrinia scabiosaefolia* Link

【蒙　　名】色日和立格 – 其其格

【别　　名】黄花龙芽、野黄花、野芹

【形态特征】多年生草本。高 55~80（150）厘米；地下茎横走；基生叶狭长椭圆形、椭圆状披针形或宽椭圆形，边缘具锐锯齿，茎生叶对生，2~3 对羽状深裂至全裂；聚伞圆锥花序在顶端常 5~9 序集成大型伞房状，总花梗和花序分枝一侧有白毛；花萼不明显；花冠筒上端 5 裂；雄蕊 4；瘦果无翅状苞片，仅由不发育 2 室扁展成窄边。花期 7—8 月，果期 9 月。

【生　　境】旱中生植物。生于森林草原带及山地草甸草原、杂类草草甸及林缘。

【用　　途】低等饲用植物。全草（药材名：败酱草）和根茎及根入中药，全草主治阑尾炎、痢疾、肠炎、肝炎、眼结膜炎、产后瘀血腹痛、痈肿疔疮等，根茎及根主治神经衰弱或精神疾病。

【分　　布】全旗各苏木乡镇均有分布。

【拍摄地点】伊敏苏木二道桥北

岩败酱

【学　　名】*Patrinia rupestris* (Pall.) Dufresne

【蒙　　名】哈丹 – 色日和立格 – 其其格

【形态特征】多年生草本。高（15）30~60 厘米；茎 1 至数枝，被细密短毛；基生叶倒披针形，边缘具浅锯齿或羽状深裂至全裂，茎生叶对生，狭卵形至披针形，羽状深裂至全裂；圆锥状聚伞花序在枝顶集成伞房状，花轴及花梗均密被细硬毛及腺毛；最下分枝处总苞叶羽状全裂，具 3~5 对较窄的条形裂片；花黄色，花冠筒状钟形，5 裂；瘦果倒卵球形；果苞长 5 毫米以下，网脉常具 3 条主脉。花期 7—8 月，果期 8—9 月。

【生　　境】砾石生旱中生植物。多生于草原带、森林草原带的石质丘陵顶部及砾石质草原群落中，可成为丘顶砾石质草原群落的优势杂类草。

【用　　途】低等饲用植物。全草入中药，清热解毒、活血、排脓，用于肠痈、泄泻。

【分　　布】主要分布在锡尼河东苏木、伊敏苏木等地。

【拍摄地点】锡尼河东苏木维纳河石山坡

墓回头

【学　　名】*Patrinia heterophylla* Bunge

【蒙　　名】敖温道 – 色日和立格 – 其其格

【别　　名】异叶败酱

【形态特征】多年生草本。高 14~50 厘米；具地下横走根状茎；茎直立，被微糙伏毛；茎生叶丛生，具柄，叶不裂或 3~7 羽状浅裂，裂片卵形或卵状披针形，顶裂片明显大于侧裂片，茎生叶对生，羽状全裂；花黄色，顶生伞房状聚伞花序；萼齿 5；花冠筒状钟形，先端 5 裂；瘦果矩圆形或倒卵形；具翅状果苞，网状脉常具 2 主脉。花期 7—9 月，果期 8—9 月。

【生　　境】石生中旱生植物。生于山地岩缝、草丛、路边、沙质坡或土坡上。

【用　　途】根或全草入中药，能清热燥湿、止血、止带、截疟，主治宫颈糜烂、早期宫颈癌、白带、崩漏、疟疾等；根也入蒙药，功效同中药。

【分　　布】主要分布在锡尼河东苏木、伊敏苏木等地。

【拍摄地点】锡尼河东苏木维纳河

缬草属 *Valeriana* L.

缬草

【学　　名】*Valeriana officinalis* L.

【蒙　　名】巴木柏 – 额布斯、株乐根 – 呼吉

【别　　名】毛节缬草、拔地麻

【形态特征】多年生草本。高 60~150 厘米；茎中空，被粗白毛，茎生叶对生，单数羽状全裂呈复叶状，裂片质厚，5~15 枚，宽卵形、卵形至披针形或条形，先端尖，边缘具粗锯齿；伞房状三出聚伞圆锥花序；总苞片羽裂；花淡粉红色，开后色渐浅至白色；花萼内卷；花冠狭筒状或筒状钟形，5 裂；瘦果顶端有羽毛状宿萼多条。花期 6—8 月，果期 7—9 月。

【生　　境】中生植物。生于山地林下、林缘、灌丛、山地草甸及草甸草原中。

【用　　途】根及根状茎入中药，主治神经衰弱、失眠、癔病、癫痫、胃腹胀痛、腰腿痛、跌打损伤等；也作蒙药用，主治瘟疫、毒热、阵热、心跳、失眠、炭疽、白喉等。

【分　　布】主要分布在巴彦托海镇、巴彦嵯岗苏木、锡尼河东苏木、伊敏苏木、红花尔基镇等地。

【拍摄地点】锡尼河东苏木维纳河河滩草甸

川续断科 Dipsacaceae

蓝盆花属 Scabiosa L.

窄叶蓝盆花

【学　　名】*Scabiosa comosa* Fisch.ex Roem. et Schult.

【蒙　　名】套孙－套日麻

【形态特征】多年生草本。茎高可达 60 厘米，疏被或密被贴伏白色短柔毛；基生叶丛生，茎生叶对生，一至二回羽状全裂，裂片条形，叶两面光滑或疏生白色短柔毛；头状花序顶生，花序下密生贴伏短柔毛；花萼 5 裂；花冠浅蓝色至蓝紫色，边缘花花冠唇形，上唇 3 裂，下唇 2 全裂，中央花冠 5 裂；果实圆柱形，顶端具萼刺 5。花期 6—8 月，果期 8—9 月。

【生　　境】喜沙中旱生植物。生于草原带及森林草原带的沙地与沙质草原中。

【用　　途】低等饲用植物。花入中药，也作蒙药用（蒙药名：乌和日－西鲁苏），能清热泻火，主治肝火头痛、发烧、肺热、咳嗽、黄疸等。

【分　　布】全旗各苏木乡镇均有分布。

【拍摄地点】辉苏木北松树山

华北蓝盆花

【学　　名】*Scabiosa tschiliensis* Grün.

【蒙　　名】乌麻日特音－套孙－套日麻

【形态特征】多年生草本。根粗壮，木质；茎斜升，高 20~50（80）厘米；基生叶椭圆形、矩圆形、卵状披针形至窄卵形，不裂且具缺刻状锐齿或大头羽状分裂，茎生叶羽状分裂，裂片 2~3 裂或再羽裂，最上部裂片呈条状披针形；头状花序在茎顶呈三出聚伞排列；花萼 5 齿裂，刺毛状；花冠蓝紫色，筒状，5 裂；瘦果包藏在小总苞内，具宿存的刺毛状萼针。花期 6—8 月，果期 8—9 月。

【生　　境】沙生中旱生植物。生于沙质草原、典型草原及草甸草原群落中，为常见伴生植物。

【用　　途】低等饲用植物。根、花可入中药，花也作蒙药用，能清热泻火，主治肝火头痛、发烧、肺热、咳嗽、黄疸等。

【分　　布】全旗各苏木乡镇均有分布。

【拍摄地点】锡尼河东苏木维纳河敖包山上

桔梗科 Campanulaceae

桔梗属 *Platycodon* A. DC.

桔梗

【学　　名】*Platycodon grandiflorus* (Jacq.) A. DC.

【蒙　　名】呼日盾 – 查干

【别　　名】铃铛花

【形态特征】多年生草本。高 40~50 厘米，全株带苍白色，有白色乳汁；根粗壮，长倒圆锥形，表皮黄褐色；茎直立；叶 3 枚轮生，卵形或卵状披针形，先端锐尖，边缘有尖锯齿；花 1 至数朵生于茎及分枝顶端；花萼筒钟状，5 裂；花冠宽钟形，蓝紫色，5 浅裂；雄蕊 5；蒴果倒卵形，顶端 5 瓣裂；种子卵形，有三棱，黑褐色。花期 7—9 月，果期 8—9 月。

【生　　境】中生植物。生于山地林缘草甸及沟谷草甸。

【用　　途】内蒙古重点保护植物。低等饲用植物。根入中药，主治痰多咳嗽、咽喉肿痛、肺脓疡、咳吐脓血等；也作蒙药用，功效同中药。

【分　　布】主要分布在锡尼河东苏木、伊敏苏木等地。

【拍摄地点】锡尼河东苏木维纳河林缘

风铃草属 Campanula L.

聚花风铃草

【学　　名】*Campanula glomerata* L.

【蒙　　名】尼格 – 其其格图 – 洪呼斤那

【形态特征】多年生草本。高 40~125 厘米；根状茎粗短；茎直立，有时上部分枝；茎叶几乎无毛或疏或密被白色细毛，基生叶具长柄，长卵形至心状卵形，基部浅心形，长 7~15 厘米，宽 1.7~7 厘米，茎生叶卵状三角形，全部叶边缘有尖锯齿；花多数簇生与茎顶或数个簇生于上部叶腋，集成复头状花序，花无梗或近无梗；花冠管状钟形，直立，不下垂，紫色、蓝紫色或蓝色；蒴果倒卵状圆锥形。花果期 7—9 月。

【生　　境】中生植物。生于山地草甸、林间草甸、林缘。

【用　　途】低等饲用植物。全草入中药，能清热解毒、止痛，主治咽喉炎、头痛等。

【分　　布】主要分布在巴彦嵯岗苏木、锡尼河东苏木、伊敏苏木、红花尔基镇等地。

【拍摄地点】巴彦嵯岗苏木扎格达木丹嘎查河边

沙参属 *Adenophora* Fisch.

兴安沙参

【学　　名】*Adenophora pereskiifolia* (Fisch. ex Schult.) Sisch. ex G. Don var. *alternifolia* P. Y. Fu ex Y. Z. Zhao

【蒙　　名】和应干 – 洪呼 – 其其格

【别　　名】长叶沙参

【形态特征】多年生草本。高 70~100 厘米；茎生叶多数互生、少对生或近轮生，叶狭倒卵形，长 4~10 厘米，宽 2~3.5 厘米，边缘具疏锯齿或牙齿，上面绿色，下面淡绿色，沿脉毛较密；圆锥花序，分枝互生；花冠蓝紫色，宽钟状；花药条形，黄色，花丝下部加宽，边缘密生柔毛；花盘环状至短筒状，长 0.5~1.5 毫米；花柱与花冠近等长或稍伸出。花期 7—8 月，果期 8—9 月。

【生　　境】中生植物。生于林下及沟谷草甸。

【用　　途】低等饲用植物。

【分　　布】主要分布在巴彦嵯岗苏木、锡尼河东苏木、伊敏苏木等地。

【拍摄地点】锡尼河东苏木小孤山北桦树林下

狭叶沙参

【学　　名】*Adenophora gmelinii* (Biehler) Fisch.

【蒙　　名】那日汗 – 洪呼 – 其其格

【形态特征】多年生草本。高 40~60 厘米；茎直立，单一或自基部抽出数条；茎生叶互生，集中于中部，针形或条形，全缘或极少有疏齿，无柄；花序总状或单生，通常 1~10 朵，下垂；花萼裂片 5；花冠蓝紫色，宽钟状；花柱稍短于花冠；蒴果椭圆状；种子椭圆形，黄棕色，有一条翅状棱。花期 7—8 月，果期 9 月。

【生　　境】旱中生植物。生于山地林缘、山地草原及草甸草原。

【用　　途】内蒙古重点保护植物。中等饲用植物。根入中药，能清热养阴、润肺止咳、祛痰。

【分　　布】全旗各苏木乡镇均有分布。

【拍摄地点】伊敏苏木伊敏嘎查观测样地内

锯齿沙参

【学　　名】*Adenophora tricuspidata* (Fisch. ex Schult.) A. DC.

【蒙　　名】和日其业斯图 - 洪呼 - 其其格

【形态特征】多年生草本。高 30~60 厘米；茎直立，单一；茎生叶互生，卵状披针形至条状披针形，边缘具疏锯齿，两面无毛，无柄；圆锥花序，有花多数；萼裂片 5，卵状三角形，边缘多具 1~3 对锐尖齿，个别裂片全缘，下部彼此常重叠；花冠蓝紫色，宽钟状，长 15~18 毫米，5 浅裂；花盘极短，环状，长约 1 毫米；花柱内藏，比花冠短；蒴果近球形。花期 7—8 月，果期 9 月。

【生　　境】中生植物。生于山地草甸、湿草地或林缘草甸。

【用　　途】低等饲用植物。可作蒙药用，能消炎散肿、祛黄水，主治风湿性关节炎、神经痛、黄水病等。

【分　　布】主要分布在伊敏苏木。

【拍摄地点】伊敏苏木二道桥林场

轮叶沙参

【学　　名】*Adenophora tetraphylla* (Thunb.) Fisch.

【蒙　　名】塔拉音 – 洪呼 – 其其格

【别　　名】南沙参

【形态特征】多年生草本。高 50~90 厘米；茎直立，单一，不分枝；茎生叶 4~5 片轮生，倒卵形、倒披针形至条状披针形或条形，叶缘中上部具锯齿，下部全缘；圆锥花序，长 20 厘米，分枝轮生，花下垂；萼裂片 5，丝状钻形，长 1.2~2 毫米；花冠蓝色，口部微缢缩呈坛状，5 浅裂；雄蕊 5，常稍伸出；花盘短筒状，长约 2 毫米；花柱明显伸出；蒴果倒卵球形。花期 7—8月，果期 9 月。

【生　　境】中生植物。生于河滩草甸、山地林缘、固定沙丘间草甸。

【用　　途】内蒙古重点保护植物。中等饲用植物。根入中药，能润肺、化痰、止咳，主治咳嗽痰黏、口燥咽干等；也作蒙药用（蒙药名：鲁都特道日基），能消炎散肿、祛黄水，主治风湿性关节炎、神经痛、黄水病等。

【分　　布】主要分布在巴彦托海镇、伊敏苏木等地。

【拍摄地点】巴彦托海镇巴彦托海嘎查湿地

长柱沙参

【学　　名】*Adenophora stenanthina* (Ledeb.) Kitag.

【蒙　　名】乌日特－套古日朝格图－洪呼－其其格

【形态特征】多年生草本。高30~80厘米；茎直立，有时数条丛生，密生极短糙毛；基生叶早落，茎生叶互生，条形，全缘，两面被极短糙毛，无柄；圆锥花序顶生，多分枝，无毛，花下垂；萼裂片5，钻形，长1.5~2.5毫米；花冠蓝紫色，筒状坛形，5浅裂，长1~1.3厘米；花柱明显超出花冠约1倍，柱头3裂。花期7—9月，果期7—9月。

【生　　境】旱中生植物。生于山地草甸草原、沟谷草甸、灌丛、石质丘陵、典型草原及沙丘上。

【用　　途】内蒙古重点保护植物。中等饲用植物。根入中药，清热养阴、利肺止咳、生津；可作蒙药用，能消炎散肿、祛黄水，主治风湿性关节炎、神经痛、黄水病等。

【分　　布】全旗各苏木乡镇均有分布。

【拍摄地点】巴彦托海镇原旗苗圃

菊科 Compositae

马兰属 *Kalimeris* Cass.

全叶马兰

【学　　名】*Kalimeris integrifolia* Turcz. ex DC.

【蒙　　名】那日音 – 车木车格日 – 其其格

【别　　名】野粉团花、全叶鸡儿肠

【形态特征】多年生草本。高 30~70 厘米；茎直立，单一或帚状分枝，具纵沟棱，被向上的短硬毛；叶灰绿色，条状披针形、条状倒披针形或披针形，全缘，常反卷，两面密被细的短硬毛；头状花序直径 1~2 厘米；总苞片 3 层，绿色，周边褐色或红紫色；舌状花 1 层，舌片淡紫色；瘦果倒卵形，淡褐色；冠毛褐色。花果期 8—9 月。

【生　　境】中生植物。生于山地林缘、草甸草原、河岸、沙质草地、固定沙丘、路旁。

【用　　途】良等饲用植物。全草入中药，有清热解毒、止血消肿、利湿之效；花序入中药，可清热明目，用于治眼病。

【分　　布】全旗各苏木乡镇均有分布。

【拍摄地点】巴彦托海镇南

北方马兰

【学　　名】*Kalimeris mongolica* (Franch.) Kitam.

【蒙　　名】蒙古乐 – 赛哈拉吉

【别　　名】蒙古鸡儿肠、蒙古马兰

【形态特征】多年生草本。高 30~60 厘米；茎直立，单一或上部分枝，小枝具纵沟棱，茎上部
及枝疏被向上伏贴的短硬毛，茎下部无毛或近无毛；叶质薄，下部叶和中部叶倒披针形、披针
形或椭圆状披针形，羽状深裂或有缺刻状锯齿；头状花序直径 3~4 厘米；总苞片 3 层，革质，
外层者椭圆形，内层者宽椭圆形或倒卵状椭圆形，被短柔毛或无毛；舌状花 1 层，舌片淡蓝紫
色；瘦果淡褐色；冠毛褐色。花果期 7—9 月。

【生　　境】中生植物。生于河岸、路旁。

【用　　途】中等饲用植物。全草及根入中药，能清热解毒、散瘀止血，主治感冒发热、咳嗽、
咽痛、痈疖肿毒、外伤出血等。

【分　　布】主要分布在锡尼河东苏木、伊敏苏木等地。

【拍摄地点】锡尼河东苏木小孤山农场

狗娃花属 *Heteropappus* Less.

阿尔泰狗娃花

【学　　名】*Heteropappus altaicus* (Willd.) Novopokr.

【蒙　　名】阿拉泰 – 布荣黑、阿拉泰 – 敖顿 – 其其格

【别　　名】阿尔泰紫菀

【形态特征】多年生草本。高（5）20~40 厘米，全株被弯曲短硬毛和腺点；根多分歧；茎多由基部分枝，斜升，茎和枝均具纵条棱；叶疏生或密生，条形、条状矩圆形、披针形、倒披针形或近匙形，无叶柄，全缘；头状花序直径 1~2 厘米；总苞片草质，边缘膜质；舌状花淡蓝紫色；瘦果被绢毛；冠毛污白色或红褐色，为不等长的糙毛状。花果期 7—10 月。

【生　　境】中旱生植物。广泛生于典型草原与草甸草原带，也生于山地、丘陵坡地、沙质地、路旁及村舍附近等处，是重要的草原伴生植物，在放牧较重的退化草原中其种群常有显著增长，成为草原退化演替的标志种。

【用　　途】为中等饲用植物，开花前，山羊、绵羊和骆驼喜食，干枯后各种家畜均采食。全草及根入中药，全草主治传染性热病、肝胆火旺、疱疹疮疖等，根能润肺止咳，主治肺虚咳嗽、咳血等；花入蒙药（蒙药名：宝日 – 拉伯），主治血瘀病、瘟病、流感、麻疹不透等。

【分　　布】全旗各苏木乡镇均有分布。

【拍摄地点】巴彦托海镇三道湾河滩地

狗娃花

【学　　名】*Heteropappus hispidus* (Thunb.) Less.

【蒙　　名】布荣黑、和得日 – 其其格

【形态特征】一或二年生草本。高 30~60 厘米；茎直立，上部有分枝，被弯曲的短硬毛和腺点；基生叶倒披针形，边缘有疏锯齿，两面疏生短硬毛，花时即枯死，茎生叶倒披针形至条形，全缘，上部叶条形；头状花序直径 3~5 厘米；总苞片 2 层，草质，内层者边缘膜质；舌状花白色或淡红色；瘦果倒卵形，有细边肋，密被伏硬毛；舌状花的冠毛为白色膜片状冠环，管状花的冠毛为糙毛状，先为白色后变为红褐色。花果期 7—9 月。

【生　　境】中生植物。生于山地草甸、河岸草甸及林下等处。

【用　　途】低等饲用植物。根入中药，能解毒消肿，主治疮肿、蛇咬伤等。

【分　　布】全旗各苏木乡镇均有分布。

【拍摄地点】巴彦托海镇三道湾河滩地

砂狗娃花

【学　　名】*Heteropappus meyendorffii* (Reg. et Maack) Kom. et Klob.-Alis.

【蒙　　名】乌苏图 – 布荣黑、额乐孙 – 布荣黑

【别　　名】毛枝狗娃花

【形态特征】一年生草本。高 30~50 厘米；茎直立，具纵条纹，灰绿色，密被开展的粗长毛，通常自中部分枝；基生叶及下部叶花时枯萎，卵状披针形或倒卵状矩圆形，全缘，具 3 脉，中部茎生叶狭矩圆形，两面被伏短硬毛，上部叶渐小，全缘，1 脉；头状花序直径 3~5 厘米；总苞片 2~3 层，草质，内层者下部边缘膜质；舌状花蓝紫色，先端 3 裂或全缘；瘦果仅在管状花能育；舌状花的冠毛为红褐色糙毛状。花果期 7—9 月。

【生　　境】中生植物。生于林缘、山坡草甸、河岸草甸、林下、沙质草地、沙丘等处。

【用　　途】可作野生观赏花卉。

【分　　布】主要分布在巴彦托海镇、巴彦塔拉乡、锡尼河西苏木、辉苏木等地。

【拍摄地点】巴彦托海镇巴彦托海嘎查河岸沙地

女菀属 *Turczaninowia* DC.

女菀

【学　　名】*Turczaninowia fastigiata* (Fisch.) DC.

【蒙　　名】格色日乐吉、敖得稀格 – 其其格

【形态特征】多年生草本。高 30~60 厘米；茎直立，具纵条棱，上部有分枝，枝直立或开展，密被短硬毛；下部叶条状披针形、披针形，全缘，两面密被短硬毛及腺点，中部及上部叶逐渐变小；头状花序多数，在茎顶排列成复伞房状花序；总苞钟形，总苞片 3~4 层，内外层均密被柔毛；舌状花白色，管状花黄色；瘦果卵形；冠毛 1 层，糙毛状，污白色或带淡红色。花果期 7—9 月。

【生　　境】旱中生植物。生于草原及森林草原带的山坡、荒地。

【用　　途】中等饲用植物。全草可入中药，有温肺、化痰、理气和中、利尿的作用，用于咳嗽气喘、肠鸣腹泻、小便短涩等。

【分　　布】主要分布在巴彦嵯岗苏木、锡尼河东苏木、伊敏苏木等地。

【拍摄地点】巴彦嵯岗苏木扎格达木丹嘎查

紫菀属 *Aster* L.

高山紫菀

【学　　名】*Aster alpinus* L.

【蒙　　名】塔格音 – 敖顿 – 其其格

【别　　名】高岭紫菀

【形态特征】多年生草本。高 10~35 厘米；茎直立，单一，不分枝，具纵条棱，被伏柔毛；有丛生的茎和莲座状叶丛，基生叶匙状矩圆形或条状矩圆形，全缘，两面多少被伏柔毛，中部叶及上部叶渐变狭小，无叶柄；头状花序单生于茎顶；总苞半球形，总苞片 2~3 层；舌状花紫色、蓝色或淡红色；瘦果密被绢毛；冠毛白色。花果期 7—8 月。

【生　　境】中生植物。广泛生于森林草原地带和草原带的山地草原，也进入森林，喜碎石土壤。

【用　　途】中等饲用植物。花序入中药，可清热解毒、润肺止咳，用于咳嗽、痰喘。

【分　　布】主要分布在锡尼河东苏木、伊敏苏木等地。

【拍摄地点】锡尼河东苏木维纳河北山顶

紫菀

【学　　名】*Aster tataricus* L. f.

【蒙　　名】敖顿－其其格、高乐－格色日

【别　　名】青菀

【形态特征】多年生草本。高达 1 米；根茎短，外皮褐色；茎直立，单一，常带紫红色，具纵沟棱，疏生硬毛；基生叶大型，椭圆状或矩圆状匙形，基部下延成长柄，边缘有具小凸尖的牙齿，下部叶及中部叶从中部以下渐窄成基部或短柄，上部叶无柄，全缘，两面被短硬毛；头状花序直径 2.5~3.5 厘米，多数在茎顶排列成复伞房状；总苞背部草质，边缘膜质，绿色或紫红色；舌状花蓝紫色；瘦果紫褐色；冠毛污白色或带红色。花果期 7—9 月。

【生　　境】中生植物。生于森林、草原地带的山地林下、灌丛或山地河沟边。

【用　　途】中等饲用植物。根及根茎入中药，能润肺下气、化痰止咳，主治风寒咳嗽气喘、肺虚久咳、痰中带血等；花作蒙药用，能清热、解毒、消炎、排脓，主治瘟病、流感、头痛、麻疹不透、疔疮等。

【分　　布】全旗各苏木乡镇均有分布。

【拍摄地点】巴彦嵯岗苏木五泉山下溪流边

乳菀属 *Galatella* Cass.

兴安乳菀

【学　　名】*Galatella dahurica* DC.

【蒙　　名】布日扎

【别　　名】乳菀

【形态特征】多年生草本。高 30~60 厘米，全株密被乳头状短毛和细糙硬毛；茎具纵条棱，绿色或带紫红色；茎中部叶条状披针形或条形，全缘，上部叶渐狭小；头状花序在茎顶排列成伞房状；总苞近半球形，总苞片 3~4 层；舌状花淡紫红色，管状花黄色；瘦果矩圆形；冠毛糙毛状，淡黄褐色。花果期 7—9 月。

【生　　境】中生植物。生于山坡、沙质草地、灌丛、林下或林缘。

【用　　途】低等饲用植物。可作野生观赏花卉。

【分　　布】主要分布在锡尼河东苏木、伊敏苏木、红花尔基镇等地。

【拍摄地点】红花尔基森林公园

碱菀属 *Tripolium* Nees

碱菀

【学　　名】*Tripolium pannonicum* (Jacq.) Dobr.

【蒙　　名】扫日闹乐吉

【别　　名】金盏菜、铁杆蒿、灯笼花

【形态特征】一年生草本。高 10~60 厘米，全体光滑；茎直立，具纵条棱，下部带红紫色，单一或上部分枝，也有从基部分枝者；叶多少肉质，最下部叶矩圆形或披针形，有柄，中部叶条形或条状披针形，无柄，全缘；头状花序直径 2~2.5 厘米；总苞倒卵形，总苞片 2~3 层，椭圆形，边缘红紫色；舌状花蓝紫色，管状花黄色；瘦果狭矩圆形；冠毛多层，白色或浅红色。花果期 8—9 月。

【生　　境】耐盐中生植物。生于湖边、沼泽及盐碱地。

【用　　途】低等饲用植物。可作野生观赏花卉。

【分　　布】主要分布在辉苏木、巴彦塔拉乡、锡尼河西苏木等地。

【拍摄地点】巴彦塔拉乡辉河西岸

短星菊属 *Brachyactis* Ledeb.

短星菊

【学　　名】*Brachyactis ciliata* Ledeb.

【蒙　　名】巴日安－图如、敖呼日－和乐特苏－乌达巴拉

【形态特征】一年生草本。高 10~50 厘米；茎红紫色，具纵条棱，疏被弯曲柔毛；叶稍肉质，条状披针形或条形，全缘，基部无柄，半抱茎；头状花序多数，排列成总状圆锥状；总苞倒卵形，总苞片 2~3 层，条状倒披针形；舌状花淡红紫色，管状花黄色；瘦果矩圆形；冠毛 2 层，白色或淡红色。花果期 8—9 月。

【生　　境】耐盐中生植物。生于盐碱湿地、水泡子边、沙质地、山坡石缝阴湿处。

【用　　途】中等饲用植物。

【分　　布】主要分布在巴彦塔拉乡、锡尼河西苏木等地。

【拍摄地点】巴彦塔拉乡辉河西岸

飞蓬属 *Erigeron* L.

飞蓬

【学　　名】*Erigeron acer* L.

【蒙　　名】车衣力格－其其格

【别　　名】北飞蓬

【形态特征】二年生草本。高 10~60 厘米；茎直立，单一，具纵条棱，绿色或带紫色，密被毛；全部叶两面被硬毛，基生叶与茎下部叶倒披针形，中部叶及上部叶披针形或条状矩圆形；头状花序直径 1.1~1.7 厘米，多数在茎顶排列成密集的伞房状或圆锥状；总苞片 3 层，背部密被硬毛；雌花二型，外层小花舌状、内层小花细管状，两性花管状；瘦果矩圆状披针形；冠毛 2 层，污白色或淡红褐色。花果期 7—9 月。

【生　　境】中生植物。生于山地林缘、低地草甸、石质山坡、河岸沙质地、田边。

【用　　途】中等饲用植物。全草可入蒙药，主治外感发热、泄泻、胃炎、皮疹、疥疮等。

【分　　布】全旗各苏木乡镇均有分布。

【拍摄地点】巴彦托海镇路边绿化带

白酒草属 *Conyza* Less.

小蓬草

【学　　名】*Conyza canadensis* (L.) Cronq.

【蒙　　名】哈混 – 车衣力格

【别　　名】小飞蓬、加拿大飞蓬、小白酒草

【形态特征】一年生草本。高 50~100 厘米；根圆锥形；茎直立，具纵条棱，疏被硬毛，上部多分枝；叶条形或条状披针形，全缘，两面及边缘疏被硬毛；头状花序在茎顶排列成伞房状或圆锥状，直径 3~8 毫米；总苞钟形，总苞片 2~3 层，条状披针形；舌状花淡紫色，管状花黄色；瘦果矩圆形；冠毛 1 层，糙毛状，污白色。花果期 6—9 月。

【生　　境】中生杂草。生于田野、路边、村舍附近。

【用　　途】全草入中药，能清热利湿、散瘀消肿，主治肠炎、痢疾，外用治牛皮癣、跌打损伤、疮疖肿毒等；全草也入蒙药，功效同中药。

【分　　布】全旗各苏木乡镇均有分布。

【拍摄地点】巴彦托海镇路边

火绒草属 *Leontopodium* R. Br.

长叶火绒草

【学　　名】*Leontopodium junpeianum* Kitam.

【蒙　　名】陶日格 – 乌拉 – 额布斯

【别　　名】兔耳子草

【形态特征】多年生草本。高 10~45 厘米；根状茎分枝短；基生叶或莲座状叶狭匙形，茎生叶直立，条形或舌状条形，两面被白色长柔毛或绵毛，上面的不久便脱落；有叶鞘和多数近丛生的花茎，花茎直立或斜升，被白色疏柔毛或密绵毛；苞叶多数，形成开展的苞叶群；头状花序直径 6~9 毫米，3~10 余个密集；总苞片约 3 层，褐色；瘦果；冠毛白色。花果期 7—9 月。

【生　　境】旱中生植物。生于山地灌丛及山地草甸。

【用　　途】良等饲用植物。全草入蒙药（蒙药名：查干 – 阿荣），能清肺、止咳化痰，主治肺热咳嗽、支气管炎等。

【分　　布】全旗各苏木乡镇均有分布。

【拍摄地点】锡尼河东苏木宝根图林场南

团球火绒草

【学　　名】*Leontopodium conglobatum* (Turcz.) Hand.-Mazz.

【蒙　　名】布木布格力格 – 乌拉 – 额布斯

【别　　名】剪花火绒草

【形态特征】多年生草本。高 15~30 厘米；根状茎分枝粗短；基生叶或莲座状叶狭倒披针状条形，茎生叶稍直立或开展，披针形或披针状条形，叶两面被灰白色蛛丝状绵毛；苞叶多数，卵形或卵状披针形，近基部较宽，两面被白色厚绵毛，下面稍绿色，形成开展的苞叶群；头状花序直径 6~8 毫米，5~30 个密集成团球状伞房状，花茎被灰白色或白色蛛丝状绵毛；雄花花冠上部漏斗形，雌花花冠丝状；瘦果椭圆形；冠毛白色。花期 6—8 月，果期 8—9 月。

【生　　境】旱中生植物。生于沙地灌丛及山地灌丛中，在石质丘陵阳坡也有散生。

【用　　途】全草入中药，可清热凉血、益肾利水。

【分　　布】主要分布在锡尼河东苏木、伊敏苏木等地。

【拍摄地点】锡尼河东苏木维纳河南山顶

火绒草

【学　　名】*Leontopodium leontopodioides* (Willd.) Beauv.

【蒙　　名】乌拉－额布斯、查干－阿荣

【别　　名】火绒蒿、老头草、老头艾、薄雪草

【形态特征】多年生草本。高 10~40 厘米，植株被灰白色长柔毛或白色近绢状毛；有多数簇生的花茎和根出条；茎直立或稍弯曲，不分枝；下部叶在花期枯萎宿存，中部和上部叶条形或条状披针形；苞叶少数，矩圆形或条形，雄株有明显的苞叶群，雌株常有散生的苞叶；头状花序直径 7~10 毫米，3~7 个密集或排列成伞房状；总苞半球形，先端无色或浅褐色；瘦果矩圆形；冠毛白色。花果期 7—9 月。

【生　　境】旱生植物。多散生于典型草原、山地草原及草原沙质地。

【用　　途】中等饲用植物。地上部分入中药，能清热凉血、利尿，主治急慢性肾炎、尿道炎等；全草也入蒙药，能清肺、止咳化痰，主治肺热咳嗽、支气管炎等。

【分　　布】全旗各苏木乡镇均有分布。

【拍摄地点】锡尼河东苏木宝根图林场南

鼠麴草属 *Gnaphalium* L.

贝加尔鼠麴草

【学　　名】*Gnaphalium uliginosum* L.

【蒙　　名】白嘎力－黑薄古日根讷

【别　　名】湿生鼠麴草

【形态特征】一年生草本。植株高 10~25 厘米；茎直立，不分枝或短分枝，基部通常无毛或被疏柔毛，常变红色，上部被丛卷毛；基生叶花期凋萎，茎生叶条形或条状披针形，全缘，两面密被白色丛卷毛；头状花序 4~5 毫米，在茎和枝顶密集成团伞状或成球状；总苞杯状，总苞片 2~3 层，背部被蛛丝状绵毛；雌花花冠丝状，两性花花冠细管状，均为黄褐色；瘦果纺锤形；冠毛 1 层，白色或污白色。花果期 7—9 月。

【生　　境】湿中生植物。生于山地草甸、河滩草甸及山地沟谷。

【用　　途】良等饲用植物。全草入中药，用于高血压症；也入蒙药（蒙药名：白嘎力－干达巴达拉），能化痰、止咳、解毒、化痞，主治痞症、胃瘀痛、支气管炎等。

【分　　布】主要分布在巴彦塔拉乡、锡尼河西苏木、锡尼河东苏木等地。

【拍摄地点】巴彦塔拉乡伊兰旅游点

旋覆花属 *Inula* L.

欧亚旋覆花

【学　　名】*Inula britannica* L.

【蒙　　名】阿子牙音 – 阿拉坦 – 导苏乐 – 其其格

【别　　名】旋覆花、大花旋覆花、金沸草

【形态特征】多年生草本。高 20~70 厘米；根状茎短，横走或斜升；茎直立，单生或 2~3 个簇生，上部有分枝，稀不分枝；基生叶和下部叶在花期常枯萎，中部叶长椭圆形或披针形，基部宽大，心形或有耳；头状花序 1~5 个生于茎顶或枝端，直径 2.5~5 厘米；总苞半球形，直径 1.5~2.2 厘米；舌状花黄色；瘦果有浅沟，被短毛；冠毛 1 层，白色。花果期 7—9 月。

【生　　境】中生植物。生于草甸及湿润的农田、地埂和路旁。

【用　　途】劣等饲用植物。花序入中药，能降气、化痰、行水，主治咳喘痰多、噫气、呕吐、胸膈痞闷、水肿等；也入蒙药（蒙药名：阿扎斯儿卷），能散瘀、止痛，主治跌打损伤、湿热疮疡等。

【分　　布】全旗各苏木乡镇均有分布。

【拍摄地点】巴彦托海镇伊敏河岸

苍耳属 *Xanthium* L.

苍耳

【学　　名】*Xanthium strumarium* L.

【蒙　　名】好您 – 章古

【别　　名】葈耳、苍耳子、老苍子、刺儿苗

【形态特征】一年生草本。高 20~60 厘米；茎直立，被白色硬伏毛，不分枝或少分枝；叶三角状卵形或心形，不分裂或有 3~5 不明显浅裂，两面均被硬伏毛及腺点；雄花花冠钟形，雌头状花序椭圆形；成熟的具瘦果的总苞连同喙部长 12~15 毫米，基部不缩小；总苞外面疏生具钩状的刺。花期 7—8 月，果期 9 月。

【生　　境】中生田间杂草。生于田野、路边，可形成密集的小片群聚。

【用　　途】中等饲用植物。根、茎、叶、花序及带总苞的果实入中药，主治风寒头痛、鼻窦炎、风湿痹痛、皮肤湿疹、瘙痒等；果实也入蒙药，功效同中药。种子可作榨油、油漆、油墨、肥皂、油毡的原料，还可制硬化油和润滑油。本种带总苞的果实常贴附畜体，可降低羊毛的品质，属有害植物。

【分　　布】全旗各苏木乡镇均有分布。

【拍摄地点】巴彦托海镇北小区

鬼针草属 *Bidens* L.

羽叶鬼针草

【学　　名】*Bidens maximovicziana* Oett.

【蒙　　名】乌都力格 – 哈日巴其 – 额布斯

【形态特征】一年生草本。高 30~80 厘米；茎直立；中部叶片羽状全裂，侧生裂片（1）2~3 对，疏离，条形或条状披针形，边缘有内弯的粗锯齿，顶裂片较大，披针形；头状花序直径 1~2 厘米，宽大于高，单生茎顶和枝端；外层总苞片 8~10 枚，条状披针形，叶状；无舌状花，管状花顶端 4 裂；瘦果长 3~4 毫米，具倒刺毛，顶端有芒刺 2。花果期 7—8 月。

【生　　境】中生杂草。生于河滩湿地及路旁。

【用　　途】中等饲用植物。全草入中药，可解表退热、清热解毒，用于外感风热、发热、恶风、咳嗽、腹泻、痢疾等。

【分　　布】全旗各苏木乡镇均有分布。

【拍摄地点】锡尼河东苏木锡尼河桥边

蓍属 *Achillea* L.

齿叶蓍

【学　　名】*Achillea acuminata* (Ledeb.) Sch.-Bip.

【蒙　　名】伊木特 – 图乐格其 – 额布斯

【别　　名】单叶蓍

【形态特征】多年生草本。高 30~90 厘米；茎单生或数个，直立，具纵沟棱，下部无毛或疏被短柔毛，上部密被短柔毛；基生叶和下部叶花期凋落，中部叶披针形或条状披针形，不分裂，边缘有向上弯曲的重细锯齿，上部叶渐小；头状花序较多数，在茎顶排列成疏伞房状；总苞半球形，总苞片 3 层，黄绿色，边缘和顶端膜质，褐色；舌状花和管状花均白色；瘦果宽倒披针形。花果期 6—9 月。

【生　　境】中生植物。为低湿草甸常见伴生植物。

【用　　途】良等饲用植物。全草入中药，可活血祛风、止痛解毒、止血消肿；也入蒙药，主治风湿疼痛、牙痛、月经不调、经闭腹痛、胃痛、肠炎、痢疾，外用治毒蛇咬伤、痈疖肿毒、跌打损伤、外伤出血等。也可作野生观赏花卉。

【分　　布】主要分布在巴彦嵯岗苏木、锡尼河东苏木、伊敏苏木、红花尔基镇等地。

【拍摄地点】巴彦嵯岗苏木扎格达木丹嘎查

亚洲蓍

【学　　名】*Achillea asiatica* Serg.

【蒙　　名】阿子牙－图乐格其－额布斯

【形态特征】多年生草本。高 15~50 厘米；根状茎横走，褐色；茎单生或数个，直立或斜升，具纵沟棱，被或疏或密的皱曲长柔毛，中上部常有分枝；叶绿色或灰绿色，矩圆形、宽条形或条状披针形，二至三回羽状全裂，主轴宽 0.5~1 毫米，小裂片丝状条形至条形，宽 0.1~0.3 毫米；头状花序多数，在茎顶密集排列成复伞房状；总苞片 3 层，黄绿色；舌状花粉红色，稀白色，管状花淡粉红色；瘦果楔状矩圆形。花果期 7—9 月。

【生　　境】中生植物。为河滩、沟谷草甸及山地草甸的伴生种。

【用　　途】中等饲用植物。全草入蒙药，能消肿、止痛，主治内痈、关节肿胀、疔疮肿毒等。可作野生观赏花卉。

【分　　布】全旗各苏木乡镇均有分布。

【拍摄地点】巴彦托海镇二号草库伦

短瓣蓍

【学　　名】*Achillea ptarmicoides* Maxim.

【蒙　　名】敖呼日－图乐格其－额布斯

【形态特征】多年生草本。高 30~70 厘米；根状茎短，茎直立，具纵沟棱，疏被伏贴的长柔毛或短柔毛，上部有分枝；叶绿色，下部叶花期凋落，中部及上部叶条状披针形，羽状深裂或羽状全裂，裂片条形，有不等长的缺刻状锯齿；头状花序多数，在茎顶密集排列成复伞房状；总苞钟状，总苞片 3 层，边缘和顶端膜质，褐色；舌状花白色，长 0.7~1.5 毫米，稍超出总苞，管状花长约 2 毫米，有腺点；瘦果矩圆形或披针形。花果期 7—9 月。

【生　　境】中生植物。为山地草甸、灌丛间的伴生种。

【用　　途】全草入蒙药，有清热解毒、消肿、和血、调经、止血、止痛之功效，主治风湿疼痛、牙痛、月经不调、经闭腹痛、胃痛、肠炎、痢疾等；外用治毒蛇咬伤、痈疖肿毒、跌打损伤、外伤出血等。

【分　　布】主要分布在巴彦嵯岗苏木、锡尼河东苏木、伊敏苏木、红花尔基镇等地。

【拍摄地点】锡尼河东苏木维纳河林场路边

高山蓍

【学　　名】*Achillea alpina* L.

【蒙　　名】乌拉音 – 图乐格其 – 额布斯

【别　　名】蓍、蚰蜒草、锯齿草、羽衣草

【形态特征】多年生草本。高 30~70 厘米；根状茎短；茎直立，具纵沟棱，疏被贴生长柔毛，上部有分枝；下部叶花期凋落，中部叶条状披针形，羽状浅裂或羽状深裂，裂片条形或条状披针形，有不等长的缺刻状锯齿；头状花序多数，密集成伞房状；总苞钟状，总苞片 3 层，边缘膜质，褐色；舌状花白色，舌片长 1.2~2 毫米，明显超出总苞，管状花白色；瘦果宽倒披针形。花果期 7—9 月。

【生　　境】中生植物。为山地林缘、灌丛、沟谷草甸常见的伴生植物。

【用　　途】全草入中药，能清热解毒、祛风止痛，主治风湿疼痛、跌打损伤、肠炎、痢疾、痈疮肿毒、毒蛇咬伤等；也入蒙药（蒙药名：图乐格其 – 额布斯），能消肿、止痛，主治内痈、关节肿胀、疖疮肿毒等。

【分　　布】全旗各苏木乡镇均有分布。

【拍摄地点】锡尼河东苏木维纳河河滩地

菊属 *Chrysanthemum* L.

楔叶菊

【学　　名】*Chrysanthemum naktongense* Nakai

【蒙　　名】沙干达格 – 乌达巴拉

【形态特征】多年生草本。高 15~50 厘米；具匍匐的根状茎；茎直立，不分枝或有分枝，茎与枝疏被皱曲柔毛；茎中部叶长椭圆形、椭圆形或卵形，掌式羽状或羽状 3~9 浅裂、半裂或深裂，基部楔形或宽楔形，基生叶和茎下部叶与中部叶同形而较小，3~5 裂或不裂；头状花序 2~9 个在茎枝顶端排列成疏松伞房状，极少单生；总苞碟状，总苞片 5 层，先端圆形，扩大而膜质；舌状花白色、粉红色或淡红紫色，先端全缘或具 2 齿。花期 7—8 月，果期 9 月。

【生　　境】中生植物。生长于山坡、林缘或沟谷。

【用　　途】低等饲用植物。可作观赏花卉。

【分　　布】主要分布在伊敏苏木、锡尼河东苏木等地。

【拍摄地点】绰尔林业局伊敏林场

紫花野菊

【学　　名】*Chrysanthemum zawadskii* Herb.

【蒙　　名】宝日 – 乌达巴拉

【别　　名】山菊

【形态特征】多年生草本。高 10~30 厘米；有地下匍匐根状茎；茎直立，不分枝或上部分枝，具纵棱，紫红色，疏被短柔毛；基生叶花期枯萎，中下部叶片卵形、宽卵形或近菱形，二回羽状分裂，第一回半裂或深裂，第二回浅裂片三角形或斜三角形，宽达 3 毫米；头状花序 2~5 个在茎枝顶端排列成疏伞房状，极少单生；总苞片 4 层，全部苞片具白色或褐色膜质边缘；舌状花粉红色、紫红色或白色，舌片先端全缘或微凹；瘦果矩圆形。花果期 7—9 月。

【生　　境】中生植物。生于山地林缘、林下或山顶，为伴生种。

【用　　途】低等饲用植物。叶、花序入中药，用于清热解毒、降血压等；花序也入蒙药，能清热解毒、燥脓消肿，主治瘟热、毒热、感冒发烧、脓疮等。可作观赏花卉。

【分　　布】主要分布在锡尼河东苏木、伊敏苏木等地。

【拍摄地点】伊敏苏木林缘

线叶菊属 *Filifolium* Kitam.

线叶菊

【学　　名】*Filifolium sibiricum* (L.) Kitam.

【蒙　　名】西日合力格－协日乐吉、株日－额布斯

【形态特征】多年生草本。高 15~60 厘米；主根斜伸，暗褐色；茎单生或数个，直立，不分枝或上部有分枝；叶深绿色，无毛，基生叶轮廓倒卵形或矩圆状椭圆形，有长柄，茎生叶无柄，全部叶二至三回羽状全裂，裂片条形或丝状；头状花序多数，在枝端或茎顶排列成复伞房状；总苞球形，总苞片 3 层；管状花黄色；瘦果倒卵形，无冠毛。花果期 7—9 月。

【生　　境】耐寒性中旱生植物。山地草原的重要建群种，在森林草原地带线叶菊草原是分布广的优势群系，见于低山丘陵坡地的上部及顶部，在典型草原地带则限于海拔较高的山地及丘陵上部有分布。

【用　　途】中等饲用植物。全草入中药，主治传染病高热，内服可治心跳、失眠、神经衰弱等，对月经过多、月经不调有一定疗效；全草也入蒙药，功效同中药。

【分　　布】全旗各苏木乡镇均有分布。

【拍摄地点】巴彦嵯岗苏木扎格达木丹嘎查

蒿属 *Artemisia* L.

大籽蒿

【学　　名】*Artemisia sieversiana* Ehrhart ex Willd.

【蒙　　名】额日莫、查干–额日莫

【别　　名】白蒿

【形态特征】一、二年生草本。高 30~100 厘米；主根垂直，狭纺锤形，侧根多；茎单生，直立，多分枝；茎下部与中部叶宽卵形或宽三角形，二至三回羽状全裂，稀深裂，裂片条形或条状披针形；头状花序半球形或近球形，直径 4~6 毫米，下垂，多数在茎上排列成圆锥状；总苞片 3~4 层；花序托密被白色托毛；瘦果矩圆形，褐色。花果期 7—9 月。

【生　　境】中生杂草。散生或群居于农田、路旁、畜群点或水分较好的撂荒地上，有时也进入人为活动较明显的草原或草甸群落中。

【用　　途】劣等饲用植物。全草入中药，能祛风、清热、利湿，主治风寒湿痹、黄疸、热痢、疥癞恶疮等；全草也入蒙药，主治恶疮、痈疖等。

【分　　布】全旗各苏木乡镇均有分布。

【拍摄地点】巴彦托海镇居民点附近

冷蒿

【学　　名】*Artemisia frigida* Willd.

【蒙　　名】阿给、吉吉格 – 查干 – 协日乐吉

【别　　名】小白蒿、兔毛蒿

【形态特征】多年生草本。高 10~50 厘米，茎、枝、叶及总苞片密被灰白色或淡灰黄色绢毛；主根木质化，侧根多；茎中部叶矩圆形或倒卵状矩圆形，一至二回羽状全裂，小裂片长 2~3 毫米，宽 0.5~1.5 毫米，先端锐尖；头状花序半球形、球形或卵球形，下垂，在茎上排列成总状或狭窄的总状花序式的圆锥状；总苞片 3~4 层；花冠檐部黄色；瘦果。花果期 8—9 月。

【生　　境】生态幅度很广的旱生植物。广布于典型草原带和荒漠草原带，沿山地也进入森林草原和荒漠带中，多生长在沙质、沙砾质或砾石质土壤上。

【用　　途】优等饲用植物，羊和马四季均喜食其枝叶，骆驼和牛也乐食，干枯后各种家畜均乐食，为家畜的抓膘草之一。全草入中药，能清热、利湿、退黄，主治湿热黄疸、小便不利、风痒疮疥等；也入蒙药，能止血、消肿，主治各种出血、肾热、月经不调、疮痈等。

【分　　布】全旗各苏木乡镇均有分布。

【拍摄地点】辉苏木合营牧场南

白莲蒿

【学　　名】*Artemisia gmelinii* Web. ex Stechm.

【蒙　　名】查干－西巴嘎

【别　　名】万年蒿、铁杆蒿、细裂叶莲蒿

【形态特征】半灌木状草本。高 50~100 厘米；根稍粗大，木质，垂直，根状茎常有多数营养枝；茎、枝初时被短柔毛，后下部脱落无毛，茎多数，常成小丛，紫褐色或灰褐色，多分枝；茎下部叶与中部叶二至三回栉齿状羽状分裂，叶上面绿色，初时疏被短柔毛，后渐脱落，下面初时被灰白色短柔毛，后毛脱落；头状花序近球形，直径 2~3.5 毫米，下垂，多数在茎上排列成圆锥状；总苞片 3~4 层；花序托凸起；瘦果椭圆状卵形或狭圆锥形。花果期 8—9 月。

【生　　境】石生的中旱生或旱生植物。生于山坡、灌丛。

【用　　途】良等饲用植物。全草入中药，味苦、辛，性平，有清热解毒、凉血止血、利胆退黄、除暑气、杀虫的功能，主治黄疸型肝炎、尿少色黄、风湿性关节炎、阑尾炎、小儿惊风、阴虚潮热等，外用可治创伤出血、疥疮、解蜂毒等；全草也入蒙药，主治脑刺痛、痧症、痘疹、虫牙、发症、结喉、皮肤瘙痒等。

【分　　布】全旗各苏木乡镇均有分布。

【拍摄地点】红花尔基镇北盘山道

裂叶蒿

【学　　名】*Artemisia tanacetifolia* L.

【蒙　　名】萨拉巴日海 – 协日乐吉

【别　　名】菊叶蒿

【形态特征】多年生草本。高 20~75 厘米；主根细，根状茎横走或斜生；茎单生或少数，直立，具纵条棱，中部以上有分枝，茎上部与分枝常被平贴的短柔毛；叶质薄，下部叶与中部叶椭圆状矩圆形或长卵形，二至三回栉齿状羽状分裂，有侧裂片 6~8 对，下面被白色短柔毛；头状花序球形或半球形，直径 2~3 毫米，下垂，多数在茎上排列成圆锥状；总苞片 3 层；花序托半球形；瘦果椭圆状倒卵形。花果期 7—9 月。

【生　　境】中生植物。多分布于森林草原和森林地带，也见于草原区和荒漠区山地，是山地草甸、草甸草原及山地草原的伴生植物或亚优势植物，有时也出现在林缘和灌丛间。

【用　　途】中等饲用植物。全草入中药，可清肝利胆、消肿解毒。

【分　　布】全旗各苏木乡镇均有分布。

【拍摄地点】辉河林场西

黄花蒿

【学　　名】*Artemisia annua* L.

【蒙　　名】矛日音－协日乐吉、乌兰－额日莫

【别　　名】臭黄蒿

【形态特征】一年生草本。高达 1 米，全株有浓烈的挥发性的香气；根单生，垂直；茎单生，直立，具纵沟棱，幼嫩时绿色，后变褐色或红褐色；叶纸质，绿色，一至三回栉齿状羽状深裂，茎中部叶小裂片通常栉齿状三角形；头状花序直径 1.5~2.5 毫米，下垂或倾斜，极多数在茎上排列成开展而呈金字塔形的圆锥状；总苞片 3~4 层；花黄色；花序托凸起，半球形；瘦果椭圆状卵形，红褐色。花果期 8—9 月。

【生　　境】中生杂草。生于河边、沟谷或居民点附近，多散生或形成小群聚。

【用　　途】中等饲用植物。全草入中药（药名：青蒿），能解暑、退虚热、抗疟，主治伤暑、疟疾、虚热等，根用于劳热、骨蒸、关节酸痛、大便下血等，果实用于清热明目、杀虫等；地上部分作蒙药用（药名：好尼－协日乐吉），能清热消肿，主治肺热、咽喉炎、扁桃体炎等。

【分　　布】全旗各苏木乡镇均有分布。

【拍摄地点】锡尼河东苏木孟根楚鲁嘎查

黑蒿

【学　　名】*Artemisia palustris* L.

【蒙　　名】阿拉坦 – 协日乐吉

【别　　名】沼泽蒿

【形态特征】一年生草本。高 10~40 厘米，全株光滑无毛；根较细，单一；茎直立，分枝或不分枝，不开展；叶薄纸质，茎下部与中部叶卵形或长卵形，一至二回羽状全裂，侧裂片（2）3~4 对，茎上部叶与苞叶一回羽状全裂；头状花序近球形，在分枝或茎上每 2~10 个密集成簇，并排成短穗状，而在茎上再排列成稍开展或狭窄的圆锥状；总苞 3~4 层；花序托凸起，圆锥形；瘦果长卵形，稍扁。花果期 8—9 月。

【生　　境】中生植物。多分布于森林和森林草原地带，有时也见于典型草原带，生长在河岸、低湿沙地上，为草甸、草甸化草原和山地草原群落中一年生植物层片的重要成分。

【用　　途】低等饲用植物。全草入中药，主治骨蒸劳热、中暑、外感、吐血、衄血、皮肤瘙痒等。

【分　　布】全旗各苏木乡镇均有分布。

【拍摄地点】红花尔基镇山上

野艾蒿

【学　　名】*Artemisia lavandulaefolia* DC.

【蒙　　名】哲日力格 – 荽哈

【别　　名】荫地蒿、野艾

【形态特征】多年生草本。高 60~100 厘米，植株有香气；侧根多，根状茎常横走；茎少数，稀单生，多分枝，茎、枝被灰白色蛛丝状短柔毛；中部叶一至二回羽状全裂，长 6~8 厘米，宽 5~7 厘米，小裂片条状披针形或披针形，上面密布白色腺点，初时疏被蛛丝状柔毛，后稀疏或近无毛；头状花序椭圆形或矩圆形，多数在茎上排列成圆锥状；总苞片 3~4 层，背部密被蛛丝状毛；边缘雌花和中央两性花花冠均紫红色；瘦果长卵形或倒卵形。花果期 7—9 月。

【生　　境】中生植物。散生于山地林缘、灌丛、河湖滨草甸，作为杂草也进入农田、路旁、村庄附近。

【用　　途】低等饲用植物。叶入中药，可散寒除湿、温经止血、安胎，用于崩漏、先兆流产、痛经、月经不调、湿疹、皮肤瘙痒等；叶也可入蒙药，同艾蒿，主治"奇哈"、皮肤瘙痒、痈疮、各种出血等。

【分　　布】全旗各苏木乡镇均有分布。

【拍摄地点】红花尔基镇北山东坡

蒙古蒿

【学　　名】*Artemisia mongolica* (Fisch. ex Bess.) Nakai

【蒙　　名】蒙古乐 – 协日乐吉、查日古斯 – 荙哈

【形态特征】多年生草本。高 20~90 厘米；侧根多，根状茎半木质化，有少数营养枝；茎直立，少数或单生，具纵条棱，常带紫褐色，茎、枝初时密被灰白色蛛丝状柔毛，后稍稀疏；中部叶二回，稀一至二回羽状全裂，小裂片条形、条状披针形或披针形，叶上面绿色，初时被蛛丝状毛，后渐稀疏或近无毛，下面密被灰白色蛛丝状绒毛；头状花序椭圆形，直径 1.5~2 毫米，多数在茎上排列成圆锥状；总苞片 3~4 层，背部密被蛛丝状毛；瘦果短圆状倒卵形。花果期 8—9 月。

【生　　境】中生植物。广布于森林草原和草原地带，生长于林下、林缘、沙地、河谷、摺荒地，作为杂草常侵入到耕地、路旁，有时也侵入到草甸群落中，多散生亦可形成小群聚。

【用　　途】低等饲用植物。全草入中药，作"艾"的代用品，有温经、止血、散寒、祛湿等功效。

【分　　布】全旗各苏木乡镇均有分布。

【拍摄地点】伊敏苏木三道桥北

蒌蒿

【学　　名】*Artemisia selengensis* Turcz. ex Bess.

【蒙　　名】奥孙 – 协日乐吉

【别　　名】水蒿、狭叶艾、柳蒿芽

【形态特征】多年生草本。高 60~120 厘米，植株具清香气味；根状茎粗壮，须根多数，常有长匍枝；茎单一或少数，具纵棱，带紫红色，无毛，上部有斜向上的花序分枝；茎中部叶近成掌状 5 深裂或为指状 3 深裂，裂片边缘具规则的锐锯齿，叶上面绿色，无毛或近无毛，下面密被白色蛛丝状绵毛；头状花序矩圆形或宽卵形，在茎上排列成狭长的圆锥状；总苞片 3~4 层，背部初时疏被蛛丝状短绵毛，后脱落无毛；瘦果卵形。花果期 8—9 月。

【生　　境】湿中生植物。多生于森林和森林草原地带，见于山地林下、林缘、山沟和河谷两岸，为草甸或沼泽化草甸群落的优势种或伴生种，有时也成杂草出现在村舍、路旁。

【用　　途】低等饲用植物。全草入中药，有止血、消炎、镇咳、化痰之效，可用于黄疸、产后瘀积、小腹胀痛、跌打损伤、瘀血肿痛、内伤出血等。嫩茎叶可作山野菜食用。

【分　　布】全旗各苏木乡镇均有分布。

【拍摄地点】红花尔基镇北

龙蒿

【学　　名】*Artemisia dracunculus* L.

【蒙　　名】伊西根－协日乐吉、伊西根－西巴嘎

【别　　名】狭叶青蒿

【形态特征】半灌木状草本。高20~100厘米；根木质、垂直，根状茎粗长，木质，常有短的地下茎；茎通常多数，成丛，褐色，具纵条棱，下部木质，多分枝、开展，茎、枝初时疏被短柔毛，后渐脱落；中部叶不分裂，条状披针形或条形，全缘；头状花序近球形，直径2~3毫米，多数在茎上排列成圆锥状；总苞片3层；瘦果倒卵形或椭圆状倒卵形。花果期7—9月。

【生　　境】中生植物。广布于森林区和草原区，多生长在沙质和疏松的沙壤质土壤上，散生或形成小群聚，作为杂草也进入撂荒地和村舍、路旁。

【用　　途】低等饲用植物。全草入中药，清热凉血、退虚热、解暑，用于暑湿发热。

【分　　布】全旗各苏木乡镇均有分布。

【拍摄地点】巴彦托海镇一号草库伦

差不嘎蒿

【学　　名】*Artemisia halodendron* Turcz. ex Bess.

【蒙　　名】好您 – 西巴嘎、西巴嘎

【别　　名】盐蒿、沙蒿

【形态特征】半灌木。高 50~80 厘米；主根粗长，根状茎木质；茎直立或斜向上，上部红褐色，下部灰褐色或暗灰色，外皮常剥落，自基部开始分枝，常与营养枝组成密丛，茎、枝初时被灰黄色绢质柔毛；叶质稍厚，干时稍硬，叶初时疏被灰白色短柔毛，后无毛，茎中部叶一至二回羽状全裂，小裂片狭条形；头状花序卵球形，顶端钝尖，直立，在茎上排列成大型、开展的圆锥状；总苞片 3~4 层；瘦果长卵形或倒卵状椭圆形。花果期 7—9 月。

【生　　境】中旱生沙生植物。分布在大兴安岭东西两侧，多生于固定、半固定沙丘、沙地，是内蒙古东部地区沙地半灌木群落的重要建群植物。

【用　　途】中等饲用植物。嫩枝叶入中药，主治慢性气管炎、哮喘、感冒、斑疹伤寒、风湿性关节炎等；全草也入蒙药，主治脑刺痛、疬症、痘疹、虫牙、发症、结喉、皮肤瘙痒等。

【分　　布】全旗各苏木乡镇均有分布。

【拍摄地点】巴彦塔拉乡道西沙丘

变蒿

【学　　名】*Artemisia commutata* Bess.

【蒙　　名】好比日莫乐 – 协日乐吉

【形态特征】多年生草本。高 30~70 厘米，通常光滑无毛；根状茎粗壮，半木质，具多数须根；茎数条丛生或单一，直立，具纵条棱，黄褐色或带红褐色，无毛或被微毛，上部有分枝；茎中部叶一至二回羽状全裂，裂片条形或条状披针形；头状花序卵形，直径 2~3 毫米，顶端锐尖，直立或斜展，在茎上排列成狭窄的总状花序或狭窄的圆锥状；瘦果矩圆状卵形。花期 8—9 月，果期 9 月。

【生　　境】旱生植物。在草原区的北部分布较广，是草原群落的重要伴生种或亚优势种，生于山坡草地、沙质草地。

【用　　途】良等饲用植物，牧区作牲畜饲料。

【分　　布】主要分布在巴彦托海镇、巴彦塔拉乡、锡尼河西苏木、辉苏木等地。

【拍摄地点】巴彦托海镇巴彦托海嘎查沙地

猪毛蒿

【学　　名】*Artemisia scoparia* Waldst. et Kit.

【蒙　　名】伊麻干 – 协日乐吉、协日 – 协日乐吉

【别　　名】米蒿、黄蒿、臭蒿、东北茵陈蒿

【形态特征】多年生或一、二年生草本。高达 1 米，植株有浓烈的香气；主根单一，狭纺锤形，垂直，半木质或木质化，根状茎粗短，常有细的营养枝；茎直立，单生，稀 2~3 条，红褐色或褐色，具纵沟棱，常自下部或中部开始分枝，茎、枝幼时被灰白色或灰黄色绢状柔毛，以后脱落；中部叶一至二回羽状全裂，小裂片丝状条形或毛发状；头状花序小，球形或卵球形，极多数在茎上排列成大型、开展的圆锥状；瘦果矩圆形或倒卵形。花果期 7—9 月。

【生　　境】旱生或中旱生植物。分布很广，在草原带和荒漠带均有分布，多生长在沙质土壤上，是夏雨型一年生层片的主要组成植物。

【用　　途】中等饲用植物，一般家畜均喜食，用以调制干草适口性更佳，春季和秋季绵羊、山羊、马、牛乐食。幼苗入中药，能清湿热、利胆退黄，主治黄疸、肝炎、尿少色黄等；幼苗或嫩茎叶入蒙药，主治肺热咳嗽、肺脓肿、感冒咳嗽、咽喉肿痛等。

【分　　布】全旗各苏木乡镇均有分布。

【拍摄地点】巴彦托海镇居民点

蟹甲草属 *Parasenecio* W. W. Smith et J. Small

无毛山尖子

【学　　名】*Parasenecio hastatus* (L.) H. Koyama var. *glaber* (Ledeb.) Y. L. Chen

【蒙　　名】给路格日 – 伊古新讷

【形态特征】多年生草本。高 40~150 厘米；具根状茎，有多数褐色须根；茎直立，具纵沟棱，下部无毛或近无毛，上部密被腺状短柔毛；中部叶三角状戟形，先端锐尖或渐尖，基部戟形或近心形，中间楔状下延成有狭翅的叶柄，基部不为耳状抱茎，边缘有尖齿，叶下面无毛或仅沿叶脉疏被短柔毛；头状花序多数，下垂，在茎顶排列成圆锥状；总苞片外面无毛或仅基部微被毛；管状花白色；冠毛与瘦果等长。花果期 7—8 月。

【生　　境】中生植物。为山地林缘草甸伴生种，也生于林下、河滩杂类草草甸。

【用　　途】低等饲用植物。

【分　　布】主要分布在锡尼河东苏木、伊敏苏木、红花尔基镇等地。

【拍摄地点】红花尔基镇北

狗舌草属 *Tephroseris* (Reichenb.) Reichenb.

狗舌草

【学　　名】*Tephroseris kirilowii* (Turcz. ex DC.) Holub

【蒙　　名】给其根讷

【形态特征】多年生草本。高 15~50 厘米，全株被蛛丝状毛，呈灰白色；根茎短，着生多数不定根；茎直立，单一；基生叶及茎下部叶呈莲座状，边缘有锯齿或全缘，茎中部叶条形或条状披针形，全缘，基部半抱茎，茎上部叶狭条形，全缘；头状花序具花 5~10 朵，于茎顶排列成伞房状；舌状花黄色或橙黄色，长 9~17 毫米；瘦果圆柱形，被毛；冠毛白色。花果期 6—7 月。

【生　　境】旱中生植物。生于典型草原、草甸草原及山地林缘。

【用　　途】中等饲用植物。全草入中药，味苦、微甘、性寒，有清热解毒、利尿、杀虫的功能，主治肺脓疡、尿路感染、小便不利、肾炎水肿、白血病、口腔炎、疖肿、疥疮等；根也可入中药，味苦、性寒，有解毒、利尿、活血消肿的功能，主治肾炎水肿、尿路感染、口腔炎、跌打损伤等。

【分　　布】全旗各苏木乡镇均有分布。

【拍摄地点】巴彦嵯岗苏木扎格达木丹嘎查

红轮狗舌草

【学　　名】*Tephroseris flammea* (Turcz. ex DC.) Holub

【蒙　　名】乌兰－给其根讷

【别　　名】红轮千里光

【形态特征】多年生草本。高 20~70 厘米，茎、叶和花序梗都被蛛丝状毛，并混生短柔毛；根茎短，着生密而细的不定根；茎直立，单一，上部分枝；茎中部叶披针形，无柄，半抱茎，边缘具细齿；头状花序在茎顶排列成伞房状；总苞杯形，苞片黑紫色；舌状花舌片橙红色或橙黄色，长 13~25 毫米，管状花 6~9 毫米，紫红色；瘦果圆柱形，被毛；冠毛污白色。花果期 7—8 月。

【生　　境】中生植物。生于具丰富杂类草的草甸及林缘灌丛。

【用　　途】中等饲用植物。全草入中药，能清热解毒、清肝明目，用于痈肿疔毒、咽喉肿痛、目赤肿痛、湿疹、皮炎、毒蛇咬伤、蝎蜂螫伤等。也可作野生观赏花卉。

【分　　布】主要分布在伊敏苏木、锡尼河东苏木等地。

【拍摄地点】伊敏苏木二道桥北

湿生狗舌草

【学　　名】*Tephroseris palustris* (L.) Reich.

【蒙　　名】那木根 – 给其根讷

【别　　名】湿生千里光

【形态特征】一、二年生草本。高 20~100 厘米；具须根；茎中空，基部直径达 1 厘米，被腺毛和曲柔毛，茎单一，上部分枝，有时基部分枝；基生叶及下部叶密集，边缘具缺刻状锯齿、波状齿或近羽状半裂，茎中部叶卵状披针形或披针形，通常两面被曲柔毛；头状花序在枝顶排列成聚伞状，花序梗被曲柔毛和腺毛；舌状花浅黄色，长约 5.5 毫米；瘦果圆柱形，无毛；冠毛白色，果期明显伸长，长于管状花花冠。花果期 6—7 月。

【生　　境】湿生植物。生于湖边沙地或沼泽，有时可形成密集的群落片段。

【用　　途】可作湖边野生观赏花卉。

【分　　布】主要分布在锡尼河西苏木、辉苏木、巴彦托海镇等地。

【拍摄地点】巴彦托海镇巴彦托海嘎查奶牛村湿地

千里光属 *Senecio* L.

欧洲千里光

【学　　名】*Senecio vulgaris* L.

【蒙　　名】恩格音－给其根讷

【形态特征】一年生草本。高 15~40 厘米；茎直立，稍肉质，具纵沟棱，被蛛丝状毛或无毛，多分枝；茎中部叶倒卵状匙形、倒披针形以至矩圆形，羽状浅裂或深裂，边缘具不整齐波状小浅齿，基部常扩大而抱茎；头状花序多数，在茎顶和枝端排列成伞房状，花序密集，花梗长 0.5~2 厘米；总苞片 18~22，外层小苞片 7~11；无舌状花，管状花黄色；瘦果圆柱形；冠毛白色。花果期 7—8 月。

【生　　境】中生植物。生于山坡及路旁。

【用　　途】低等饲用植物。全草入中药，可清热解毒、祛瘀消肿，用于口腔破溃、湿疹、小儿顿咳、无名毒疮、肿瘤等；也入蒙药，主治胃脘痛、泄泻、痢疾、腹痛、高血压等。

【分　　布】全旗各苏木乡镇均有分布。

【拍摄地点】巴彦托海镇路边

林荫千里光

【学　　名】*Senecio nemorensis* L.

【蒙　　名】敖衣音 – 给其根讷

【别　　名】黄菀

【形态特征】多年生草本。高 45~100 厘米；根茎短，着生多数不定根；茎直立，单一，上部分枝；基生叶及茎下部叶花期枯萎，中部叶卵状披针形或矩圆状披针形，长 5~15 厘米，宽 1~3 厘米，先端渐尖，基部楔形，近无柄，边缘具细锯齿；头状花序多数，在茎顶排列成伞房状；总苞钟形；舌状花黄色；瘦果圆柱形；冠毛白色。花果期 7—8 月。

【生　　境】中生植物。生于山地林缘及河边草甸。

【用　　途】中等饲用植物。全草入中药，有清热解毒、凉血、消肿的功能，主治热痢、眼结膜炎、肝炎、痈疖疔毒等；全草也入蒙药，功效同中药。

【分　　布】主要分布在伊敏苏木、锡尼河东苏木、红花尔基镇等地。

【拍摄地点】红花尔基镇林缘

麻叶千里光

【学　　名】*Senecio cannabifolius* Less.

【蒙　　名】阿拉嘎力格－给其根讷

【别　　名】宽叶还魂草、返魂草

【形态特征】多年生草本。高 60~150 厘米；根状茎倾斜并缩短，有多数细的不定根；茎直立，单一，光滑，具纵沟纹，基部略带红色；茎下部叶花期枯萎，中部叶羽状深裂，基部具 2 小叶耳，侧裂片 2~3 对，披针形或条形，边缘有尖锯齿；头状花序多数，在茎顶和枝端排列成复伞房状；总苞钟形；舌状花黄色，管状花多数；瘦果圆柱形；冠毛污黄白色。花果期 7—9 月。

【生　　境】中生植物。生于山地林缘及河边草甸，为草甸伴生种。

【用　　途】低等饲用植物。全草入中药，可止血、镇痛，用于心脏病、咳嗽痰喘等。

【分　　布】主要分布在伊敏苏木、红花尔基镇等地。

【拍摄地点】红花尔基镇

额河千里光

【学　　名】*Senecio argunensis* Turcz.

【蒙　　名】乌都力格 – 给其根讷

【别　　名】羽叶千里光

【形态特征】多年生草本。高 30~100 厘米；根状茎斜生，有多数细的不定根；茎直立，单一，具纵条棱，常被蛛丝状毛，中部以上有分枝；茎下部叶花期枯萎，中部叶卵形或椭圆形，羽状半裂、深裂，有的近二回羽裂，裂片条形或狭条形；头状花序多数，在茎顶排列成复伞房状；总苞直径 4~8 毫米；舌状花黄色，舌片长 10~15 毫米；瘦果圆柱形，无毛；冠毛白色。花果期 7—9 月。

【生　　境】中生植物。生于山地林缘、河边草甸、河边柳灌丛。

【用　　途】低等饲用植物。带根全草入中药，可清热解毒，主治痢疾、瘰疬、急性结膜炎、毒蛇咬伤、蝎蜂螫伤、疮疖肿毒、湿疹、皮炎、咽炎等；也作蒙药用，主治疮痈肿毒、外伤、骨折等。

【分　　布】主要分布在巴彦嵯岗苏木、锡尼河东苏木、伊敏苏木等地。

【拍摄地点】巴彦嵯岗苏木莫和尔图嘎查林缘边

橐吾属 *Ligularia* Cass.

箭叶橐吾

【学　　名】*Ligularia sagitta* (Maxim.) Mattf. ex Rehder et Kobuski

【蒙　　名】少布格日 – 特莫根 – 和乐

【形态特征】多年生草本。高 25~75 厘米；茎直立，单一，具明显的纵沟棱，被蛛丝状卷毛及短柔毛；基部为褐色枯叶纤维所包围，基生叶 2~3，三角状卵形，先端钝或有小尖头，基部近心形或戟形，边缘有细齿，有羽状脉，具叶柄，中部叶渐小，有扩大而抱茎的短柄，上部叶渐变为苞叶；头状花序在茎顶排列成总状；总苞钟状或筒状，长 6~7 毫米，宽 3~4 毫米；舌状花长 6~10 毫米；冠毛白色，约与管状花等长；瘦果褐色。花果期 7—9 月。

【生　　境】湿中生植物。河滩杂类草草甸伴生种，亦生于河边沼泽。

【用　　途】根、幼叶、花序入中药，根可润肺化痰、止咳，幼叶可催吐，花序能清热利湿、利胆退黄。

【分　　布】全旗各苏木乡镇均有分布。

【拍摄地点】巴彦托海镇巴彦托海嘎查湿地

蹄叶橐吾

【学　　名】*Ligularia fischeri* (Ledeb.) Turcz.

【蒙　　名】都归－特莫根－和乐

【别　　名】肾叶橐吾、马蹄叶、葫芦七

【形态特征】多年生草本。高 20~120 厘米；根肉质，黑褐色；茎直立，具纵沟棱，被黄褐色有节短柔毛或白色蛛丝状毛；基生叶和茎下部叶具柄，基部鞘状，叶片肾形或心形，先端钝圆或稍尖，基部心形，边缘有整齐的牙齿，茎中上部叶小，具短柄，鞘膨大；头状花序在茎顶排列成总状，基部有卵形或卵状披针形苞叶；总苞钟形，叶及总苞片无毛或疏被褐色有节短毛；舌状花 5~9，管状花多数；瘦果圆柱形；冠毛红褐色，明显短于管状花。花果期 7—9 月。

【生　　境】中生植物。生于林缘及河滩草甸、河边灌丛。

【用　　途】劣等饲用植物。根作紫菀入中药，能润肺下气、化痰止咳，主治风寒咳嗽气喘、肺虚久咳、痰中带血等；根也入蒙药，用于支气管炎、咳喘、肺结核、咯脓血、外伤及风湿病等。

【分　　布】主要分布在锡尼河东苏木、巴彦嵯岗苏木、伊敏苏木、红花尔基镇等地。

【拍摄地点】锡尼河东苏木呼和乌苏

蓝刺头属 *Echinops* L.

驴欺口

【学　　名】*Echinops davuricus* Fisch. ex Horn.

【蒙　　名】扎日阿 – 敖拉

【别　　名】单州漏芦、火绒草、蓝刺头

【形态特征】多年生草本。高 30~70 厘米；根褐色；茎直立，灰白色，上部密被白色蛛丝状绵毛，下部疏被蛛丝状毛；茎下部与中部叶二回羽状深裂，一回裂片卵形或披针形，全部边缘具不规则刺齿或三角形刺齿，上面无毛或疏被蛛丝状毛，并有腺点，下面密被白色绵毛；复头状花序单生于茎顶或枝端，蓝色；花冠裂片条形，淡蓝色；瘦果密被黄褐色柔毛。花期 6 月，果期 7—8 月。

【生　　境】嗜砾质的中旱生植物。草原地带和森林草原地带常见杂类草，多生长在含丰富杂类草的针茅草原和羊草草原群落中，也见于线叶菊山地草原及林缘草甸。

【用　　途】低等饲用植物。根和花序入中药，根（药材名：禹州漏芦）主治乳痈疮肿、乳汁不下、乳房作胀等，花序主治跌打损伤；花序也入蒙药，主治骨折创伤、胸背疼痛等。

【分　　布】全旗各苏木乡镇均有分布。

【拍摄地点】伊敏苏木二道桥北

风毛菊属 *Saussurea* DC.

美花风毛菊

【学　　名】*Saussurea pulchella* (Fisch.) Fisch.

【蒙　　名】高要 – 哈拉塔日干那

【别　　名】球花风毛菊

【形态特征】多年生草本。高 30~90 厘米；根状茎纺锤状，黑褐色；茎直立，有纵沟棱，带红褐色，被短硬毛和腺体或近无毛，上部分枝；基生叶矩圆形或椭圆形，羽状深裂或全裂，裂片条形或披针状条形，茎下部叶及中部叶与基生叶相似，上部叶披针形或条形；头状花序在茎顶或枝端排列成密集的伞房状；总苞球形或球状钟形，直径 10~15 毫米，全部总苞片先端具扩大的膜质附片；花冠淡紫色；瘦果圆柱形；冠毛 2 层，淡褐色。花果期 8—9 月。

【生　　境】中生植物。为山地森林草原、森林、林缘、灌丛及沟谷草甸常见伴生种。

【用　　途】低等饲用植物。全草入中药，可解热、祛湿、止泻、止血、止痛。也可作野生观赏花卉。

【分　　布】全旗各苏木乡镇均有分布。

【拍摄地点】巴彦嵯岗苏木扎格达木丹嘎查西山

草地风毛菊

【学　　名】*Saussurea amara* (L.) DC.

【蒙　　名】塔拉音－哈拉塔日干那

【别　　名】驴耳风毛菊、羊耳朵

【形态特征】多年生草本。高 20~50 厘米；茎直立，具纵沟棱，被短柔毛或近无毛，分枝或不分枝；基生叶与下部叶椭圆形、宽椭圆形或矩圆状椭圆形，基部楔形，具长柄，全缘或有波状齿至浅裂，密布腺点，边缘反卷，上部叶渐变小，全缘；头状花序多数，在茎顶和枝端排列成伞房状；总苞钟形或狭钟形，直径 8~12 毫米，外层总苞片先端无附片；花冠粉红色；瘦果矩圆形；冠毛 2 层，外层者白色，内层者淡褐色。花果期 7—9 月。

【生　　境】中生植物。为村旁、路边常见杂草。

【用　　途】低等饲用植物。

【分　　布】全旗各苏木乡镇均有分布。

【拍摄地点】巴彦托海镇巴彦托海嘎查奶牛村

柳叶风毛菊

【学　　名】*Saussurea salicifolia* (L.) DC.

【蒙　　名】乌达力格 – 哈拉塔日干那

【形态特征】多年生草本。高 15~40 厘米；根粗壮，扭曲，外皮纵裂为纤维状；茎多数丛生，直立，具纵沟棱，被蛛丝状毛或短柔毛，不分枝或由基部分枝；叶多数，条形或条状披针形，宽3~5 毫米，全缘，稀基部边缘具疏齿，上面无毛或疏被短柔毛，下面被白色毡毛；头状花序在枝端排列成伞房状；总苞筒状钟形，总苞片 4~5 层，红紫色；花冠粉红色；瘦果圆柱形；冠毛2 层，白色。花果期 8—9 月。

【生　　境】中旱生植物。为典型草原及山地草原地带常见伴生种。

【用　　途】低等饲用植物。全草入中药，可镇痛、止血、解毒、愈疮，用于刀伤、产后流血不止等。

【分　　布】主要分布在辉苏木、伊敏苏木、锡尼河东苏木等地。

【拍摄地点】辉苏木一棵松东

密花风毛菊

【学　　名】*Saussurea acuminata* Turcz. ex Fisch. et C. A. Mey.

【蒙　　名】呼日查 – 哈拉塔日干那

【别　　名】渐尖风毛菊

【形态特征】多年生草本。高 30~60 厘米；根状茎细长；茎单一，直立，具纵沟棱，近无毛，有由叶沿茎下延的窄翅，不分枝；叶质厚，基生叶花期常凋落，茎生叶披针形或条状披针形，基部渐狭成具翅的柄，柄基半抱茎，全缘，两面无毛，边缘被糙硬毛，反卷；头状花序多数，在茎端密集排列成半球形伞房状；总苞筒状钟形，总苞片 4 层；花冠淡紫色；瘦果圆柱状；冠毛 2 层，白色。花果期 8—9 月。

【生　　境】中生植物。森林、森林草原、河谷草甸伴生种。

【用　　途】中等饲用植物。可作野生观赏花卉。

【分　　布】主要分布在巴彦嵯岗苏木、锡尼河东苏木、伊敏苏木、红花尔基镇等地。

【拍摄地点】巴彦嵯岗苏木扎格达木丹嘎查

蓟属 *Cirsium* Mill.

莲座蓟

【学　　名】*Cirsium esculentum* (Sievers) C. A. Mey.

【蒙　　名】呼呼斯根讷、宝古尼 – 朝日阿

【别　　名】食用蓟

【形态特征】多年生无茎或近无茎草本。根状茎短，粗壮，具多数褐色须根；基生叶簇生，矩圆状倒披针形，先端钝或尖，有刺，羽状深裂，全部边缘有钝齿和或长或短的针刺，两面被皱曲多细胞长柔毛；头状花序数个密集于莲座状的叶丛中；总苞片顶端刺尖头或长渐尖；花冠红紫色；瘦果矩圆形；冠毛白色而下部带淡褐色，与花冠近等长。花果期 7—9 月。

【生　　境】中生植物。生于河漫滩阶地、湖滨阶地、山间谷地草甸。

【用　　途】低等饲用植物。全草入中药，用于肺痈、疮痈肿毒、皮肤病、肝热、各种出血等；根入蒙药（蒙药名：塔卜长图 – 阿吉日嘎纳），能排脓止血、止咳消痰，主治肺脓肿、支气管炎、疮痈肿毒、皮肤病等。

【分　　布】全旗各苏木乡镇均有分布。

【拍摄地点】辉苏木北辉河边

烟管蓟

【学　　名】*Cirsium pendulum* Fisch. ex DC.

【蒙　　名】温吉格日－阿扎日干那

【形态特征】二年生或多年生草本。高1米左右；茎直立，疏被蛛丝状毛，上部有分枝；基生叶与茎下部叶花期凋萎，二回羽状深裂，裂片披针形或卵形，裂片和齿端以及边缘均有刺，两面被短柔毛和腺点，茎中部叶椭圆形，上部叶渐小，裂片条形；头状花序直径3~4厘米，下垂，多数在茎上部排列成总状；总苞卵形，总苞片8层，先端具刺尖；花冠紫色，花狭管部细丝状，长于檐部2~3倍；瘦果矩圆形；冠毛淡褐色。花果期7—9月。

【生　　境】中生植物。森林草原与草原地带河漫滩草甸、湖滨草甸、沟谷及林缘草甸中较常见的大型杂类草。

【用　　途】低等饲用植物。根及全草入中药，能凉血、止血、祛瘀、消肿、止痛；也入蒙药，主治衄血、咯血、吐血、尿血、产后出血、外伤出血、跌打损伤等。

【分　　布】全旗各苏木乡镇均有分布。

【拍摄地点】巴彦托海镇居民点附近

绒背蓟

【学　　名】*Cirsium vlassovianum* Fisch. ex DC.

【蒙　　名】宝古日乐－阿扎日干那

【形态特征】多年生草本。高 30~100 厘米；具块根，呈指状；茎直立，有多细胞长节毛，上部分枝；基生叶与茎下部叶披针形，花期凋萎，茎中部叶矩圆状披针形或卵状披针形，边缘密生细刺或有刺尖齿，叶两面异色，上面绿色，被多细胞长节毛，下面灰白色，密被蛛丝状丛卷毛；头状花序单生于枝端，直立；总苞钟状球形，总苞片 6 层，先端长渐尖，有刺尖头；花冠紫红色，狭管部比檐部短；瘦果矩圆形；冠毛淡褐色。花果期 5—9 月。

【生　　境】中生植物。生于山地林缘、山坡草地、林缘草甸、沟谷、河岸及湖滨草甸。

【用　　途】低等饲用植物。块根入中药，主治风湿性关节炎、四肢麻木等；块根也入蒙药，功效同中药。

【分　　布】主要分布在巴彦嵯岗苏木、锡尼河东苏木、伊敏苏木、红花尔基镇等地。

【拍摄地点】巴彦嵯岗苏木五泉山旅游点

大刺儿菜

【学　　名】*Cirsium setosum* (Willd.) M. Bieb.

【蒙　　名】阿古拉音 – 阿扎日干那、毛日音 – 朝日阿

【别　　名】大蓟、刺蓟、刺儿菜、刻叶刺儿菜

【形态特征】多年生草本。高 50~100 厘米；具长的根状茎；茎直立，近无毛或疏被蛛丝状毛，上部有分枝；下部叶及中部叶矩圆形或长椭圆状披针形，具刺尖，边缘有缺刻状粗锯齿或羽状浅裂，有细刺；雌雄异株；头状花序多数集生于茎枝顶端排列成伞房状；雌花花冠紫红色，花冠裂片深裂至檐部的基部；瘦果倒卵形或矩圆形；冠毛白色或基部带褐色。花果期 7—9 月。

【生　　境】中生杂草。草原地带、森林草原地带退耕撂荒地上最先出现的先锋植物之一，也见于严重退化的放牧场和耕作粗放的各类农田。

【用　　途】中等饲用植物。全草入中药，能凉血止血、消散痈肿，主治咯血、衄血、尿血、痈肿疮毒等。

【分　　布】全旗各苏木乡镇均有分布。

【拍摄地点】巴彦托海镇路边

飞廉属 *Carduus* L.

节毛飞廉

【学　　名】*Carduus acanthoides* L.

【蒙　　名】侵瓦音 – 乌日格苏

【别　　名】飞廉

【形态特征】二年生草本。高 70~90 厘米；茎直立，具绿色纵翅，翅有齿刺，疏被多细胞皱缩的长柔毛，上部有分枝；下部叶披针形，羽状半裂或深裂，边缘具齿刺，中部叶与上部叶渐变小；头状花序 2~3 个聚生于枝端；总苞钟形，总苞片 7~8 层；花紫红色；瘦果长椭圆形；冠毛白色或灰白色。花果期 6—8 月。

【生　　境】中生杂草。生于路旁、田边。

【用　　途】低等饲用植物。地上部分入中药，能清热解毒、消肿、凉血止血，主治无名肿毒、痔疮、外伤肿痛、各种出血等。

【分　　布】全旗各苏木乡镇均有分布。

【拍摄地点】巴彦托海镇索伦桥西

麻花头属 *Klasea* Cassini

球苞麻花头

【学　　名】*Klasea marginata* (Tausch.) Kitag.

【蒙　　名】布木布日根－洪古日－扎拉

【别　　名】地丁叶麻花头、薄叶麻花头

【形态特征】多年生草本。高 15~75 厘米；根状茎黑褐色，具多数须根，细绳状；茎直立，单一，上部无叶，叶灰绿色，无毛，基生叶与茎下部叶矩圆形、椭圆形、宽椭圆形或卵形，先端有小刺尖，全缘或具缺刻，边缘具短缘毛或疏生小短刺；头状花序单生于茎顶；总苞钟状，被蛛丝状毛与短柔毛，外层总苞片顶部暗褐色或黑色；管状花红紫色，与具裂片的檐部等长；瘦果矩圆形；冠毛黄色。花果期 6—8 月。

【生　　境】中生植物。生于草原地带山坡或丘陵坡地，为草原化草甸群落伴生种。

【用　　途】中等饲用植物。

【分　　布】主要分布在巴彦嵯岗苏木、锡尼河西苏木、锡尼河东苏木等地。

【拍摄地点】锡尼河西苏木特莫胡珠嘎查牧民院内

麻花头

【学　　名】*Klasea centauroides* (L.) Cassini ex Kitag.

【蒙　　名】洪古日－扎拉

【别　　名】花儿柴

【形态特征】多年生草本。高 30~60 厘米；根状茎黑褐色，具多数褐色须状根；茎直立，被皱曲柔毛，有褐色枯叶柄纤维，不分枝或上部有分枝；基生叶与茎下部叶椭圆形，羽状深裂或羽状全裂，稀羽状浅裂，裂片矩圆形至条形，裂片具小尖头，全缘或有疏齿；头状花序数个生于枝端；总苞卵形或长卵形，上部稍收缩，直径 1.5~2 厘米，总苞片黄绿色；管状花淡紫色或白色；瘦果矩圆形；冠毛淡黄色。花果期 6—8 月。

【生　　境】中旱生植物。为典型草原地带、山地森林草原地带以及夏绿阔叶林地区较为常见的伴生植物，有时在沙壤质土壤上可成为亚优势，在撂荒地上局部可形成临时性优势杂草。

【用　　途】中等饲用植物。全草入中药，可清热解毒、止血、止泻，用于痈肿、疔疮等。

【分　　布】全旗各苏木乡镇均有分布。

【拍摄地点】巴彦嵯岗苏木扎格达木丹嘎查樟子松林下

伪泥胡菜属 *Serratula* L.

伪泥胡菜

【学　　名】*Serratula coronata* L.

【蒙　　名】地特木图－洪古日－扎拉

【形态特征】多年生草本。高 50~100 厘米；根状茎木质，平伸，具多数细绳状不定根；茎直立，无毛或下部被短毛，绿色或红紫色，不分枝或上部有分枝；叶卵形或椭圆形，羽状深裂或羽状全裂，裂片披针形，先端具刺尖头，边缘有不规则缺刻状疏齿及糙硬毛；头状花序单生于枝端；总苞钟形，总苞片 6~7 层；花紫红色；瘦果矩圆形；冠毛淡褐色。花果期 7—9 月。

【生　　境】中生植物。广泛分布于森林、森林草原以及干旱、半干旱地区的山地，为杂类草草甸、林缘草甸伴生种。

【用　　途】中等饲用植物。根、叶及茎入中药，根、叶用于呕吐、淋症、疝气、肿瘤，茎用于咽喉痛、贫血、疟疾；也入蒙药，主治胃脘痛、呕吐、泄泻、淋病、肿瘤、感冒咽痛、疟疾等。

【分　　布】主要分布在巴彦嵯岗苏木、锡尼河东苏木等地。

【拍摄地点】巴彦嵯岗苏木扎格达木丹嘎查

漏芦属 *Rhaponticum* Ludw.

漏芦

【学　　名】*Rhaponticum uniflorum* (L.) DC.

【蒙　　名】洪古乐朱日

【别　　名】祁州漏芦、和尚头、大口袋花、牛馒头

【形态特征】多年生草本。高 20~60 厘米；主根黑褐色；茎直立，单一，被白色绵毛或短柔毛；基生叶与下部叶叶片长椭圆形，羽状深裂至全裂，裂片矩圆状披针形，边缘具不规则牙齿，裂片和齿端具短尖头；头状花序直径 3~6 厘米，单生于茎枝顶端；总苞半钟形，总苞片多层，具干膜质的附片；花淡紫红色或白色；瘦果长椭圆形，压扁，具 4 棱；冠毛淡褐色，具羽状短毛。花果期 6—8 月。

【生　　境】中旱生植物。为山地草原、山地森林草原、石质典型草原、草甸草原常见的伴生种。

【用　　途】良等饲用植物。根入中药，主治乳痈疮肿、乳汁不下、乳房作胀等；花入蒙药，主治感冒、心热、痢疾、血热及传染性热症等。

【分　　布】全旗各苏木乡镇均有分布。

【拍摄地点】锡尼河东苏木哈日嘎那嘎查西

大丁草属 *Leibnitzia* Cass.

大丁草

【学　　名】*Leibnitzia anandria* (L.) Turcz.

【蒙　　名】哈达嘎孙－其其格

【形态特征】多年生春秋两型草本。被白色蛛丝状绵毛，春型者较矮小，高 5~15 厘米，秋型者较大，高达 30 厘米；基生叶莲座状，卵形或椭圆状卵形，提琴状羽状分裂，顶裂片大，侧裂片小，边缘具不规则圆齿，上面绿色，下面密被白色绵毛；总苞钟形，总苞片 2~3 层；舌状花冠紫红色，管状花花冠二唇状；瘦果纺锤形；冠毛淡棕色。春型者花期 5—6 月，秋型者为 7—9 月。

【生　　境】中生植物。生于山地林缘草甸及林下，也见于田边、路旁。

【用　　途】中等饲用植物。全草入中药，能祛风除湿、止咳、解毒，主治风湿麻木、咳嗽、疔疮等。

【分　　布】主要分布在巴彦嵯岗苏木、锡尼河东苏木、伊敏苏木等地。

【拍摄地点】巴彦嵯岗苏木西

猫儿菊属 *Hypochaeris* L.

猫儿菊

【学　　名】*Hypochaeris ciliata* (Thunb.) Makino

【蒙　　名】车格车黑

【别　　名】黄金菊

【形态特征】多年生草本。高 15~60 厘米；茎直立，全部或仅下部被较密的硬毛，不分枝，基部被黑褐色枯叶柄；基生叶匙状矩圆形，基部渐狭成柄状，边缘具不规则的小尖齿，中上部叶宽椭圆形或卵形，基部耳状抱茎，边缘具尖齿；头状花序单生茎顶；总苞半球形，总苞片 3~4 层；舌状花橘黄色；瘦果圆柱形；冠毛 1 层，羽毛状。花果期 7—8 月。

【生　　境】中生植物。生于山地林缘、草甸。

【用　　途】低等饲用植物。根入中药，能利水，主治膨胀。

【分　　布】主要分布在锡尼河东苏木、伊敏苏木等地。

【拍摄地点】伊敏苏木头道桥林场

婆罗门参属 *Tragopogon* L.

东方婆罗门参

【学　　名】*Tragopogon orientalis* L.

【蒙　　名】伊麻干 – 萨哈拉

【别　　名】黄花婆罗门参

【形态特征】二年生草本。高达 30 厘米，全株无毛；根圆柱形，褐色；茎直立，单一或有分枝；叶灰绿色，条形或条状披针形，先端长渐尖，基部扩大而抱茎，茎上部叶渐变短小；头状花序单生于茎枝顶端；总苞矩圆状圆柱形，总苞片 1 层；舌状花黄色；瘦果纺锤形，具长喙；冠毛多层，羽毛状，污黄色。花果期 6—9 月。

【生　　境】中生植物。生于林下及山地草甸。

【用　　途】可作野生观赏花卉。

【分　　布】全旗各苏木乡镇均有分布。

【拍摄地点】巴彦托海镇街心公园

鸦葱属 *Scorzonera* L.

笔管草

【学　　名】*Scorzonera albicaulis* Bunge

【蒙　　名】查干 – 哈比斯干那

【别　　名】华北鸦葱、白茎鸦葱、细叶鸦葱

【形态特征】多年生草本。高 50~100 厘米；根圆柱状，暗褐色，根颈部有少数上年枯叶柄；茎直立，常单一，绿色，被白色绵毛；基生叶条形，长达 30 厘米，扁平，先端渐尖，基部渐狭成有翅的长柄，具 5~7 脉，茎生叶全部互生；头状花序数个，在茎顶和侧生花梗顶端排成伞房状，有时成长伞形；舌状花黄色，干后变红紫色；瘦果圆柱形；冠毛污黄色。花果期 7—8 月。

【生　　境】中生植物。生于山地林缘、林下、灌丛、草甸及路旁。

【用　　途】良等饲用植物。根入中药，能清热解毒、消炎、通乳，主治疔毒恶疮、乳痈、外感风热等。

【分　　布】主要分布在巴彦嵯岗苏木、锡尼河东苏木、伊敏苏木等地。

【拍摄地点】巴彦嵯岗苏木莫和尔图嘎查

毛梗鸦葱

【学　　名】*Scorzonera radiata* Fisch. ex Ledeb.

【蒙　　名】那日音 – 哈比斯干那

【别　　名】狭叶鸦葱

【形态特征】多年生草本。高 10~30 厘米；根圆柱形，深褐色，垂直或斜伸，主根发达或分出侧根，根颈部被覆黑褐色或褐色膜质鳞片状残叶；茎单一，稀 2~3，直立，植株或多或少被蛛丝状短毛；基生叶条形、条状披针形或披针形，有时倒披针形，茎生叶 1~3，较基生叶短而狭；头状花序单生于茎顶；总苞筒状，总苞片 5 层，常带红褐色；舌状花黄色；瘦果圆柱形，黄褐色；冠毛污白色。花果期 5—7 月。

【生　　境】中生植物。生于山地林下、林缘、草甸及河滩砾石地。

【用　　途】良等饲用植物。根入中药，可发表散寒、祛风除湿，用于风湿、感冒、筋骨疼痛等。

【分　　布】主要分布在巴彦嵯岗苏木、锡尼河东苏木、伊敏苏木等地。

【拍摄地点】伊敏苏木头道桥林场林下

桃叶鸦葱

【学　　名】*Scorzonera sinensis* (Lipsch. et Krasch.) Nakai

【蒙　　名】矛日音－哈比斯干那

【别　　名】老虎嘴

【形态特征】多年生草本。高 5~10 厘米；根圆柱形，深褐色，根颈部被稠密而厚实的纤维状残叶，黑褐色；茎单生或 3~4 个聚生，无毛，有白粉；基生叶灰绿色，常呈镰状弯曲，披针形或宽披针形，边缘显著呈波状皱曲，两面无毛，有白粉，具弧状脉，中脉隆起，白色，茎生叶鳞片状，半抱茎；头状花序单生于茎顶；总苞筒形，总苞片 4~5 层；舌状花黄色，外面玫瑰色；瘦果圆柱状，暗黄色或白色；冠毛白色。花果期 5—6 月。

【生　　境】中旱生植物。生于石质山坡、丘陵坡地、沟谷、沙丘。

【用　　途】良等饲用植物。根入中药，能清热解毒、消炎、通乳，主治疗毒恶疮、乳痈、外感风热等。

【分　　布】主要分布在锡尼河东苏木、伊敏苏木、红花尔基镇、辉苏木等地。

【拍摄地点】锡尼河东苏木维纳河石质山坡上

鸦葱

【学　　名】*Scorzonera austriaca* Willd.

【蒙　　名】哈比斯干那、塔拉音—哈比斯干那

【别　　名】奥国鸦葱

【形态特征】多年生草本。高 5~35 厘米；根圆柱形，深褐色，根颈部被稠密而厚实的纤维状残叶，黑褐色；茎直立，具纵沟棱，无毛；基生叶灰绿色，条形、条状披针形、披针形以至长椭圆状卵形，边缘平展或稍呈波状皱曲，茎生叶 2~4，基部扩大而抱茎；头状花序单生于茎顶；总苞宽圆柱形，总苞片 4~5 层；舌状花黄色，干后紫红色；瘦果圆柱形；冠毛污白色至淡褐色。花果期 5—7 月。

【生　　境】中旱生植物。散生于草原群落及草原带的丘陵坡地或石质山坡、平原、河岸。

【用　　途】良等饲用植物。根入中药，可消肿解毒，用于五劳七伤、疔疮痈肿、毒蛇咬伤、蚊虫叮咬、乳痈；也可入蒙药，治乳汁不下、结核性淋巴腺炎、肺结核、跌打损伤、虫蛇咬伤等。

【分　　布】全旗各苏木乡镇均有分布。

【拍摄地点】巴彦嵯岗苏木阿拉坦敖希特嘎查西

毛连菜属 *Picris* L.

毛连菜

【学　　名】*Picris japonica* Thunb.

【蒙　　名】乌苏力格 – 查希布 – 其其格、协日 – 图如

【别　　名】枪刀菜、日本毛连菜

【形态特征】二年生草本。高 30~80 厘米；茎直立，具纵沟棱，有钩状分叉的硬毛，基部稍带紫红色，上部有分枝；下部叶矩圆状披针形，基部渐狭成具窄翅的柄，边缘有微牙齿，两面被具钩状分叉的硬毛，中部叶无叶柄，上部叶小；头状花序在茎顶排列成伞房圆锥状；总苞筒状钟形，总苞片 3 层；舌状花淡黄色；瘦果近圆柱形；冠毛 2 层，污白色。花果期 7—8 月。

【生　　境】中生植物。生于山野路旁、林缘、林下或沟谷中。

【用　　途】劣等饲用植物。全草入中、蒙药（蒙药名：希拉 – 明站），能清热、消肿、止痛，主治流感、乳痈、阵刺等。

【分　　布】主要分布在锡尼河东苏木、伊敏苏木、红花尔基镇等地。

【拍摄地点】红花尔基镇南山

蒲公英属 *Taraxacum* Weber

红梗蒲公英

【学　　名】*Taraxacum erythropodium* Kitag.（*Taraxacum variegatum* Kitag.）

【蒙　　名】乌兰 – 巴格巴盖 – 其其格

【别　　名】斑叶蒲公英

【形态特征】多年生草本。根粗壮，圆柱状，深褐色；叶倒披针形或长圆状披针形，近全缘或倒向羽状半裂至深裂，顶裂片三角状戟形，叶两面多少被蛛丝状毛或无毛，上面有紫红色斑点或斑纹；叶柄及花葶鲜红紫色；花葶高 5–15 厘米；头状花序；总苞钟状，先端具短角状凸起；舌状花黄色；瘦果；冠毛白色。花果期 4—6 月。

【生　　境】中生植物。生于山地草甸或轻盐渍化草甸。

【用　　途】中等饲用植物。全草入中药，用于治疗淋病、泌尿系统感染、流行性腮腺炎、扁桃体炎、咽喉炎、气管炎、淋巴腺炎、乳腺炎、恶疮疔毒等。

【分　　布】全旗各苏木乡镇均有分布。

【拍摄地点】锡尼河西苏木西博嘎查苇塘附近

蒲公英

【学　　名】*Taraxacum mongolicum* Hand.-Mazz.

【蒙　　名】巴格巴盖－其其格、布布格灯

【别　　名】蒙古蒲公英、婆婆丁、姑姑英

【形态特征】多年生草本。根圆柱状，黑褐色；叶倒卵状披针形、倒披针形或长圆状披针形，叶缘具不规则缺刻或倒向羽状浅裂，顶裂三角形或三角状戟形，全缘或有齿；花葶高 10~25 厘米；头状花序；总苞钟状，总苞片 2~3 层，外层总苞片基部淡绿色，上部紫红色，先端增厚或具角状凸起，内层总苞片先端紫红色，具小角状凸起；舌状花黄色，边缘花舌片背面具紫红色条纹；瘦果暗褐色；冠毛白色。花果期 5—9 月。

【生　　境】中生杂草。广泛地生于山坡草地、路边、田野、河岸沙质地。

【用　　途】中等饲用植物。全草入中药，能清热解毒、利尿散结，主治急性乳腺炎、淋巴腺炎、瘰疬、疔毒疮肿、急性结膜炎、感冒发热、急性扁桃体炎、急性支气管炎、胃炎、肝炎、胆囊炎、尿路感染等；全草入蒙药，能清热解毒，主治乳痈、淋巴腺炎、胃热等。

【分　　布】全旗各苏木乡镇均有分布。

【拍摄地点】呼伦贝尔市新区路边

白花蒲公英

【学　名】*Taraxacum pseudo-albidum* Kitag.〔*Taraxacum leucanthum* (Ledeb.) Ledeb.〕

【蒙　名】查干－巴格巴盖－其其格

【形态特征】多年生草本。高 12~18 厘米；叶基生，绿色或带紫色，两面疏被柔毛或无毛，大头倒向羽状深裂，顶裂片三角状戟形或长三角形，侧裂片三角形、披针形至线形，全缘或具齿，常在裂片间夹生小裂片或齿；花葶数个，上部密被蛛丝状毛；总苞钟状，外层先端具角状凸起，带红紫色，内层先端暗紫色，肥厚或具小角状凸起；舌状花白色；瘦果褐色，喙长 10~15 毫米；冠毛白色。花果期 5—7 月。

【生　境】中生杂草。生于原野或路旁。

【用　途】中等饲用植物。全草入中药，能清热解毒、消痈散结，主治乳痈、瘰疬痰核、疔毒疮肿、热淋、小便短赤、淋涩疼痛等。

【分　布】全旗各苏木乡镇均有分布。

【拍摄地点】巴彦托海镇巴彦托海嘎查奶牛村

亚洲蒲公英

【学　　名】*Taraxacum asiaticum* Dahlst.

【蒙　　名】阿子牙音 – 巴格巴盖 – 其其格

【别　　名】戟叶蒲公英

【形态特征】多年生草本。高 10~30 厘米；根圆锥形，暗褐色，根颈部有暗褐色残叶茎；叶倒披针形，羽状深裂至全裂，顶端裂片条形，侧裂片水平开展或稍下倾，裂片间常夹生多数小裂片或小齿；花葶数个，与叶等长或长于叶；总苞钟状，外层总苞片先端红紫色，有不明显的角状凸起，反卷，内层者无明显的角状凸起；舌状花冠淡黄色或白色；瘦果上部有短刺状凸起；冠毛白色。花果期 5—8 月。

【生　　境】中生植物。广泛生于河滩、草甸、村舍附近。

【用　　途】中等饲用植物。全草入中药，能清热解毒、利尿散结，主治急性乳腺炎、淋巴腺炎、瘰疬、疔毒疮肿、急性结膜炎、感冒发热、急性扁桃体炎、急性支气管炎、胃炎、肝炎、胆囊炎、尿路感染等。

【分　　布】全旗各苏木乡镇均有分布。

【拍摄地点】锡尼河东苏木小孤山防火站

芥叶蒲公英

【学　　名】*Taraxacum brassicaefolium* Kitag.

【蒙　　名】得米格力格－巴格巴盖－其其格

【形态特征】多年生草本。高 30~50 厘米；叶宽倒披针形或宽线形，似芥叶，叶不规则大头羽状深裂，侧裂片常上倾或水平开展，裂片间无或有锐尖的小齿，顶端裂片正三角形，极宽，全缘；花葶数个，常为紫褐色；头状花序；总苞宽钟状，先端具短角状凸起；舌状花冠黄色；瘦果上部具刺状凸起，中部有短而钝的小瘤，下部渐光滑，喙长 10~15 毫米；冠毛白色。花果期5—6 月。

【生　　境】中生植物。生于山地草甸、林缘、河岸沙质湿地。

【用　　途】中等饲用植物。全草入中药，清热解毒、利尿散结。

【分　　布】主要分布在巴彦嵯岗苏木、锡尼河东苏木、伊敏苏木等地。

【拍摄地点】锡尼河东苏木小孤山防火站

粉绿蒲公英

【学　　名】*Taraxacum dealbatum* Hand.-Mazz.

【蒙　　名】淖高布特日－巴格巴盖－其其格

【形态特征】多年生草本。根颈部密被黑褐色残存叶基；叶倒披针形或倒披针状线形，倒向羽状深裂，灰绿色，全缘，裂片间无齿，亦无小裂片，叶柄常显紫红色，叶基腋部有丰富的褐色皱曲毛；花葶高 10~20 厘米，常带粉红色；头状花序；总苞钟状，总苞片先端常显紫红色，无角，外层总苞片具白色膜质边缘，内层总苞片长为外层的 2 倍；舌状花淡黄色或白色；瘦果的喙长 3~6（8）毫米；冠毛白色。花果期 6—8 月。

【生　　境】耐盐中生植物。生于盐渍化草甸和河边。

【用　　途】中等饲用植物。

【分　　布】主要分布在锡尼河西苏木、辉苏木、巴彦塔拉乡等地。

【拍摄地点】锡尼河西苏木西博嘎查苇塘附近

白缘蒲公英

【学　　名】*Taraxacum platypecidum* Diels

【蒙　　名】乌日根 – 巴格巴盖 – 其其格

【别　　名】热河蒲公英、山蒲公英

【形态特征】多年生草本。高 5~40 厘米；根圆柱状，黑褐色，根颈部有黑褐色残叶基；叶宽倒披针形或倒披针形，植株外面的叶边缘具稀疏浅齿，里面的叶大头倒向羽状深裂，顶裂片三角形，侧裂片三角形或披针形，平展或稍向下，裂片间无或夹生小裂片或齿；花葶数个；总苞无角状凸起，外层总苞片具宽膜质边缘；舌状花冠黄色；瘦果；冠毛白色。花果期 6—7 月。

【生　　境】中生植物。生于山地阔叶林下及沟谷草甸。

【用　　途】中等饲用植物。全草入中药，有清热解毒、消肿散结、利尿通淋的功效。

【分　　布】主要分布在锡尼河东苏木、伊敏苏木等地。

【拍摄地点】伊敏苏木头道桥林下

东北蒲公英

【学　　名】*Taraxacum ohwianum* Kitam.

【蒙　　名】曼吉音 – 巴格巴盖 – 其其格

【形态特征】多年生草本。高 10~20 厘米；根粗长，圆锥形；叶倒披针形，长 10~30 厘米，大头羽状、倒向羽状深裂或浅裂，顶裂片大，菱状三角形，裂片间有齿或缺刻；花葶数个，长于叶；总苞钟状，外层总苞无或有小角状凸起，内层者先端无小角状凸起，边缘狭膜质；舌状花冠黄色；瘦果麦秆黄色，长 3~3.5 毫米，上部有刺状凸起；冠毛污白色。花果期 5—6 月。

【生　　境】中生植物。生于山坡、路旁、河边。

【用　　途】中等饲用植物。全草入中药，主治乳痈、瘰疬、疔毒疮肿、风眼赤肿、咽喉肿痛、湿热及小便淋沥涩痛等。

【分　　布】全旗各苏木乡镇均有分布。

【拍摄地点】巴彦嵯岗苏木扎格达木丹嘎查

苦苣菜属 Sonchus L.

苣荬菜

【学　　名】*Sonchus brachyotus* DC.

【蒙　　名】伊达日、嘎希棍－淖高

【别　　名】取麻菜、甜苣、苦菜、长裂苦苣菜

【形态特征】多年生草本。高 20~80 厘米；茎直立，具纵沟棱，无毛，下部常带紫红色，通常不分枝；叶灰绿色，基生叶与茎下部叶长圆形或倒披针形，基部渐狭，不抱茎，边缘疏具波状牙齿或羽状浅裂，稀全缘，裂片三角形，边缘疏具小刺尖齿，中部叶与基生叶相似，最上部叶小；头状花序多数或少数在茎顶排列成伞房状，有时单生，花序梗无腺毛；总苞钟状；舌状花黄色；瘦果稍压扁；冠毛白色。花果期 6—9 月。

【生　　境】中生杂草。生于田间、村舍附近、路边、水边湿地。

【用　　途】优等饲用植物。全草入中药（药材名：败酱），能清热解毒、消肿排脓、祛瘀止痛，主治肠痈、疮疖肿毒、肠炎、痢疾、带下、产后瘀血腹痛、痔疮等。其嫩茎叶可供食用。

【分　　布】全旗各苏木乡镇均有分布。

【拍摄地点】巴彦托海镇居民点附近

苦苣菜

【学　　名】*Sonchus oleraceus* L.

【蒙　　名】嘎希棍－伊达日、哈日－伊达日

【别　　名】苦菜、滇苦菜

【形态特征】一或二年生草本。高 30~80 厘米；根圆锥形或纺锤形；茎直立，中空；叶无毛，长椭圆状披针形，大头羽裂或不分裂，裂片边缘具不整齐刺尖牙齿，下部叶有具翅短柄，柄基扩大抱茎，中部和上部叶无柄，基部扩大呈戟形抱茎；头状花序在茎顶排列成伞房状，花序梗被腺毛；舌状花黄色；瘦果边缘具微齿，纵肋间具横纹；冠毛白色。花果期 6—9 月。

【生　　境】中生杂草。生于田野、路旁、村舍附近。

【用　　途】全草入中药，能清热、凉血、解毒，主治痢疾、黄疸、血淋、痔瘘、疔肿、蛇咬等；全草也入蒙药，主治"协日"热、口苦、口渴、发烧、不思饮食、泛酸、胃痛、嗳气等。

【分　　布】全旗各苏木乡镇均有分布。

【拍摄地点】巴彦托海镇居民点

莴苣属 *Lactuca* L.

野莴苣

【学　　名】*Lactuca serriola* L.

【蒙　　名】阿日嘎力格 – 嘎伦 – 伊达日

【形态特征】一年生草本。高 50~80 厘米；茎单生，直立，无毛或有时有白色茎刺，上部圆锥状花序分枝或自基部分枝；中下部茎叶倒披针形或长椭圆形，倒向羽状浅裂、半裂或深裂，有时不裂，基部抱茎，全部叶或裂片边缘有细齿、刺齿、细刺或全缘；头状花序多数，在茎枝顶端排成圆锥状花序；舌状花黄色；瘦果浅褐色，每面有 8~10 条细纵肋，果喙长于瘦果 1.5 倍；冠毛白色。花果期 6—8 月。

【生　　境】中生植物。生于荒地、路旁、河滩砾石地、山坡石缝中及草地。

【用　　途】良等饲用植物，适于作猪、禽的青饲料。

【分　　布】全旗各苏木乡镇均有分布。

【拍摄地点】巴彦托海镇居民点

山莴苣

【学　　名】*Lactuca sibirica* (L.) Benth. ex Maxim.

【蒙　　名】乌拉音 – 嘎伦 – 伊达日

【别　　名】北山莴苣、山苦菜、西伯利亚山莴苣

【形态特征】多年生草本。高 20~90 厘米；茎直立，通常单一，红紫色，无毛，上部有分枝；叶披针形、长椭圆状披针形或条状披针形，基部楔形、心形或扩大呈耳状而抱茎，全缘或有浅牙齿或缺刻；头状花序少数或多数，在茎顶或枝端排列成疏伞房状或伞房圆锥状；总苞片 3~4 层，紫红色；舌状花蓝紫色；瘦果椭圆形，灰色，顶端无喙；冠毛污白色。花果期 7—8 月。

【生　　境】中生植物。生于山地林下、林缘、草甸、河边、湖边。

【用　　途】中等饲用植物。全草及根入中药，全草可清热解毒、理气止血，根可消肿止血。

【分　　布】全旗各苏木乡镇均有分布。

【拍摄地点】巴彦托海镇三道湾

黄鹌菜属 *Youngia* Cass.

细叶黄鹌菜

【学　　名】*Youngia tenuifolia* (Willd.) Babc. et Stebb.

【蒙　　名】杨给日干那

【别　　名】蒲公幌

【形态特征】多年生草本。高 10~45 厘米；根粗壮而伸长，木质，黑褐色；茎数个簇生或单一，直立，具纵沟棱，上部有分枝；基生叶丛生，顺向羽状全裂，条状披针形或条形，有时为三角状披针形，稀条状丝形，全缘，具疏锯齿或条状尖裂片，具长柄，基生叶柄基部稍扩大，里面密被褐色绵毛；头状花序多数在茎上排列成聚伞圆锥状；总苞圆柱形，苞片外面被毛，顶端鸡冠状，背面近顶端有角状凸起；瘦果纺锤形，黑色；冠毛白色。花果期 7—9 月。

【生　　境】中生植物。生于山地草甸或灌丛中。

【用　　途】良等饲用植物。

【分　　布】全旗各苏木乡镇均有分布。

【拍摄地点】锡尼河东苏木小孤山北

还阳参属 *Crepis* L.

屋根草

【学　　名】*Crepis tectorum* L.

【蒙　　名】得格布日 – 宝黑 – 额布斯

【形态特征】一年生草本。高 30~90 厘米；茎直立，具纵沟棱，基部常带紫红色，被伏柔毛，上部混生腺毛；基生叶与茎下部叶条形、披针状条形或条状倒披针形，基部渐狭成具窄翅的短柄，边缘有不规则牙齿，羽状浅裂，稀羽状全裂，中部叶与下部叶相似，但无柄，抱茎，基部有 1 对小尖耳，上部叶全缘；头状花序在茎顶排列成伞房圆锥状；总苞狭钟状，被蛛丝状毛并混生腺毛；舌状花黄色；瘦果纺锤形，黑褐色；冠毛白色。花果期 6—8 月。

【生　　境】中生杂草。生于山地草原或农田。

【用　　途】中等饲用植物。可作野生观赏花卉。

【分　　布】全旗各苏木乡镇均有分布。

【拍摄地点】巴彦托海镇索伦桥西

还阳参

【学　　名】*Crepis crocea* (Lam.) Babc.

【蒙　　名】宝黑－额布斯

【别　　名】屠还阳参、驴打滚儿、还羊参、北方还阳参

【形态特征】多年生草本。高 5~30 厘米，全体灰绿色；根直伸或倾斜，木质化，深褐色，颈部被覆多数褐色枯叶柄；茎直立，疏被腺毛；基生叶丛生，倒披针形，不规则倒向羽状分裂，侧裂片向下倾，茎上部叶全缘或羽状分裂，无柄，最上部叶小，苞叶状；头状花序单生于枝端或少数在茎顶排列成疏伞房状；舌状花黄色；瘦果纺锤形，具纵肋，上部有小刺；冠毛白色。花果期 6—7 月。

【生　　境】中旱生植物。常见典型草原和荒漠草原带的丘陵沙砾质坡地以及田边、路旁。

【用　　途】中等饲用植物。全草入中药，能益气、止咳平喘、清热降火，主治支气管炎、肺结核等。

【分　　布】主要分布在巴彦托海镇、巴彦塔拉乡、锡尼河西苏木、辉苏木等地。

【拍摄地点】巴彦托海镇索伦桥西

苦荬菜属 *Ixeris* Cass.

中华苦荬菜

【学　　名】*Ixeris chinensis* (Thunb.) Nakai

【蒙　　名】道木达都音 – 陶来音 – 伊达日

【别　　名】苦菜、燕儿尾、山苦荬、中华小苦荬

【形态特征】多年生草本。高 10~30 厘米，全体无毛；茎少数或多数簇生；基生叶莲座状，条状披针形、倒披针形或条形，全缘或具疏小牙齿或呈不规则羽状浅裂与深裂，两面灰绿色，茎生叶 2~4 枚，基部扩大耳状抱茎；头状花序多数，排列成稀疏的伞房状；总苞长 7~9 毫米；花冠黄色；瘦果狭披针形，喙长约 2 毫米；冠毛白色。花果期 6—7 月。

【生　　境】中旱生杂草。生于山野、田间、撂荒地、路旁。

【用　　途】良等饲用植物，枝叶可作猪、兔饲料。全草入中药，能清热解毒、凉血、活血排脓，主治阑尾炎、肠炎、痢疾、疮疖痈肿、吐血、衄血等。

【分　　布】全旗各苏木乡镇均有分布。

【拍摄地点】巴彦托海镇二号草库伦

抱茎苦荬菜

【学　　名】*Ixeris sonchifolia* (Maxim.) Hance

【蒙　　名】陶日格－嘎希棍－淖高、巴图拉

【别　　名】抱茎小苦荬、苦荬菜、苦碟子

【形态特征】多年生草本。高 30~50 厘米，无毛；根圆锥形，褐色；茎直立，具纵条纹，上部多少分枝；基生叶多数，铺散，矩圆形，边缘有锯齿或缺刻状牙齿，或为不规则的羽状深裂，茎生叶较狭小，基部扩大成耳形或戟形而抱茎，羽状浅裂、深裂或具不规则缺刻状牙齿；头状花序多数，排列成密集或疏散的伞房状；总苞长 5~6 毫米；舌状花黄色；瘦果喙长不足 1 毫米，常为黄白色；冠毛白色。花果期 6—7 月。

【生　　境】中生杂类草。夏季开花的植物，常见于草甸、山野、路旁、撂荒地。

【用　　途】良等饲用植物。全草或当年生的幼苗入中药，味苦、辛，性平，有清热解毒、消肿排脓、止痛的功能，主治阑尾炎、肠炎、痢疾、各种化脓性炎症、吐血、衄血、头痛、牙痛、胃肠痛及外伤、中小手术后疼痛等，外用治黄水疮、痔疮等。

【分　　布】全旗各苏木乡镇均有分布。

【拍摄地点】锡尼河东苏木小孤山北

山柳菊属 *Hieracium* L.

山柳菊

【学　　名】*Hieracium umbellatum* L.

【蒙　　名】哈日查干那、稀古日图 – 哈日查干那

【别　　名】伞花山柳菊

【形态特征】多年生草本。高 40~100 厘米；茎直立，基部红紫色，不分枝；基生叶花期枯萎，茎生叶披针形、条状披针形或条形，宽 0.5~1.5 厘米，基部楔形，具疏锯齿，稀全缘，不抱茎，上部叶变小，全缘或有齿；头状花序多数，在茎顶排列成伞房状；总苞宽钟状或倒圆锥形，总苞片 3~4 层，黑绿色；舌状花黄色；瘦果五棱圆柱状体，黑紫色，具光泽；冠毛浅棕色。花果期 8—9 月。

【生　　境】中生植物。生于山地草甸、林缘、林下、河边草甸。

【用　　途】中等饲用植物。根及全草入中药，味苦、性凉，有清热解毒、利湿消肿之功能，主治痈肿疮疖、尿路感染、腹痛积块、痢疾等；根及全草也入蒙药，功效同中药。

【分　　布】主要分布在锡尼河东苏木、伊敏苏木、红花尔基镇、辉苏木等地。

【拍摄地点】辉苏木三道梁

粗毛山柳菊

【学　　名】*Hieracium virosum* Pall.

【蒙　　名】希如棍－哈日查干那

【形态特征】多年生草本。高 30~100 厘米；根状茎具多数须根；茎直立，上部绿色，无毛或有短硬毛，下部紫红色，有瘤状凸起及长刚毛；基生叶与下部叶花期枯落，茎生叶矩圆形、矩圆状披针形或卵形，宽 1.5~5 厘米，基部浅心形或圆形，抱茎，上部叶较短小；头状花序在茎顶或枝端排列成伞房状；总苞宽钟状或倒圆锥形，总苞片 3~4 层，暗绿色以至黑色；舌状花黄色；瘦果五棱圆柱体；冠毛浅棕色。花果期 8—9 月。

【生　　境】中生植物。生于山地林缘、草甸。

【用　　途】可作野生观赏花卉。

【分　　布】主要分布在巴彦嵯岗苏木、锡尼河东苏木、伊敏苏木、巴彦托海镇等地。

【拍摄地点】呼伦贝尔市新区公园假山坡

香蒲科 Typhaceae

香蒲属 *Typha* L.

宽叶香蒲

【学　　名】*Typha latifolia* L.

【蒙　　名】乌日根 – 哲格斯

【形态特征】多年生草本。根状茎粗壮，白色，横走泥中，具多数淡褐色、细圆柱形的根；茎直立，高 1~3 米，中实，具白色的髓；叶扁平，条形；穗状花序，雄花序与雌花序相互连接，雄花序长 7~15 厘米，雄花具 2~3 雄蕊，花丝下部合生，雌花序圆柱形，长 10~20 厘米，雌花无苞片，基部着生有淡褐色分枝的毛，比柱头短；子房狭椭圆形，具细长的柄；花柱丝状，柱头菱状披针形，先端紫黑色。花果期 7—8 月。

【生　　境】水生植物。生于溪渠、水塘、河边等浅水中。

【用　　途】良等饲用植物。花粉、全草和根状茎入中药，花粉主治衄血、咯血、吐血、尿血、崩漏、痛经、产后血瘀脘腹刺痛、跌打损伤等，全草和根状茎主治小便不利、痈肿等。叶供编织用。

【分　　布】主要分布在巴彦托海镇、巴彦塔拉乡、锡尼河西苏木、辉苏木等地。

【拍摄地点】辉苏木嘎鲁图嘎查

小香蒲

【学　　名】*Typha minima* Funk ex Hoppe

【蒙　　名】好您 – 哲格斯

【形态特征】多年生草本。根状茎横走泥中，褐色；茎直立，高20~50厘米；叶条形，宽1~1.5毫米，基部具褐色宽叶鞘，边缘膜质，花茎下部只有膜质叶鞘；穗状花序，雌雄花序不连接，中间相距5~10厘米，雄花具1雄蕊，基部无毛，花粉为四合体，花丝丝状，雌花长椭圆形，基部有1褐色膜质苞片，基部的毛的先端膨大，且短于花柱；果实褐色，椭圆形，具长柄。花果期5—7月。

【生　　境】湿生植物。生于河、湖边浅水或河滩、低湿地，可耐盐碱。

【用　　途】良等饲用植物。花粉、全草和根状茎入中药，花粉能止血、祛瘀、利尿，主治衄血、咯血、吐血、尿血、崩漏、痛经、产后血瘀脘腹刺痛、跌打损伤等，全草和根状茎能利尿、消肿，主治小便不利、痈肿等。叶供编织用。

【分　　布】主要分布在巴彦托海镇、巴彦塔拉乡、锡尼河西苏木、辉苏木等地。

【拍摄地点】锡尼河西苏木西博嘎查辉河边

达香蒲

【学　　名】*Typha davidiana* (Kronfeld) Hand.-Mazz.

【蒙　　名】得沃特 – 哲格斯

【别　　名】蒙古香蒲、拉氏香蒲

【形态特征】多年生草本。高 80~100 厘米；根状茎褐色，横走泥中，须根多数，纤细，圆柱形，土黄色；茎直立；叶质地较硬，下部背面呈凸形，横切面呈半圆形，叶鞘长，抱茎；穗状花序，雌雄花序远离，雄花序长圆柱形，穗轴光滑，雌花序叶状苞片比叶宽，雌花小苞片匙形或近三角形；果实披针形，具棕褐色条纹，果柄不等长；柱头披针形；种子纺锤形。花果期 7—9 月。

【生　　境】水生植物。生于水沟、水塘、湖边、河岸边等浅水中。

【用　　途】良等饲用植物。花粉、全草和根状茎入中药，花粉能止血、祛瘀、利尿，主治衄血、咯血、吐血、尿血、崩漏、痛经、产后血瘀脘腹刺痛、跌打损伤等，全草和根状茎能利尿、消肿，主治小便不利、痈肿等。叶供编织用。

【分　　布】主要分布在巴彦托海镇、巴彦塔拉乡、锡尼河西苏木、辉苏木等地。

【拍摄地点】锡尼河西苏木西博嘎查

水烛

【学　　名】*Typha angustifolia* L.

【蒙　　名】毛日音 – 哲格斯

【别　　名】狭叶香蒲、蒲草

【形态特征】多年生草本。高约 1.5~2 米；根状茎短粗，须根多数，乳黄色、灰黄色，先端白色；地上茎直立，粗壮；叶片上部扁平，中部以下腹面微凹，背面向下逐渐隆起呈凸形，下部横切面呈半圆形，叶鞘抱茎；穗状花序，雌雄花序相距（0.5）3~8（12）厘米，雄花序狭圆柱形，轴具褐色扁柔毛，雌花序基部具 1 枚叶状苞片，通常比叶片宽；花药长约 2 毫米，柱头条形，与花柱一样宽；小坚果长椭圆形，具褐色斑点，纵裂；种子深褐色。花果期 6—8 月。

【生　　境】水生植物。生于河边、池塘、湖泊边浅水中。

【用　　途】良等饲用植物。花粉、全草和根状茎入中药，花粉（药材名：蒲黄），能止血、祛瘀、利尿，主治衄血、咯血、吐血、尿血、崩漏、痛经、产后血瘀脘腹刺痛、跌打损伤等，全草和根状茎能利尿，消肿，主治小便不利、痈肿等；也入蒙药，功效同中药。叶供编织用。

【分　　布】主要分布在巴彦托海镇、巴彦塔拉乡、锡尼河西苏木、辉苏木等地。

【拍摄地点】锡尼河西苏木西博嘎查辉河边

黑三棱科 Sparganiaceae

黑三棱属 *Sparganium* L.

黑三棱

【学　　名】*Sparganium stoloniferum* (Buch.-Ham. ex Graebn.) Buch.-Ham. ex Juz.

【蒙　　名】哈日 – 古日巴拉吉 – 额布斯

【别　　名】京三棱

【形态特征】多年生草本。根状茎粗壮，横走，具卵球形块茎；茎直立，高 50~120 厘米，上部多分枝；叶条形，宽 6~16 毫米，基部三棱形，横切面扁，背面龙骨状凸起明显；圆锥花序开展，每侧枝下部具 1~3 个雌性头状花序，上部具数个雄性头状花序，雌性头状花序呈球形；子房纺锤形，近无柄，与花柱近等长；果实倒圆锥形，褐色，具喙。花果期 7—9 月。

【生　　境】湿生植物。生于河边或池塘浅水。

【用　　途】中等饲用植物。块茎入中药（药材名：三棱），能破血祛瘀、行气消积、止痛，主治血瘀经闭、产后血瘀腹痛、气血凝滞、症瘕积聚、胸腹胀痛等；块茎亦作蒙药用，主治肺热咳嗽、支气管扩张、气喘痰多、黄疸型肝炎、痨热骨蒸等。

【分　　布】主要分布在锡尼河西苏木、辉苏木等地。

【拍摄地点】辉苏木嘎鲁图嘎查西

小黑三棱

【学　　名】*Sparganium emersum* Rehm.

【蒙　　名】吉吉格－哈日－古日巴拉吉

【别　　名】单歧黑三棱

【形态特征】多年生草本。根状茎细，直径 2~3 毫米；茎直立，高 30~60 厘米，通常不分枝；叶条形，基部呈鞘状，在中下部背面呈龙骨状凸起；花序枝顶生，花序轴长 10~20 厘米，雌头状花序 2~4 个生于花序下部，最下部 1~2 个具梗，雌花密集，花被片褐色，膜质，雄头状花序 5~7 个生花序顶端，与雌性头状花序远离，花被片膜质，花药黄色；聚花果，果实纺锤形。花果期 8—9 月。

【生　　境】湿生植物。生于河边或水塘浅水。

【用　　途】低等饲用植物。块茎入中药（药材名：三棱），能破血祛瘀、行气消积、止痛，主治血瘀经闭、产后血瘀腹痛、气血凝滞、症瘕积聚、胸腹胀痛等；块茎亦作蒙药用，能清肺、舒肝、凉血、透骨蒸，主治肺热咳嗽、支气管扩张、气喘痰多、黄疸型肝炎、痨热骨蒸等。

【分　　布】全旗各苏木乡镇均有分布。

【拍摄地点】锡尼河东苏木锡尼河桥下

眼子菜科 Potamogetonaceae

眼子菜属 *Potamogeton* L.

穿叶眼子菜

【学　　名】*Potamogeton perfoliatus* L.

【蒙　　名】讷布特日黑 – 奥孙 – 呼日西

【形态特征】多年生草本。根状茎横生土中，伸长，淡黄白色，节部生出许多不定根；茎常多分枝，长 30~50（100）厘米；叶全部沉水，互生，花序梗基部叶对生，宽卵形或披针状卵形，基部心形且抱茎，全缘且有波状皱褶，无柄，托叶透明膜质，无色；穗状花序密生多花，长 1.5~2 厘米；小坚果扁斜宽卵形。花期 6—7 月，果期 8—9 月。

【生　　境】沉水植物。生于湖泊、水沟或池沼中。

【用　　途】良等饲用植物，全草可作鱼和鸭的饲料。全草入中药，能渗湿、解表，主治湿疹、皮肤瘙痒等；也入蒙药，功效同中药。

【分　　布】全旗各苏木乡镇均有分布。

【拍摄地点】巴彦塔拉乡辉河西岸

篦齿眼子菜属 *Stuckenia* Börner

龙须眼子菜

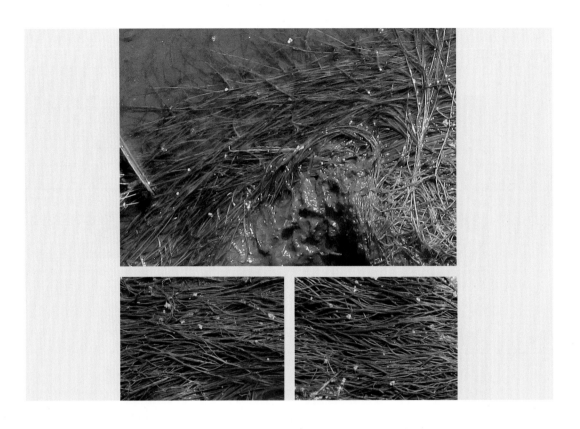

【学　　名】*Stuckenia pectinatus* (L.) Börner

【蒙　　名】萨木力格－奥孙－呼日西

【别　　名】篦齿眼子菜

【形态特征】多年生草本。根状茎纤细，伸长，淡黄白色，在节部生出多数不定根，秋季常于顶端生出白色卵形的块茎；茎丝状，长短与粗细变化较大，长 10~80 厘米，稀达 2 米，直径 0.5~2 毫米，淡黄色，多分枝；叶互生，淡绿色，狭条形，长 3~10 厘米，宽 0.3~1 毫米，全缘，具 3 脉，叶鞘席卷；穗状花序疏松或间断；果实棕褐色，斜宽倒卵形。花果期 7—9 月。

【生　　境】沉水植物。生于浅水、池沼中。

【用　　途】中等饲用植物，全草可作鱼、鸭饲料。全草入中药，能清热解毒，主治肺炎、疮疖等；全草也作蒙药用，能清肺、收敛，主治肺热咳嗽、疮疡等。又可作绿肥。

【分　　布】全旗各苏木乡镇均有分布。

【拍摄地点】巴彦托海镇伊敏河中

水麦冬科 Juncaginaceae

水麦冬属 *Triglochin* L.

海韭菜

【学　　名】*Triglochin maritimum* L.

【蒙　　名】达来音－西乐－额布斯

【别　　名】圆果水麦冬

【形态特征】多年生草本。高 20~50 厘米；根状茎粗壮，斜生或横生，被棕色残叶鞘，有多数须根；叶基生，条形，横切面半圆形，较花序短，稍肉质，生于花葶两侧，基部具宽叶鞘；花葶直立，中上部着生多数花，总状花序较紧密；花小，直径约 2 毫米；花被 6，两轮排列，卵形，内轮较狭，绿色；柱头毛刷状；蒴果椭圆形或卵形，成熟后呈 6 瓣裂开。花期 6 月，果期 7—8 月。

【生　　境】耐盐湿生植物。生于河湖边盐渍化草甸。

【用　　途】低等饲用植物。全草和果实入中药，全草能清热养阴、生津止渴，用于胃热烦渴、口干舌燥，果实用于滋补、止泻、镇静，也用于眼病；全草也入蒙药，主治久泻腹痛、嗳气等。

【分　　布】全旗各苏木乡镇均有分布。

【拍摄地点】巴彦嵯岗苏木河边

水麦冬

【学　　名】*Triglochin palustre* L.

【蒙　　名】西乐－额布斯、乌日格斯太－西乐－额布斯

【形态特征】多年生草本。根茎缩短，秋季增粗，有密而细的须根；叶基生，条形，一般较花葶短，基部具宽叶鞘，叶鞘边缘膜质，宿存叶鞘纤维状，叶舌膜质，叶片光滑；花葶直立，高20~60厘米，圆柱形，光滑，总状花序顶生，较疏松；花被片6，鳞片状，宽卵形，绿色；果实棒状条形，成熟后右下方呈3瓣裂开。花期6月，果期7—8月。

【生　　境】耐盐湿生植物。生于河滩及林缘草甸。

【用　　途】低等饲用植物。因植株含盐有咸味而为牲畜乐食。全草及果实入中药，能清热利湿、消肿止泻，用于腹水。

【分　　布】全旗各苏木乡镇均有分布。

【拍摄地点】巴彦托海镇南

泽泻科 Alismataceae

泽泻属 *Alisma* L.

泽泻

【学　　名】*Alisma plantago-aquatica* L.

【蒙　　名】奥孙 – 图如、纳木格音 – 比地巴拉

【形态特征】多年生草本。根状茎缩短，呈块状增粗，须根多数，黄褐色；叶基生，卵形或椭圆形，基部圆形或心形，具纵脉 5~7，弧形，横脉多数，两面光滑，具长柄；花茎高 30~100 厘米，中上部分枝，花序分枝轮生，组成圆锥状复伞形花序；花瓣 3，倒卵圆形，白色，边缘有小齿；心皮有规则的排列；花柱长 0.5~1 毫米；瘦果多数，倒卵形，紧密地排列于花托上。花期 6—7 月，果期 8—9 月。

【生　　境】水生植物。生于沼泽。

【用　　途】内蒙古重点保护植物。中等饲用植物。块茎入中药，能利水、渗湿、泄热，主治小便不利、水肿胀满、呕吐、泻痢、痰饮、脚气、淋病、尿血等。花较大，花期较长，可用于花卉观赏。

【分　　布】全旗各苏木乡镇均有分布。

【拍摄地点】巴彦嵯岗苏木河边

草泽泻

【学　　名】*Alisma gramineum* Lejeune

【蒙　　名】那日音－奥孙－图如

【形态特征】多年生草本。根状茎缩短，须根多数，黄褐色；茎直立，一般自下半部分枝；叶基生，水生叶条形，全缘，无柄，陆生叶长圆状披针形、披针形或条状披针形，具纵脉 3~5，弧形，横脉多数，两面光滑；花序分枝轮生，组成圆锥状复伞形花序；萼片 3，宽卵形，淡红色；花瓣 3，白色，质薄；花药球形，长约 0.8 毫米；花柱卷曲；瘦果多数，倒卵形，侧面的果皮厚，不透明。花期 6 月，果期 8 月。

【生　　境】水生植物。生于沼泽。

【用　　途】球茎入中药，可利水、渗湿、泄热。

【分　　布】主要分布在巴彦塔拉乡、锡尼河西苏木等地。

【拍摄地点】巴彦塔拉乡伊兰旅游点

慈姑属 *Sagittaria* L.

野慈姑

【学　　名】*Sagittaria trifolia* L.

【蒙　　名】哲日力格－比地巴拉

【形态特征】多年生草本。根状茎球状，须根多数，绳状；叶箭形，基部具 2 裂片，连同裂片长 5~20 厘米，浮水叶的裂片长于叶片，一般无沉水叶；花茎单一或分枝，高 20~80 厘米，花 3 朵轮生，形成总状花序；花单性；萼片 3；花瓣 3，近圆形，明显大于萼片，白色，膜质；瘦果扁平，斜倒卵形。花期 7 月，果期 8—9 月。

【生　　境】水生植物。生于浅水及水边沼泽。

【用　　途】良等饲用植物。全草入中药，清热止血、解毒消肿、散结；块茎可入蒙药，主治咯血、吐血、崩漏、带下、难产、产后胎衣不下等，外用治瘰疬、痈疮肿毒、毒蛇咬伤等。

【分　　布】全旗各苏木乡镇均有分布。

【拍摄地点】锡尼河西苏木巴彦胡硕敖包山下

浮叶慈姑

【学　　名】*Sagittaria natans* Pall.

【蒙　　名】吉吉格 – 比地巴拉

【别　　名】小慈姑

【形态特征】多年生草本。根茎球状，须根多数，丝状；一般具沉水叶，叶基生，沉水叶带状条形，浮水叶条状披针形、披针形或长圆形，长 3~16 厘米，浮水叶的裂片明显短于叶片，两面光滑，具 3~7 条弧形脉，基部具宽叶鞘；花茎单一，高 7~50 厘米，花 2~3 朵轮生，形成总状花序，雌雄同株；萼片 3，三角形，淡紫色；花瓣 3，卵形，白色；瘦果扁球形，具狭翅，宿存花柱短而弯曲。花期 6—7 月，果期 8—9 月。

【生　　境】水生植物。生于浅水中。

【用　　途】国家Ⅱ级保护植物。可作水生观赏植物。

【分　　布】主要分布在锡尼河东苏木、锡尼河西苏木等地。

【拍摄地点】锡尼河东苏木孟根楚鲁嘎查东北水边

花蔺科 Butomaceae

花蔺属 *Butomus* L.

花蔺

【学　　名】*Butomus umbellatus* L.

【蒙　　名】阿拉轻古

【别　　名】莪菠

【形态特征】多年生草本。根状茎匍匐，粗壮，须根多数，细绳状；叶基生，条形，基部三棱形，长 40~100 厘米，基部具叶鞘，叶鞘边缘膜质；花葶直立，伞形花序，花多数；苞片 3，卵形或三角形；花直径 1~2 厘米，外轮花被片 3，淡红色，基部颜色较深，内轮花被片 3，颜色较淡；雄蕊 9，花丝粉红色；心皮 6，粉红色；蓇葖果具喙。花期 7 月，果期 8 月。

【生　　境】水生植物。生于水边沼泽。

【用　　途】低等饲用植物。茎叶可入中药，能清热解毒、止咳平喘。也可作野生观赏花卉。

【分　　布】全旗各苏木乡镇均有分布。

【拍摄地点】锡尼河东苏木孟根楚鲁嘎查河边

禾本科 Gramineae

菰属 *Zizania* L.

菰

【学　　名】*Zizania latifolia* (Griseb.) Turcz. ex Stapf

【蒙　　名】奥孙 – 查干 – 苏伊额

【别　　名】茭白

【形态特征】多年生草本。高 70~120 厘米；具长根茎；秆直立，基部节上具横格并生不定根；叶鞘肥厚，叶舌膜质，顶端钝圆，叶扁平；圆锥花序长 35~45 厘米，分枝多数簇生；雌雄同株，小穗单生，含 1 花，雌小穗位于花序上部，雄小穗位于花序下部；外稃膜质，具 5 脉；雄蕊 6。花果期 7—9 月。

【生　　境】水生植物。生于水中、水泡子边缘。

【用　　途】中等饲用植物，牛最喜食其叶。根和谷粒入中药，能治心脏病或作利尿剂。秆基被真菌（黑穗菌）寄生后肥嫩而膨大，可供蔬食，称"茭白"。

【分　　布】主要分布在巴彦托海镇、锡尼河西苏木、锡尼河东苏木等地。

【拍摄地点】锡尼河东苏木锡尼河桥下

芦苇属 *Phragmites* Adans.

芦苇

【学　　名】*Phragmites australis* (Cav.) Trin. ex Steud.

【蒙　　名】好鲁苏、沙嘎稀日嘎

【别　　名】芦草、苇子

【形态特征】多年生草本。秆直立，坚硬，高 50~250 厘米，节下通常被白粉；叶鞘无毛或被细毛，叶舌短，类似横的线痕，密生短毛，叶片扁平；圆锥花序稠密，开展；小穗通常含 3~5 小花；两颖均具 3 脉，外稃具 3 脉，基盘细长，具丝状柔毛；雄蕊 3。花果期 7—9 月。

【生　　境】广幅湿生植物。生于池塘、河边、湖泊水中，也在盐碱地、沙丘和多石的坡地上生长。

【用　　途】优等饲用植物，各种家畜均喜食，抽穗后调制成干草，仍为各种家畜所喜食。根茎、茎秆、叶及花序均可入中药，根茎（药材名：芦根）主治热病烦渴、胃热呕逆、肺热咳嗽、肺痛、小便不利、热淋等；茎秆（药材名：苇茎）主治肺痈吐脓血；叶能清肺止呕、止血、解毒等；花序能止血、解毒等。根状茎可供熬糖和酿酒用；茎叶是造纸原料之一，还可作人造棉和人造丝的原料，也可供编织用。

【分　　布】主要分布在辉苏木、巴彦托海镇、巴彦塔拉乡、锡尼河西苏木、锡尼河东苏木等地。

【拍摄地点】锡尼河西苏木西博桥下

臭草属 *Melica* L.

大臭草

【学　　名】*Melica turczaninowiana* Ohwi

【蒙　　名】陶木－塔日古－额布斯

【形态特征】多年生草本。秆直立，丛生，高 70~130 厘米；叶鞘无毛，闭合达鞘口，叶舌透明膜质，顶端呈撕裂状，叶片扁平；圆锥花序，长 10~20 厘米；小穗长 8~13 毫米，紫色；第一颖长 9~11 毫米；外稃先端稍钝，边缘宽膜质，内稃长为外稃的 2/3，先端变窄成短钝头。花果期 6—8 月。

【生　　境】中生植物。生于山地林缘、针叶林及白桦林内、山地灌丛、草甸。

【用　　途】低等饲用植物，家畜一般不采食。

【分　　布】主要分布在锡尼河东苏木、伊敏苏木、红花尔基镇等地。

【拍摄地点】伊敏苏木二道桥北

甜茅属 *Glyceria* R. Br.

水甜茅

【学　　名】*Glyceria triflora* (Korsh.) Kom.

【蒙　　名】黑木得格、奥孙 – 乌拉乐吉

【别　　名】东北甜茅

【形态特征】多年生草本。秆单生，直立，具 5~7 节，高 50~80 厘米；叶鞘无毛，具横脉纹，闭合几达顶端，叶舌膜质，长 2~4 毫米，顶端具凸尖；圆锥花序开展，长达 25 厘米；小穗含 5~7 小花，淡绿色或成熟后带紫色；外稃顶端钝圆，内稃较短或等长于外稃，先端截平，有时凹陷；雄蕊 3，花药长 1~1.5 毫米。花期 7—8 月，果期 8—9 月。

【生　　境】湿生植物。生于河流、小溪、湖泊沿岸、泥潭和低湿地。

【用　　途】中等饲用植物。

【分　　布】全旗各苏木乡镇均有分布。

【拍摄地点】锡尼河东苏木维纳河

羊茅属 *Festuca* L.

达乌里羊茅

【学　　名】*Festuca dahurica* (St.-Yves) V. I. Krecz. et Bobr.

【蒙　　名】和应干 – 宝体乌乐

【形态特征】多年生密丛禾草。茎秆直立，高 30~60 厘米，光滑；基部具残存叶鞘，叶宽 0.6（0.8）~1 毫米，坚韧，光滑，横切面圆形；圆锥花序较紧缩，长 6~8 厘米，花序轴及分枝被短柔毛；小穗具 4~6 小花，绿色，有时淡紫色；外稃长 5~5.5 毫米，背部具细短柔毛或粗糙，无芒，内稃等于或稍短于外稃，光滑；花药长 2.5~3 毫米。花果期 6—7 月。

【生　　境】沙生旱生植物。生于典型草原带的沙地及沙丘上，是组成沙地小禾草草原的优势种或建群种，但群落面积往往较小。

【用　　途】优等饲用植物，为各种家畜四季喜食，返青早，冬季株丛保存良好，因此为冬春重要饲草。

【分　　布】全旗各苏木乡镇均有分布。

【拍摄地点】锡尼河东苏木哈日嘎那嘎查南

早熟禾属 *Poa* L.

草地早熟禾

【学　　名】*Poa pratensis* L.

【蒙　　名】塔拉音 – 伯页力格 – 额布斯

【形态特征】多年生草本。具根茎；秆单生或疏丛生，直立，高 30~75 厘米；叶鞘疏松裹茎，具纵条纹，光滑，叶舌膜质，先端截平，长 1.5~3 毫米，叶片条形，扁平或有时内卷；圆锥花序卵圆形或金字塔形，开展；小穗卵圆形，绿色或稀稍带紫色，成熟后成草黄色；外稃先端尖且略膜质，基盘具稠密而长的白色绵毛，内稃稍短于或最上者等长于外稃，脊具微纤毛；花药长 1.5~2 毫米。花期 6—7 月，果期 7—8 月。

【生　　境】中生禾草。生于草甸、草甸化草原、山地林缘及林下。

【用　　途】优等饲用植物，各种家畜均喜食，牛尤其喜食。全草入中药，用于消渴；也入蒙药，主治伤暑发热、尿赤、消渴等。有栽培前途，可驯化为人工牧草。

【分　　布】全旗各苏木乡镇均有分布。

【拍摄地点】巴彦托海镇南

渐狭早熟禾

【学　　名】*Poa attenuata* Trin.

【蒙　　名】胡日查 – 伯页力格 – 额布斯

【别　　名】葡系早熟禾、渐尖早熟禾

【形态特征】多年生草本。须根纤细；秆直立，坚硬，密丛生，具 4~6 节，高 8~60 厘米；叶鞘无毛，微粗糙，基部者常带紫色，叶舌膜质，微钝，叶片狭条形，内卷、扁平或对折，上面微粗糙，下面近于平滑；圆锥花序紧缩；小穗披针形至狭卵圆形，粉绿色，先端微带紫色，含 2~5 小花；外稃先端狭膜质，脊下部 1/2 与边脉基部 1/4 被微柔毛，第一外稃长 3~3.5 毫米；花药长 1~1.5 毫米。花果期 5—8 月。

【生　　境】旱生禾草。生于典型草原带与森林草原带以及山地砾石质山坡上。

【用　　途】中等饲用植物，各种家畜乐食。

【分　　布】全旗各苏木乡镇均有分布。

【拍摄地点】巴彦托海镇巴彦托海嘎查

碱茅属 *Puccinellia* Parl.

朝鲜碱茅

【学　　名】*Puccinellia chinampoensis* Ohwi

【蒙　　名】扫乐高 – 乌龙

【形态特征】多年生草本。须根密集发达；秆丛生，直立或膝曲上升，高 60~80 厘米，具 2~3 节；叶鞘灰绿色，无毛，叶舌干膜质，叶片线形，扁平或内卷；圆锥花序疏松，金字塔形；每节具 3~5 分枝，小穗长 5~7 毫米，含 5~7 小花；颖先端与边缘具纤毛状细齿裂；外稃近基部沿脉生短毛，先端截平，具不整齐细齿裂，膜质，内稃等长或稍长于外稃；花药长约 1.2 毫米；颖果卵圆形。花果期 6—8 月。

【生　　境】耐盐中生植物。生于盐化湿地。

【用　　途】良等饲用植物，盐碱地优良牧草。

【分　　布】主要分布在巴彦托海镇、巴彦塔拉乡、巴彦嵯岗苏木、锡尼河西苏木等地。

【拍摄地点】巴彦托海镇巴彦托海嘎查低湿地

雀麦属 *Bromus* L.

无芒雀麦

【学　　名】*Bromus inermis* Leyss.

【蒙　　名】苏日归－扫高布日

【别　　名】禾萱草、无芒草

【形态特征】多年生草本。具短横走根状茎；秆直立，高 50~100 厘米，节无毛或稀于节下具倒
　　　　　　毛；叶鞘通常无毛，近鞘口处开展，叶片扁平，通常无毛；圆锥花序开展，长 10~20 厘米；每
　　　　　　节具 2~5 分枝，着生 1~5 枚小穗，小穗含（5）7~10 小花；颖披针形，边缘膜质；外稃长 8~11
　　　　　　毫米，无毛或基部疏被短柔毛，通常无芒或稀具长 1~2 毫米的短芒，内稃稍短于外稃，膜质，
　　　　　　脊具纤毛；花药长 3~4 毫米。花期 7—8 月，果期 8—9 月。

【生　　境】中生植物。是草甸草原和典型草原地带常见的优良牧草，常生于草甸、林缘、山间
　　　　　　谷地、河边、路旁、沙丘间草地，在草甸上可成为优势种。

【用　　途】优等饲用植物，是世界上著名的优良牧草之一，为各种家畜所喜食，尤以牛最喜
　　　　　　食。是一种建立人工草地的优良牧草。

【分　　布】全旗各苏木乡镇均有分布。

【拍摄地点】巴彦托海镇二号草库伦内

偃麦草属 *Elytrigia* Desv.

偃麦草

【学　　名】*Elytrigia repens* (L.) Desv. ex B. D. Jackson

【蒙　　名】查干 – 苏乐、高乐音 – 黑雅嘎

【别　　名】速生草

【形态特征】多年生根状茎草本。秆疏丛生，直立或基部倾斜，光滑，高 40~60 厘米；叶鞘无毛或分蘖叶鞘具毛，叶耳膜质，叶舌撕裂，或缺，叶片上面疏被柔毛，下面粗糙；穗状花序长 8~18 厘米；小穗含（3）4~6（10）小花，单生于穗轴之每节，无芒或具短芒；颖无脊，边缘宽膜质，具 5（7）脉，先端渐尖成小尖头；外稃具 5 脉，先端渐尖或具芒尖，长不及 1.2 毫米，内稃短于外稃 1 毫米左右，先端凹缺。花果期 6—8 月。

【生　　境】中生根茎禾草。生于寒温带针叶林带的沟谷草甸。

【用　　途】优等饲用植物，适口性好，各种牲畜均喜食，青鲜时为牛最喜食。

【分　　布】主要分布在巴彦托海镇、巴彦嵯岗苏木、锡尼河东苏木、伊敏苏木等地。

【拍摄地点】呼伦贝尔市新区路边

冰草属 *Agropyron* Gaertn.

冰草

【学　　名】*Agropyron cristatum* (L.) Gaertn.

【蒙　　名】优日呼格

【形态特征】多年生草本。须根稠密，外具沙套；秆疏丛生或密丛，直立或基部节微膝曲，上部被短柔毛，高 15~75 厘米；叶鞘紧密裹茎，叶舌膜质，叶片质较硬而粗糙，边缘常内卷；穗状花序矩圆形或两端微窄，或为宽短扁卵形，最宽处不超过 1.5 厘米；小穗紧密平行排列成 2 行，整齐呈蓖齿状，含（3）5~7 小花，长 6~9（12）毫米；外稃舟形，被有稠密的长柔毛或显著地被有稀疏柔毛，内稃与外稃略等长，先端尖且 2 裂，脊具短小刺毛。花果期 7—9 月。

【生　　境】旱生植物。生于干燥草地、山坡、丘陵以及沙地。

【用　　途】为优等饲用植物，适口性好，一年四季为各种家畜所喜食，营养价值很好，是良等催肥饲料。根入中、蒙药，能止血、利尿，主治尿血、肾盂肾炎、功能性子宫出血、月经不调、咯血、吐血、外伤出血等。

【分　　布】全旗各苏木乡镇均有分布。

【拍摄地点】红花尔基镇

披碱草属 *Elymus* L.

老芒麦

【学　　名】*Elymus sibiricus* L.

【蒙　　名】西伯日 – 牙巴干 – 黑雅嘎、西伯日 – 协日 – 黑雅嘎

【形态特征】多年生草本。秆单生或成疏丛，植株较粗大，全株粉绿色，高 50~75 厘米；叶鞘光滑无毛，叶舌膜质，叶片扁平，长 9.5~23 厘米，宽可达 9 毫米；穗状花序弯曲而下垂，长 12~18 厘米；小穗灰绿色或稍带紫色，排列疏松，不偏于一侧，含 3（4）~5 小花，全部发育；颖脉明显而粗糙，先端尖或具短芒；外稃上部具明显的 5 脉，顶端芒粗糙，反曲，内稃先端 2 裂，与外稃几等长。花果期 6—9 月。

【生　　境】中生疏丛禾草。生于路旁、山坡、丘陵、山地林缘及草甸草原。

【用　　途】优等饲用植物，本种的草质比披碱草柔软，适口性较好，营养价值也较高，牛和马喜食，羊乐食。一种有栽培前途的优良牧草，现已广泛种植。

【分　　布】全旗各苏木乡镇均有分布。

【拍摄地点】伊敏苏木二道桥北

披碱草

【学　　名】*Elymus dahuricus* Turcz. ex Griseb.

【蒙　　名】牙巴干 – 黑雅嘎、协日 – 黑雅嘎

【别　　名】直穗大麦草

【形态特征】多年生草本。秆疏丛生，直立，高 70~85 厘米；叶鞘无毛，叶舌截平，叶片扁平或干后内卷，有时呈粉绿色；穗状花序直立，长 10~18.5 厘米，宽 6~10 毫米；小穗绿色，熟后变为草黄色，长 12~15 毫米，含 3~5 小花，全部发育；颖具 3~5 脉，先端具 3~6 毫米的短芒；外稃先端芒向外展开，内稃与外稃等长，脊上具纤毛。花果期 7—9 月。

【生　　境】中生大型丛生禾草。习生于河谷草甸、沼泽草甸、轻度盐化草甸、芨芨草盐化草甸以及田野、山坡、路旁。

【用　　途】优等饲用植物，性耐旱、耐碱、耐寒、耐风沙，产草量高，结实性好，适口性强，品质优良。经栽培驯化后蛋白质含量有较大的提高，纤维素的含量显著下降，营养价值提高。

【分　　布】主要分布在巴彦托海镇、巴彦塔拉乡、锡尼河西苏木、辉苏木等地。

【拍摄地点】巴彦托海镇居民点

赖草属 *Leymus* Hochst.

羊草

【学　　名】*Leymus chinensis* (Trin. ex Bunge) Tzvel.

【蒙　　名】黑雅嘎、哈日 – 黑雅嘎

【别　　名】碱草

【形态特征】多年生草本。秆成疏丛或单生，直立，无毛，高 45~85 厘米；叶鞘光滑，有叶耳，叶舌纸质，截平，叶片质厚而硬，扁平或干后内卷；穗状花序劲直，长 7.5~16.5（26）厘米，穗轴边缘疏生纤毛；小穗粉绿色，熟后呈黄色，含 4~10 小花，小穗轴节间光滑；颖锥状，质厚而硬，具 1 脉；外稃光滑，边缘具狭膜质，顶端渐尖或形成芒状尖头，基盘光滑，内稃先端微 2 裂，脊上半部具微细纤毛或近于无毛。花果期 6—8 月。

【生　　境】旱生 – 中旱生根茎禾草。生态幅度较宽，广泛生长于开阔平原、起伏的低山丘陵以及河滩和盐渍低地，在呼伦贝尔森林草原地带以及相邻的典型草原外围地区形成面积相当辽阔的羊草草原群系，成为该地带最发达的草原类型之一。

【用　　途】优等饲用植物，适口性好，一年四季为各种家畜所喜食，在夏秋季节是家畜抓膘牧草，亦为秋季收割干草的重要饲草。为内蒙古草原主要牧草资源，现已广泛种植。

【分　　布】全旗各苏木乡镇均有分布。

【拍摄地点】巴彦托海镇二号草库伦内

赖草

【学　　名】*Leymus secalinus* (Georgi) Tzvel.

【蒙　　名】乌伦 – 黑雅嘎、同和

【别　　名】老披碱、厚穗碱草

【形态特征】多年生草本。秆单生或成疏丛、质硬，直立，高 45~90 厘米，上部密生柔毛，尤以花序以下部分更多；叶舌膜质，截平，叶片扁平或干时内卷；穗状花序直立，灰绿色，穗轴被短柔毛，节与边缘被长柔毛，每节着生小穗 2~4 枚；小穗含 5~7 小花，小穗轴节间贴生短毛；颖锥形，先端尖如芒状，具 1 脉；外稃背部被短柔毛，先端渐尖或具短芒，基盘明显被毛，内稃与外稃等长，先端微 2 裂，脊的上部具纤毛。花果期 6—9 月。

【生　　境】旱中生根茎禾草。在草原带常见于芨芨草盐化草甸和马蔺盐化草甸群落中，此外，也见于沙地、丘陵地、山坡、田间、路旁。

【用　　途】良等饲用植物，在青鲜状态下为牛和马所喜食，羊采食较差；抽穗后迅速粗老，适口性下降。根茎及须根入中药，能清热、止血、利尿，主治感冒、鼻出血、哮喘、肾炎等。

【分　　布】主要分布在巴彦托海镇、巴彦塔拉乡、锡尼河西苏木、辉苏木等地。

【拍摄地点】巴彦托海镇伊敏河沙带

大麦属 *Hordeum* L.

短芒大麦草

【学　　名】*Hordeum brevisubulatum* (Trin.) Link

【蒙　　名】哲日力格－阿日白

【别　　名】野黑麦

【形态特征】多年生草本。常具根状茎；秆成疏丛，直立或下部节常膝曲，高 25~70 厘米，光滑；叶鞘无毛或基部疏生短柔毛，叶舌膜质，截平，叶片绿色或灰绿色；穗状花序顶生，长 3~9 厘米，绿色或成熟后带紫褐色；三联小穗两侧者不育，具柄，颖为针状，常短于中间小花的外稃，外稃无芒，中间小穗无柄，外稃具 1~2 毫米的尖头，内稃与外稃近等长。花果期 7—9 月。

【生　　境】中生禾草。生于盐碱滩、河岸低湿地。

【用　　途】优等饲用植物，草质柔软、适口性好、营养价值较高，青鲜时牛和马喜食、羊乐食；结实后适口性有所下降，但调制成干草后仍为各种家畜所乐食。抗盐碱的能力强，是改良盐渍化和碱化草场的优良草种之一。

【分　　布】全旗各苏木乡镇均有分布。

【拍摄地点】巴彦托海镇二号草库伦内

芒颖大麦草

【学　　名】*Hordeum jubatum* L.

【蒙　　名】特乐 – 阿日白

【别　　名】芒麦草

【形态特征】越年生。秆丛生，直立或基部稍倾斜，平滑无毛，高 30~45 厘米，具 3~5 节；叶舌干膜质、截平，叶片扁平，粗糙；穗状花序柔软，绿色或稍带紫色；三联小穗两侧者各具长约 1 毫米的柄，两颖退化为长 5~6 厘米弯细软芒状，其小花通常退化为芒状，中间无柄小穗的颖长 4.5~6.5 厘米；外稃披针形，具 5 脉，先端具长达 7 厘米的细芒，内稃与外稃等长。花果期 5—8 月。

【生　　境】中生禾草。生于草地、庭院草坪、路边和田边。

【用　　途】中等饲用植物，牛、羊、马均采食。也可作绿化观赏植物。

【分　　布】主要分布在巴彦托海镇、巴彦塔拉乡等地。

【拍摄地点】巴彦托海镇二号草库伦

菭草属 *Koeleria* Pers.

菭草

【学　　名】*Koeleria macrantha* (Ledeb.) Schult.

【蒙　　名】达根 – 苏乐

【形态特征】多年生草本。秆直立，高 20~60 厘米，具 2~3 节，秆基部密集枯叶鞘；叶鞘无毛或被短柔毛，叶舌膜质；叶片扁平或内卷，灰绿色，蘖生叶密集，上面无毛，下面被短柔毛；圆锥花序紧缩呈穗状，花序下密生短柔毛，下部间断，草黄色或黄褐色；小穗长 4~5 毫米，含 2~3 小花；颖边缘膜质，先端尖；外稃背部微粗糙，无芒，内稃稍短于外稃。花果期 6—7 月。

【生　　境】旱生植物。常为典型草原、森林草原和草原化草甸群落的恒有种，广泛分布在壤质、沙壤质的黑钙土、栗钙土以及固定沙地上，在荒漠草原棕钙土上少见。

【用　　途】优等饲用植物，春季返青较早，草质柔软，适口性好，羊最喜食、牛和骆驼乐食，到深秋仍有鲜绿的基生叶丛，因此，被利用的时间长，营养价值较高，对家畜抓膘有良好的效果，牧民称之为"细草"。适应性强，是改良天然草场的优良草种。

【分　　布】全旗各苏木乡镇均有分布。

【拍摄地点】巴彦托海镇二号草库伦内

燕麦属 *Avena* L.

野燕麦

【学　　名】*Avena fatua* L.

【蒙　　名】哲日力格 – 胡西古 – 布达

【形态特征】一年生草本。秆直立，高 60~120 厘米；叶鞘光滑或基部有毛，叶舌膜质；圆锥花序开展，长达 20 厘米；小穗含 2~3 小花，小穗轴易脱节；颖卵状或短圆状披针形，具白膜质边缘，先端长渐尖；外稃质坚硬，具 5 脉，被疏密不等的硬毛，第二外稃有芒，内稃与外稃近等长；颖果黄褐色，腹面具纵沟，不易与稃片分离。花果期 5—9 月。

【生　　境】中生植物。生于山地林缘、田间、路边。

【用　　途】良等饲用植物。全草入中药，有补虚、收敛止血、固表止汗之功能，主治吐血、血崩、白带、便血、自汗、盗汗等；全草也入蒙药，功效同中药，种子治虚汗不止。亦可作造纸原料；籽实可食用。

【分　　布】主要分布在锡尼河东苏木、伊敏苏木、巴彦嵯岗苏木等地。

【拍摄地点】伊敏苏木二道桥北

茅香属 *Anthoxanthum* L.

光稃香草

【学　　名】*Anthoxanthum glabrum* (Trin.) Veldkamp

【蒙　　名】给鲁给日 – 扫布得 – 额布斯

【别　　名】光稃茅香

【形态特征】多年生草本。具细弱根茎；秆高 12~25 厘米；叶鞘密生微毛至平滑无毛，叶舌透明膜质，先端钝，叶片扁平，边缘具微小刺状纤毛；圆锥花序卵形至三角状卵形；小穗黄褐色，长 2.5~4 毫米；颖膜质，具 1 脉；雄花外稃长于颖或与第二颖等长，顶端膜质而钝，不具小尖头，边缘具密生粗纤毛，内稃与外稃等长或较短，具 1 脉，脊的上部疏生微纤毛。花果期 7—9 月。

【生　　境】中生禾草。生于草原带、森林草原带的河谷草甸、湿润草地和田野。

【用　　途】劣等饲用植物，早春萌发较早，适口性较好，花期后质地仍然柔软，羊和马喜食其叶片，牛亦乐食，也可喂兔。

【分　　布】全旗各苏木乡镇均有分布。

【拍摄地点】巴彦托海镇伊敏河岸

梯牧草属 *Phleum* L.

假梯牧草

【学　　名】*Phleum phleoides* (L.) H. Karst.

【蒙　　名】好努嘎拉吉

【形态特征】多年生草本。高可达 80 厘米或更高；具短根茎；秆疏丛生，直立；叶鞘无毛，叶舌干膜质，先端钝圆，叶片灰绿色；圆锥花序紧密呈穗状，狭圆柱形；小穗矩圆形，两侧扁，几无柄，脱节于颖之上，含 1 小花；颖等长，顶端具短芒；外稃膜质，短于颖，先端延伸成小芒尖，内稃稍短于外稃。花果期 7—9 月。

【生　　境】中生疏丛禾草。生于林区、森林草原区的山地草甸化草原和林缘。

【用　　途】良等饲用植物，适口性好，为各种家畜所喜食。

【分　　布】主要分布在伊敏苏木、巴彦托海镇等地。

【拍摄地点】呼伦贝尔市新区公园

看麦娘属 *Alopecurus* L.

短穗看麦娘

【学　　名】*Alopecurus brachystachyus* M. Bieb.

【蒙　　名】宝古尼 – 图如图 – 乌讷根 – 苏乐

【形态特征】多年生草本。具根茎；秆直立，单生或少数丛生，高 45~55 厘米；叶鞘光滑无毛，叶舌膜质，先端钝圆或有微裂，叶片斜向上升，上面粗糙，下面光滑；圆锥花序矩圆状卵形或圆柱形，长 1.5~3 厘米，宽（6）7~10 毫米；颖基部 1/4 连合，脊上具柔毛，两侧密生柔毛；外稃与颖等长或稍短，芒自稃体近基部 1/4 处伸出，膝曲。花果期 7—9 月。

【生　　境】湿中生植物。生于河滩草甸、潮湿草原、山沟湿地。

【用　　途】优等饲用植物，适口性良好，无论是鲜草或是调制成干草，一年四季均为各种家畜所喜食，尤以牛最喜食。

【分　　布】全旗各苏木乡镇均有分布。

【拍摄地点】巴彦嵯岗苏木扎格达木丹嘎查河滩草甸

大看麦娘

【学　　名】*Alopecurus pratensis* L.

【蒙　　名】套木（伊和）– 乌讷根 – 苏乐、塔拉音 – 乌讷根 – 苏乐

【别　　名】草原看麦娘

【形态特征】多年生草本。具短根茎；秆少数丛生，直立或基部的节稍膝曲，高 50~80 厘米；叶鞘光滑，叶舌膜质，叶片扁平，上面粗糙，下面光滑；圆锥花序圆柱状，长 4~8 厘米，宽 6~10 毫米，灰绿色；颖下部 1/3 连合，脊上具长纤毛，两侧被短毛，侧脉上及脉间有时亦可疏生长柔毛；外稃与颖等长或稍短，芒自稃体中部以下伸出，膝曲，显著伸出于颖外。花果期 7—9 月。

【生　　境】湿中生植物。生于河滩草甸、潮湿草地。

【用　　途】良等饲用植物，青草时各种牲畜喜食，调制干草后马、牛喜食，绵羊、山羊采食较差。

【分　　布】全旗各苏木乡镇均有分布。

【拍摄地点】锡尼河东苏木河滩地

苇状看麦娘

【学　　名】*Alopecurus arundinaceus* Poir.

【蒙　　名】呼鲁苏乐格 – 乌讷根 – 苏乐

【形态特征】多年生草本。具根茎；秆常单生，直立，高 60~75 厘米；叶鞘平滑无毛，叶舌膜质，先端渐尖，撕裂，叶片上面粗糙，下面平滑；圆锥花序圆柱状，长 3.5~7.5 厘米，宽 8~9 毫米，灰绿色；颖基部 1/4 连合，顶端尖，向外曲张，脊上具纤毛，两侧及边缘疏生长纤毛或微毛；外稃稍短于颖，先端及脊上具微毛，芒直，自稃体中部伸出，隐藏于颖内或稍外露。花果期 7—9 月。

【生　　境】湿中生植物。生于沟谷河滩草甸、沼泽草甸及山坡草地。

【用　　途】优等饲用植物，适口性良好，无论是鲜草或是调制干草，在一年四季均为各种家畜所喜食，尤以牛最喜食。

【分　　布】全旗各苏木乡镇均有分布。

【拍摄地点】巴彦托海镇伊敏河水边

看麦娘

【学　　名】*Alopecurus aequalis* Sobol.

【蒙　　名】乌讷根－苏乐、召巴拉格

【形态特征】一年生草本。秆细弱，基部节处常膝曲，高 25~45 厘米；叶鞘无毛，叶舌薄膜质，叶片扁平，上面脉上疏被微刺毛，下面粗糙；圆锥花序细条状圆柱形，长 3.5~6 厘米，宽 3~5 毫米；颖于近基部连合，脊上生柔毛，侧脉或有时连同边缘生细微纤毛；外稃膜质，稍长于颖或与之等长，芒自基部 1/3 处伸出，长 2~2.5 毫米，隐藏或稍伸出颖外。花果期 7—9 月。

【生　　境】湿中生植物。生于河滩草甸、潮湿低地草甸、田边。

【用　　途】良等饲用植物，适口性良好，各种家畜均乐食。全草入中药，能利水消肿、解毒，主治水肿、水痘等。

【分　　布】全旗各苏木乡镇均有分布。

【拍摄地点】巴彦托海镇伊敏河边

拂子茅属 *Calamagrostis* Adans.

拂子茅

【学　　名】*Calamagrostis epigeios* (L.) Roth

【蒙　　名】哈布它钙 – 查干、扫日布古

【形态特征】多年生草本。具根茎；秆直立，高 75~135 厘米；秆和叶鞘均平滑无毛；叶舌膜质，先端尖或 2 裂，叶片扁平或内卷；圆锥花序直立，有间断，分枝直立或斜上；小穗条状锥形，黄绿色或带紫色；颖近等长，或第二颖较第一颖稍短；外稃透明膜质，顶端齿裂，芒自其中部附近伸出，基盘之柔毛与颖几等长或略短，内稃透明膜质，长为外稃的 2/3，先端微齿裂。花果期 7—9 月。

【生　　境】中生根茎禾草。生于森林草原、草原带及半荒漠带的河滩草甸、山地草甸以及沟谷、低地、沙地。

【用　　途】中等饲用植物，仅在开花前为牛所乐食。

【分　　布】全旗各苏木乡镇均有分布。

【拍摄地点】辉苏木北

野青茅属 *Deyeuxia* Clarion ex P. Beauv.

大叶章

【学　　名】*Deyeuxia purpurea* (Trin.) Kunth

【蒙　　名】额乐伯 – 额布斯

【形态特征】多年生草本。植株具横走根茎；秆直立，高 75~110 厘米，秆和叶鞘均平滑无毛；叶舌膜质，叶片扁平；圆锥花序开展，疏松；小穗棕黄色或带紫色；颖近等长，边缘膜质，点状粗糙并被短纤毛，具 1~3 脉；外稃膜质，自背部中部附近伸出 1 细直芒，基盘柔毛与稃体等长，内稃长为外稃的 2/3，膜质透明，先端细齿裂。花果期 6—9 月。

【生　　境】中生根茎禾草。生于山地林缘草甸、沼泽草甸、河谷及潮湿草甸。

【用　　途】良等饲用植物。

【分　　布】主要分布在锡尼河东苏木、伊敏苏木、红花尔基镇等地。

【拍摄地点】锡尼河东苏木小孤山北桦木林下

剪股颖属 *Agrostis* L.

芒剪股颖

【学　　名】*Agrostis vinealis* Schreb.

【蒙　　名】扫日特 – 乌兰 – 陶鲁钙

【形态特征】多年生草本。秆细弱，疏丛生，基部节微膝曲，高 40~60（90）厘米；叶鞘具膜质边缘，叶舌膜质，先端钝头或渐尖，全缘或具微齿，长 1~2 毫米，叶片扁平或内卷呈刺毛状；圆锥花序，长 5.5~18 厘米，每节 2~3 枝，分枝纤细，下部波状或蜿蜒曲卷，平滑；小穗带紫色，颖膜质，具 1 脉；外稃膜质透明，背部中部以下近基部具膝曲的芒，芒柱扭转，内稃缺。花果期 7—9 月。

【生　　境】中生疏丛禾草。生于山地林缘、山地草甸、草甸化草原、沟谷、河滩草地。

【用　　途】良等饲用植物，各种家畜均喜食。

【分　　布】主要分布在巴彦嵯岗苏木、锡尼河东苏木、伊敏苏木等地。

【拍摄地点】辉河林场西

菵草属 *Beckmannia* Host

菵草

【学　　名】*Beckmannia syzigachne* (Steud.) Fernald

【蒙　　名】莫乐黑音－萨木白、莫乐黑音－塔日牙

【形态特征】一年生草本。秆基部节微膝曲，高 45~65 厘米，平滑；叶鞘无毛，叶舌透明膜质，叶片扁平，两面无毛或粗糙或被微细丝状毛；圆锥花序狭窄，长 15~25 厘米，分枝直立或斜上；小穗压扁，倒卵圆形至圆形，含 1 小花，近于无柄，成 2 行覆瓦状排列于穗轴之一侧，脱节于颖之下；颖等长，具 3 脉；外稃略超出于颖体，先端具芒尖，内稃与外稃近等长，具 2 脉。花果期 6—9 月。

【生　　境】湿中生禾草。生于水边、潮湿之处。

【用　　途】中等饲用植物，各种家畜均采食。种子入中药，滋养益气、健胃利肠。

【分　　布】全旗各苏木乡镇均有分布。

【拍摄地点】巴彦托海镇南伊敏河边

针茅属 *Stipa* L.

大针茅

【学　　名】*Stipa grandis* P. A. Smirn.

【蒙　　名】套木 – 黑拉干那

【形态特征】多年生密丛型草本植物。秆直立，高 50~100 厘米；叶鞘粗糙，叶舌披针形，叶上面光滑，下面密生短刺毛，基生叶长可达 50 厘米以上；圆锥花序基部包于叶鞘内，长 20~50 厘米；小穗稀疏，成熟后淡紫色；颖长 30~40 毫米，第一颖略长，具 3 脉，第二颖略短，具 5 脉；外稃长 15~17 毫米，芒二回膝曲，芒长 18~27 厘米。花果期 7—8 月。

【生　　境】旱生植物。是亚洲中部草原区特有的典型草原建群种，是主要的气候顶极群落。

【用　　途】良等饲用植物，各种牲畜四季都乐意吃，基生叶丰富并能较完整地保存至冬春，可为牲畜提供大量有价值的饲草；生殖枝营养价值较差，特别是带芒的颖果能刺伤绵羊的皮肤而造成伤亡。

【分　　布】主要分布在锡尼河西苏木、辉苏木等地。

【拍摄地点】辉苏木合营牧场南

贝加尔针茅

【学　　名】*Stipa baicalensis* Roshev.

【蒙　　名】白嘎力 – 黑拉干那

【别　　名】狼针草

【形态特征】多年生密丛型草本。秆直立，高 50~80 厘米；叶鞘粗糙，叶舌披针形，白色膜质，上面被短刺毛或粗糙，下面脉上被密集的短刺毛；圆锥花序基部包于叶鞘内，长 20~40 厘米；小穗稀疏；颖淡紫色，长 23~33 毫米，边缘膜质，顶端延伸成尾尖，第一颖具 3 脉，第二颖具 5 脉；外稃长 12~14 毫米，芒二回膝曲，芒长 12~18 厘米。花果期 7—8 月。

【生　　境】中旱生植物。为亚洲中部草原区草甸草原植被的重要建群种，在中温型森林草原带占据典型的地带性生境，组成该地带的气候顶极群落，并可沿山地及丘陵上部进入典型草原带，形成山地的贝加尔针茅草甸草原群落。

【用　　途】良等饲用植物，饲用价值大体与大针茅相同。

【分　　布】主要分布在伊敏苏木、锡尼河东苏木、巴彦嵯岗苏木、巴彦托海镇等地。

【拍摄地点】伊敏苏木伊敏嘎查观测样地内

芨芨草属 *Achnatherum* P. Beauv.

芨芨草

【学　　名】*Achnatherum splendens* (Trin.) Nevski

【蒙　　名】德日苏

【别　　名】积机草

【形态特征】多年生草本。秆密丛生，直立或斜升，高 80~200 厘米，通常光滑无毛；叶鞘边缘膜质，叶舌披针形，长 5~15 毫米，先端渐尖，上面脉纹凸起，微粗糙，下面光滑无毛；圆锥花序开展，长 30~60 厘米，开花时呈金字塔形；小穗长 4.5~6.5 毫米，灰绿色、紫褐色或草黄色；第一颖显著短于第二颖；芒自外稃齿间伸出，直或微弯，但不膝曲扭转，无毛或微粗糙；内稃脉间有柔毛，成熟后背部多少露出外稃之外。花果期 6—9 月。

【生　　境】旱中生耐盐草本植物。是广泛分布在欧亚大陆干旱及半干旱区盐化草甸的建群种，适宜于盐化低地、湖盆边缘、丘间低地、干河床、阶地、侵蚀洼地、低山丘坡等生境。

【用　　途】良等饲用植物，在春末和夏初骆驼和牛乐食、羊和马采食较少，在冬季，各种家畜均采食。全草和花序入中药，全草主治尿路感染、小便不利、尿闭等；花序能止血。可作造纸原料及人造丝原料；也可作改良碱地、保护渠道、保持水土的植物。

【分　　布】主要分布在锡尼河西苏木、辉苏木、巴彦托海镇、巴彦塔拉乡等地。

【拍摄地点】辉苏木乌兰宝力格嘎查

羽茅

【学　　名】*Achnatherum sibiricum* (L.) Keng ex Tzvel.

【蒙　　名】哈日布古乐－额布斯

【别　　名】西伯利亚羽茅，光颖芨芨草

【形态特征】多年生草本。秆直立，疏丛生或有时少数丛生，高 50~150 厘米，秆和叶鞘均光滑无毛；叶舌截平，顶端具裂齿，叶片通常卷折，有时扁平，直立或斜向上升，上面和边缘粗糙；圆锥花序较紧缩，狭长，从不形成开展状态，长 15~30 厘米，花序分枝成熟后斜向上；小穗草绿色或灰绿色，成熟时变紫色；颖近等长或第一颖稍短，光滑无毛或脉上疏生细小刺毛；外稃长约 7 毫米，基盘尖锐，长约 1 毫米，芒长 2.5 厘米，一回或二回膝曲，中部以下扭转，内稃与外稃近等长或稍短于外稃。花果期 6—9 月。

【生　　境】中旱生植物。生于典型草原、草甸草原、山地草原、草原化草甸以及山地林缘和灌丛群落中，多为伴生植物，有时可成为优势种。

【用　　途】良等饲用植物，春夏季节青鲜时为牲畜所喜食饲料。全草可作造纸原料。

【分　　布】全旗各苏木乡镇均有分布。

【拍摄地点】伊敏苏木西

隐子草属 *Cleistogenes* Keng

糙隐子草

【学　　名】*Cleistogenes squarrosa* (Trin.) Keng

【蒙　　名】希如棍 – 哈扎嘎日 – 额布斯

【形态特征】多年生的小型丛生草本植物。高 10~30 厘米，植株通常绿色，秋后常呈红褐色；秆密集丛生，具分枝，直立或铺散，干后常成蜿蜒状或螺旋状弯曲；叶鞘层层包裹，叶片狭条形，扁平或内卷，粗糙；圆锥花序狭窄，长 4~7 厘米；小穗含 2~3 小花，绿色或带紫色；颖具 1 脉，边缘膜质；外稃先端常具较稃体短的芒，内稃与外稃近等长。花果期 7—9 月。

【生　　境】典型的草原旱生种。可成为各类草原植被的优势成分，也可成为次生性草原群落的建群种，分布范围广及森林草原带、典型草原带、荒漠草原带及草原化荒漠带。

【用　　途】优等饲用植物，在青鲜时，为家畜所喜食，特别是羊和马最喜食；牧民认为在秋季家畜采食后上膘快，是一种抓膘的宝草。

【分　　布】全旗各苏木乡镇均有分布。

【拍摄地点】巴彦托海镇一号草库伦

虎尾草属 *Chloris* Swartz

虎尾草

【学　　名】*Chloris virgata* Swartz

【蒙　　名】宝拉根 – 苏乐

【形态特征】一年生农田杂草。秆无毛，斜升、铺散或直立，基部节处常膝曲，高 10~35 厘米；叶鞘背部具脊，上部叶鞘常膨大而包藏花序，叶舌膜质，顶端截平，叶片平滑无毛或上面及边缘粗糙；穗状花序长 2~5 厘米，数枚簇生于秆顶呈指状排列；小穗灰白色或黄褐色，含 1 小花，成 2 行排列于穗轴之一侧，脱节于颖之上；颖不相等，膜质，先端具短芒；外稃具 3 脉，边缘近顶处具长柔毛，芒自顶端稍下处伸出，内稃短于外稃。花果期 6—9 月。

【生　　境】中生杂草。广泛见于农田、撂荒地、路边、干湖盆、干河床、浅洼地，在撂荒地上可形成虎尾草占优势的一年生植物群聚。

【用　　途】优等饲用植物，也是北方常见的农田杂草之一。

【分　　布】全旗各苏木乡镇均有分布。

【拍摄地点】巴彦托海镇居民点

稗属 *Echinochloa* P. Beauv.

稗

【学　　名】*Echinochloa crusgalli* (L.) P. Beauv.

【蒙　　名】奥孙 – 好努格

【别　　名】稗子、水稗、野稗

【形态特征】一年生草本。秆丛生，直立或基部倾斜，高 50~150 厘米，光滑无毛；叶鞘疏松，叶片条形或宽条形；圆锥花序较疏松，常带紫色，呈不规则的塔形，分枝柔软；小穗密集排列于穗轴的一侧，单生或成不规则簇生，卵形，近于无柄或具极短的柄；第一颖基部包卷小穗，第二颖与小穗近等长；外稃芒长 0.5~1.5 厘米；谷粒椭圆形，易脱落，白色、淡黄色或棕色。花果期 6—9 月。

【生　　境】湿生植物。生于田野、耕地、宅旁、路边、渠沟边水湿地、沼泽地、水稻田中。

【用　　途】良等饲用植物，青鲜时为牛、马和羊喜食。根及幼苗入中药，能止血，主治创伤出血不止。谷粒供食用或酿酒；茎叶纤维可作造纸原料；全草可作绿肥。

【分　　布】全旗各苏木乡镇均有分布。

【拍摄地点】巴彦托海镇一号草库伦

马唐属 *Digitaria* Hill.

止血马唐

【学　　名】*Digitaria ischaemum* (Schreb.) Muhl.

【蒙　　名】哈日 – 绍布棍 – 塔布格

【形态特征】一年生草本。秆直立或倾斜，基部常膝曲，高 15~45 厘米；叶鞘疏松裹茎，具脊，有时带紫色，无毛或疏生细柔毛，鞘口常具长柔毛，叶舌干膜质，先端钝圆，不规则撕裂，叶片扁平，两面均贴生微细毛，有时上面疏生细弱柔毛；总状花序 3.5~8（11.5）厘米；小穗轴边缘稍呈波状，具微小刺毛，长 2~2.8 毫米，灰绿色或带紫色；第一颖微小或几乎不存在，第二颖稍短于或等长于小穗；第一外稃具 5 脉，全部被柔毛；谷粒成熟后呈黑褐色。花果期 7—9 月。

【生　　境】中生杂草。生于田野、路边、沙地。

【用　　途】中等饲用植物，牛和马在秋后采食。全草入中药，可凉血、止血、收敛等。

【分　　布】全旗各苏木乡镇均有分布。

【拍摄地点】巴彦托海镇路边

狗尾草属 *Setaria* P. Beauv.

金色狗尾草

【学　　名】*Setaria pumila* (Poir.) Roem. et Schult.

【蒙　　名】协日 – 达日

【形态特征】一年生草本。秆直立或基部稍膝曲，高 20~80 厘米，光滑无毛；叶鞘下部扁压具脊，叶舌退化为一圈长约 1 毫米的纤毛，叶片条状披针形或狭披针形，上面粗糙或在基部有长柔毛，下面光滑无毛；圆锥花序密集呈圆柱状，直立；主轴上每簇含小穗 1 个，稀可见另一不育的小穗，小穗和刚毛金黄色；第二颖长约为小穗的 1/2~2/3；第一外稃与小穗等长；谷粒先端尖，成熟时具有明显的横皱纹，背部极隆起。花果期 7—9 月。

【生　　境】中生杂草。生于田野、路边、荒地、山坡等处。

【用　　途】良等饲用植物，在青苗时节，是牲畜的优良饲料。全草入中药，主治目翳、沙眼、目赤肿痛、黄疸型肝炎、小便不利、淋巴结核（已溃）、骨结核等；颖果入蒙药，主治肠痧、痢疾、腹泻、肠刺痛等。种子可食，还可喂养家禽、蒸馏酒精。

【分　　布】全旗各苏木乡镇均有分布。

【拍摄地点】巴彦托海镇居民点

狗尾草

【学　　名】*Setaria viridis* (L.) P. Beauv.

【蒙　　名】乌日音 – 苏乐、协日 – 达日

【别　　名】毛莠莠

【形态特征】一年生草本。秆高 20~60 厘米，直立或基部稍膝曲，单生或疏丛生；叶鞘较松弛，无毛或具柔毛，叶舌由一圈长 1~2 毫米的纤毛所组成，叶片扁平，条形或披针形；圆锥花序紧密呈圆柱状，直立，有时下垂，刚毛长于小穗 2~4 倍，粗糙，绿色、黄色或稍带紫色；小穗椭圆形，先端钝；第一颖长约为小穗的 1/3，第二颖与小穗几乎等长；第一外稃与小穗等长，第二外稃具细点皱纹；谷粒长圆形，顶端钝，成熟时稍肿胀。花果期 6—9 月。

【生　　境】中生杂草。生于荒地、田野、河边、坡地。

【用　　途】良等饲用植物，在幼嫩时是家畜的优良饲料，为各种家畜所喜食，但开花后，由于植物体变粗，刚毛变得很硬，会对动物口腔黏膜有损害作用。全草入中药，主治目翳、沙眼、目赤肿痛、黄疸型肝炎、小便不利、淋巴结核（已溃）、骨结核等；颖果也作蒙药用，主治肠痧、痢疾、腹泻、肠刺痛等。种子可食用，还可喂养家禽、蒸馏酒精。

【分　　布】全旗各苏木乡镇均有分布。

【拍摄地点】巴彦托海镇南

大油芒属 *Spodiopogon* Trin.

大油芒

【学　　名】*Spodiopogon sibiricus* Trin.

【蒙　　名】阿古拉音 – 乌拉乐吉

【别　　名】大荻、山黄菅

【形态特征】多年生高大草本。具长根茎且密被覆瓦状鳞片；秆直立，高 60~100 厘米；叶舌干膜质，钝圆，顶端具纤毛，叶片宽条形至披针形；圆锥花序狭窄，总状分枝近于轮生；小枝具 2~4 节，每节小穗孪生，1 有柄，1 无柄，含 1~2 小花，穗轴节间及小穗柄的先端膨大成棒状；两颖近等长；外稃透明膜质，第一小花雄性，无芒，外稃先端尖，第二小花两性，外稃先端深 2 裂，裂齿间伸出 1 膝曲而下部扭转的芒，内稃稍短于外稃。花果期 7—9 月。

【生　　境】中旱生植物。生于山地阳坡、砾石质草原、山地灌丛、草甸草原，可成为山地草原优势种。

【用　　途】中等饲用植物，适口性较差，在青鲜状态仅为牛乐食。全草入中、蒙药，主治月经过多、难产、胸闷、气胀等。

【分　　布】主要分布在锡尼河东苏木、巴彦嵯岗苏木、红花尔基镇、伊敏苏木等地。

【拍摄地点】巴彦嵯岗苏木白音罕东

莎草科 Cyperaceae

三棱草属 *Bolboschoenus* (Ascherson) Palla

扁秆荆三棱

【学　　名】*Bolboschoenus planiculmis* (F. Schmidt) T. V. Egor.

【蒙　　名】哈布塔盖 – 古日巴拉吉 – 额布斯

【别　　名】扁秆蔗草

【形态特征】多年生草本；根状茎匍匐，其顶端增粗成球形或倒卵形的块茎；秆单一，高 10~85 厘米，三棱形；叶片长条形，扁平；苞片比花序长 1 至数倍，长侧枝聚伞花序短缩成头状或有时具 1 至数枚短的辐射枝；小穗卵形或矩圆状卵形，黄褐色或深棕褐色，鳞片黄褐色，先端具较长的芒；小坚果倒卵形，两面微凹，长 3~3.5 毫米，柱头 2。花果期 7—9 月。

【生　　境】湿生植物。生于河边盐化草甸及沼泽中。

【用　　途】低等饲用植物。块茎可入中药，用于咳嗽、症瘕积聚、产后瘀阻腹痛、消化不良、经闭、胸腹胁痛，又为催乳剂；全草入蒙药，功效同中药。茎叶亦可作编织及造纸原料。

【分　　布】主要分布在巴彦托海镇、锡尼河西苏木、辉苏木、巴彦嵯岗苏木等地。

【拍摄地点】巴彦嵯岗苏木扎格达木丹嘎查

藨草属 *Scirpus* L.

单穗藨草

【学　　名】*Scirpus radicans* Schkuhr

【蒙　　名】温都苏力格 – 塔巴牙

【别　　名】东北藨草

【形态特征】多年生草本。具短的根状茎；秆粗壮，高 60~90 厘米，钝三棱形；叶鞘疏松，稍带黄褐色，脉间具横隔，叶片条形，扁平；苞片 3~4，叶状；长侧枝聚伞花序多次复出，大型，开展；每一小穗柄具 1 小穗，小穗矩圆状卵形或披针形，铅灰色或灰褐色，鳞片铅灰色；下位刚毛比小坚果长 2~3 倍，显著弯曲，平滑。花果期 7—9 月。

【生　　境】湿生植物。生于森林和草原地区的河湖低地、浅水沼泽。

【用　　途】低等饲用植物。茎叶可作编织、造纸及人造纤维原料。

【分　　布】全旗各苏木乡镇均有分布。

【拍摄地点】锡尼河西苏木巴彦胡硕敖包山下

东方藨草

【学　　名】*Scirpus orientalis* Ohwi

【蒙　　名】道日那音－塔巴牙

【别　　名】朔北林生藨草

【形态特征】多年生草本。具短的根状茎；秆粗壮，高 30~90 厘米，钝三棱形，平滑；叶鞘疏松，脉间具小横隔，叶片条形；苞片 2~3，叶状，下面 1~2 枚常长于花序 1 至数倍；长侧枝聚伞花序多次复出，紧密或稍疏展，长 3~10 厘米，具多数辐射枝，数回分枝；每一小穗柄着生 1~3 小穗，小穗狭卵形或披针形，铅灰色，鳞片铅灰色；下位刚毛 6 条，与小坚果近等长，直伸，具倒刺；雄蕊 3；小坚果倒卵形，三棱形，柱头 3。花果期 7—9 月。

【生　　境】湿生植物。生于浅水沼泽和沼泽草甸上。

【用　　途】低等饲用植物。茎叶可作编织及造纸原料。

【分　　布】主要分布在锡尼河东苏木、伊敏苏木等地。

【拍摄地点】锡尼河东苏木巴彦乌拉嘎查

水葱属 *Schoenoplectus* (Rchb.) Palla

水葱

【学　　名】*Schoenoplectus tabernaemontani* (C. C. Gmel.) Palla

【蒙　　名】奥孙 – 松根

【形态特征】多年生草本。根状茎粗壮，匍匐，褐色；秆高 30~130 厘米，圆柱形；叶鞘淡褐色，脉间具横隔，常无叶片，仅上部具短而狭窄的叶片；苞片 1~2，其中 1 枚稍长，为秆之延伸，短于花序；长侧枝聚伞花序假侧生，常 1~2 次分枝，具 3~8 辐射枝；小穗卵形或矩圆形，单生或 2~3 枚聚生，小穗和鳞片均为红棕色或红褐色；下位刚毛与小坚果近等长。花果期 7—9 月。

【生　　境】湿生植物。生于浅水沼泽、沼泽化草甸中。

【用　　途】低等饲用植物。也可作编织材料。

【分　　布】全旗各苏木乡镇均有分布。

【拍摄地点】锡尼河西苏木西博桥边

羊胡子草属 *Eriophorum* L.

东方羊胡子草

【学　　名】*Eriophorum angustifolium* Honckeny

【蒙　　名】敖兰－图如特－呼崩－敖日埃特

【别　　名】宽叶羊胡子草

【形态特征】多年生草本。具匍匐根状茎；秆散生，直立，高 30~85 厘米，下部近圆柱形，上部三棱形，平滑；基生叶鞘红褐色，叶片扁平，革质，秆生叶鞘闭合，鞘口处常呈紫褐色或黑褐色，叶片扁平或对折，长 3~6 厘米，宽 2~6 毫米；苞片 2~3，下部鞘状褐色，上部叶状，三棱形，先端钝，褐色；长侧枝聚伞花序，辐射枝不等长，稍下垂；小穗花期卵圆形或长椭圆形，具 2~6（10）小穗，鳞片灰褐色，常具 1 脉；下位刚毛多数，白色，柔软；小坚果深褐色，长倒卵状扁三棱形，先端具短尖。花果期 7—9 月。

【生　　境】湿生植物。生于河湖边沼泽中。

【用　　途】可作湿地观赏植物。

【分　　布】主要分布在巴彦托海镇、巴彦嵯岗苏木等地。

【拍摄地点】巴彦嵯岗苏木扎格达木丹嘎查沼泽地

扁穗草属 *Blysmus* Panz. ex Schultes

内蒙古扁穗草

【学　　名】*Blysmus rufus* (Huds.) Link

【蒙　　名】乌兰－阿力乌斯

【别　　名】布利莎

【形态特征】多年生草本。具细的匍匐根状茎；秆近圆柱形，高 3~40 厘米，通常簇生；基部叶鞘褐色或棕褐色，无叶片，秆生叶细线形，先端带褐色；苞片鳞片状，先端具小尖头或为叶状，绿色；穗状花序单一，顶生，卵状矩圆形或矩圆形，黑褐色或棕褐色，由 4~7 个小穗组成，排列成二行；小穗矩圆状卵形，具 2~3 朵花，鳞片椭圆状卵形，先端钝，具 3 条纵脉；下位刚毛无或仅留有残迹；雄蕊 3；小坚果矩圆状卵形或椭圆形，平凸状，柱头 2。花果期 7—9 月。

【生　　境】湿生植物。生于水边沼泽及盐化草甸。

【用　　途】中等饲用植物。

【分　　布】全旗各苏木乡镇均有分布。

【拍摄地点】伊敏苏木二道桥林场

荸荠属 *Eleocharis* R. Br.

沼泽荸荠

【学　　名】*Eleocharis palustris* (L.) Roem. et Schult.

【蒙　　名】纳木格音 – 查日

【别　　名】中间型荸荠、内蒙古荸荠、中间型针蔺

【形态特征】多年生草本。具匍匐根状茎；秆丛生，直立，高 20~40 厘米，绿色，无明显突出的纵肋，具纵沟纹；叶鞘长筒形，紧贴秆，长达 7 厘米，基部红褐色，鞘口截平；小穗矩圆状卵形或卵状披针形，红褐色，花两性，多数，鳞片先端急尖，具红褐色纵条纹，中间黄绿色，边缘白色宽膜质；花柱基三角状圆锥形，高约 0.3 毫米，海棉质；下位刚毛通常 4，长于小坚果，柱头 2。花果期 6—7 月。

【生　　境】湿生植物。生于河边及泉边沼泽、盐化草甸，有时可形成密集的沼泽群聚。

【用　　途】中等饲用植物。

【分　　布】全旗各苏木乡镇均有分布。

【拍摄地点】巴彦托海镇三道湾

水莎草属 *Juncellus* (Kunth.) C. B. Clarke

水莎草

【学　　名】*Juncellus serotinus* (Rottb.) C. B. Clarke

【蒙　　名】少日乃 – 萨哈拉

【形态特征】多年生草本。具细长匍匐的根状茎；秆粗壮，常单生，高 22~90 厘米，扁三棱形；叶鞘疏松，叶片条形，扁平，短于秆，下面具明显的中脉；苞片叶状，开展，长于花序；长侧枝聚伞花序复出，长 10~20 厘米，具 7~10 个不等长的辐射枝，每一辐射枝具 1~3（6）穗状花序；小穗矩圆状披针形或条状披针形，排列成穗状，鳞片宽卵形，红棕色，背部绿色，具多数脉，先端钝圆，边缘白色膜质；雄蕊 3；小坚果宽倒卵形，扁平，中部微凹，黄褐色，有细点，柱头 2。花果期 7—9 月。

【生　　境】湿生植物，生于浅水沼泽、沼泽草甸和水边沙土上。

【用　　途】中等饲用植物。全草入中药，主治慢性支气管炎。

【分　　布】主要分布在锡尼河东苏木、伊敏苏木等地。

【拍摄地点】锡尼河东苏木维纳河湿地

薹草属 *Carex* L.

额尔古纳薹草

【学　　名】*Carex argunensis* Turcz. ex Trev.

【蒙　　名】额尔古纳 – 西日黑

【形态特征】多年生草本。根状茎短，匍匐或斜升，被深褐色，细裂成纤维状的老叶鞘；秆疏丛生或有时密生，高 9~28 厘米，平滑；基部叶鞘浅褐色，细裂稍呈纤维状，叶片扁平，稍弯曲，黄灰色或带绿色；小穗单一，顶生，雄雌顺序，黄褐色，雄花部分与雌花部分相等或较之略长，宽条状棒形，雌花鳞片先端钝圆，浅黄褐色，边缘宽膜质；果囊近于膜质，倒卵状椭圆形，略呈三棱形，无光泽，顶端具短喙，成熟时水平开展；小坚果椭圆形，三棱状，浅褐色，基部具退化小穗轴，柱头 3。花期 5 月，果期 6—7 月。

【生　　境】中生植物。生于石质山地草原、沙地樟子松疏林林下、林间。

【用　　途】中等饲用植物。

【分　　布】主要分布在巴彦嵯岗苏木、伊敏苏木、锡尼河东苏木、辉苏木等地。

【拍摄地点】锡尼河东苏木伊日盖西

尖嘴薹草

【学　　名】*Carex leiorhyncha* C. A. Mey.

【蒙　　名】霍日查 – 西日黑

【形态特征】多年生草本。根状茎短，粗壮，暗褐色；秆丛生，高 15~60 厘米，三棱形，平滑；下部生叶，基部叶鞘无叶片，褐色，上部分裂成纤维状，叶鞘疏松抱茎，顶端截形，叶片扁平，稍硬，淡绿色，两面密生锈色斑点；穗状花序圆柱形，基部小穗稍疏生，长 2.5~8 厘米；苞片刚毛状，最下部的 1~2 枚叶状，长于小穗；小穗雄雌顺序，卵形或矩圆状卵形；果囊膜质，上部具紫色小点，边缘微增厚，无翅；小坚果疏松包于果中，柱头 2。花果期 6—7 月。

【生　　境】湿生植物。生于山地林缘草甸和溪边沼泽化草甸。

【用　　途】中等饲用植物，非常耐践踏，各种家畜喜食。

【分　　布】主要分布在伊敏苏木、锡尼河东苏木、辉苏木等地。

【拍摄地点】伊敏苏木三道桥

假尖嘴薹草

【学　　名】*Carex laevissima* Nakai

【蒙　　名】少布格日－西日黑

【形态特征】多年生草本。根状茎短，粗壮；秆疏丛生，高 20~70 厘米，锐三棱形；下部生叶，基部叶鞘无叶片，上部叶鞘较长，边缘膜质部分紧密抱茎，具皱纹，先端呈半圆状凸出，叶片扁平，短于秆；穗状花序圆柱状，长 2~6 厘米；苞片全部为鳞片状，短于小穗；小穗雄雌顺序，雌花鳞片卵形或宽椭圆状卵形，锈褐色，边缘白色膜质状，短于果囊；果囊膜质，淡绿黄色，无紫色小点；小坚果疏松包于果囊中，柱头 2。花果期 6—8 月。

【生　　境】湿生植物。生于山地林缘草甸和沼泽化草甸。

【用　　途】中等饲用植物。

【分　　布】主要分布在伊敏苏木、锡尼河东苏木、辉苏木等地。

【拍摄地点】锡尼河东苏木维纳河林缘

寸草薹

【学　　名】*Carex duriuscula* C. A. Mey.

【蒙　　名】朱乐格 – 额布斯、朱乐格 – 西日黑

【别　　名】寸草、卵穗薹草

【形态特征】多年生草本。根状茎细长，匍匐，黑褐色；秆疏丛生，高 5~20 厘米，近钝三棱形，具纵棱槽，平滑；基部叶鞘无叶片，灰褐色，叶片内卷成针状，刚硬，灰绿色，短于秆，两面平滑，边缘稍粗糙；穗状花序通常卵形或宽卵形；苞片鳞片状，短于小穗；小穗 3~6 个，雄雌顺序，雌花鳞片具窄的白色膜质边缘；果囊革质，宽卵形或近圆形，长 3~3.2 毫米，平凸状，边缘无翅，两面无脉或具 1~5 条不明显脉，顶端急收缩为短喙；小坚果疏松包于果囊中，柱头 2。花果期 4—7 月。

【生　　境】中旱生植物。生于轻度盐渍低地及沙质地，在盐化草甸和草原的过牧地段可出现寸草薹占优势的群落片段。

【用　　途】良等饲用植物，为一种很有价值的放牧型植物，牛、马、羊喜食。

【分　　布】全旗各苏木乡镇均有分布。

【拍摄地点】巴彦嵯岗苏木阿拉坦敖希特嘎查西

走茎薹草

【学　　名】*Carex reptabunda* (Trautv.) V. I. Krecz.

【蒙　　名】木乐呼格 – 西日黑、宝日 – 陶路盖图 – 西日黑

【形态特征】多年生草本。根状茎长而匍匐，粗壮，灰褐色；秆 1~3 株散生，高 15~45 厘米，近三棱形，光滑或上部微粗糙；中部以下生叶，基部叶鞘锈褐色，无光泽，稍细裂成纤维状，叶片内卷成针状，有时对折，较硬，灰绿色，短于秆，两面平滑，先端边缘微粗糙；穗状花序矩圆状卵形或卵形，疏松排列，浅褐色；苞片鳞片状；小穗 2~5 个，雄雌顺序；果囊膜质，具细脉至不明显脉，边缘无翅，近双凸状；小坚果疏松包于果囊中，喙平滑，喙口 2 齿裂，柱头 2。花果期 5—7 月。

【生　　境】湿中生植物。生于湖边沼泽化草甸及盐化草甸。

【用　　途】中等饲用植物。

【分　　布】主要分布在巴彦托海镇、锡尼河西苏木、辉苏木等地。

【拍摄地点】巴彦托海镇巴彦托海嘎查湿地

狭囊薹草

【学　　名】*Carex diplasiocarpa* V. I. Krecz.

【蒙　　名】伊布楚 – 西日黑

【形态特征】多年生草本。根状茎长，匍匐，鳞片褐色，多少细裂成纤维状；秆纤细，每1~3株自根状茎成列疏生，下部生叶；基部叶鞘无叶片，几不分裂，褐色，叶片扁平，上面散生极细颗粒状小点，边缘粗糙；穗状花序长2.6~3厘米；苞片鳞片状；小穗6~9个，下方1枚稍离生，雌花鳞片锈色，中部具1条脉，具宽的白色膜质边缘，略短于果囊；果囊卵状披针形，平凸状，无细点，具长喙，喙口2齿状深裂，边缘中部以上具细齿状狭翅；小坚果紧包于果囊中，平凸状，柱头2。花果期6—7月。

【生　　境】湿中生植物。生于林下及草甸。

【用　　途】良等饲用植物，牛、马、羊喜食。

【分　　布】主要分布在伊敏苏木、锡尼河东苏木、红花尔基镇等地。

【拍摄地点】锡尼河东苏木巴彦乌拉嘎查

灰株薹草

【学　　名】*Carex rostrata* Stokes

【蒙　　名】苏约特－西日黑

【形态特征】多年生草本。具长而粗壮的匍匐根状茎；秆疏丛生，粗壮，高 43~61 厘米，钝三棱形，中部以下生叶；基部叶鞘无叶片，叶片扁平，稍外卷，灰绿色，长于秆；苞片叶状，最下 1 片长于或等于花序，无包鞘；小穗 5~6（7）个，远离生，上部 3~4（5）个为雄小穗，其余为雌小穗，雌花鳞片矩圆状披针形，与果囊近等长或稍短；果囊长约 4 毫米，具短柄或近无柄，喙口短二齿裂；小坚果疏松包于果囊中，倒卵形，三棱状，柱头 3。花果期 6—7 月。

【生　　境】湿生植物。生于沼泽或沼泽化草甸。

【用　　途】中等饲用植物。

【分　　布】全旗各苏木乡镇均有分布。

【拍摄地点】锡尼河东苏木巴彦乌拉嘎查

大穗薹草

【学　　名】*Carex rhynchophysa* C. A. Mey.

【蒙　　名】冒恩图格日－西日黑

【形态特征】多年生草本。具粗而长的匍匐根状茎；秆粗壮，高 60~100 厘米，锐三棱形；基部叶鞘无叶片，淡褐色，有时带红紫色，叶片扁平，质软，鲜绿色，宽 6~15 毫米，与叶鞘均具明显横隔；苞片叶状，最下 1 片长于花序，无苞鞘或稀具短鞘；小穗 5~9 个，上部 3~6 个为雄小穗，鳞片锈棕色，下部 2~3 为雌小穗，雌小穗宽 10~13 毫米，鳞片红锈色；果囊膜质，极密，水平开展，球状倒卵形，膨胀三棱状，果喙平滑，2 齿裂；小坚果疏松包于果囊中，三棱状，柱头 3。花果期 6—7 月。

【生　　境】湿生植物。生于沼泽，在河边积水处可形成大穗薹草群聚。

【用　　途】中等饲用植物，嫩叶可作牧草。茎叶可造纸。

【分　　布】主要分布在巴彦嵯岗苏木、锡尼河东苏木、伊敏苏木等地。

【拍摄地点】锡尼河东苏木小孤山北草甸

脚薹草

【学　　名】*Carex pediformis* C. A. Mey.

【蒙　　名】宝棍－照格得日

【别　　名】日阴菅、柄状薹草、硬叶薹草

【形态特征】多年生草本。根状茎短缩，斜升；秆密丛生，高 18~40 厘米，钝三棱形，下部生叶；基部叶鞘褐色，纤维状，叶片稍硬，扁平或稍对折，灰绿色或绿色；苞片佛焰苞状，苞鞘边缘狭膜质，鞘口常截形，最下 1 片先端具明显的短叶片；小穗 3~4 个，上方 2 个常近生，或全部远生，顶生者为雄小穗，棍棒状或披针形，不超出或超出相邻雌小穗，侧生 2~3 个为雌小穗，矩圆状条形；果囊倒卵形，钝三棱状，背面无脉或具不明显脉，腹面仅基部具 3~5 脉；小坚果紧包于果囊中，倒卵形，三棱状，柱头 3。花果期 5—7 月。

【生　　境】中旱生植物。生于山地、丘陵坡地、湿润沙地、草原、林下及林缘，为草甸草原、山地草原优势种，山杨、白桦林伴生种。

【用　　途】良等饲用植物，属耐践踏，放牧型牧草，牛、马、羊喜食。

【分　　布】全旗各苏木乡镇均有分布。

【拍摄地点】巴彦嵯岗苏木阿拉坦敖希特嘎查西

黄囊薹草

【学　　名】*Carex korshinskyi* Kom.

【蒙　　名】协日 – 西日黑

【形态特征】多年生草本。具细长匍匐根状茎；秆疏丛生，纤细，高 20~36 厘米，扁三棱形，下部生叶；基部叶鞘褐红色，纤维状及网状，叶片狭，扁平或对折，灰绿色；苞片先端刚毛状或芒状，具极短苞鞘；小穗 2~3 个，顶生者为雄小穗，棒状条形，雄花鳞片狭长卵形或披针形，淡锈色，先端急尖，侧生 1~2 个为雌小穗，近球形、卵形或矩圆形，鳞片淡棕色，与果囊近等长；果囊革质，倒卵形或椭圆形，钝三棱状，金黄色，背面具多数脉，平滑，具光泽，喙口斜截形；小坚果紧包于果囊中，柱头 3。花果期 7—9 月。

【生　　境】中旱生植物。生于草原、沙丘、石质山坡，可成为沙质草原及羊草草原的伴生种。

【用　　途】良等饲用植物。

【分　　布】主要分布在巴彦托海镇、伊敏苏木、锡尼河西苏木、辉苏木等地。

【拍摄地点】巴彦托海镇二号草库伦内

扁囊薹草

【学　　名】*Carex coriophora* Fisch. et C. A. Mey. ex Kunth

【蒙　　名】哈巴塔盖布特尔 – 西日黑

【别　　名】贝加尔薹草

【形态特征】多年生草本。根状茎细而短，匍匐；秆高 50~75 厘米，三棱形，平滑，下部生叶；基部叶鞘无叶片，淡褐色或锈褐色，叶片扁平，淡绿色，长不及秆之半，边缘近平滑；苞片叶状，具长苞鞘；小穗（2）3~6（7）个，顶生 1（2）个为雄小穗，矩圆状椭圆形，下垂，鳞片淡锈色，雌小穗 3~4 个，侧生，矩圆形，弯曲或下垂，鳞片锈褐色，中部淡黄色；果囊无乳头状凸起，平滑，膜质，宽椭圆形，极压扁三棱形，喙口白色膜质，斜截形而具 2 微齿；小坚果疏松包于果囊中，柱头 3。花果期 6—8 月。

【生　　境】湿中生植物。生于山地踏头沼泽、沼泽化草甸、草甸、林下、灌丛。

【用　　途】中等饲用植物。

【分　　布】主要分布在锡尼河东苏木、伊敏苏木、巴彦嵯岗苏木、巴彦托海镇等地。

【拍摄地点】巴彦嵯岗苏木扎格达木丹嘎查西

灰脉薹草

【学　　名】*Carex appendiculata* (Trautv.) Kükenth.

【蒙　　名】乌日太 – 西日黑

【形态特征】多年生草本。根状茎短，形成踏头；秆密丛生，高 35~75 厘米；基部叶鞘无叶，茶褐色或褐色，稍有光泽，叶片扁平或有时内卷，淡灰绿色，两面平滑，边缘具微细齿；苞叶无鞘，与花序近等长；小穗 3~5 个，上部的 1~2（3）为雄小穗，其余为雌小穗（有时部分小穗顶端具少数雄花），条状圆柱形，雌花鳞片长 2~3 毫米，淡绿色，两侧紫褐色至黑紫色，边缘白色膜质，短于果囊；果囊薄革质，平凸状，具脉，长 2.2~3.5 毫米；小坚果紧包于果囊中，柱头 2。花果期 6—7 月。

【生　　境】湿生植物。生于河岸湿地踏头沼泽。

【用　　途】中等饲用植物。

【分　　布】全旗各苏木乡镇均有分布。

【拍摄地点】锡尼河西苏木巴彦胡硕敖包山河边

菖蒲科 Acoraceae

菖蒲属 *Acorus* L.

菖蒲

【学　　名】*Acorus calamus* L.

【蒙　　名】乌木黑－哲格苏（奥都乐）

【别　　名】石菖蒲、白菖蒲、水菖蒲

【形态特征】多年生草本。高 30~50 厘米；根状茎粗壮，横走，外皮黄褐色，芳香，叶基生，剑形，两行排列，叶片向上直伸，边缘膜质，具明显凸起的中脉；花序柄三棱形，佛焰苞叶状剑形，肉穗花序近圆柱形，两性花，黄绿色；雄蕊 6；花被片倒披针形，上部宽三角形，内弯；花药淡黄色，稍伸出花被；浆果矩圆形，红色。花果期 6—8 月。

【生　　境】水生植物。生于沼泽、河流边、湖泊边。

【用　　途】劣等饲用植物。根状茎入中药，能化痰开窍、和中利湿，主治癫痫、神志不清、惊悸健忘、湿滞痞胀、泄泻痢疾、风湿痹痛等；也入蒙药，主治胃寒、积食症、呃逆、化脓性扁桃腺炎、炭疽、关节痛、麻风病等。

【分　　布】主要分布在辉苏木、锡尼河西苏木等地。

【拍摄地点】辉苏木嘎鲁图嘎查西

浮萍科 Lemnaceae

浮萍属 *Lemna* L.

浮萍

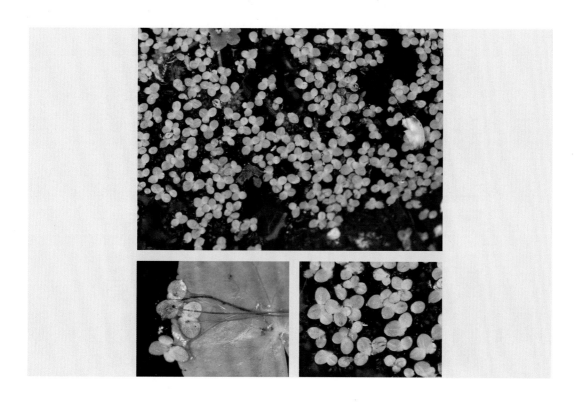

【学　　名】*Lemna minor* L.

【蒙　　名】敖那根 – 陶如古

【形态特征】一年生水生小草本。植物体漂浮于水面；叶状体近圆形或倒卵形，全缘，不透明，光滑，下面总是绿色，有时上表面粉红色，扁平；假根纤细，根鞘无附属物，根冠钝圆或截形；花着生于叶状体边缘开裂处，膜质苞鞘囊状，内有雌花 1 朵和雄花 2 朵，雌花具 1 胚珠，弯生；果实圆形，近陀螺状；种子 1，具不规则的凸出脉。花期 6—7 月，果期 8—9 月。

【生　　境】浮水植物。繁殖快，常遮盖水面，生于静水中、小水池及河湖边缘。

【用　　途】良等饲用植物。全草入中药，能发汗祛风、利水消肿，主治风热感冒、麻疹不透、荨麻疹、水肿、小便不利等；全草也入蒙药，功效同中药。

【分　　布】全旗各苏木乡镇均有分布。

【拍摄地点】伊敏苏木吉登嘎查湿地水中

紫萍属 *Spirodela* Schleid.

紫萍

【学　　名】*Spirodela polyrhiza* (L.) Schleid.

【蒙　　名】宝日 – 敖那根 – 陶如古

【形态特征】一年生浮水小草本。叶状体卵圆形，全缘，上面绿色，下面紫色，两面光滑；下面具 1 束细假根，根冠尖锐，假根一侧产生新芽，成熟后脱离母体；花着生于叶状体边缘的缺刻内，膜质苞鞘袋状，内有 1 雌花和 2 雄花，雌花具 2 胚珠；果实圆形，具翅。花期 6—7 月，果期 8—9 月。

【生　　境】浮水植物。生于静水中、水池及河湖的边缘。

【用　　途】良等饲用植物，可作猪、鸭饲料及放养草鱼的饵料。全草入中药（药名：浮萍），能发汗解表、透疹解毒、利水消肿，主治风热感冒、斑疹不透、荨麻疹、皮肤瘙痒、水肿、小便不利等；全草也入蒙药，功效同中药。

【分　　布】全旗各苏木乡镇均有分布。

【拍摄地点】巴彦托海镇伊敏河中

鸭跖草科 Commelinaceae

鸭跖草属 *Commelina* L.

鸭跖草

【学　　名】*Commelina communis* L.

【蒙　　名】努古孙 – 塔布格

【形态特征】一年生草本。茎基部匍匐，上部斜生，高 25~40 厘米，多分枝；叶卵状披针形或披针形，先端渐尖，基部圆形或宽楔形，鞘口部边缘被长柔毛；聚伞花序，生于枝上部有花 3~4 朵，生于枝下部具花 1~2 朵；总苞片佛焰苞状，基部心形；萼片 3，膜质；花瓣 3，深蓝色；发育雄蕊 3，不育雄蕊 3，花药呈蝴蝶状；蒴果椭圆形；种子扁圆形。花果期 7—9 月。

【生　　境】湿中生植物。生于山谷溪边林下、山坡阴湿处及田边。

【用　　途】优等饲用植物。全草入中药，能清热解毒、利水消炎，主治水肿、小便不利、感冒、咽喉肿痛、黄疸型肝炎、热痢、丹毒等。

【分　　布】主要分布在伊敏苏木、锡尼河东苏木等地。

【拍摄地点】伊敏苏木二道桥

灯心草科 Juncaceae

灯心草属 *Juncus* L.

小灯心草

【学　　名】*Juncus bufonius* L.

【蒙　　名】吉吉格－高乐－额布斯

【形态特征】一年生草本。高 5~25 厘米；茎丛生，直立或斜升，基部有时红褐色；叶基生和茎生，扁平，狭条形，叶鞘边缘膜质，向上渐狭，无明显叶耳；花序稀疏，呈不规则二歧聚伞状，每分枝上常顶生和侧生 2~4 花；总苞片叶状，小苞片 2~3，卵形，膜质；花被片绿白色，背脊部绿色，披针形，内轮较短，先端锐尖或长渐尖，较蒴果长；雄蕊 6；蒴果三棱状矩圆形，褐色；通常种子两端细尖。花果期 6—9 月。

【生　　境】湿生植物。生于沼泽草甸和盐化沼泽草甸。

【用　　途】中等饲用植物，仅绵羊、山羊采食一些。全草入中药，主治热淋、小便涩痛、水肿、尿血等。

【分　　布】全旗各苏木乡镇均有分布。

【拍摄地点】巴彦托海镇南

细灯心草

【学　　名】*Juncus gracillimus* (Buch.) V. I. Krecz. et Gontsch.

【蒙　　名】那日音 – 高乐 – 额布斯

【别　　名】细茎灯心草、扁茎灯心草

【形态特征】多年生草本。高 30~50 厘米；根状茎横走，密被褐色鳞片；茎丛生，直立，绿色；基生叶 2~3 片，茎生叶 1~2 片，叶片狭条形，叶鞘松弛抱茎；复聚伞花序生茎顶部，具多数花，花彼此分离；总苞片叶状，常 1 片，超出花序；花被片近等长，卵状披针形，长约 2 毫米，先端钝圆，边缘膜质，常稍向内卷成兜状；雄蕊 6，短于花被片；蒴果卵形或近球形，明显超出花被片；种子褐色，斜倒卵形。花果期 6—8 月。

【生　　境】湿生植物。生于河边、湖边、沼泽化草甸或沼泽中。

【用　　途】中等饲用植物，为马、山羊、绵羊所喜食。全草入中药，可清热解毒、利水消肿、安神镇惊；全草也入蒙药，主治心烦失眠、尿少涩痛、口舌生疮等。

【分　　布】全旗各苏木乡镇均有分布。

【拍摄地点】巴彦托海镇南

百合科 Liliaceae

葱属 *Allium* L.

野韭

【学　　名】*Allium ramosum* L.

【蒙　　名】哲日力格 – 高戈得、和日音 – 高戈得

【形态特征】多年生草本。根状茎粗壮，横生，略倾斜；鳞茎近圆柱状，簇生，外皮暗黄色至黄褐色，破裂成纤维状，呈网状；叶三棱状条形，中空，短于花葶；花葶圆柱状，高 20~55 厘米；总苞单侧开裂或 2 裂，白色，膜质；伞形花序半球状或近球状，小花梗近等长；花白色，稀粉红色，花被片常具红色中脉，外轮花被片通常与内轮花被片等长；花丝等长，长为花被片的 1/2~3/4；子房倒圆锥状球形，花柱不伸出花被外。花果期 7—9 月。

【生　　境】中旱生植物。生于草原砾石质坡地、草甸草原、草原化草甸等群落中。

【用　　途】为优等饲用植物，羊和牛喜食、马乐食。叶可作蔬菜食用，花和花葶可腌渍做"韭菜花"调味佐食。

【分　　布】全旗各苏木乡镇均有分布。

【拍摄地点】伊敏苏木二道桥北

白头葱

【学　　名】*Allium leucocephalum* Turcz.

【蒙　　名】查干 – 高戈得

【别　　名】白头韭

【形态特征】多年生草本。鳞茎单生或 2~3 枚聚生，近圆柱状，鳞茎外皮暗黄褐色，撕裂成纤维状，呈网状；叶半圆柱状，中空，上面具沟槽，短于花葶；花葶圆柱状，高 30~50 厘米，中下部 1/3~1/2 被叶鞘；总苞 2 裂，膜质；伞形花序球状，花多而密集；小花梗近等长，基部具膜质小苞片；花白色或稍带黄色，花被片具不甚明显的绿色或淡紫色的中脉；花丝等长，长于花被片 1/3~1/2，内轮花丝具狭长尖齿；子房倒卵形，花柱伸出花被外。花果期 7—8 月。

【生　　境】中旱生植物。生于森林草原带和草原带的沙地及砾石质坡地上。

【用　　途】为优等饲用植物，绵羊与牛喜食，马乐食。

【分　　布】主要分布在锡尼河东苏木、辉苏木，伊敏苏木等地。

【拍摄地点】锡尼河东苏木沙地

碱葱

【学　　名】*Allium polyrhizum* Turcz. ex Regel

【蒙　　名】塔干那

【别　　名】多根葱、碱韭

【形态特征】多年生草本。鳞茎多枚紧密簇生，圆柱状，鳞茎外皮黄褐色，撕裂成纤维状；叶半圆柱状，边缘具密的微糙齿，短于花葶；花葶圆柱状，高 10~20 厘米；总苞 2~3 裂；伞形花序半球状，具多而密集的花；小花梗近等长，基部具膜质小苞片；花紫红色至淡紫色，稀粉白色；内轮花丝具裂齿，花丝近等长或稍长于花被片；子房卵形，不具凹陷的蜜穴，花柱稍伸出花被外。花果期 7—8 月。

【生　　境】强旱生植物。生于荒漠带、荒漠草原带、半荒漠带及典型草原带的壤质、沙壤质棕钙土、淡栗钙土或石质残丘坡地上。

【用　　途】优等饲用植物，各种牲畜喜食。

【分　　布】主要分布在巴彦托海镇、锡尼河西苏木、巴彦塔拉乡、辉苏木等地。

【拍摄地点】巴彦托海镇巴彦托海嘎查山坡沙地

矮葱

【学　　名】*Allium anisopodium* Ledeb.

【蒙　　名】那日音－冒盖音－好日、肖布音－呼乐

【别　　名】矮韭

【形态特征】多年生草本。根状茎横生，外皮黑褐色，鳞茎近圆柱状，数枚聚生，鳞茎外皮黑褐色，膜质，不规则地破裂；叶半圆柱状条形，有时三棱状狭条形，宽 1~2 毫米，短于或近等长于花葶；花葶、小花梗和叶的纵棱光滑；花葶圆柱状，高 20~50 厘米；伞形花序近帚状，松散；小花梗不等长，长 1~3 厘米；花淡紫色至紫红色；花丝长为花被片的 2/3；子房卵球状，基部无凹陷的蜜穴，花柱不伸出花被外。花果期 6—8 月。

【生　　境】中旱生植物。生于森林草原和草原地带的山坡和固定沙地上，为草原的伴生种。

【用　　途】优等饲用植物，羊、马和骆驼喜食。

【分　　布】全旗各苏木乡镇均有分布。

【拍摄地点】巴彦托海镇二号草库伦内

细叶葱

【学　　名】*Allium tenuissimum* L.

【蒙　　名】扎芒

【别　　名】细叶韭、细丝韭、札麻

【形态特征】多年生草本。植株纤细；鳞茎近圆柱状，数枚聚生，多斜生，鳞茎外皮紫褐色至黑褐色，膜质，不规则破裂；叶半圆柱状至近圆柱状，光滑，长于或近等长于花葶，宽 0.3~1 毫米；花葶圆柱状，具纵棱，光滑，高 10~40 厘米；伞形花序半球状或近帚状，松散；小花梗近等长，长 0.5~1.5 厘米；花白色或淡红色，稀紫红色，花被片长 3~4 毫米；花丝长为花被片的 1/2~2/3；子房卵球状，花柱不伸出花被外。花果期 5—8 月。

【生　　境】旱生植物。生于森林草原、典型草原、荒漠草原、山地草原的山坡、沙地上，为草原及荒漠草原的伴生种。

【用　　途】优等饲用植物，各种牲畜均喜食。鳞茎可入中药，具有抗菌、消炎的作用。花序与种子可作调味品。

【分　　布】全旗各苏木乡镇均有分布。

【拍摄地点】辉苏木松树山

砂葱

【学　　名】*Allium bidentatum* Fisch. ex Prokh. et Ikonnikov-Galitzky

【蒙　　名】额乐孙 – 塔干那、洪呼乐

【别　　名】双齿葱、砂韭

【形态特征】多年生草本。鳞茎数枚紧密聚生，圆柱状，鳞茎外皮褐色至灰褐色，薄革质，条状撕裂，有时顶端破裂呈纤维状；叶半圆柱状，短于花葶；花葶圆柱状，高 10~35 厘米；总苞 2 裂；伞形花序半球状，具多而密集的花；小花梗近等长，明显长于花被片；花淡紫红色至淡紫色；花丝等长，稍短于或近等长于花被片，内轮花丝基部具裂齿；子房卵球形，花柱略长于子房，但不伸出花被外。花果期 7—8 月。

【生　　境】旱生植物。生于草原地带和山地向阳坡上，典型草原伴生种。

【用　　途】优等饲用植物，羊、马、骆驼喜食，牛乐食。鳞茎可入中药，具有发汗、散寒的作用。

【分　　布】全旗各苏木乡镇均有分布。

【拍摄地点】巴彦托海镇三号草库伦南侧

黄花葱

【学　　名】*Allium condensatum* Turcz.

【蒙　　名】协日 – 松根、蒙古乐 – 松根

【别　　名】黄花韭

【形态特征】多年生草本。鳞茎近圆柱形，外皮红褐色，革质，有光泽，条裂；叶圆柱状或半圆柱状，具纵沟槽，中空，短于花葶；花葶圆柱状，实心，高 30~60 厘米，近中下部被膜质叶鞘；伞形花序球状，具多而密集的花；小花梗近等长；花白色或淡黄色；花丝等长，锥形，无齿，比花被片长 1/3~1/2，基部合生并与花被片贴生；子房倒卵形，腹缝线基部具短帘的凹陷蜜穴，花柱伸出花被外。花果期 7—8 月。

【生　　境】中旱生植物。生于山地草原、典型草原、草甸草原及草甸中。

【用　　途】优等饲用植物。

【分　　布】全旗各苏木乡镇均有分布。

【拍摄地点】伊敏苏木伊敏嘎查观测样地内

山葱

【学　　名】*Allium senescens* L.

【蒙　　名】忙给日

【别　　名】山韭、岩葱

【形态特征】多年生草本。根状茎粗壮，横生，外皮黑褐色至黑色，鳞茎单生或数枚聚生，近狭卵状圆柱形或近圆锥状，外皮灰褐色至黑色，膜质，不破裂；叶伸直，条形或狭条形，宽 2~10 毫米；花葶近圆柱状，常具 2 纵棱，高 20~50 厘米；伞形花序半球状至近球状，具多而密集的花；小花梗近等长，基部具小苞片；花紫红色至淡紫色；花丝等长，比花被片长达 1.5 倍，基部合生并与花被片贴生；子房近球状，花柱伸出花被外。花果期 7—8 月。

【生　　境】中旱生植物。生于草原、草甸草原或砾石质山坡上，为草甸草原及草原的伴生种。

【用　　途】优等饲用植物，羊和牛喜食，是催肥的植物。鳞茎可入中药，具有抗菌、消炎的作用。嫩叶可作蔬菜食用。

【分　　布】全旗各苏木乡镇均有分布。

【拍摄地点】辉河林场西

棋盘花属 *Zigadenus* Rich. (*Zigadenus* Michaux)

棋盘花

【学　　名】*Zigadenus sibiricus* (L.) A. Gray

【蒙　　名】阿特日干那

【形态特征】多年生草本。高 30~70 厘米；鳞茎小葱头状，外层鳞茎皮黑褐色，有时上部稍撕裂为纤维状，须根纤细，黑褐色；叶基生，条形，在花葶下常有 1~3 枚短叶；总状圆锥花序具疏松的花，花梗较长；花黄绿色或淡黄色；苞片着生于花梗基部；花被片离生，内面近基部具 1 顶端 2 裂的肉质腺体；雄蕊 6，短于花被片；蒴果圆锥形；种子矩圆形，有翅。花期 7—8 月，果期 8—9 月。

【生　　境】中生植物。生于山地林下及林缘草甸。

【用　　途】可作观赏花卉。

【分　　布】主要分布在锡尼河东苏木、伊敏苏木等地。

【拍摄地点】锡尼河东苏木维纳河山坡

百合属 *Lilium* L.

有斑百合

【学　　名】*Lilium concolor* Salisb. var. *pulchellum* (Fisch.) Regel

【蒙　　名】朝好日 – 萨日那

【形态特征】多年生草本。鳞茎卵状球形，白色；茎直立，高 28~60 厘米，有纵棱；叶散生，条形或条状披针形，边缘有小乳头状凸起，基部无白绵毛；花直立，1 至数朵，生于茎顶端，呈星状开展，深红色，有褐色斑点，花被片矩圆状披针形，长 3~4 厘米，具蜜腺，两边具乳头状凸起；子房圆柱形，花柱稍短于子房；蒴果矩圆形。花期 6—7 月，果期 8—9 月。

【生　　境】中生植物。生于山地草甸、林缘及草甸草原。

【用　　途】内蒙古重点保护植物。中等饲用植物。花及鳞茎入蒙药（蒙药名：乌和日 – 萨日那），能接骨、治伤、去黄水、清热解毒、止咳止血，主治骨折、创伤出血、虚热、铅中毒、毒热、痰中带血、月经过多等。花可供观赏。

【分　　布】主要分布在巴彦嵯岗苏木、锡尼河东苏木、伊敏苏木、红花尔基镇等地。

【拍摄地点】锡尼河东苏木呼和乌苏

毛百合

【学　　名】*Lilium dauricum* Ker-Gawl.

【蒙　　名】乌和日－萨日那、毛日音－萨日那、阿达干纳－图木苏

【形态特征】多年生草本。鳞茎卵状球形，鳞片卵形，肉质，白色；茎直立，高 60~77 厘米，有纵棱；叶散生，茎顶端有 4~5 片轮生，条形或条状披针形，基部有 1 簇白绵毛；花 1~2（3）顶生，橙红色，有紫红色斑点，花被长 5~7.5 厘米，具蜜腺；花柱长于子房 2 倍以上，柱头膨大，3 裂；蒴果矩圆形。花期 7 月，果期 8—9 月。

【生　　境】中生植物。生于山地灌丛间、疏林下及沟谷草甸。

【用　　途】内蒙古重点保护植物。中等饲用植物。鳞茎可入中药，能养阴润肺、清心安神，用于阴虚久咳、痰中带血、虚烦惊悸、失眠多梦、精神恍惚。鳞茎含淀粉，可供食用；花大且美丽，可栽培供观赏。

【分　　布】主要分布在锡尼河东苏木、伊敏苏木、红花尔基镇、巴彦嵯岗苏木等地。

【拍摄地点】伊敏苏木三道桥北

山丹

【学　　名】*Lilium pumilum* Redouté

【蒙　　名】萨日阿楞、萨日那 – 其其格、阿古拉音 – 萨日那

【别　　名】细叶百合、山丹丹花

【形态特征】多年生草本。鳞茎卵形或圆锥形，鳞片白色；茎直立，高 25~66 厘米；茎和叶边缘密被小乳头状凸起；叶散生于茎中部，条形；花 1 至数朵，生于茎顶部，鲜红色，无斑点，下垂，花被片反卷，具蜜腺；花药长矩圆形，黄色，具红色花粉粒；子房圆柱形，柱头膨大；蒴果矩圆状卵形。花期 7—8 月，果期 9 月。

【生　　境】中生植物。生于草甸草原、山地草甸、山地林缘、山地灌丛。

【用　　途】内蒙古重点保护植物。中等饲用植物。鳞茎入中药，能养阴润肺、清心安神，主治阴虚久咳、痰中带血、虚烦惊悸、神志恍惚等；花及鳞茎也入蒙药，能接骨、治伤、去黄水、清热解毒、止咳止血，主治骨折、创伤出血、虚热、铅中毒、毒热、痰中带血、月经过多等。可作观赏花卉。

【分　　布】全旗各苏木乡镇均有分布。

【拍摄地点】巴彦托海镇二号草库伦内

顶冰花属 *Gagea* Salisb.

少花顶冰花

【学　　名】*Gagea pauciflora* (Turcz. ex Trautv.) Ledeb.

【蒙　　名】楚很 – 其其格图 – 哈布日音 – 西日阿、楚很 – 其其格图 – 嘎伦 – 松根

【形态特征】多年生草本。高 7~25 厘米；鳞茎球形或卵形，外皮上端向上延伸成圆筒状而抱茎；基生叶 1，细条形，实心，茎生叶通常 1~3，下部 1 枚，披针状条形，上部的渐小而成为苞片状；花 1~3 朵，排成近总状花序；花被片绿黄色，先端渐尖或锐尖；雄蕊长为花被的 1/2~2/3，花药条形，花柱与子房近等长或略短，柱头 3 深裂；蒴果近倒卵形，长为宿存花被片的 2/3。花期 5—6 月，果期 7 月。

【生　　境】早春类短命中生植物。生于山地草甸或灌丛。

【用　　途】劣等饲用植物。

【分　　布】全旗各苏木乡镇均有分布。

【拍摄地点】巴彦托海镇三号草库伦内

藜芦属 *Veratrum* L.

藜芦

【学　　名】*Veratrum nigrum* L.

【蒙　　名】阿格西日嘎

【别　　名】黑藜芦

【形态特征】多年生草本。高 60~100 厘米，粗壮，基部被具横脉的叶鞘所包，枯死后残留为带黑褐色网眼的纤维网；叶椭圆形至卵状披针形，长 20~25 厘米，宽 5~10 厘米，叶片无毛，无柄或仅上部叶具短柄；圆锥花序，通常疏生较短的侧生花序，常具雄花，顶生总状花序较侧生花序长 2 倍以上，几乎全部着生两性花，小花密生于主轴和分枝轴上；花被片黑紫色，矩圆形；蒴果。花期 7—8 月，果期 8—9 月。

【生　　境】中生植物。为森林草甸种，生于林缘、草甸或山坡林下。

【用　　途】根及根茎入中药，能催吐、祛痰、杀虫，主治中风瘫痪、癫痫、喉痹等，外用治疥癣、恶疮、杀虫蛆；根及根茎也入蒙药，主治遗毒、积食、心口痞等。

【分　　布】全旗各苏木乡镇均有分布。

【拍摄地点】伊敏苏木伊敏嘎查

兴安藜芦

【学　　名】*Veratrum dahuricum* (Turcz.) Loesener

【蒙　　名】和应干 – 阿格西日嘎、查干 – 阿格西日嘎

【形态特征】多年生草本。高 70~150 厘米；茎粗壮，包茎的基部叶鞘无横脉，枯死后残留形成无网眼的纤维束；叶椭圆形或卵状椭圆形，背面密生银白色的短柔毛；圆锥花序，近纺锤形，侧生总状花序多数，斜升，最下部偶有再次分枝，与顶端总状花序近等长，小花多数，密生；小苞片近卵形，背面和边缘有毛；花被片淡黄绿色，边缘啮蚀状；子房近圆锥形，被短柔毛。花期 7—8 月，果期 8—9 月。

【生　　境】中生植物。为草甸种，生于山地草甸和草甸草原。

【用　　途】根及根茎入中药，能催吐、祛痰、杀虫，主治中风瘫痪、癫痫、喉痹等，外用治疥癣、恶疮、杀虫蛆；根及根茎也入蒙药，主治遗毒、积食、心口痞等。

【分　　布】主要分布在锡尼河东苏木、伊敏苏木、红花尔基镇等地。

【拍摄地点】红花尔基镇北

萱草属 *Hemerocallis* L.

小黄花菜

【学　　名】*Hemerocallis minor* Mill.

【蒙　　名】哲日利格 – 协日 – 其其格

【别　　名】黄花菜

【形态特征】多年生草本。须根粗壮，不膨大或稍肉质，呈绳索状，表面具横皱纹；叶基生；花葶长于叶或近等长，花序不分枝或稀为假二歧状的分枝，常具 1~2 花，稀具 3~4 花；花梗长短极不一致；苞片卵状披针形至披针形；花被淡黄色，花被管长 1~2.5（3）厘米；蒴果椭圆形或矩圆形。花期 6—7 月，果期 7—8 月。

【生　　境】中生植物。为草甸种，在草甸化草原和杂类草草甸中可成为优势种之一，生于山地草原、林缘、灌丛。

【用　　途】内蒙古重点保护植物。中等饲用植物。根入中药，能清热利尿、凉血止血，主治水肿、小便不利、淋浊、尿血、衄血、便血、黄疸等；外用治乳痈；根也入蒙药，主治小便不利、淋病、带下、衄血、尿血、崩漏、肝炎、劳伤腰痛等，花入蒙药，主治胃炎、肝炎、胸膈烦热、神经衰弱、痔疮便血等。花可供食用。

【分　　布】全旗各苏木乡镇均有分布。

【拍摄地点】巴彦托海镇二号草库伦内

天门冬属 *Asparagus* L.

兴安天门冬

【学　　名】*Asparagus dauricus* Fisch. ex Link

【蒙　　名】和应干－和日音－努都

【别　　名】山天冬

【形态特征】多年生草本。根状茎粗短，须根细长；茎直立，高 20~70 厘米，具条纹，稍具软骨质齿；分枝与主茎、叶状枝与分枝通常成锐角斜展；叶状枝 1~6 簇生，鳞片状叶基部有极短的距，但无刺；花 2 朵腋生，黄绿色，雄花长 3~4 毫米，雌花极小；浆果球形，红色或黑色。花期 6—7 月，果期 7—8 月。

【生　　境】中旱生植物。为草甸草原种，生于林缘、草甸草原、典型草原及干燥的石质山坡等生境。

【用　　途】中等饲用植物，幼嫩时绵羊、山羊乐食。

【分　　布】全旗各苏木乡镇均有分布。

【拍摄地点】辉苏木松树山

舞鹤草属 *Maianthemum* Web.

舞鹤草

【学　　名】*Maianthemum bifolium* (L.) F. W. Schmidt

【蒙　　名】转西乐 – 其其格

【形态特征】多年生草本。根状茎细长，匍匐，有时分枝，节上有少数根；茎直立，高 13~20 厘米；基生叶 1，花期凋萎，茎生叶互生，2 枚，三角状卵形，先端锐尖至渐尖，基部心形；总状花序顶生，直立，有 12~25 朵花；花白色，单生或成对，花被片 4，离生，排成 2 轮；雄蕊 4，着生于花被片基部；子房球形，花柱与子房近等长；浆果球形，熟时红黑色；种子卵圆形，种皮黄色。花期 6 月，果期 7—8 月。

【生　　境】中生植物。生于落叶松林和白桦林下。

【用　　途】全草入中药，可凉血、止血，用于外伤出血、吐血、尿血、月经过多等。

【分　　布】主要分布在锡尼河东苏木、伊敏苏木等地。

【拍摄地点】锡尼河东苏木维纳河桦树林下

铃兰属 *Convallaria* L.

铃兰

【学　　名】*Convallaria majalis* L.

【蒙　　名】烘好来－其其格

【形态特征】多年生草本。高 20~40 厘米；根状茎粗壮，横走，肉质，白色，须根束状；叶基生，通常 2 枚，椭圆形或卵状披针形，先端急尖，基部楔形，两面无毛，叶柄下部具数枚鞘状的膜质鳞片；花葶由根状茎伸出，顶端微弯；总状花序偏侧生，具花 10 朵左右，下垂；苞片披针形，膜质；花乳白色，芳香，广钟形，先端 6 裂；浆果熟后红色，下垂；种子扁圆形。花期 6—7 月，果期 7—9 月。

【生　　境】中生植物。生于林下、林间草甸及灌丛中。

【用　　途】全草入中药，能强心、利尿，主治心力衰竭、心房纤颤、浮肿等。

【分　　布】主要分布在锡尼河东苏木、伊敏苏木等地。

【拍摄地点】锡尼河东苏木维纳河南山北坡

黄精属 *Polygonatum* Mill.

小玉竹

【学　　名】*Polygonatum humile* Fisch. ex Maxim.

【蒙　　名】那木汉 – 冒呼日 – 查干

【形态特征】多年生草本。根状茎圆柱形，生有多数须根；茎直立，高 15~30 厘米，有纵棱；叶互生，椭圆形、卵状椭圆形至长椭圆形，基部圆形，下面被短糙毛，淡绿色；腋生花序常具 1 花，花梗明显下弯；花被筒状，白色顶端带淡绿色，长 14~16 毫米；花丝稍扁，粗糙，着生在花被筒近中部；浆果球形，成熟时蓝黑色，有 2~3 颗种子。花期 6 月，果期 7—8 月。

【生　　境】中生植物。生于山地林下、林缘、灌丛、山地草甸及草甸草原。

【用　　途】劣等饲用植物。根茎入中药，主治热病伤阴、口燥咽干、干咳少痰、心烦心悸、消渴等；根茎也入蒙药（蒙药名：巴嘎 – 冒呼日 – 查干），主治久病体弱、肾寒、腰腿酸痛、滑精、阳痿、寒性黄水病、胃寒、嗳气、胃胀、积食、食泻等。

【分　　布】主要分布在伊敏苏木、锡尼河东苏木、红花尔基镇等地。

【拍摄地点】锡尼河东苏木小孤山北桦树林下

玉竹

【学　　名】*Polygonatum odoratum* (Mill.) Druce

【蒙　　名】冒呼日 – 查干

【别　　名】萎蕤

【形态特征】多年生草本。根状茎粗壮，圆柱形，有节，黄白色，生有须根；茎有纵棱，高 25~60 厘米；具 7~10 叶，叶互生，椭圆形至卵状矩圆形，两面无毛，下面带灰白色或粉白色；腋生花序具 1~2 花，总花梗较短，长约 1 厘米；花被白色带黄绿，长 14~20 毫米，花被筒较直；花丝扁平，近平滑至具乳头状凸起；花药黄色；浆果球形，熟时蓝黑色，直径 4~7 毫米，有种子 3~4 颗。花期 6 月，果期 7—8 月。

【生　　境】中生植物。生于山地林下、林缘、灌丛、山地草甸。

【用　　途】内蒙古重点保护植物。劣等饲用植物。根茎入中药，主治热病伤阴、口燥咽干、干咳少痰、心烦心悸、消渴等；根茎也入蒙药，主治久病体弱、肾寒、腰腿酸痛、滑精、阳痿、寒性黄水病、胃寒、嗳气、胃胀、积食、食泻等。

【分　　布】主要分布在巴彦嵯岗苏木、锡尼河东苏木、伊敏苏木、红花尔基镇等地。

【拍摄地点】锡尼河东苏木维纳河西北坡

黄精

【学　　名】*Polygonatum sibiricum* Redouté

【蒙　　名】阿吉日干 – 朝高日、查干 – 好日、伊麻干 – 奥日好代

【别　　名】鸡头黄精

【形态特征】多年生草本。根状茎肥厚，横生，圆柱形，一头粗，一头细，有少数须根，黄白色；茎高 30~90 厘米；叶无柄，4~6 轮生，平滑无毛，条状披针形，先端拳卷或弯曲成钩状；花腋生，常有 2~4 朵花，呈伞形状；总花梗下垂，基部有苞片，膜质，白色，条状披针形；花被白色至淡黄色稍带绿色，长 9~13 毫米，花被筒中部稍缢缩；花丝很短，贴生于花被筒上部；浆果成熟时黑色，有种子 2~4 颗。花期 5—6 月，果期 7—8 月。

【生　　境】中生植物。生于山地林下、林缘、灌丛、山地草甸。

【用　　途】内蒙古重点保护植物。劣等饲用植物。根茎入中药，主治体虚乏力、腰膝软弱、心悸气短、肺燥咳嗽、干咳少痰、消渴等；根茎也入蒙药，主治肾寒、腰腿酸痛、滑精、阳痿、体虚乏力、寒性黄水病、头晕目眩、食积、食泻等。

【分　　布】主要分布在锡尼河西苏木、锡尼河东苏木、巴彦嵯岗苏木、伊敏苏木等地。

【拍摄地点】锡尼河西苏木巴彦胡硕敖包山东麓

鸢尾科 Iridaceae

鸢尾属 *Iris* L.

射干鸢尾

【学　　名】*Iris dichotoma* Pall.

【蒙　　名】海其 – 额布斯

【别　　名】野鸢尾、歧花鸢尾、白射干、芭蕉扇

【形态特征】多年生草本。高 40~100 厘米；根状茎粗壮，具多数黄褐色须根；茎直立，圆柱形，上部叉状分枝，分枝处具 1 枚苞片；叶基生，6~8 枚，剑形，弯曲，排列于一个平面上，呈扇状；聚伞花序，有花 3~15 朵；花白色或淡紫红色，具紫褐色斑纹，外轮花被片矩圆形，具紫褐色斑点，爪部边缘具黄褐色纵条纹，内轮花被具紫色网纹，爪部具沟槽；蒴果圆柱形，具棱；种子具翼。花期 7 月，果期 8—9 月。

【生　　境】中旱生草本。生于草原、山地林缘或灌丛。

【用　　途】中等饲用植物，在秋季霜后牛、羊采食。根茎或全草入中药，主治咽喉肿痛、肝炎、胃痛、乳腺炎、牙龈肿痛等；也入蒙药，功效同中药。

【分　　布】全旗各苏木乡镇均有分布。

【拍摄地点】辉苏木东北

细叶鸢尾

【学　　名】*Iris tenuifolia* Pall.

【蒙　　名】敖汗－萨哈拉、超乐布日－额布斯

【形态特征】多年生草本。高 20~40 厘米，形成稠密草丛；根状茎匍匐，须根细绳状，黑褐色；植株基部被稠密的宿存叶鞘，棕褐色，基生叶丝状条形，纵卷，长 40 厘米，宽 1~1.5 毫米，横断面近圆形；苞叶 3~4，披针形，鞘状膨大呈纺锤形，内有花 1~2 朵；花淡蓝色或蓝紫色，花被管细长，外轮花被片倒卵状披针形，基部狭，中上部较宽，内轮花被片倒披针形；花柱狭条形，顶端 2 裂；蒴果卵球形，具三棱。花期 5 月，果期 6—7 月。

【生　　境】旱生植物。生于草原、沙地及石质坡地。

【用　　途】中等饲用植物，春季羊采食其花。根及种子入中药，能安胎养血，主治胎动不安、血崩等；花及种子也入蒙药（蒙药名：纳仁－查黑勒德格），能解痉、杀虫、止痛、解毒、利疸退黄、消食、治伤、生肌、排脓、燥黄水，主治霍乱、蛲虫病、虫牙、皮肤痒、虫积腹痛、热毒疮疡、烫伤、脓疮、黄疸型肝炎、胁痛、口苦等。

【分　　布】主要分布在巴彦托海镇、锡尼河西苏木、辉苏木等地。

【拍摄地点】辉苏木松树山

囊花鸢尾

【学　　名】*Iris ventricosa* Pall.

【蒙　　名】春都古日 – 查黑乐得格

【形态特征】多年生草本。高 30~60 厘米，形成大型稠密草丛；根状茎粗短，具多数黄褐色须根；植株基部具稠密的纤维状或片状宿存叶鞘；基生叶条形，宽 4~5 毫米，光滑，两面具凸出的纵脉；花葶明显短于基生叶；总苞具纵脉和横脉，形成网状，苞叶鞘状膨大，呈纺锤形；花 1~2 朵，蓝紫色，花被管较短，外轮花被片被紫红色斑纹，内轮花被片较短，披针形；花柱先端 2 裂；蒴果长圆形，棱状，具长喙，三瓣裂；种子卵圆形，红褐色。花期 5—6 月，果期 7—8 月。

【生　　境】中旱生草本。生于含丰富杂类草的典型草原、草甸草原及草原化草甸、山地林缘草甸，为草甸草原伴生种。

【用　　途】低等饲用植物。可用于水土保持或作园林地被材料。

【分　　布】全旗各苏木乡镇均有分布。

【拍摄地点】锡尼河东苏木维纳河北山

粗根鸢尾

【学　　名】*Iris tigridia* Bunge ex Ledeb.

【蒙　　名】巴嘎 – 查黑乐得格

【形态特征】多年生草本。高 10~30 厘米；根状茎短粗，须根多数，粗壮，稍肉质，黄褐色；茎基部具黄褐色宿存叶鞘；基生叶条形，宽 1.5~4 毫米，光滑，两面叶脉凸出；花葶短于基生叶；总苞 2，椭圆状披针形，膜质，不膨胀；花常单生，蓝紫色或淡紫红色，具深紫色脉纹，外轮花被片具鸡冠状凸起，内轮花被片较狭较短，直立，顶端微凹；蒴果椭圆形，两端尖锐，具喙。花期 5 月，果期 6—7 月。

【生　　境】旱生草本。生于丘陵坡地、山地草原、林缘。

【用　　途】中等饲用植物，春季羊采食。可栽培供观赏。

【分　　布】主要分布在巴彦托海镇、巴彦嵯岗苏木、巴彦塔拉乡、锡尼河西苏木、伊敏苏木等地。

【拍摄地点】巴彦嵯岗苏木扎格达木丹嘎查

单花鸢尾

【学　　名】*Iris uniflora* Pall. ex Link

【蒙　　名】乌努钦 – 查黑乐得格

【形态特征】多年生草本。高 20~50 厘米；根状茎匍匐、细长而分枝，植株基部及根状茎着生褐色宿存纤维状叶鞘；基生叶条形，宽 4~8 毫米，较柔软，鲜绿色，粗糙，纵脉 7~10 条，其中 2~3 条较凸出；总苞 2，叶状总苞椭圆形，长 1.5~2.5 厘米，稍膨胀，较坚硬，黄绿色，先端较钝，常具紫红色边缘，非膜质，光滑，具不明显脉纹；花葶细长，花期高 10~15 厘米；花单生，蓝紫色，花被裂片披针形或狭披针形；花柱狭披针形，顶端 2 裂；蒴果球形，具棱，无喙，3 瓣裂。花期 5—6 月，果期 7—8 月。

【生　　境】中生草本。生于山地林下、林缘，为山地针叶林、阔叶林及林缘草甸伴生种。

【用　　途】良等饲用植物，为各种家畜所喜食。种子入蒙药，可治咽喉肿痛、急性黄疸型肝炎、小便不利、淋病、月经过多、吐血、衄血、白带等，根可治水肿、肝硬化腹水、大便不通等。也可栽培供观赏。

【分　　布】主要分布在巴彦嵯岗苏木、锡尼河东苏木、伊敏苏木、红花尔基镇等地。

【拍摄地点】伊敏苏木红花尔基嘎查

马蔺

【学　　名】*Iris lactea* Pall. var. *chinensis* (Fisch.)Koidz.

【蒙　　名】查黑乐得格

【形态特征】多年生草本。高 20~50 厘米；基部具稠密的红褐色纤维状宿存叶鞘，形成大型草丛，根状茎粗壮，着生多数绳状棕褐色须根；基生叶多数，剑形，顶端尖锐，光滑，两面具纵脉；花葶丛生，被 2~3 叶片包裹，叶状总苞边缘白色宽膜质；花 1~3 朵，蓝色，外花被片倒披针形，稍宽于内花被片，内花被片披针形，先端锐尖；蒴果具纵肋 6 条，有尖喙。花期 5 月，果期 6—9 月。

【生　　境】中生草本。生于河滩、盐碱滩地，为盐化草甸建群种。

【用　　途】中等饲用植物，枯黄后为各种家畜所乐食。花、种子及根入中药，主治咽喉肿痛、吐血、衄血、月经过多、小便不利、淋病、白带、肝炎、疮疖痈肿等；花及种子也入蒙药，主治霍乱、蛲虫病、虫牙、皮肤痒、虫积腹痛、热毒疮疡、烫伤、脓疮、黄疸型肝炎、胁痛、口苦等。

【分　　布】全旗各苏木乡镇均有分布。

【拍摄地点】锡尼河东苏木乌兰哈日嘎那

溪荪

【学　　名】*Iris sanguinea* Donn ex Hornem.

【蒙　　名】塔拉音 – 查黑乐得格

【形态特征】多年生草本。根状茎粗壮，匍匐，具淡黄色须根，植株基部和根状茎被黄褐色纤维状宿存叶鞘；茎直立，圆柱形，高 50~70 厘米，实心，光滑；具茎生叶 1~2 枚，基生叶宽条形，宽 8~12 毫米，光滑，具数条平行的纵脉，主脉不明显；总苞 4~6，披针形，顶端较尖锐，光滑，具多条纵脉，近膜质；花 2~3 朵，直径 9 厘米以下，外轮花被蓝色或蓝紫色，中部及下部黄褐色，被深蓝色脉纹，内轮花被片倒披针形，明显短于外轮；花柱分枝顶端裂片长 1.5 厘米以下；蒴果矩圆形或长椭圆形，具棱。花期 7 月，果期 8 月。

【生　　境】湿中生草本。生于山地水边草甸、沼泽化草甸。

【用　　途】根及根状茎入中药，消积行水，用于胃痛；也入蒙药，主治胃脘痛、食积腹痛、大便不通、疔疮肿毒等。可作观赏花卉。

【分　　布】主要分布在锡尼河东苏木、伊敏苏木、红花尔基镇、巴彦托海镇等地。

【拍摄地点】锡尼河东苏木维纳河西坡底

长白鸢尾

【学　　名】*Iris mandshurica* Maxim.

【蒙　　名】曼吉－查黑乐得格

【别　　名】东北鸢尾

【形态特征】多年生草本。高 20~30 厘米；植株基部围有棕褐色的老叶残留纤维，根状茎肥厚、肉质、块状，须根黄白色；叶镰刀状弯曲或中部以上略弯曲，花期宽 6~10 毫米，果期宽约 15 毫米，花茎基部包有披针形的鞘状叶；苞片 3 枚，膜质，内包含有 1~2 朵花；花黄色，外花被裂片有紫褐色的网纹，中脉上密布黄色须毛状的附属物，内花被裂片向外斜伸，狭椭圆形或披针形；蒴果纺锤形，先端具长喙，喙长近 1 厘米。花期 5 月，果期 6—8 月。

【生　　境】中生植物。生于草甸。

【用　　途】花可供观赏。

【分　　布】主要分布在巴彦托海镇。

【拍摄地点】巴彦托海镇巴彦托海嘎查奶牛村

兰科 Orchidaceae

绥草属 *Spiranthes* Rich.

绥草

【学　　名】*Spiranthes sinensis* (Pers.) Ames

【蒙　　名】敖朗黑伯

【别　　名】盘龙参、扭扭兰

【形态特征】多年生草本。高 15~40 厘米；根数条簇生，指状，肉质；茎直立；近基部生叶 3~5 片，叶条形；总状花序具多数密生的花，似穗状，螺旋状扭曲；花小，淡红色、紫红色或粉色；中萼片与花瓣靠合成兜状，唇瓣位于下方，上部边缘皱波状基部凹陷并抱蕊柱，无距；花粉块 2，粒状，具花粉块柄，有黏盘；子房卵形，扭转；蒴果具 3 棱。花期 6—8 月，果期 7—9 月。

【生　　境】中生 – 湿中生植物。生于沼泽化草甸或林缘草甸。

【用　　途】列入《濒危野生动植物种国际贸易公约》（CITES）II 级保护；国家 II 级保护植物；内蒙古重点保护植物。低等饲用植物。块根或全草入中药，主治病后体虚、神经衰弱、咳嗽吐血、咽喉肿痛、小儿夏季热、糖尿病、白带等，外用治毒蛇咬伤；根或全草也入蒙药，功效同中药。

【分　　布】主要分布在锡尼河东苏木、巴彦托海镇、红花尔基镇、伊敏苏木、辉苏木等地。

【拍摄地点】辉苏木嘎鲁图嘎查西

掌裂兰属 *Dactylorhiza* Neck. ex Nevski

掌裂兰

【学　　名】*Dactylorhiza hatagirea* (D. Don) Soo

【蒙　　名】好日高力格－查合日麻

【别　　名】宽叶红门兰、蒙古红门兰

【形态特征】多年生陆生兰。高 8~50 厘米；块茎粗大，肉质，两侧压扁，下部 3~5 掌状分裂；茎直立；叶 3~6 片，条状披针形、披针形或长椭圆形；总状花序密集似穗状，具多花；花紫红色或粉色，稀白色，唇瓣前部几不裂或 3 裂，中裂片与侧裂片近等大，唇瓣基部的距长于子房或与子房近等长；子房扭转，无毛。花期 6—7 月，果期 8—9 月。

【生　　境】湿中生植物。生于湿草甸或沼泽化草甸。

【用　　途】列入《濒危野生动植物种国际贸易公约》（CITES）II 级保护；国家 II 级保护植物。劣等饲用植物。全草、块茎入中药，全草用于烦躁口渴、不思饮食、月经不调、虚劳贫血、头晕等，块茎用于久病体虚、虚劳消瘦、乳少、慢性肝炎、肺虚咳嗽、失血、久泻、阳痿等。

【分　　布】主要分布在巴彦托海镇、锡尼河东苏木、伊敏苏木、红花尔基镇等地。

【拍摄地点】巴彦托海镇巴彦托海嘎查湿地

兜被兰属 *Neottianthe* Schltr.

二叶兜被兰

【学　　名】*Neottianthe cucullata* (L.) Schltr.

【蒙　　名】冲古日格－查合日麻

【别　　名】鸟巢兰

【形态特征】多年生陆生兰。高 10~26 厘米；块茎近球形或卵状椭圆形，颈部生数条细长根；茎纤细，直立；中部至上部具 2~3 片小的苞片状叶，基部具 2 片基生叶，基生叶近对生，卵形，具网状弧曲脉序；苞叶状小叶狭披针形或条形，先端尾状渐尖；总状花序顶生，具多数花；花紫红色或粉红色，偏向一侧，唇瓣位于下方，前部 3 裂，基部具距；退化雄蕊 2，花粉块 2，粒状，具短的花粉块柄和黏盘；子房纺锤形，扭转。花期 8 月，果期 9 月。

【生　　境】中生植物。生于海拔 450~1 100 米的山地林下、林缘或灌丛中。

【用　　途】列入《濒危野生动植物种国际贸易公约》（CITES）Ⅱ级保护；国家Ⅱ级保护植物。全草入中药，可醒脑回阳、活血散瘀、接骨生肌，用于外伤疼痛性休克、跌打损伤、骨折等；也入蒙药，主治外伤性昏迷、跌打损伤、骨折等。花可供观赏。

【分　　布】主要分布在红花尔基镇、伊敏苏木等地。

【拍摄地点】红花尔基镇南山樟子松林下

角盘兰属 *Herminium* L.

角盘兰

【学　　名】*Herminium monorchis* (L.) R. Br.

【蒙　　名】吉嘎日图 – 查合日麻、宝乐出图 – 查合日麻、伊扎古日图 – 查合日麻

【别　　名】人头七

【形态特征】多年生陆生兰。高 9~40 厘米；块茎球形，颈部生数条细长根；茎直立，无毛；基部具棕色叶鞘，下部常具叶 2~3（4），上部具 1~2 苞片状小叶，叶披针形、矩圆形、椭圆形或条形，基部渐狭成鞘，抱茎；总状花序圆柱状，具多花；花小，黄绿色，垂头，钩手状，唇瓣近中部 3 裂，中裂片较侧裂片长得多，基部凹陷，略呈浅囊状，无距；退化雄蕊 2，具短的花粉块柄和角状的黏盘；子房无毛，扭转；蒴果矩圆形。花期 6—7 月，果期 7—9 月。

【生　　境】中生植物。生于山地海拔 500~2 500 米的林缘草甸和林下。

【用　　途】列入《濒危野生动植物种国际贸易公约》（CITES）Ⅱ级保护；国家Ⅱ级保护植物；内蒙古重点保护植物。低等饲用植物。全草、块茎入中药，全草主治神经衰弱、头晕失眠、烦燥口渴、食欲不振、须发早白、月经不调等，块茎可滋阴补肾、养胃调经等；全草也入蒙药，功效同中药。

【分　　布】主要分布在巴彦托海镇、红花尔基镇等地。

【拍摄地点】巴彦托海镇巴彦托海嘎查湖边草甸

舌唇兰属 *Platanthera* Rich.

二叶舌唇兰

【学　　名】*Platanthera chlorantha* (Cust.) Rchb.

【蒙　　名】扫尼音 – 查合日麻、达日布其图 – 查合日麻

【别　　名】大叶长距兰

【形态特征】多年生陆生兰。高 25~55 厘米；根部具块茎 1~2；茎直立，无毛，基部具 1~2 叶鞘，近基部具 2 片叶，近对生，叶椭圆形、椭圆状倒卵形或狭椭圆形，茎中部有时具数片苞片状小叶，披针形；总状花序长 6~20 厘米；花白绿色；萼片绿色，中萼片宽卵形，侧萼歪斜；花瓣条状披针形，比萼片小得多，唇瓣不分裂，舌状条形；具较细的花粉块柄和圆形的黏盘；退化雄蕊小；子房扭转，弓曲，无毛。花期 6—7 月，果期 7—8 月。

【生　　境】中生植物。生于海拔 1 200~1 800 米的山坡林下或林缘草甸。

【用　　途】列入《濒危野生动植物种国际贸易公约》（CITES）Ⅱ级保护；国家Ⅱ级保护植物。块茎入中药，可补肺、生肌、化瘀、止血，用于肺痨咳血、吐血、衄血等，外用于创伤出血、痈肿、烧烫伤等；也可入蒙药，功效同中药。

【分　　布】主要分布在锡尼河东苏木、伊敏苏木等地。

【拍摄地点】锡尼河东苏木小孤山防火站林下

原沼兰属 *Malaxis* Soland. ex Sw.

原沼兰

【学　　名】*Malaxis monophyllos* (L.) Sw.

【蒙　　名】那木格音 – 查合日麻

【别　　名】小柱兰、一叶兰、沼兰

【形态特征】多年生陆生兰。高 8~35 厘米；假鳞茎卵形或椭圆形，被多数白色干膜质鞘，似蒜头状；叶基生，1~2 片，膜质，卵状椭圆形，先端钝尖，基部渐狭成鞘状叶柄，具网状弧形脉序；总状花序多花，花序柄有狭翅；花很小，黄绿色，花瓣狭，条形，常外折，唇瓣位于上方，宽卵形，凹陷，先端骤尖呈尾状，上部边缘外卷并具疣状凸起，两侧具耳状侧裂片，多少抱蕊柱；花粉块 4，无花粉块柄和黏盘；花梗扭转；蒴果椭圆形。花期 7 月，果期 8 月。

【生　　境】中生植物。生于海拔 400~2 500 米的山坡林下或阴坡草甸。

【用　　途】列入《濒危野生动植物种国际贸易公约》（CITES）Ⅱ级保护；国家Ⅱ级保护植物；内蒙古重点保护植物。全草入中药，用于肾虚、虚痨咳嗽、崩漏、带下病、产后腹痛等。

【分　　布】主要分布在锡尼河东苏木。

【拍摄地点】锡尼河东苏木小孤山防火站林下

附　录

鄂温克族自治旗野生植物名录
（汉、拉丁、蒙文对照）

第一部分 蕨类植物门 PTERIDOPHYTA

1. 卷柏科 Selaginellaceae

1–1	卷柏属	*Selaginella* Spring	麻特日音 – 好木孙 – 图如乐
1–1–1	卷柏	*Selaginella tamariscina* (Beauv.) Spring	麻特日音 – 好木苏

2. 木贼科 Equisetaceae

2–1	问荆属	*Equisetum* L.	那日孙 – 额布孙 – 图如乐
2–1–1	草问荆	*Equisetum pratense* Ehrh.	淖高古音 – 那日孙 – 额布斯
2–1–2	林问荆（林木贼）	*Equisetum sylvaticum* L.	奥衣音 – 那日孙 – 额布斯
2–1–3a	水问荆（溪木贼）	*Equisetum fluviatile* L.	奥孙 – 那日孙 – 额布斯
2–1–3b	无枝水问荆	*Equisetum fluviatile* L. f. *linnaeanum* (Doll.) Broun.	牧其日归 – 奥孙 – 那日孙 – 额布斯
2–1–4	问荆⑤	*Equisetum arvense* L.	那日孙 – 额布斯
2–1–5	犬问荆	*Equisetum palustre* L.	那木根 – 那日孙 – 额布斯
2–2	木贼属	*Hippochaete* Milde	朱乐古日 – 额布孙 – 图如乐
2–2–1	木贼	*Hippochaete hyemale* (L.) Boern.	朱乐古日 – 额布斯

3. 蕨科 Pteridiaceae

3–1	蕨属	*Pteridium* Gled. ex Scop.	奥衣麻音 – 图如乐
3–1–1	蕨⑤	*Pteridium aquilinum* (L.) Kuhn var. *latiusculum* (Desv.) Underw. ex Heller	奥衣麻

4. 蹄盖蕨科 Athyriaceae

4–1	蹄盖蕨属	*Athyrium* Roth	奥衣麻金 – 图如乐
4–1–1	东北蹄盖蕨	*Athyrium multidentatum* (Doell) Ching (*Athyrium brevifrons* Nakai ex kitag.)	阿日嘎力格 – 奥衣麻金

5. 岩蕨科 Woodsiaceae

5–1	岩蕨属	*Woodsia* R. Br.	巴日阿格扎 – 奥衣麻音 – 图如乐

5-1-1	心岩蕨（等基岩蕨）	*Woodsia subcordata* Turcz.	吉如很图 – 巴日阿格扎 – 奥衣麻

第二部分　裸子植物门 GYMNOSPERMAE

6. 松科 Pinaceae

6-1	松属	*Pinus* L.	那日孙 – 图如乐
6-1-1	樟子松④	*Pinus sylvestris* L. var. *mongolica* Litv.	海拉尔 – 那日苏、协日 – 那日苏
6-1-2	偃松	*Pinus pumila* (Pall.) Regel	雅布干 – 那日苏、宝古尼 – 那日苏
6-2	落叶松属	*Larix* Mill.	哈日盖音 – 图如乐
6-2-1	兴安落叶松（落叶松）	*Larix gmelinii* (Rupr.) Kuzeneva	和应干 – 哈日盖

7. 柏科 Cupressaceae

7-1	圆柏属	*Sabina* Mill.	乌和日 – 阿日查音 – 图如乐
7-1-1	兴安圆柏	*Sabina davurica* (Pall.) Ant.	和应干 – 乌和日 – 阿日查
7-2	刺柏属	*Juniperus* L.	乌日格斯图 – 阿日查音 – 图如乐
7-2-1	西伯利亚刺柏	*Juniperus sibirica* Burgsd.	西伯日 – 乌日格斯图 – 阿日查

8. 麻黄科 Ephedraceae

8-1	麻黄属	*Ephedra* Tourn ex L.	哲格日根讷音 – 图如乐
8-1-1	草麻黄③⑤	*Ephedra sinica* Stapf	哲格日根讷

第三部分　被子植物门 ANGIOSPERMAE

9. 杨柳科 Salicaceae

9-1	杨属	*Populus* L.	奥力牙孙 – 图如乐
9-1-1	山杨	*Populus davidiana* Dode	阿古拉音 – 奥力牙苏
9-1-2	小叶杨	*Populus simonii* Carr.	宝日 – 奥力牙苏
9-2	柳属	*Salix* L.	乌达音 – 图如乐
9-2-1	五蕊柳	*Salix pentandra* L.	呼和 – 巴日嘎苏
9-2-2	黄柳	*Salix gordejevii* Y. L. Chang et Skv.	协日 – 巴日嘎苏

9-2-3	蒿柳	*Salix schwerinii* E. L. Wolf	特莫根－巴日嘎苏、额日莫－乌达
9-2-4a	细叶沼柳	*Salix rosmarinifolia* L.	那日音－那木根－巴日嘎苏、乌兰－主力根
9-2-4b	沼柳	*Salix rosmarinifolia* L. var. *brachypoda* (Trautv. et C. A. Mey.) Y. L. Chou	那木根－巴日嘎苏、主力根－巴日嘎苏
9-2-5	鹿蹄柳	*Salix pyrolifolia* Ledeb.	陶古日艾－巴日嘎苏
9-2-6	兴安柳	*Salix hsinganica* Y. L. Chang et Skv.	和应干－巴日嘎苏
9-2-7	谷柳	*Salix taraikensis* Kimura	呼和宝日－巴日嘎苏
9-2-8	砂杞柳（沙杞柳）	*Salix kochiana* Trautv.	考敏－巴日嘎苏
9-2-9a	小穗柳	*Salix microstachya* Turcz. ex Trautv.	图如力格－巴日嘎苏
9-2-9b	小红柳	*Salix microstachya* Turcz. ex Trautv. var. *bordensis* (Nakai) C. F. Fang	宝日－巴日嘎苏
9-2-10	筐柳	*Salix linearistipularis* K. S. Hao	呼崩特－巴日嘎苏

10. 桦木科 Betulaceae

10-1	桦木属	*Betula* L.	虎斯音－图如乐
10-1-1	白桦	*Betula platyphylla* Suk.	查干－虎斯、虎斯
10-1-2	黑桦	*Betula dahurica* Pall.	哈日－虎斯
10-1-3	砂生桦	*Betula gmelinii* Bunge	套古日格－宝日－虎斯
10-2	桤木属	*Alnus* Mill.	挪日古苏音－图如乐
10-2-1	水冬瓜赤杨（辽东桤木）	*Alnus hirsuta* Turcz. ex Rupr.	西伯日－挪日古苏

11. 榆科 Ulmaceae

11-1	榆属	*Ulmus* L.	海拉苏音－图如乐
11-1-1	大果榆	*Ulmus macrocarpa* Hance	得力图、协日－海拉苏
11-1-2	榆树	*Ulmus pumila* L.	海拉苏
11-1-3	春榆	*Ulmus davidiana* Planch. var. *japonica* (Rehd.) Nakai	查干－海拉苏、阿古拉音－海拉苏

12. 大麻科 Cannabaceae

| 12-1 | 大麻属 | *Cannabis* L. | 敖鲁苏音－图如乐 |
| 12-1-1 | 野大麻 | *Cannabis sativa* L. f. *ruderalis* (Janisch.) Chu | 哲日力格－敖鲁苏 |

13. 荨麻科 Urticaceae

13-1	荨麻属	*Urtica* L.	哈拉盖音－图如乐
13-1-1	麻叶荨麻	*Urtica cannabina* L.	哈拉盖
13-1-2	狭叶荨麻	*Urtica angustifolia* Fisch. ex Hornem.	奥孙－哈拉盖、协日－哈拉盖

14. 檀香科 Santalaceae

14-1	百蕊草属	*Thesium* L.	麦令嘎日音－图如乐、套古日其格音－图如乐
14-1-1	长叶百蕊草	*Thesium longifolium* Turcz.	乌日特－麦令嘎日
14-1-2	急折百蕊草	*Thesium refractum* C. A. Mey.	毛瑞－套古日其格－额布斯、西伯日－麦令嘎日
14-1-3	砾地百蕊草	*Thesium saxatile* Turcz. ex DC.	海日－麦令嘎日

15. 蓼科 Polygonaceae

15-1	大黄属	*Rheum* L.	给西古讷音－图如乐
15-1-1	波叶大黄	*Rheum rhabarbarum* L.	道乐给牙纳－给西古讷、巴吉古纳
15-2	酸模属	*Rumex* L.	呼日干－其和音－图如乐
15-2-1	小酸模	*Rumex acetosella* L.	吉吉格－呼日干－其和
15-2-2	酸模	*Rumex acetosa* L.	呼日干－其和、爱日干纳
15-2-3	直根酸模（东北酸模）	*Rumex thyrsiflorus* Fingerhuth	少日乐金－朝麻汗－呼日干－其和
15-2-4	毛脉酸模	*Rumex gmelinii* Turcz. ex Ledeb.	乌苏图－呼日干－其和、乌苏图－爱日干纳
15-2-5	皱叶酸模	*Rumex crispus* L.	乌日其格日－呼日干－其和、衣曼－爱日干纳
15-2-6	巴天酸模	*Rumex patientia* L.	套如格－呼日干－其和、乌和日－爱日干纳
15-2-7	盐生酸模（单瘤酸模）	*Rumex marschallianus* Rchb.	呼吉日色格－爱日干纳
15-2-8	长刺酸模（刺酸模）	*Rumex maritimus* L.	乌日格斯图－呼日干－其和、乌日格斯图－爱日干纳
15-3	蓼属	*Polygonum* L.	希莫乐得格音－图如乐、塔日纳音－图如乐
15-3-1	萹蓄	*Polygonum aviculare* L.	布敦讷音－苏勒
15-3-2	两栖蓼	*Polygonum amphibium* L.	努日音－希莫乐得格、努日音－塔日纳
15-3-3	桃叶蓼（春蓼）	*Polygonum persicaria* L.	乌和日－希莫乐得格
15-3-4a	酸模叶蓼（马蓼）	*Polygonum lapathifolium* L.	呼日干－希莫乐得格、特莫根－额布都格
15-3-4b	绵毛酸模叶蓼（绵毛马蓼）	*Polygonum lapathifolium* L. var. *salicifolium* Sibth.	乌斯图－呼日干－希莫乐得格
15-3-5	水蓼（辣蓼）	*Polygonum hydropiper* L.	奥孙－希莫乐得格、奥孙－塔日纳

15-3-6	西伯利亚蓼	*Polygonum sibiricum* Laxm.	西伯日-希莫乐得格、西伯日-塔日纳、嘎海-希莫乐得格
15-3-7	细叶蓼（狭叶蓼）	*Polygonum angustifolium* Pall.	好您-希莫乐得格、吉吉格-塔日纳
15-3-8	兴安蓼	*Polygonum ajanense* (Regel et Tiling) Grig.	和应干-塔日纳
15-3-9	叉分蓼	*Polygonum divaricatum* L.	希莫乐得格、塔日纳
15-3-10	高山蓼	*Polygonum alpinum* All.	塔格音-塔日纳
15-3-11	耳叶蓼	*Polygonum manshuriense* V. Petr. ex Kom.	扫门-莫和日、塔拉音-莫和日
15-3-12	狐尾蓼	*Polygonum alopecuroides* Turcz. ex Besser	哈日-莫和日
15-3-13	柳叶刺蓼	*Polygonum bungeanum* Turcz.	苏日古-乌日格斯图-希莫乐得格、乌日格斯图-塔日纳
15-3-14	箭叶蓼	*Polygonum sagittatum* L.	扫门-希莫乐得格
15-4	荞麦属	*Fagopyrum* Gaertn.	萨嘎得音-图如乐
15-4-1	苦荞麦	*Fagopyrum tataricum* (L.) Gaertn.	虎日-萨嘎得、哲日力格-萨嘎得、苏格代
15-5	首乌属	*Fallopia* Adanson	稀莫图-稀莫力音-图如乐
15-5-1	蔓首乌（卷茎蓼）	*Fallopia convolvulus* (L.) A. Löve	额日古-稀莫图-稀莫力、萨嘎得音-奥日阳古

16. 藜科 Chenopodiaceae

16-1	盐角草属	*Salicornia* L.	协日-和日苏音-图如乐
16-1-1	盐角草	*Salicornia europaea* L.	协日-和日苏
16-2	碱蓬属	*Suaeda* Forsk.	和日苏音-图如乐
16-2-1	碱蓬	*Suaeda glauca* (Bunge) Bunge	和日苏
16-2-2	角果碱蓬	*Suaeda corniculata* (C. A. Mey.) Bunge	额伯日特-和日苏
16-2-3	盐地碱蓬	*Suaeda salsa* (L.) Pall.	呼吉日色格-和日苏
16-3	猪毛菜属	*Salsola* L.	哈木呼乐音-图如乐
16-3-1	猪毛菜	*Salsola collina* Pall.	哈木呼乐
16-3-2	刺沙蓬	*Salsola tragus* L.	乌日格斯图-哈木呼乐
16-4	沙蓬属	*Agriophyllum* M. Bieb.	楚力给日音-图如乐
16-4-1	沙蓬	*Agriophyllum squarrosum* (L.) Moq.-Tandon	楚力给日
16-5	虫实属	*Corispermum* L.	哈麻哈格音-图如乐
16-5-1	西伯利亚虫实	*Corispermum sibiricum* Iljin	西伯日-哈麻哈格
16-5-2	兴安虫实	*Corispermum chinganicum* Iljin	和应干-哈麻哈格

16-5-3	软毛虫实	*Corispermum puberulum* Iljin	乌苏图－哈麻哈格
16-5-4	辽西虫实	*Corispermum dilutum* (Kitag.) C. P. Tsien et C. G. Ma	额乐孙－哈麻哈格
16-5-5	长穗虫实	*Corispermum elongatum* Bunge	图如特－哈麻哈格
16-6	轴藜属	*Axyris* L.	阿哈日苏音－图如乐、查干－图如音－图如乐
16-6-1	轴藜	*Axyris amaranthoides* L.	阿哈日苏、查干－图如
16-7	地肤属	*Kochia* Roth	道格特日嘎纳音－图如乐
16-7-1	木地肤	*Kochia prostrata* (L.) Schrad.	道格特日嘎纳
16-7-2	地肤	*Kochia scoparia* (L.) Schrad.	疏日－淖高
16-7-3	碱地肤	*Kochia sieversiana* (Pall.) C. A. Mey.	呼吉日色格－道格特日嘎纳、特莫根－道格特日嘎纳
16-8	滨藜属	*Atriplex* L.	嘎古代音－图如乐
16-8-1	野榆钱菠菜	*Atriplex aucheri* Moq.-Tandon	哲日力格－昭嘎图－绍日乃
16-8-2	野滨藜	*Atriplex fera* (L.) Bunge	希如棍－绍日乃
16-8-3	西伯利亚滨藜	*Atriplex sibirica* L.	西伯日－嘎古代
16-8-4	滨藜	*Atriplex patens* (Litv.) Iljin	嘎古代、呼吉日色格－绍日乃
16-8-5	北滨藜（光滨藜）	*Atriplex laevis* C. A. Mey.	乌麻日特音－绍日乃
16-9	藜属	*Chenopodium* L.	淖衣乐音－图如乐
16-9-1	尖头叶藜	*Chenopodium acuminatum* Willd.	图古日格－淖衣乐
16-9-2	细叶藜	*Chenopodium stenophyllum* Koidz.	好您－淖衣乐
16-9-3	杂配藜	*Chenopodium hybridum* L.	额日力斯－淖衣乐、毛日音－淖衣乐、乌和日－淖衣乐
16-9-4	灰绿藜	*Chenopodium glaucum* L.	呼和－淖干－淖衣乐
16-9-5	藜	*Chenopodium album* L.	淖衣乐
16-10	刺藜属	*Dysphania* R. Br.	塔黑彦－希乐毕－淖高音－图如乐
16-10-1	刺藜	*Dysphania aristata* (L.) Mosyakin et Clemants	塔黑彦－希乐毕－淖高、苏日图－淖衣乐

17. 苋科 Amaranthaceae

17-1	苋属	*Amaranthus* L.	萨日伯乐吉音－图如乐、阿日白一淖高音－图如乐
17-1-1	反枝苋	*Amaranthus retroflexus* L.	阿日白－淖高
17-1-2	北美苋	*Amaranthus blitoides* S. Watson	虎日－萨日伯乐吉
17-1-3	白苋	*Amaranthus albus* L.	查干一阿日白一淖高、查干－稀日车

18. 马齿苋科 Portulacaceae

18-1	马齿苋属	*Portulaca* L.	那仁－淖高音－图如乐
18-1-1	马齿苋	*Portulaca oleracea* L.	那仁－淖高

19. 石竹科 Caryophyllaceae

19-1	牛漆姑草属（拟漆姑属）	*Spergularia* (Pers.) J. et C. Presl	达嘎木音－图如乐
19-1-1	牛漆姑草（拟漆姑）	*Spergularia marina* (L.) Griseb.	达嘎木
19-2	蚤缀属（无心菜属）	*Arenaria* L.	得伯和日格讷音－图如乐、查黑拉干纳音－图如乐
19-2-1	灯心草蚤缀（老牛筋）	*Arenaria juncea* M. Bieb.	查干－呼日顿－查黑拉干纳、其努瓦音－哈拉塔日干纳
19-2-2	毛叶蚤缀（毛梗蚤缀、毛叶老牛筋）	*Arenaria capillaris* Poir.	得伯和日格讷
19-3	种阜草属	*Moehringia* L.	奥衣音－查干乃－图如乐
19-3-1	种阜草	*Moehringia lateriflora* (L.) Fenzl	奥衣音－查干
19-4	繁缕属	*Stellaria* L.	阿吉干纳音－图如乐、图门－章给拉嘎音－图如乐
19-4-1	垂梗繁缕（縫瓣繁缕）	*Stellaria radians* L.	萨出日格－阿吉干纳
19-4-2	繁缕	*Stellaria media* (L.) Villars	阿吉干纳、图门－章给拉嘎、扎拉图－图门－章给拉嘎
19-4-3	叉歧繁缕	*Stellaria dichotoma* L.	图门－章给拉嘎、阿查－阿吉干纳
19-4-4	银柴胡[⑤]	*Stellaria lanceolata* (Bunge) Y. S. Lian	那日音－那布其特－图门－章给拉嘎
19-4-5	兴安繁缕	*Stellaria cherleriae* (Fisch. ex Ser.) F. N. Williams	和应干－图门－章给拉嘎
19-4-6	叶苞繁缕	*Stellaria crassifolia* Ehrh.	纳布其日呼－阿吉干纳
19-4-7	细叶繁缕	*Stellaria filicaulis* Makino	那日音－阿吉干纳
19-4-8	长叶繁缕	*Stellaria longifolia* Muehl. ex Willd.	疏古日－阿吉干纳
19-4-9	鸭绿繁缕	*Stellaria jaluana* Nakai	牙鲁音－阿吉干纳
19-4-10	翻白繁缕	*Stellaria discolor* Turcz.	阿拉格－阿吉干纳
19-4-11	沼繁缕（沼生繁缕）	*Stellaria palustris* Retzius	纳木根－图门－章给拉嘎
19-5	卷耳属	*Cerastium* L.	陶高仁朝日音－图如乐
19-5-1	簇生卷耳（簇生泉卷耳）	*Cerastium fontanum* Baumg. subsp. *vulgare* (Hartman) Greuter et Burdet	萨嘎拉嘎日－陶高仁朝日
19-5-2	卷耳	*Cerastium arvense* L. subsp. *strictum* Gaudin	陶高仁朝日
19-6	麦毒草属（麦仙翁属）	*Agrostemma* L.	哈如－其其格音－图如乐

19-6-1	麦毒草（麦仙翁）	*Agrostemma githago* L.	哈如 – 其其格
19-7	剪秋罗属	*Lychnis* L.	色伊莫给力格 – 其其格音 – 图如乐
19-7-1	狭叶剪秋罗	*Lychnis sibirica* L.	西伯日 – 色伊莫给力格 – 其其格
19-7-2	大花剪秋罗（剪秋罗）	*Lychnis fulgens* Fisch. ex Spreng.	色伊莫给力格 – 其其格
19-8	女娄菜属	*Melandrium* Roehl.	苏尼吉莫乐 – 其其格音 – 图如乐、哈日 – 道黑古日音 – 图如乐
19-8-1	女娄菜	*Melandrium apricum* (Turcz. ex Fisch. et Mey.) Rohrb.	苏尼吉莫乐 – 其其格、哈日 – 道黑古日
19-8-2	内蒙古女娄菜	*Melandrium orientalimongolicum* (Kozhevn.) Y. Z. Zhao	蒙古乐 – 苏尼吉莫乐 – 其其格
19-9	麦瓶草属（蝇子草属）	*Silene* L.	舍日格讷音 – 图如乐、苏棍 – 其和音 – 图如乐
19-9-1	狗筋麦瓶草（白玉草）	*Silene vulgaris* (Moench) Garcke	额格乐 – 舍日格讷
19-9-2	毛萼麦瓶草（蔓茎蝇子草）	*Silene repens* Patr.	模乐和 – 舍日格讷、扎拉图 – 苏棍 – 其和
19-9-3	旱麦瓶草（山蚂蚱草）	*Silene jenisseensis* Willd.	额乐孙 – 舍日格讷、协日 – 苏棍 – 其和
19-10	丝石竹属（石头花属）	*Gypsophila* L.	台日音 – 图如乐
19-10-1	草原丝石竹（草原石头花）	*Gypsophila davurica* Turcz. ex Fenzl	达古日 – 台日
19-11	石竹属	*Dianthus* L.	巴希卡音 – 图如乐
19-11-1	瞿麦	*Dianthus superbus* L.	高要 – 巴希卡
19-11-2	簇茎石竹	*Dianthus repens* Willd.	宝特力格 – 巴希卡
19-11-3a	石竹	*Dianthus chinensis* L.	巴希卡
19-11-3b	兴安石竹	*Dianthus chinensis* L. var. *versicolor* (Fisch.ex Link) Y. C. Ma	和应干 – 巴希卡

20. 金鱼藻科 Ceratophyllaceae

20-1	金鱼藻属	*Ceratophyllum* L.	阿拉坦 – 吉嘎孙 – 乌古优格音 – 图如乐
20-1-1	金鱼藻	*Ceratophyllum demersum* L.	阿拉坦 – 吉嘎孙 – 乌古优格

21. 芍药科 Paeoniaceae

21-1	芍药属	*Paeonia* L.	查那 – 其其格音 – 图如乐
21-1-1	芍药④⑤	*Paeonia lactiflora* Pall.	查那 – 其其格、乌兰 – 查那 – 其其格

22. 毛茛科 Ranunculaceae

22-1	驴蹄草属	*Caltha* L.	图日艾 – 额布孙 – 图如乐、纳木嘎音 – 巴拉白音 – 图如乐

22-1-1	白花驴蹄草	*Caltha natans* Pall.	查干－图日艾－额布斯
22-1-2a	驴蹄草	*Caltha palustris* L.	图日艾－额布斯、纳木嘎音－巴拉白
22-1-2b	三角叶驴蹄草	*Caltha palustris* L. var. *sibirica* Regel	西伯日－巴拉白、古日巴拉金－图日艾－额布斯
22-2	金莲花属	*Trollius* L.	阿拉坦花－其其格音－图如乐
22-2-1	短瓣金莲花⑤	*Trollius ledebouri* Reichb.	敖好日－阿拉坦花－其其格
22-3	升麻属	*Cimicifuga* L.	扎白音－图如乐
22-3-1	兴安升麻⑤	*Cimicifuga dahurica* (Turcz. ex Fisch. et C. A. Mey.) Maxim.	和应干－扎白
22-3-2	单穗升麻	*Cimicifuga simplex* (DC.) Wormsk. ex Turcz.	当吐如图－扎白
22-4	楼斗菜属	*Aquilegia* L.	乌日乐其－额布孙－图如乐
22-4-1	楼斗菜	*Aquilegia viridiflora* Pall.	乌日乐其－额布斯
22-5	蓝堇草属	*Leptopyrum* Reichb.	巴日巴达音－图如乐、呼和木都格讷音－图如乐
22-5-1	蓝堇草	*Leptopyrum fumarioides* (L.) Reichb.	巴日巴达、呼和木都格讷
22-6	唐松草属	*Thalictrum* L.	查孙－其其格音－图如乐
22-6-1	翼果唐松草（唐松草）	*Thalictrum aquilegifolium* L. var. *sibiricum* Regel et Tiling	达拉伯其特－查孙－其其格
22-6-2	瓣蕊唐松草	*Thalictrum petaloideum* L.	查孙－其其格、楚斯－额布斯
22-6-3	展枝唐松草	*Thalictrum squarrosum* Steph. ex Willd.	萨格萨嘎日－查孙－其其格、额乐孙－楚斯
22-6-4a	箭头唐松草	*Thalictrum simplex* L.	协日－查孙－其其格、协日－楚斯
22-6-4b	锐裂箭头唐松草	*Thalictrum simplex* L. var. *affine* (Ledeb.) Regel	敖尼图－协日－查孙－其其格
22-6-4c	短梗箭头唐松草	*Thalictrum simplex* L. var. *brevipes* H. Hara	敖好日－协日－查孙－其其格
22-6-5a	欧亚唐松草（亚欧唐松草）	*Thalictrum minus* L.	阿子牙音－查孙－其其格
22-6-5b	东亚唐松草	*Thalictrum minus* L. var. *hypoleucum* (Sieb. et Zucc.) Miq.	道日纳图－查孙－其其格
22-7	银莲花属	*Anemone* L.	保根－查干－其其格音－图如乐
22-7-1	二歧银莲花	*Anemone dichotoma* L.	保根－查干－其其格
22-7-2	大花银莲花⑤	*Anemone sylvestris* L.	奥衣音－保根－查干－其其格
22-8	白头翁属	*Pulsatilla* Mill.	伊日贵－其其格音－图如乐、高乐贵－花儿音－图如乐

22-8-1	掌叶白头翁	*Pulsatilla patens* (L.) Mill. subsp. *multifida* (Pritz.) Zamels	乌拉音 - 高乐贵 - 其其格
22-8-2	蒙古白头翁	*Pulsatilla ambigua* (Turcz. ex Hayek) Juz.	呼和 - 伊日贵 - 其其格、呼和 - 高乐贵 - 其其格
22-8-3	兴安白头翁	*Pulsatilla dahurica* (Fisch. ex DC.) Spreng.	和应干 - 伊日贵 - 其其格、和应干 - 高乐贵
22-8-4	细叶白头翁	*Pulsatilla turczaninovii* Kryl. et Serg.	那日音 - 纳布其图 - 高乐贵
22-9	侧金盏花属	*Adonis* L.	比其汗 - 阿拉坦 - 浑达嘎 - 其其格音 - 图如乐
22-9-1	北侧金盏花	*Adonis sibirica* Patr. ex Ledeb.	西伯日 - 阿拉坦 - 浑达嘎
22-10	水毛茛属	*Batrachium* (DC.) Gray	敖孙 - 好乐得孙 - 其其格音 - 图如乐
22-10-1	小水毛茛	*Batrachium eradicatum* (Laest.) Fries	温都斯归 - 敖孙 - 好乐得孙 - 其其格
22-10-2	毛柄水毛茛	*Batrachium trichophyllum* (Chaix ex Vill.) Bossche	乌斯图 - 敖孙 - 好乐得孙 - 其其格、扎麻格 - 花儿
22-11	水葫芦苗属（碱毛茛属）	*Halerpestes* E. L. Greene	格车 - 其其格音 - 图如乐
22-11-1	碱毛茛（水葫芦苗）	*Halerpestes sarmentosa* (Adams) Kom. et Aliss.	那木格音 - 格车 - 其其格
22-11-2	长叶碱毛茛（黄戴戴）	*Halerpestes ruthenica* (Jacq.) Ovcz.	格车 - 其其格
22-12	毛茛属	*Ranunculus* L.	好乐得孙 - 其其格音 - 图如乐
22-12-1	单叶毛茛	*Ranunculus monophyllus* Ovcz.	甘查嘎日特 - 好乐得孙 - 其其格
22-12-2	石龙芮	*Ranunculus sceleratus* L.	乌热乐和格 - 其其格、好日图 - 好乐得孙 - 其其格
22-12-3	小掌叶毛茛	*Ranunculus gmelinii* DC.	那木格音 - 好乐得孙 - 其其格
22-12-4	兴安毛茛（大叶毛茛）	*Ranunculus smirnovii* Ovcz.	淘日格 - 好乐得孙 - 其其格
22-12-5	毛茛	*Ranunculus japonicus* Thunb.	好乐得孙 - 其其格
22-12-6	匍枝毛茛	*Ranunculus repens* L.	哲乐图 - 好乐得孙 - 其其格、莫乐和 - 好乐得孙 - 其其格
22-12-7	长喙毛茛（长嘴毛茛）	*Ranunculus tachiroei* Franch. et Sav.	好希古特 - 好乐得孙 - 其其格
22-13	铁线莲属	*Clematis* L.	奥日牙木格音 - 图如乐
22-13-1	棉团铁线莲	*Clematis hexapetala* Pall.	依日绘、哈得衣日音 - 查干 - 额布斯
22-13-2	短尾铁线莲	*Clematis brevicaudata* DC.	敖好日 - 奥日牙木格、绍得给日 - 奥日牙木格
22-13-3	西伯利亚铁线莲	*Clematis sibirica* (L.) Mill.	西伯日 - 奥日牙木格
22-14	翠雀花属	*Delphinium* L.	伯日 - 其其格音 - 图如乐

22-14-1	东北高翠雀花	*Delphinium korshinskyanum* Nevski	淘日格-伯日-其其格
22-14-2	翠雀花	*Delphinium grandiflorum* L.	伯日-其其格
22-15	乌头属	*Aconitum* L.	好日苏音-图如乐
22-15-1	草乌头⑤（北乌头）	*Aconitum kusnezoffii* Reichb.	哈日-好日苏、高乐音-哈日-好日苏

23. 防己科 Menispermaceae

23-1	蝙蝠葛属	*Menispermum* L.	哈日-敖日阳古音-图如乐
23-1-1	蝙蝠葛	*Menispermum dauricum* DC.	哈日-敖日阳古、巴嘎巴盖-敖日阳古

24. 罂粟科 Papaveraceae

24-1	白屈菜属	*Chelidonium* L.	协日-好日音-图如乐
24-1-1	白屈菜	*Chelidonium majus* L.	协日-好日、黄林
24-2	罂粟属	*Papaver* L.	阿木-其其格音-图如乐
24-2-1	野罂粟	*Papaver nudicaule* L.	哲日利格-阿木-其其格、呼日干-扎萨嘎
24-2-2	光果野罂粟	*Papaver nudicaule* L. var. *aquilegioides* Fedde	给乐格尔-哲日利格-阿木-其其格

25. 紫堇科 Fumariaceae

25-1	紫堇属	*Corydalis* Vent.	好日海-其其格音-图如乐
25-1-1	齿裂延胡索（齿瓣延胡索）	*Corydalis turtschaninovii* Bess.	呼和-好日海-其其格

26. 十字花科 Cruciferae

26-1	团扇荠属	*Berteroa* DC.	布格木-和其叶力吉音-图如乐
26-1-1	团扇荠	*Berteroa incana* (L.) DC.	布格木-和其叶力吉
26-2	球果荠属（球果芥属）	*Neslia* Desv.	布木布日根-和其音-图如乐
26-2-1	球果荠（球果芥）	*Neslia paniculata* (L.) Desv.	布木布日根-和其
26-3	蔊菜属	*Rorippa* Scop.	萨日伯音-图如乐
26-3-1	山芥叶蔊菜	*Rorippa barbareifolia* (DC.) Kitag.	哈拉巴根-萨日伯
26-3-2	球果蔊菜（风花菜）	*Rorippa globosa* (Turcz. ex Fisch. et C. A. Mey.) Hayek	古乐格日-萨日伯
26-3-3	风花菜（沼生蔊菜）	*Rorippa palustris* (L.) Bess.	那木根-萨日伯、萨巴日
26-4	菥蓂属（遏蓝菜属）	*Thlaspi* L.	淘力都-额布孙-图如乐
26-4-1	山菥蓂（山遏蓝菜）	*Thlaspi cochleariforme* DC.	乌拉音-淘力都-额布斯
26-5	独行菜属	*Lepidium* L.	昌古音-图如乐

26-5-1	独行菜	*Lepidium apetalum* Willd.	昌古、哈伦 – 温都苏
26-6	荠属	*Capsella* Medik.	阿布嘎音 – 图如乐
26-6-1	荠	*Capsella bursa-pastoris* (L.) Medik.	阿布嘎
26-7	亚麻荠属	*Camelina* Crantz	萨日黑牙格 – 额布孙 – 图如乐
26-7-1	小果亚麻荠	*Camelina microcarpa* Andrz.	吉吉格 – 萨日黑牙格 – 额布斯
26-8	庭荠属	*Alyssum* L.	得米格音 – 图如乐
26-8-1	北方庭荠	*Alyssum lenense* Adam.	协日 – 得米格
26-8-2	倒卵叶庭荠	*Alyssum obovatum* (C. A. Mey.) Turcz.	温得格乐金 – 得米格
26-9	燥原荠属	*Ptilotrichum* C. A. Mey.	其黑 – 好日格音 – 图如乐
26-9-1	细叶燥原荠（薄叶燥原荠）	*Ptilotrichum tenuifolium* (Steph. ex Willd.) C. A. Mey.	纳日音 – 好日格
26-10	葶苈属	*Draba* L.	哈木比乐音 – 图如乐
26-10-1	葶苈	*Draba nemorosa* L.	哈木比乐
26-11	花旗杆属	*Dontostemon* Andrz. ex C. A. Mey.	巴格太 – 额布孙 – 图如乐
26-11-1	小花花旗杆	*Dontostemon micranthus* C. A. Mey.	吉吉格 – 巴格太 – 额布斯
26-11-2	全缘叶花旗杆（线叶花旗杆）	*Dontostemon integrifolius* (L.) C. A. Mey.	布屯 – 巴格太 – 额布斯
26-12	大蒜芥属	*Sisymbrium* L.	哈木白音 – 图如乐
26-12-1	多型大蒜芥	*Sisymbrium polymorphum* (Murr.) Roth	敖兰其 – 哈木白
26-12-2	新疆大蒜芥	*Sisymbrium loeselii* L.	新疆 – 哈木白
26-13	碎米荠属	*Cardamine* L.	照古其音 – 图如乐
26-13-1	细叶碎米荠	*Cardamine trifida* (Lam. ex Poir.) B. M. G. Jones	那日音 – 照古其
26-13-2	浮水碎米荠	*Cardamine prorepens* Fisch. ex DC.	其根 – 照古其
26-13-3	白花碎米荠	*Cardamine leucantha* (Tausch) O. E. Schulz	查干 – 照古其
26-13-4	草甸碎米荠	*Cardamine pratensis* L.	淖高音 – 照古其
26-14	播娘蒿属	*Descurainia* Webb et Berth.	协热乐金 – 哈木白音 – 图如乐
26-14-1	播娘蒿	*Descurainia sophia* (L.) Webb ex Prantl	协热乐金 – 哈木白
26-15	糖芥属	*Erysimum* L.	高恩淘格音 – 图如乐
26-15-1	小花糖芥	*Erysimum cheiranthoides* L.	高恩淘格
26-15-2	山柳菊叶糖芥	*Erysimum hieraciifolium* L.	哈日查嘎纳 – 纳布其图 – 高恩淘格
26-15-3	蒙古糖芥	*Erysimum flavum* (Georgi) Bobrov	阿拉泰 – 高恩淘格

26-16	曙南芥属	*Stevenia* Adams et Fisch.	好日格音 – 图如乐
26-16-1	曙南芥	*Stevenia cheiranthoides* DC.	好日格
26-17	南芥属	*Arabis* L.	少布都海音 – 图如乐
26-17-1	垂果南芥	*Arabis pendula* L.	温吉格日 – 少布都海、宝日 – 宝它
26-17-2	硬毛南芥	*Arabis hirsuta* (L.) Scop.	希如棍 – 少布都海

27. 景天科 Crassulaceae

27-1	瓦松属	*Orostachys* Fisch.	斯琴 – 额布孙 – 图如乐 爱日格 – 额布孙 – 图如乐、伊力图 – 额布孙 – 图如乐
27-1-1	钝叶瓦松	*Orostachys malacophylla* (Pall.) Fisch.	矛好日 – 斯琴 – 额布斯
27-1-2	瓦松	*Orostachys fimbriata* (Turcz.) A. Berger	斯琴 – 额布斯、爱日格 – 额布斯、伊力图 – 额布斯
27-1-3	黄花瓦松	*Orostachys spinosa* (L.) Sweet	协日 – 斯琴 – 额布斯、协日 – 伊力图 – 额布斯、协日 – 爱日格 – 额布斯
27-2	八宝属	*Hylotelephium* H. Ohba	其孙乃 – 呼日麻格 – 敖日好代音 – 图如乐
27-2-1	八宝	*Hylotelephium erythrostictum* (Miq.) H. Ohba	其孙乃 – 呼日麻格 – 敖日好代
27-2-2	长药八宝	*Hylotelephium spectabile* (Bor.) H. Ohba	乌日特 – 其孙乃 – 呼日麻格 – 敖日好代
27-2-3	白八宝	*Hylotelephium pallescens* (Freyn) H. Ohba	查干 – 其孙乃 – 呼日麻格 – 敖日好代
27-2-4	紫八宝	*Hylotelephium triphyllum* (Haworth) Holub	宝日 – 其孙乃 – 呼日麻格 – 敖日好代
27-3	费菜属	*Phedimus* Rafin.	乌拉布日 – 矛钙 – 伊得音 – 图如乐
27-3-1a	费菜⑤	*Phedimus aizoon* (L.)'t Hart.	乌拉布日 – 矛钙 – 伊得
27-3-1b	狭叶费菜	*Phedimus aizoon* (L.)'t Hart. var. *yamatutae* (Kitag.) H. Ohba et al.	那日音 – 乌拉布日 – 矛钙 – 伊得

28. 虎耳草科 Saxifragaceae

28-1	梅花草属	*Parnassia* L.	孟根 – 地格达音 – 图如乐
28-1-1	梅花草	*Parnassia palustris* L.	孟根 – 地格达、纳木日音 – 查干 – 其其格
28-2	金腰属	*Chrysosplenium* L.	阿拉坦 – 布格日音 – 图如乐

28-2-1	五台金腰	*Chrysosplenium serreanum* Hand.-Mazz.	阿拉坦 – 布格日
28-3	茶藨属（茶藨子属）	*Ribes* L.	乌混 – 少布特日音 – 图如乐
28-3-1	楔叶茶藨 （双刺茶藨子）	*Ribes diacanthum* Pall.	乌混 – 少布特日、希日初、布珠日格讷

29. 蔷薇科 Rosaceae

29-1	假升麻属	*Aruncus* Adans.	呼日麻格 – 扎白音 – 图如乐
29-1-1	假升麻	*Aruncus sylvester* Kostel. ex Maxim.	呼日麻格 – 扎白
29-2	绣线菊属	*Spiraea* L.	塔比勒干纳音 – 图如乐
29-2-1	柳叶绣线菊（绣线菊）	*Spiraea salicifolia* L.	乌丹 – 塔比勒干纳
29-2-2	欧亚绣线菊	*Spiraea media* Schmidt	雅干 – 塔比勒干纳
29-2-3	绢毛绣线菊	*Spiraea sericea* Turcz.	塔比勒干纳音 – 柴
29-2-4	土庄绣线菊	*Spiraea pubescens* Turcz.	乌斯图 – 塔比勒干纳、哈丹 – 柴
29-2-5	海拉尔绣线菊	*Spiraea hailarensis* Liou	海拉尔 – 塔比勒干纳
29-2-6	楼斗叶绣线菊	*Spiraea aquilegifolia* Pall.	牙巴干 – 塔比勒干纳
29-3	珍珠梅属	*Sorbaria* (Ser.) A. Br. ex Asch.	苏布得力格 – 其其格音 – 图如乐、查干 – 干达嘎日音 – 图如乐
29-3-1	珍珠梅	*Sorbaria sorbifolia* (L.) A. Br.	苏布得力格 – 其其格、查干 – 干达嘎日
29-4	栒子属	*Cotoneaster* Medikus	伊日钙音 – 图如乐
29-4-1	全缘栒子	*Cotoneaster integerrimus* Medikus	奥衣音 – 伊日钙、宝日 – 伊日钙
29-4-2	黑果栒子	*Cotoneaster melanocarpus* Lodd.	伊日钙
29-5	山楂属	*Crataegus* L.	道老纳音 – 图如乐
29-5-1	辽宁山楂	*Crataegus sanguinea* Pall.	花 – 道老纳
29-5-2	光叶山楂	*Crataegus dahurica* Koehne ex C. K. Schneid.	和应干 – 道老纳
29-6	苹果属	*Malus* Mill.	阿拉木日达音 – 图如乐
29-6-1	山荆子	*Malus baccata* (L.) Borkh.	乌日勒
29-7	蔷薇属	*Rosa* L.	如杂音 – 图如乐
29-7-1	山刺玫	*Rosa davurica* Pall.	和应干 – 扎木日、闹海 – 呼术、哲日力格 – 萨日盖
29-7-2	刺蔷薇	*Rosa acicularis* Lindl.	乌日格斯图 – 闹海 – 呼术
29-8	地榆属	*Sanguisorba* L.	苏都 – 额布孙 – 图如乐
29-8-1a	地榆	*Sanguisorba officinalis* L.	苏都 – 额布斯、其巴嘎 – 额布斯
29-8-1b	长蕊地榆	*Sanguisorba officinalis* L. var. *longifila* (Kitag.) T. T. Yü et C. L. Li	乌日图 – 苏都 – 额布斯

29-8-2a	细叶地榆	*Sanguisorba tenuifolia* Fisch. ex Link	那日音－苏都－额布斯
29-8-2b	小白花地榆	*Sanguisorba tenuifolia* Fisch. ex Link var. *alba* Trautv. et C. A. Mey.	查干－苏都－额布斯
29-9	悬钩子属	*Rubus* L.	布格日勒哲根乃－图如乐
29-9-1	北悬钩子	*Rubus arcticus* L.	推衣林－布格日勒哲根
29-9-2	石生悬钩子	*Rubus saxatilis* L.	哈达音－布格日勒哲根
29-9-3	库页悬钩子	*Rubus sachalinensis* H. Léveillé	柴布日－布格日勒哲根
29-10	水杨梅属（路边青属）	*Geum* L.	高哈图如音－图如乐
29-10-1	水杨梅（路边青）	*Geum aleppicum* Jacq.	高哈图如
29-11	龙芽草属	*Agrimonia* L.	淘古如－额布孙－图如乐
29-11-1	龙芽草（仙鹤草）	*Agrimonia pilosa* Ledeb.	淘古如－额布斯
29-12	蚊子草属	*Filipendula* Mill.	塔布拉嘎－额布孙－图如乐
29-12-1	蚊子草	*Filipendula palmata* (Pall.) Maxim.	塔布拉嘎－额布斯、塔布拉嘎
29-12-2	绿叶蚊子草（槭叶蚊子草）	*Filipendula glabra* (Ledeb. ex Kom. et Alissova-Klobulova) Y. Z. Zhao	淖干－塔布拉嘎－额布斯
29-12-3	细叶蚊子草	*Filipendula angustiloba* (Turcz.) Maxim.	那日音－塔布拉嘎－额布斯
29-13	草莓属	*Fragaria* L.	古哲勒哲根讷音－图如乐
29-13-1	东方草莓	*Fragaria orientalis* Losinsk.	道日纳音－古哲勒哲根讷
29-14	金露梅属	*Pentaphylloides* Ducham.	乌日拉格音－图如乐
29-14-1	金露梅	*Pentaphylloides fruticosa* (L.) O. Schwarz	乌日拉格、塔牙
29-14-2	小叶金露梅⑤	*Pentaphylloides parvifolia* (Fisch. ex Lehm.) Soják	纳日音－乌日拉格、比其汗－塔牙
29-14-3	银露梅⑤	*Pentaphylloides glabra* (Lodd.) Y. Z. Zhao	孟根－乌日拉格
29-15	委陵菜属	*Potentilla* L.	陶来音－汤乃音－图如乐
29-15-1a	二裂委陵菜	*Potentilla bifurca* L.	阿叉－陶来音－汤乃
29-15-1b	高二裂委陵菜（长叶二裂委陵菜）	*Potentilla bifurca* L. var. *major* Ledeb.	陶木－阿叉－陶来音－汤乃
29-15-2	轮叶委陵菜	*Potentilla verticillaris* Steph. ex Willd.	布力古日－陶来音－汤乃
29-15-3	匍枝委陵菜	*Potentilla flagellaris* Willd. ex Schlecht.	哲勒图－陶来音－汤乃
29-15-4	星毛委陵菜	*Potentilla acaulis* L.	纳布塔嘎日－陶来音－汤乃
29-15-5	三出委陵菜（白萼委陵菜）	*Potentilla betonicifolia* Poir.	沙嘎吉钙音－萨布日、塔古音－呼乐
29-15-6	鹅绒委陵菜（蕨麻）	*Potentilla anserina* L.	陶来音－汤乃、嘎伦－萨日巴古
29-15-7	朝天委陵菜（铺地委陵菜）	*Potentilla supina* L.	纳木嘎音－陶来音－汤乃、淖高音－陶来音－汤乃

29-15-8	莓叶委陵菜	*Potentilla fragarioides* L.	奥衣音-陶来音-汤乃
29-15-9	腺毛委陵菜	*Potentilla longifolia* Willd. ex Schlecht.	乌斯图-陶来音-汤乃
29-15-10	菊叶委陵菜	*Potentilla tanacetifolia* Willd. ex Schlecht.	协日勒金-陶来音-汤乃
29-15-11a	多裂委陵菜	*Potentilla multifida* L.	奥尼图-陶来音-汤乃
29-15-11b	掌叶多裂委陵菜	*Potentilla multifida* L. var. *ornithopoda* (Tausch) Th. Wolf	阿拉嘎力格-奥尼图-陶来音-汤乃
29-15-12	大萼委陵菜	*Potentilla conferta* Bunge	图如特-陶来音-汤乃
29-15-13	多茎委陵菜	*Potentilla multicaulis* Bunge	宝特力格-陶来音-汤乃
29-15-14	委陵菜	*Potentilla chinensis* Ser.	希林-陶来音-汤乃、陶来音-汤乃
29-15-15	茸毛委陵菜	*Potentilla strigosa* Pall. ex Pursh	阿日扎格日-陶来音-汤乃
29-16	沼委陵菜属	*Comarum* L.	哲德格乐吉音-图如乐
29-16-1	沼委陵菜	*Comarum palustre* L.	哲德格乐吉、纳木格音-哲德格乐吉
29-17	山莓草属	*Sibbaldia* L.	稀伯日格音-图如乐
29-17-1	伏毛山莓草	*Sibbaldia adpressa* Bunge	乌斯图-稀伯日格
29-18	地蔷薇属	*Chamaerhodos* Bunge	图门-塔那音-图如乐
29-18-1	地蔷薇	*Chamaerhodos erecta* (L.) Bunge	图门-塔那
29-18-2	毛地蔷薇（灰毛地蔷薇）	*Chamaerhodos canescens* J. Krause	乌斯图-图门-塔那
29-19	杏属	*Armeniaca* Mill.	归勒孙-图如乐
29-19-1	西伯利亚杏（山杏）	*Armeniaca sibirica* (L.) Lam.	西伯日-归勒斯
29-20	稠李属	*Padus* Mill.	矛衣勒音-图如乐
29-20-1	稠李	*Padus avium* Mill.	矛衣勒、矛努斯

30. 豆科 Leguminosae

30-1	槐属	*Sophora* L.	洪古日朝克图-毛敦乃-图如乐
30-1-1	苦参⑤	*Sophora flavescens* Aiton	道古勒-额布斯、力特日
30-2	黄华属（野决明属）	*Thermopsis* R. Br.	他日巴干-希日音-图如乐
30-2-1	披针叶黄华（披针叶野决明）	*Thermopsis lanceolata* R. Br.	他日巴干-希日
30-3	苦马豆属	*Sphaerophysa* DC.	洪呼图-额布孙-图如乐
30-3-1	苦马豆	*Sphaerophysa salsula* (Pall.) DC.	洪呼图-额布斯、炮仗-额布斯
30-4	甘草属	*Glycyrrhiza* L.	希禾日-额布孙-图如乐
30-4-1	甘草③④⑤	*Glycyrrhiza uralensis* Fisch. ex DC.	希禾日-额布斯
30-5	米口袋属	*Gueldenstaedtia* Fisch.	萨勒吉日音-图如乐
30-5-1	少花米口袋	*Gueldenstaedtia verna* (Georgi) Boriss.	哈布日希乐-萨勒吉日

30-5-2	狭叶米口袋	*Gueldenstaedtia stenophylla* Bunge	纳日音－萨勒吉日、纳日音－少布乃－萨布日
30-6	棘豆属	*Oxytropis* DC.	奥日图哲音－图如乐
30-6-1	大花棘豆	*Oxytropis grandiflora* (Pall.) DC.	陶木－奥日图哲
30-6-2	硬毛棘豆	*Oxytropis hirta* Bunge	希如棍－奥日图哲
30-6-3	薄叶棘豆（山泡泡）	*Oxytropis leptophylla* (Pall.) DC.	纳日音－奥日图哲、尼莫根－纳布其图－奥日图哲
30-6-4	多叶棘豆	*Oxytropis myriophylla* (Pall.) DC.	达兰－奥日图哲、敖兰－纳布其图－奥日图哲、达格沙
30-6-5	尖叶棘豆（海拉尔棘豆）	*Oxytropis oxyphylla* (Pall.) DC.	少布呼－奥日图哲
30-7	黄耆属	*Astragalus* L.	好恩其日音－图如乐
30-7-1	蒙古黄耆④⑤	*Astragalus mongholicus* Bunge	蒙古勒－好恩其日
30-7-2	草木樨状黄耆	*Astragalus melilotoides* Pall.	哲格仁－希勒比
30-7-3	细叶黄耆	*Astragalus tenuis* Turcz.	纳日音－好恩其日
30-7-4	察哈尔黄耆（小果黄耆）	*Astragalus zacharensis* Bunge	察哈尔－好恩其日
30-7-5	达乌里黄耆	*Astragalus dahuricus* (Pall.) DC.	和应干－好恩其日
30-7-6	湿地黄耆	*Astragalus uliginosus* L.	珠勒格音－好恩其日
30-7-7	斜茎黄耆	*Astragalus laxmannii* Jacq.	矛日音－好恩其日、希路棍－好恩其日
30-7-8	糙叶黄耆	*Astragalus scaberrimus* Bunge	希如棍－好恩其日
30-7-9	乳白花黄耆	*Astragalus galactites* Pall.	希敦－查干、查干－好恩其日
30-8	锦鸡儿属	*Caragana* Fabr.	哈日嘎纳音－图如乐
30-8-1	小叶锦鸡儿	*Caragana microphylla* Lam.	乌禾日－哈日嘎纳、哈日嘎纳－包特、吉吉格－纳布其图－哈日嘎纳
30-8-2	狭叶锦鸡儿	*Caragana stenophylla* Pojark.	纳日音－哈日嘎纳
30-9	野豌豆属	*Vicia* L.	给希－额布孙－图如乐
30-9-1a	广布野豌豆	*Vicia cracca* L.	伊曼－给希
30-9-1b	灰野豌豆	*Vicia cracca* L. var. *canescens* (Maxim.) Franch. et Sav.	柴布日－给希
30-9-2	黑龙江野豌豆	*Vicia amurensis* Oett.	阿木日－给希
30-9-3	东方野豌豆	*Vicia japonica* A. Gray	道日那音－给希
30-9-4	大叶野豌豆	*Vicia pseudo-orobus* Fisch. et C. A. Mey.	乌日根－纳布其特－给希
30-9-5	多茎野豌豆	*Vicia multicaulis* Ledeb.	萨格拉嘎日－给希
30-9-6	山野豌豆	*Vicia amoena* Fisch. ex Seringe	乌拉音－给希

30-9-7	歪头菜	*Vicia unijuga* A. Br.	好日黑纳格－额布斯、希路棍－给希
30-10	山黧豆属	*Lathyrus* L.	他布都－扎嘎日－豌豆音－图如乐
30-10-1	矮山黧豆	*Lathyrus humilis* (Ser.) Spreng.	宝古尼－扎嘎日－宝日其格
30-10-2	山黧豆	*Lathyrus quinquenervius* (Miq.) Litv.	扎嘎日－宝日其格、他布纳－苏达拉图－扎嘎日－豌豆
30-10-3	毛山黧豆	*Lathyrus palustris* L. var. *pilosus* (Cham.) Ledeb.	乌斯图－扎嘎日－宝日其格
30-11	车轴草属	*Trifolium* L.	好希杨古日音－图如乐
30-11-1	野火球	*Trifolium lupinaster* L.	禾日音－好希杨古日
30-12	苜蓿属	*Medicago* L.	查日嘎孙－图如乐
30-12-1	天蓝苜蓿	*Medicago lupulina* L.	呼和－查日嘎苏、扫格图－查日嘎苏
30-12-2	黄花苜蓿⑤（野苜蓿）	*Medicago falcata* L.	协日－查日嘎苏、哲日力格－查日嘎苏、协日－好希杨古日
30-13	草木樨属	*Melilotus* (L.) Mill.	呼庆黑音－图如乐
30-13-1	草木樨	*Melilotus officinalis* (L.) Lam.	呼庆黑
30-13-2	白花草木樨	*Melilotus albus* Medik.	查干－呼庆黑
30-14	扁蓿豆属	*Melilotoides* Heist. ex Fabr.	其日格－额布孙－图如乐
30-14-1	扁蓿豆（花苜蓿）	*Melilotoides ruthenica* (L.) Soják	其日格－额布斯
30-15	岩黄耆属	*Hedysarum* L.	他日波勒吉音－图如乐、希莫日苏音－图如乐
30-15-1	山岩黄耆	*Hedysarum alpinum* L.	乌拉音－他日波勒吉、乌拉音－希莫日苏
30-16	山竹子属	*Corethrodendron* Fisch. et Basin.	乌日格苏格讷音－图如乐
30-16-1a	山竹子⑤（山竹岩黄耆）	*Corethrodendron fruticosum* (Pall.) B. H. Choi et H. Ohashi	布它力格－乌日格苏格讷
30-16-1b	羊柴（塔落岩黄耆）	*Corethrodendron fruticosum* (Pall.) B. H. Choi et H. Ohashi var. *lignosum* (Trautv.) Y. Z. Zhao	毛都力格－乌日格苏格讷
30-17	胡枝子属	*Lespedeza* Michx.	呼吉斯音－图如乐、呼日布格音－图如乐
30-17-1	多花胡枝子	*Lespedeza floribunda* Bunge	萨格拉嘎日－呼日布格、敖兰－其其格图－呼吉苏
30-17-2	达乌里胡枝子（兴安胡枝子）	*Lespedeza davurica* (Laxm.) Schindl.	和应干－呼吉苏、呼日恩－宝汗－柴、呼日布格
30-17-3	绒毛胡枝子	*Lespedeza tomentosa* (Thunb.) Sieb. ex Maxim.	萨格萨嘎日－呼日布格

30-17-4	阴山胡枝子	*Lespedeza inschanica* (Maxim.) Schindl.	矛尼音 – 呼日布格、矛尼音 – 呼吉苏
30-17-5	尖叶胡枝子（尖叶铁扫帚）	*Lespedeza juncea* (L. f.) Pers.	好尼音 – 呼日布格
30-18	鸡眼草属	*Kummerowia* Schindl.	他黑延 – 尼都 – 额布孙 – 图如乐
30-18-1	长萼鸡眼草	*Kummerowia stipulacea* (Maxim.) Makino	乌日特 – 他黑延 – 尼都 – 额布斯

31. 牻牛儿苗科 Geraniaceae

31-1	牻牛儿苗属	*Erodium* L'Hérit.	曼久亥音 – 图如乐
31-1-1	牻牛儿苗	*Erodium stephanianum* Willd.	曼久亥、和日彦 – 呼硕
31-2	老鹳草属	*Geranium* L.	西木德格来音 – 图如乐
31-2-1	毛蕊老鹳草	*Geranium platyanthum* Duthie	乌斯图 – 西木德格来、乌斯图 – 宝哈 – 额布斯
31-2-2	草地老鹳草	*Geranium pratense* L.	塔拉音 – 西木德格来
31-2-3	突节老鹳草	*Geranium krameri* Franch. et Savat.	委图 – 西木德格来
31-2-4	灰背老鹳草	*Geranium wlassovianum* Fisch. ex Link	柴布日 – 西木德格来
31-2-5	兴安老鹳草	*Geranium maximowiczii* Regel et Maack	和应干 – 西木德格来、和应干 – 宝哈 – 额布斯
31-2-6	鼠掌老鹳草	*Geranium sibiricum* L.	西比日 – 西木德格来、西比日 – 宝哈 – 额布斯
31-2-7	粗根老鹳草	*Geranium dahuricum* DC.	达古日 – 西木德格来、图木斯图 – 宝哈 – 额布斯

32. 亚麻科 Linaceae

32-1	亚麻属	*Linum* L.	麻嘎领古音 – 图如乐
32-1-1	野亚麻	*Linum stelleroides* Planch.	哲日力格 – 麻嘎领古
32-1-2	宿根亚麻	*Linum Perenne* L.	塔拉音 – 麻嘎领古

33. 芸香科 Rutaceae

33-1	拟芸香属	*Haplophyllum* A. Juss.	呼吉 – 额布孙 – 图如乐
33-1-1	北芸香（草芸香）	*Haplophyllum dauricum* (L.) G. Don	呼吉 – 额布斯
33-2	白鲜属	*Dictamnus* L.	阿格查嘎海音 – 图如乐
33-2-1	白鲜⑤	*Dictamnus dasycarpus* Turcz.	阿格查嘎海

34. 远志科 Polygalaceae

| 34-1 | 远志属 | *Polygala* L. | 吉如很 – 其其格音 – 图如乐 |
| 34-1-1 | 细叶远志⑤（远志） | *Polygala tenuifolia* Willd. | 吉如很 – 其其格 |

35. 大戟科 Euphorbiaceae

35-1	白饭树属	*Flueggea* Willd.	付老格 – 毛敦乃 – 图如乐
35-1-1	一叶萩（叶底珠）	*Flueggea suffruticosa* (Pall.) Baill.	淖亥音 – 苏伊日
35-2	大戟属	*Euphorbia* L.	塔日努音 – 图如乐
35-2-1	地锦	*Euphorbia humifusa* Willd.	麻拉干 – 扎拉 – 额布斯
35-2-2	乳浆大戟	*Euphorbia esula* L.	查干 – 塔日努
35-2-3	狼毒大戟（狼毒）	*Euphorbia fischeriana* Steud.	好日图 – 塔日努

36. 水马齿科 Callitrichaceae

36-1	水马齿属	*Callitriche* L.	那木嘎拉吉音 – 图如乐
36-1-1	沼生水马齿（水马齿）	*Callitriche palustris* L.	奥孙 – 那木嘎拉吉

37. 卫矛科 Celastraceae

37-1	卫矛属	*Euonymus* L.	额莫根 – 查干乃 – 图如乐
37-1-1	白杜 （桃叶卫矛、华北卫矛）	*Euonymus maackii* Rupr.	额莫根 – 查干

38. 凤仙花科 Balsaminaceae

38-1	凤仙花属	*Impatiens* L.	好木孙 – 宝都格 – 其其格音 – 图如乐
38-1-1	水金凤	*Impatiens noli-tangere* L.	禾格仁 – 好木孙 – 宝都格 – 其其格、扎干 – 哈麻日 – 其其格

39. 鼠李科 Rhamnaceae

39-1	鼠李属	*Rhamnus* L.	牙西拉音 – 图如乐
39-1-1	鼠李	*Rhamnus davurica* Pall.	牙西拉、其努娃音 – 额力格

40. 锦葵科 Malvaceae

40-1	锦葵属	*Malva* L.	扎木巴 – 其其格音 – 图如乐
40-1-1	野葵	*Malva verticillata* L.	套日 – 淖高、额布乐株日 – 其其格
40-2	苘麻属	*Abutilon* Mill.	黑衣麻音 – 图如乐
40-2-1	苘麻	*Abutilon theophrasti* Medik.	黑衣麻

41. 藤黄科（金丝桃科）Clusiaceae

41-1	金丝桃属	*Hypericum* L.	阿拉坦 – 车格其乌海音 – 图如乐
41-1-1	黄海棠（长柱金丝桃）	*Hypericum ascyron* L.	乌日特 – 阿拉坦 – 车格其乌海
41-1-2	乌腺金丝桃（赶山鞭）	*Hypericum attenuatum* Fisch. ex Choisy	宝拉其日海图 – 阿拉坦 – 车格其乌海

42. 堇菜科 Violaceae

42-1	堇菜属	*Viola* L.	尼勒 – 其其格音 – 图如乐
42-1-1	奇异堇菜	*Viola mirabilis* L.	奥温导 – 尼勒 – 其其格
42-1-2	库页堇菜	*Viola sacchalinensis* H. Boiss.	萨哈林 – 尼勒 – 其其格
42-1-3	鸡腿堇菜	*Viola acuminata* Ledeb.	奥古特图 – 尼勒 – 其其格
42-1-4	掌叶堇菜	*Viola dactyloides* Roem. et Schult.	阿拉嘎力格 – 尼勒 – 其其格
42-1-5	裂叶堇菜	*Viola dissecta* Ledeb.	奥尼图 – 尼勒 – 其其格
42-1-6	球果堇菜	*Viola collina* Bess.	乌斯图 – 尼勒 – 其其格
42-1-7	兴安堇菜	*Viola gmeliniana* Roem. et Schult.	和应干 – 尼勒 – 其其格
42-1-8	东北堇菜	*Viola mandshurica* W. Beck.	满吉 – 尼勒 – 其其格
42-1-9	斑叶堇菜	*Viola variegata* Fisch. ex Link	导拉布图 – 尼勒 – 其其格、阿拉格 – 尼勒 – 其其格
42-1-10	细距堇菜	*Viola tenuicornis* W. Beck.	纳日伯其 – 尼勒 – 其其格
42-1-11	早开堇菜	*Viola prionantha* Bunge	合日其也斯图 – 尼勒 – 其其格
42-1-12	白花堇菜（白花地丁）	*Viola patrinii* DC. ex Ging.	查干 – 尼勒 – 其其格

43. 瑞香科 Thymelaeaceae

43-1	狼毒属	*Stellera* L.	达兰 – 图茹音 – 图如乐
43-1-1	狼毒	*Stellera chamaejasme* L.	达兰 – 图茹、垂灯花

44. 柳叶菜科 Onagraceae

44-1	露珠草属	*Circaea* L.	伊黑日 – 额布孙 – 图如乐
44-1-1	高山露珠草	*Circaea alpina* L.	乌拉音 – 伊黑日 – 额布斯、塔格音 – 伊黑日 – 额布斯
44-2	柳叶菜属	*Epilobium* L.	呼崩朝日音 – 图如乐
44-2-1	柳兰	*Epilobium angustifolium* L.	呼崩 – 奥日艾特
44-2-2	柳叶菜	*Epilobium hirsutum* L.	呼崩朝日
44-2-3	沼生柳叶菜	*Epilobium palustre* L.	那木嘎音 – 呼崩朝日
44-2-4	多枝柳叶菜	*Epilobium fastigiatoramosum* Nakai	萨格拉格日 – 呼崩朝日

45. 小二仙草科 Haloragaceae

45-1	狐尾藻属	*Myriophyllum* L.	图门德苏 – 额布孙 – 图如乐
45-1-1	狐尾藻（穗状狐尾藻）	*Myriophyllum spicatum* L.	图门德苏 – 额布斯
45-1-2	轮叶狐尾藻（狐尾藻）	*Myriophyllum verticillatum* L.	布力古日 – 图门德苏

46. 杉叶藻科 Hippuridaceae

46-1	杉叶藻属	*Hippuris* L.	嘎海音 – 色古乐 – 额布孙 – 图如乐

46-1-1	杉叶藻	*Hippuris vulgaris* L.	嘎海音-色古乐-额布斯、阿木达图-哲格苏

47. 伞形科 Umbelliferae

47-1	柴胡属		*Bupleurum* L.	宝日车-额布孙-图如乐
47-1-1		大叶柴胡	*Bupleurum longiradiatum* Turcz.	淘日格-宝日车-额布斯、淘日格-巴日西
47-1-2		锥叶柴胡	*Bupleurum bicaule* Helm	疏布格日-宝日车-额布斯
47-1-3		红柴胡⑤	*Bupleurum scorzonerifolium* Willd.	乌兰-宝日车-额布斯
47-2	泽芹属		*Sium* L.	那木格音-朝古日音-图如乐
47-2-1		泽芹	*Sium suave* Walt.	那木格音-朝古日
47-3	毒芹属		*Cicuta* L.	好日图-朝古日音-图如乐
47-3-1		毒芹	*Cicuta virosa* L.	好日图-朝古日、高乐音-好日
47-4	茴芹属		*Pimpinella* L.	其禾日音-图如乐
47-4-1		羊红膻	*Pimpinella thellungiana* H. Wolff	和勒特日黑-那布其特-其禾日
47-5	羊角芹属		*Aegopodium* L.	乌拉音-朝古日音-图如乐
47-5-1		东北羊角芹	*Aegopodium alpestre* Ledeb.	乌拉音-朝古日
47-6	葛缕子属		*Carum* L.	哈如木吉音-图如乐
47-6-1		田葛缕子	*Carum buriaticum* Turcz.	塔林-哈如木吉、塔林-高尼得
47-7	防风属		*Saposhnikovia* Schischk.	疏古日格讷音-图如乐
47-7-1		防风⑤	*Saposhnikovia divaricata* (Turcz.) Schischk.	疏古日格讷、哲格讷
47-8	蛇床属		*Cnidium* Cuss.	毛盖塔希音-图如乐
47-8-1		兴安蛇床	*Cnidium dauricum* (Jacq.) Fisch. et C. A. Mey.	和应干-哈拉嘎拆
47-8-2		碱蛇床	*Cnidium salinum* Turcz.	呼吉日色格-哈拉嘎拆
47-8-3		蛇床⑤	*Cnidium monnieri* (L.) Cuss.	哈拉嘎拆、毛盖塔希
47-9	独活属		*Heracleum* L.	查干-好日音-图如乐
47-9-1		短毛独活	*Heracleum moellendorffii* Hance	巴勒其日嘎那、敖好日-乌斯图-查干-好日
47-10	前胡属		*Peucedanum* L.	哈丹-疏古日根乃-图如乐
47-10-1		兴安前胡	*Peucedanum baicalense* (I. Redowsky ex Willd.) W. D. J. Koch	白嘎力-哈丹-疏古日格讷
47-10-2		石防风⑤	*Peucedanum terebinthaceum* (Fisch. ex Trev.) Ledeb.	哈丹-疏古日格讷
47-11	山芹属		*Ostericum* Hoffm.	哲日力格-朝古日音-图如乐
47-11-1		山芹	*Ostericum sieboldii* (Miq.) Nakai	哲日力格-朝古日

47-12	当归属	*Angelica* L.	当棍 – 图如乐
47-12-1	兴安白芷（白芷）	*Angelica dahurica* (Fisch. ex Hoffm.) Benth. et Hook. f. ex Franch. et Sav.	朝古日高那、布日叶 – 额布斯、查干 – 苏格伯
47-12-2	黑水当归	*Angelica amurensis* Schischk.	阿木日 – 朝古日高那
47-13	迷果芹属	*Sphallerocarpus* Bess. ex DC.	朝高日乐音 – 图如乐、塔塔麻 – 朝高日音 – 图如乐
47-13-1	迷果芹	*Sphallerocarpus gracilis* (Bess. ex Trev.) K.-Pol.	朝高日乐吉、乌和日 – 高尼得
47-14	岩风属	*Libanotis* Haller ex Zinn	昂给拉玛 – 朝古日音 – 图如乐
47-14-1	香芹	*Libanotis seseloides* (Fisch. et C. A. Mey. ex Turcz.) Turcz.	哈日依 – 乌努日图 – 淖高、昂给拉玛 – 朝古日

48. 山茱萸科 Cornaceae

48-1	山茱萸属	*Cornus* L.	塔日乃音 – 图如乐
48-1-1	红瑞木	*Cornus alba* L.	乌兰 – 塔日乃

49. 鹿蹄草科 Pyrolaceae

49-1	鹿蹄草属	*Pyrola* L.	宝棍 – 突古日爱 – 额布孙 – 图如乐
49-1-1	红花鹿蹄草	*Pyrola incarnata* Fisch. ex DC.	乌兰 – 宝棍 – 突古日爱
49-1-2	鹿蹄草	*Pyrola rotundifolia* L. (*Pyrola calliantha* H. Andr.)	宝棍 – 突古日爱 – 额布斯
49-2	水晶兰属	*Monotropa* L.	木棍其日图 – 其其格音 – 图如乐
49-2-1	松下兰[④]	*Monotropa hypopitys* L.	西归日勒 – 其其格

50. 杜鹃花科 Ericaceae

50-1	杜鹃属	*Rhododendron* L.	特日乐吉音 – 图如乐、呼日查 – 乌兰 – 其其格音 – 图如乐
50-1-1	兴安杜鹃	*Rhododendron dauricum* L.	特日乐吉、阿拉坦 – 哈日布日
50-1-2	迎红杜鹃	*Rhododendron mucronulatum* Turcz.	乌兰 – 特日乐吉、呼日查 – 乌兰 – 其其格
50-2	越橘属（越桔属）	*Vaccinium* L.	阿力日苏音 – 图如乐
50-2-1	越橘[④]（越桔）	*Vaccinium vitis-idaea* L.	阿力日苏

51. 报春花科 Primulaceae

51-1	报春花属	*Primula* L.	哈布日西乐 – 其其格音 – 图如乐
51-1-1	粉报春	*Primula farinosa* L.	嫩得格特 – 乌兰 – 哈布日西乐 – 其其格
51-1-2	箭报春	*Primula fistulosa* Turkev.	布木布格力格 – 哈布日西乐 – 其其格

51-1-3	天山报春	*Primula nutans* Georgi	西比日 – 哈布日西乐 – 其其格
51-1-4	翠南报春（樱草）	*Primula sieboldii* E. Morren	萨格萨嘎日 – 哈布日西乐 – 其其格
51-2	点地梅属	*Androsace* L.	达兰 – 套布其音 – 图如乐
51-2-1	点地梅	*Androsace umbellata* (Lour.) Merr.	达兰 – 套布其
51-2-2	小点地梅	*Androsace gmelinii* (L.) Roem. et Schult.	吉吉格 – 达兰 – 套布其
51-2-3	东北点地梅	*Androsace filiformis* Retz.	那日音 – 达兰 – 套布其
51-2-4	北点地梅	*Androsace septentrionalis* L.	塔拉音 – 达兰 – 套布其、乌麻日图 – 达兰 – 套布其
51-3	海乳草属	*Glaux* L.	苏苏 – 额布孙 – 图如乐
51-3-1	海乳草	*Glaux maritima* L.	苏苏 – 额布斯、车格乐吉
51-4	珍珠菜属	*Lysimachia* L.	侵娃音 – 苏乐 – 额布孙 – 图如乐
51-4-1	黄连花	*Lysimachia davurica* Ledeb.	和应干 – 侵娃音 – 苏乐
51-4-2	狼尾花（虎尾草）	*Lysimachia barystachys* Bunge	侵娃音 – 苏乐
51-4-3	球尾花	*Lysimachia thyrsiflora* L.	好您 – 好日木

52. 白花丹科 Plumbaginaceae

52-1	补血草属	*Limonium* Mill.	义拉干 – 其其格音 – 图如乐
52-1-1	黄花补血草[5]	*Limonium aureum* (L.) Hill	协日 – 义拉干 – 其其格
52-1-2	曲枝补血草	*Limonium flexuosum* (L.) Kuntze	塔黑日 – 义拉干 – 其其格
52-1-3	二色补血草[5]	*Limonium bicolor* (Bunge) Kuntze	义拉干 – 其其格

53. 龙胆科 Gentianaceae

53-1	龙胆属	*Gentiana* L.	主力根 – 其木格音 – 图如乐
53-1-1	鳞叶龙胆	*Gentiana squarrosa* Ledeb.	希如棍 – 主力根 – 其木格、哈丹 – 地格达
53-1-2	假水生龙胆	*Gentiana pseudoaquatica* Kusnez.	淖高音 – 主力根 – 其木格
53-1-3	达乌里龙胆[5]（达乌里秦艽）	*Gentiana dahurica* Fisch.	达古日 – 主力根 – 其木格、达古日 – 地格达
53-1-4	秦艽[5]	*Gentiana macrophylla* Pall.	套日格 – 主力根 – 其木格、乌和日 – 地格达、哈日 – 吉乐哲
53-1-5	条叶龙胆	*Gentiana manshurica* Kitag.	少布给日 – 主力根 – 其木格
53-2	扁蕾属	*Gentianopsis* Y. C. Ma	特木日 – 地格达音 – 图如乐
53-2-1	扁蕾	*Gentianopsis barbata* (Froel.) Y. C. Ma	乌苏图 – 特木日 – 地格达、特木日 – 地格达

53-3	腺鳞草属	*Anagallidium* Griseb.	刚嘎格 – 地格达音 – 图如乐
53-3-1	腺鳞草（歧伞獐牙菜）	*Anagallidium dichotomum* (L.) Griseb.	阿查图 – 刚嘎格 – 地格达
53-4	獐牙菜属	*Swertia* L.	地格达音 – 图如乐
53-4-1	北方獐牙菜	*Swertia diluta* (Turcz.) Benth. et J. D. Hook.	塔拉音 – 地格达
53-4-2	瘤毛獐牙菜	*Swertia pseudochinensis* H. Hara	比拉出特 – 地格达
53-5	花锚属	*Halenia* Borkh.	章古图 – 地格达音 – 图如乐
53-5-1	花锚	*Halenia corniculata* (L.) Cornaz	章古图 – 地格达

54. 睡菜科 Menyanthaceae

| 54-1 | 荇菜属（莕菜属） | *Nymphoides* Seguier | 扎木勒 – 额布孙 – 图如乐 |
| 54-1-1 | 荇菜（莕菜） | *Nymphoides peltata* (S. G. Gmel.) Kuntze | 扎木勒 – 额布斯 |

55. 萝藦科 Asclepiadaceae

55-1	鹅绒藤属	*Cynanchum* L.	特木根 – 呼呼音 – 图如乐
55-1-1	徐长卿⑤	*Cynanchum paniculatum* (Bunge) Kitag.	那日音 – 好同和日、占龙 – 额布斯
55-1-2	紫花杯冠藤	*Cynanchum purpureum* (Pall.) K. Schum.	宝日 – 特木根 – 呼呼
55-1-3	地梢瓜	*Cynanchum thesioides* (Freyn) K. Schum.	特木根 – 呼呼
55-2	萝藦属	*Metaplexis* R. Br.	阿古乐朱日 – 吉米孙 – 图如乐
55-2-1	萝藦	*Metaplexis japonica* (Thunb.) Makino	阿古乐朱日 – 吉米斯

56. 旋花科 Convolvulaceae

56-1	打碗花属	*Calystegia* R. Br.	阿牙根 – 其其格音 – 图如乐
56-1-1	打碗花	*Calystegia hederacea* Wall. ex Roxb.	阿牙根 – 其其格
56-1-2	宽叶打碗花（鼓子花）	*Calystegia silvatica* (Kit.) Griseb. subsp. *orientalis* Brummitt	乌日根 – 阿牙根 – 其其格
56-1-3	藤长苗	*Calystegia pellita* (Ledeb.) G. Don	乌苏图 – 阿牙根 – 其其格
56-2	旋花属	*Convolvulus* L.	色得日根讷音 – 图如乐
56-2-1	田旋花	*Convolvulus arvensis* L.	塔拉音 – 色得日根讷
56-2-2	银灰旋花	*Convolvulus ammannii* Desr.	宝日 – 额力根讷
56-3	鱼黄草属	*Merremia* Dennst.	莫日莫音 – 图如乐
56-3-1	北鱼黄草	*Merremia sibirica* (L.) H. Hall.	西伯日 – 莫日莫

57. 菟丝子科 Cuscutaceae

| 57-1 | 菟丝子属 | *Cuscuta* L. | 协日 – 奥日义羊古音 – 图如乐 |
| 57-1-1 | 日本菟丝子（金灯藤） | *Cuscuta japonica* Choisy | 比乐出特 – 协日 – 奥日义羊古 |

57-1-2	大菟丝子 （欧洲菟丝子）	*Cuscuta europaea* L.	柴布日 – 协日 – 奥日义羊古

58. 花荵科 Polemoniaceae

58-1	花荵属	*Polemonium* L.	伊音吉 – 宝古日乐音 – 图如乐
58-1-1	花荵	*Polemonium caeruleum* L.	伊音吉 – 宝古日乐

59. 紫草科 Boraginaceae

59-1	紫丹属（砂引草属）	*Tournefortia* L.	好吉格日 – 额布孙 – 图如乐
59-1-1	细叶砂引草	*Tournefortia sibirica* L. var. *angustior* (DC.) G. L. Chu et M. G. Gilbert	那日音 – 好吉格日 – 额布斯
59-2	琉璃草属	*Cynoglossum* L.	囊给 – 章古音 – 图如乐
59-2-1	大果琉璃草	*Cynoglossum divaricatum* Steph. ex Lehm.	囊给 – 章古
59-3	鹤虱属	*Lappula* Moench	闹朝日嘎那音 – 图如乐
59-3-1	蒙古鹤虱	*Lappula intermedia* (Ledeb.) Popov	蒙古乐 – 闹朝日嘎那
59-3-2	鹤虱	*Lappula myosotis* Moench	闹朝日嘎那
59-3-3	异刺鹤虱	*Lappula heteracantha* (Ledeb.) Gürke	乌日格斯图 – 闹朝日嘎那
59-4	齿缘草属	*Eritrichium* Schrad.	哈丹 – 巴特哈音 – 图如乐
59-4-1	北齿缘草	*Eritrichium borealisinense* Kitag.	乌麻日特音 – 巴特哈
59-4-2	东北齿缘草	*Eritrichium mandshuricum* Popov	曼吉 – 巴特哈
59-5	附地菜属	*Trigonotis* Stev.	特木根 – 好古来音 – 图如乐
59-5-1	附地菜	*Trigonotis peduncularis* (Trev.) Benth. ex Baker et Moore	特木根 – 好古来、嘎扎日 – 闹高
59-5-2	勿忘草状附地菜 （水甸附地菜）	*Trigonotis myosotidea* (Maxim.) Maxim.	套荣海 – 特木根 – 好古来
59-6	勿忘草属	*Myosotis* L.	章古图 – 额布孙 – 图如乐
59-6-1	湿地勿忘草	*Myosotis caespitosa* C. F. Schultz	那木给音 – 道日斯嘎拉 – 额布斯
59-6-2	勿忘草	*Myosotis alpestris* F. W. Schmidt	章古图 – 额布斯
59-7	钝背草属	*Amblynotus* Johnst.	阿木伯力闹图音 – 图如乐
59-7-1	钝背草	*Amblynotus rupestris* (Pall. ex Georgi) Popov ex L. Sergiev.	阿木伯力闹图、布和都日根讷

60. 唇形科 Labiatae

60-1	水棘针属	*Amethystea* L.	巴西戈音 – 图如乐、乌日格苏力格 – 额布孙 – 图如乐
60-1-1	水棘针	*Amethystea caerulea* L.	巴西戈、乌日格苏力格 – 额布斯
60-2	黄芩属	*Scutellaria* L.	混芩乃 – 图如乐

60-2-1	黄芩⑤	*Scutellaria baicalensis* Georgi	混芩、黄芩－柴、巴布
60-2-2	狭叶黄芩	*Scutellaria regeliana* Nakai	稍如乐斤－混芩、热格乐－混芩
60-2-3	并头黄芩	*Scutellaria scordifolia* Fisch. ex Schrank	好斯－其其格特－混芩、敖古都纳－其其格
60-2-4	盔状黄芩	*Scutellaria galericulata* L.	道古拉嘎特－混芩
60-3	夏至草属	*Lagopsis* (Bunge ex Benth.) Bunge	套来音－奥如乐－额布孙－图如乐
60-3-1	夏至草	*Lagopsis supina* (Steph. ex Willd.) Ik.-Gal. ex Knorr.	套来音－奥如乐－额布斯
60-4	裂叶荆芥属	*Schizonepeta* Briq.	敖尼图－吉如格巴音－图如乐
60-4-1	多裂叶荆芥	*Schizonepeta multifida* (L.) Briq.	哈嘎日海－吉如格巴
60-5	青兰属	*Dracocephalum* L.	比日羊古音－图如乐
60-5-1	光萼青兰	*Dracocephalum argunense* Fisch. ex Link	额尔古那音－比日羊古
60-5-2	青兰	*Dracocephalum ruyschiana* L.	比日羊古
60-5-3	香青兰	*Dracocephalum moldavica* L.	乌努日图－比日羊古
60-6	糙苏属	*Phlomis* L.	奥古乐今－土古日爱音－图如乐
60-6-1	块根糙苏	*Phlomis tuberosa* L.	土木斯得－奥古乐今－土古日爱、好您－和莫力古日
60-6-2	串铃草	*Phlomis mongolica* Turcz.	蒙古乐－奥古乐今－土古日爱
60-6-3	糙苏	*Phlomis umbrosa* Turcz.	奥古乐今－土古日爱
60-7	鼬瓣花属	*Galeopsis* L.	套心朝格音－图如乐
60-7-1	鼬瓣花	*Galeopsis bifida* Boenn.	套心朝格
60-8	野芝麻属	*Lamium* L.	哲日立格－麻阿吉音－图如乐
60-8-1	短柄野芝麻	*Lamium album* L.	敖乎日－哲日立格－麻阿吉
60-9	益母草属	*Leonurus* L.	都日伯乐吉－额布孙－图如乐
60-9-1	兴安益母草	*Leonurus deminutus* V. Krecz. ex Kuprian.	和应干－都日伯乐吉－额布斯
60-9-2	益母草	*Leonurus japonicus* Houtt.	都日伯乐吉－额布斯、巴乐－额布斯
60-9-3	细叶益母草⑤	*Leonurus sibiricus* L.	那日音－都日伯乐吉－额布斯
60-10	水苏属	*Stachys* L.	阿日归音－图如乐
60-10-1	毛水苏	*Stachys riederi* Chamisso ex Benth.	乌斯图－阿日归、白嘎乐－阿日归
60-10-2	水苏	*Stachys japonica* Miq.	阿日归
60-11	百里香属	*Thymus* L.	刚嘎－额布孙－图如乐
60-11-1	百里香（亚洲百里香）	*Thymus serpyllum* L.	刚嘎－额布斯
60-12	风轮菜属	*Clinopodium* L.	道归－其其格音－图如乐

60-12-1	麻叶风轮菜	*Clinopodium urticifolium* (Hance) C. Y. Wu et Hsuan ex H. W. Li	道归 – 其其格
60-13	薄荷属	*Mentha* L.	巴得日阿西音 – 图如乐
60-13-1	薄荷⑤	*Mentha canadensis* L.	巴得日阿西
60-13-2	兴安薄荷	*Mentha dahurica* Fisch. ex Benth.	和应干 – 巴得日阿西
60-14	香薷属	*Elsholtzia* Willd.	昂给鲁木 – 其其格音 – 图如乐
60-14-1	密花香薷	*Elsholtzia densa* Benth.	伊格其 – 昂给鲁木 – 其其格

61. 茄科 Solanaceae

61-1	茄属	*Solanum* L.	哈稀音 – 图如乐
61-1-1	龙葵	*Solanum nigrum* L.	闹害音 – 乌吉马
61-2	泡囊草属	*Physochlaina* G. Don	混 – 好日苏音 – 图如乐
61-2-1	泡囊草	*Physochlaina physaloides* (L.) G. Don	混 – 好日苏
61-3	天仙子属	*Hyoscyamus* L.	特讷格 – 额布孙 – 图如乐
61-3-1	天仙子	*Hyoscyamus niger* L.	特讷格 – 额布斯

62. 玄参科 Scrophulariaceae

62-1	柳穿鱼属	*Linaria* Mill.	好您 – 扎吉鲁希音 – 图如乐
62-1-1	多枝柳穿鱼	*Linaria buriatica* Turcz. ex Benth.	宝古尼 – 好您 – 扎吉鲁希
62-1-2	柳穿鱼	*Linaria vulgaris* Mill. subsp. *sinensis* (Bunge ex Debeaux) D. Y. Hong	好您 – 扎吉鲁希
62-1-3	新疆柳穿鱼	*Linaria acutiloba* Fisch. ex Reichb.	新疆音 – 好您 – 扎吉鲁希
62-2	水茫草属	*Limosella* L.	希巴日嘎那音 – 图如乐
62-2-1	水茫草	*Limosella aquatica* L.	奥孙 – 希巴日嘎那、希巴日嘎那
62-3	鼻花属	*Rhinanthus* L.	哈木日苏 – 其其格音 – 图如乐
62-3-1	鼻花	*Rhinanthus glaber* Lam.	哈木日苏 – 其其格、红呼乐代
62-4	小米草属	*Euphrasia* L.	巴希嘎那音 – 图如乐
62-4-1	小米草	*Euphrasia pectinata* Ten.	巴希嘎那
62-4-2	东北小米草	*Euphrasia amurensis* Freyn	阿木日 – 巴希嘎那
62-5	疗齿草属	*Odontites* Ludwig	宝日 – 巴沙嘎音 – 图如乐
62-5-1	疗齿草	*Odontites vulgaris* Moench	宝日 – 巴沙嘎、巴沙嘎、哈塔日嘎纳
62-6	马先蒿属	*Pedicularis* L.	好您 – 额伯日 – 其其格音 – 图如乐
62-6-1	旌节马先蒿	*Pedicularis sceptrum-carolinum* L.	为特 – 好您 – 额伯日 – 其其格
62-6-2	黄花马先蒿	*Pedicularis flava* Pall.	协日 – 好您 – 额伯日 – 其其格

62-6-3	秀丽马先蒿	*Pedicularis venusta* Schangin ex Bunge	高娃－好您－额伯日－其其格
62-6-4	卡氏沼生马先蒿	*Pedicularis palustris* L. subsp. *karoi* (Freyn) P. C. Tsoong	那木给音－好您－额伯日－其其格
62-6-5	拉不拉多马先蒿	*Pedicularis labradorica* Wirsing	乌麻日特音－好您－额伯日－其其格
62-6-6	红纹马先蒿	*Pedicularis striata* Pall.	那日音（那日音－纳布其图）－好您－额伯日－其其格
62-6-7	返顾马先蒿	*Pedicularis resupinata* L.	好您－额伯日－其其格
62-6-8a	轮叶马先蒿	*Pedicularis verticillata* L.	布立古日－好您－额伯日－其其格
62-6-8b	唐古特轮叶马先蒿	*Pedicularis verticillata* L. var. *tangutica* (Bonati) P. C. Tsoong	唐古特－好您－额伯日－其其格
62-6-9	穗花马先蒿	*Pedicularis spicata* Pall.	图如特－好您－额伯日－其其格
62-7	阴行草属	*Siphonostegia* Benth.	协日－奥如乐－其其格音－图如乐
62-7-1	阴行草	*Siphonostegia chinensis* Benth.	协日－奥如乐－其其格
62-8	芯芭属	*Cymbaria* L.	哈吞－额布孙－图如乐
62-8-1	达乌里芯芭	*Cymbaria dahurica* L.	和应干－哈吞－额布斯、和应干－阿拉坦－阿给
62-9	腹水草属	*Veronicastrum* Heist. ex Farbic.	扫宝日嘎拉吉音－图如乐
62-9-1	草本威灵仙	*Veronicastrum sibiricum* (L.) Pennell	扫宝日嘎拉吉
62-9-2	管花腹水草	*Veronicastrum tubiflorum* (Fisch. et C. A. Mey.) H. Hara	朝日格立格－扫宝日嘎拉吉
62-10	穗花属	*Pseudolysimachion* (W. D. J. Koch) Opiz	图如图－钦达干－苏乐音－图如乐
62-10-1	细叶穗花（细叶婆婆纳）	*Pseudolysimachion linariifolium* (Pall. ex Link) Holub	好您－扎吉路稀稀格－图如图－钦达干－苏乐（那日音－钦达干）
62-10-2	白毛穗花（白婆婆纳、白兔儿尾苗）	*Pseudolysimachion incanum* (L.) Holub	查干－图如图－钦达干－苏乐、查干－钦达干
62-10-3	大穗花（大婆婆纳）	*Pseudolysimachion dauricum* (Stev.) Holub	达古日－图如图－钦达干－苏乐、套如格－钦达干－苏乐
62-10-4	兔儿尾苗	*Pseudolysimachion longifolium* (L.) Opiz	乌日特－纳布其图－图如图－钦达干－苏乐
62-11	婆婆纳属	*Veronica* L.	钦达干－苏乐音－图如乐
62-11-1	北水苦荬	*Veronica anagallis-aquatica* L.	乌麻日图－奥孙－钦达干、乌和日音－和乐

63. 紫葳科 Bignoniaceae

63-1	角蒿属	*Incarvillea* Juss.	乌兰 – 套鲁木音 – 图如乐
63-1-1	角蒿	*Incarvillea sinensis* Lam.	乌兰 – 套鲁木、套来音 – 萨嘎得格

64. 列当科 Orobanchaceae

64-1	列当属	*Orobanche* L.	特木根 – 苏乐音 – 图如乐
64-1-1	列当	*Orobanche coerulescens* Steph.	特木根 – 苏乐
64-1-2a	黄花列当⑤	*Orobanche pycnostachya* Hance	协日 – 特木根 – 苏乐
64-1-2b	黑水列当	*Orobanche pycnostachya* Hance var. *amurensis* Beck	宝古尼 – 特木根 – 苏乐

65. 狸藻科 Lentibulariaceae

65-1	狸藻属	*Utricularia* L.	布木布黑音 – 图如乐、协日 – 扎麻格音 – 图如乐
65-1-1	弯距狸藻（狸藻）	*Utricularia vulgaris* L. subsp. *macrorhiza* (Le Conte) R. T. Clausen	温都苏力格 – 恩格音 – 布木布黑
65-1-2	小狸藻（异枝狸藻）	*Utricularia intermedia* Hayne	吉吉格 – 布木布黑

66. 车前科 Plantaginaceae

66-1	车前属	*Plantago* L.	乌和日 – 乌日根讷音 – 图如乐
66-1-1	盐生车前	*Plantago maritima* L. subsp. *ciliata* Printz	呼吉日色格 – 乌和日 – 乌日根讷
66-1-2a	平车前	*Plantago depressa* Willd.	吉吉格（巴嘎）– 乌和日 – 乌日根讷
66-1-2b	毛平车前	*Plantago depressa* Willd. subsp. *turczaninowii* (Ganjeschin) N. N. Tsvelev	乌苏日和格 – 乌和日 – 乌日根讷
66-1-3	大车前	*Plantago major* L.	陶日格 – 乌和日 – 乌日根讷
66-1-4	车前	*Plantago asiatica* L.	乌和日 – 乌日根讷、塔布讷 – 萨拉图

67. 茜草科 Rubiaceae

67-1	拉拉藤属	*Galium* L.	乌如木杜乐音 – 图如乐
67-1-1	小叶猪殃殃	*Galium trifidum* L.	吉吉格 – 乌如木杜乐
67-1-2	北方拉拉藤	*Galium boreale* L.	查干 – 乌如木杜乐
67-1-3	蓬子菜	*Galium verum* L.	乌如木杜乐、协日 – 呼伊格
67-1-4	大叶猪殃殃	*Galium dahuricum* Turcz. ex Ledeb.	达古日 – 乌如木杜乐
67-2	茜草属	*Rubia* L.	马日那音 – 图如乐
67-2-1	中国茜草	*Rubia chinensis* Regel et Maack	道木达地音 – 马日那、套日格 – 马日那

| 67-2-2a | 茜草 | *Rubia cordifolia* L. | 马日那、粗得 |
| 67-2-2b | 黑果茜草 | *Rubia cordifolia* L. var. *pratensis* Maxim. | 哈日 - 马日那 |

68. 忍冬科 Caprifoliaceae

68-1	北极花属	*Linnaea* Gronov. ex L.	牙格吉嘎 - 宝塔音 - 图如乐
68-1-1	北极花	*Linnaea borealis* L.	牙格吉嘎 - 宝塔
68-2	忍冬属	*Lonicera* L.	达兰 - 哈力苏音 - 图如乐
68-2-1	黄花忍冬（金花忍冬）	*Lonicera chrysantha* Turcz. ex Ledeb.	协日 - 达兰 - 哈力苏
68-3	荚蒾属	*Viburnum* L.	柴日音 - 图如乐
68-3-1	蒙古荚蒾	*Viburnum mongolicum* (Pall.) Rehd.	查干 - 柴日、蒙古乐 - 柴日
68-4	接骨木属	*Sambucus* L.	宝棍 - 宝拉代音 - 图如乐
68-4-1	接骨木	*Sambucus williamsii* Hance	宝棍 - 宝拉代、干达嘎日

69. 五福花科 Adoxaceae

| 69-1 | 五福花属 | *Adoxa* L. | 阿日棍 - 扎嘎日特 - 额布孙 - 图如乐 |
| 69-1-1 | 五福花 | *Adoxa moschatellina* L. | 阿日棍 - 扎嘎日特 - 额布斯 |

70. 败酱科 Valerianaceae

70-1	败酱属	*Patrinia* Juss.	色日和立格 - 其其格音 - 图如乐
70-1-1	败酱（黄花龙芽）	*Patrinia scabiosaefolia* Link	色日和立格 - 其其格
70-1-2	岩败酱	*Patrinia rupestris* (Pall.) Dufresne	哈丹 - 色日和立格 - 其其格
70-1-3	糙叶败酱	*Patrinia scabra* Bunge	希如棍 - 色日和立格 - 其其格
70-1-4	墓回头	*Patrinia heterophylla* Bunge	敖温道 - 色日和立格 - 其其格
70-2	缬草属	*Valeriana* L.	巴木柏 - 额布孙 - 图如乐
70-2-1	缬草	*Valeriana officinalis* L.	巴木柏 - 额布斯、株乐根 - 呼吉

71. 川续断科（山萝卜科）Dipsacaceae

71-1	蓝盆花属	*Scabiosa* L.	呼和 - 哈木 - 其其格音 - 图如乐
71-1-1	窄叶蓝盆花	*Scabiosa comosa* Fisch. ex Roem. et Schult.	套孙 - 套日麻
71-1-2	华北蓝盆花	*Scabiosa tschiliensis* Grün.	乌麻日特音 - 套孙 - 套日麻

72. 桔梗科 Campanulaceae

72-1	桔梗属	*Platycodon* A. DC.	呼日盾 - 查干乃 - 图如乐
72-1-1	桔梗⑤	*Platycodon grandiflorus* (Jacq.) A. DC.	呼日盾 - 查干
72-2	风铃草属	*Campanula* L.	洪呼斤那音 - 图如乐

72-2-1	聚花风铃草	*Campanula glomerata* L.	尼格 – 其其格图 – 洪呼斤那
72-3	沙参属	*Adenophora* Fisch.	洪呼 – 其其格音 – 图如乐
72-3-1	兴安沙参	*Adenophora pereskiifolia* (Fisch. ex Schult.) Sisch. ex G. Don var. *alternifolia* P. Y. Fu ex Y. Z. Zhao	和应干 – 洪呼 – 其其格
72-3-2	石沙参	*Adenophora polyantha* Nakai	哈丹 – 洪呼 – 其其格
72-3-3a	狭叶沙参⑤	*Adenophora gmelinii* (Biehler) Fisch.	那日汗 – 洪呼 – 其其格
72-3-3b	柳叶沙参	*Adenophora gmelinii* (Biehler) Fisch. var. *coronopifolia* (Fisch.) Y. Z. Zhao	乌旦 – 那布其特 – 洪呼 – 其其格
72-3-4	扫帚沙参	*Adenophora stenophylla* Hemsl.	舒古日立格 – 洪呼 – 其其格
72-3-5	锯齿沙参	*Adenophora tricuspidata* (Fisch. ex chult.) A. DC.	和日其业斯图 – 洪呼 – 其其格
72-3-6	轮叶沙参⑤	*Adenophora tetraphylla* (Thunb.) Fisch.	塔拉音 – 洪呼 – 其其格
72-3-7	齿叶紫沙参	*Adenophora paniculata* Nannf. var. *dentata* Y. Z. Zhao	色吉古日特 – 洪呼 – 其其格
72-3-8a	长柱沙参⑤	*Adenophora stenanthina* (Ledeb.) Kitag.	乌日特 – 套古日朝格图 – 洪呼 – 其其格
72-3-8b	丘沙参	*Adenophora stenanthina* (Ledeb.) Kitag. var. *collina* (Kitag.) Y. Z. Zhao	道布音 – 洪呼 – 其其格

73. 菊科 Compositae

73-1	马兰属	*Kalimeris* Cass.	赛哈拉吉音 – 图如乐
73-1-1	全叶马兰	*Kalimeris integrifolia* Turcz. ex DC.	那日音 – 车木车格日 – 其其格
73-1-2	北方马兰（蒙古马兰）	*Kalimeris mongolica* (Franch.) Kitam.	蒙古乐 – 赛哈拉吉
73-2	狗娃花属	*Heteropappus* Less.	布荣黑音 – 图如乐、和得日 – 其其格音 – 图如乐
73-2-1	阿尔泰狗娃花	*Heteropappus altaicus* (Willd.) Novopokr.	阿拉泰 – 布荣黑、阿拉泰 – 敖顿 – 其其格
73-2-2	狗娃花	*Heteropappus hispidus* (Thunb.) Less.	布荣黑、和得日 – 其其格
73-2-3	砂狗娃花	*Heteropappus meyendorffii* (Reg. et Maack) Kom. et Klob. -Alis.	乌苏图 – 布荣黑、额乐孙 – 布荣黑
73-3	东风菜属	*Doellingeria* Nees	好您 – 努都 – 额布孙 – 图如乐
73-3-1	东风菜	*Doellingeria scaber* (Thunb.) Nees	好您 – 努都 – 额布斯、乌日根 – 纳布其图 – 敖顿 – 其其格
73-4	女菀属	*Turczaninowia* DC.	格色日乐吉音 – 图如乐
73-4-1	女菀	*Turczaninowia fastigiata* (Fisch.) DC.	格色日乐吉、敖得稀格 – 其其格
73-5	紫菀属	*Aster* L.	敖顿 – 其其格音 – 图如乐

73-5-1	高山紫菀	*Aster alpinus* L.	塔格音 – 敖顿 – 其其格
73-5-2	紫菀	*Aster tataricus* L. f.	敖顿 – 其其格、高乐 – 格色日
73-5-3	圆苞紫菀	*Aster maackii* Regel	布木布日根 – 敖顿 – 其其格
73-6	乳菀属	*Galatella* Cass.	布日扎音 – 图如乐、布吉格日图 – 其其格音 – 图如乐
73-6-1	兴安乳菀	*Galatella dahurica* DC.	布日扎
73-7	碱菀属	*Tripolium* Nees	扫日闹乐吉音 – 图如乐
73-7-1	碱菀	*Tripolium pannonicum* (Jacq.) Dobr.	扫日闹乐吉
73-8	短星菊属	*Brachyactis* Ledeb.	巴日安 – 图如音 – 图如乐
73-8-1	短星菊	*Brachyactis ciliata* Ledeb.	巴日安 – 图如、敖呼日 – 和乐特苏 – 乌达巴拉
73-9	飞蓬属	*Erigeron* L.	车衣力格 – 其其格音 – 图如乐
73-9-1	长茎飞蓬	*Erigeron elongatus* Ledeb.	宝日 – 车衣力格
73-9-2	堪察加飞蓬	*Erigeron kamtschaticus* DC.	堪察加 – 车衣力格
73-9-3	飞蓬	*Erigeron acer* L.	车衣力格 – 其其格
73-10	白酒草属	*Conyza* Less.	车衣力格稀格 – 额布孙 – 图如乐
73-10-1	小蓬草（小白酒草）	*Conyza Canadensis* (L.) Cronq.	哈混 – 车衣力格
73-11	火绒草属	*Leontopodium* R. Br.	乌拉 – 额布孙 – 图如乐
73-11-1	长叶火绒草	*Leontopodium junpeianum* Kitam.	陶日格 – 乌拉 – 额布斯
73-11-2	团球火绒草	*Leontopodium conglobatum* (Turcz.) Hand.-Mazz.	布木布格力格 – 乌拉 – 额布斯
73-11-3	火绒草	*Leontopodium leontopodioides* (Willd.) Beauv.	乌拉 – 额布斯、查干 – 阿荣
73-12	鼠麴草属	*Gnaphalium* L.	黑薄古日根讷音 – 图如乐
73-12-1	贝加尔鼠麴草（湿生鼠麴草）	*Gnaphalium uliginosum* L.	白嘎力 – 黑薄古日根讷
73-13	旋覆花属	*Inula* L.	阿拉坦 – 导苏乐 – 其其格音 – 图如乐
73-13-1	柳叶旋覆花	*Inula salicina* L.	乌达力格 – 阿拉坦 – 导苏乐
73-13-2	欧亚旋覆花	*Inula britannica* L.	阿子牙音 – 阿拉坦 – 导苏乐 – 其其格
73-13-3	旋覆花	*Inula japonica* Thunb.	阿拉坦 – 导苏乐 – 其其格
73-14	苍耳属	*Xanthium* L.	好您 – 章古音 – 图如乐
73-14-1	苍耳	*Xanthium strumarium* L.	好您 – 章古
73-14-2	蒙古苍耳	*Xanthium mongolicum* Kitag.	蒙古乐 – 好您 – 章古

73-15	鬼针草属	*Bidens* L.	哈日巴其 – 额布孙 – 图如乐
73-15-1	狼杷草	*Bidens tripartita* L.	古日巴孙 – 哈日巴其 – 额布斯
73-15-2	羽叶鬼针草	*Bidens maximovicziana* Oett.	乌都力格 – 哈日巴其 – 额布斯
73-16	蓍属	*Achillea* L.	图乐格其 – 额布孙 – 图如乐
73-16-1	齿叶蓍	*Achillea acuminata* (Ledeb.) Sch.-Bip.	伊木特 – 图乐格其 – 额布斯
73-16-2	蓍	*Achillea millefolium* L.	图乐格其 – 额布斯
73-16-3	亚洲蓍	*Achillea asiatica* Serg.	阿子牙 – 图乐格其 – 额布斯
73-16-4	短瓣蓍	*Achillea ptarmicoides* Maxim.	敖呼日 – 图乐格其 – 额布斯
73-16-5	高山蓍	*Achillea alpina* L.	乌拉音 – 图乐格其 – 额布斯
73-17	菊属	*Chrysanthemum* L.	乌达巴拉音 – 图如乐
73-17-1	楔叶菊	*Chrysanthemum naktongense* Nakai	沙干达格 – 乌达巴拉
73-17-2	紫花野菊	*Chrysanthemum zawadskii* Herb.	宝日 – 乌达巴拉
73-18	线叶菊属	*Filifolium* Kitam.	西日合力格 – 协日乐吉音 – 图如乐
73-18-1	线叶菊	*Filifolium sibiricum* (L.) Kitam.	西日合力格 – 协日乐吉、株日 – 额布斯
73-19	蒿属	*Artemisia* L.	协日乐吉音 – 图如乐
73-19-1	大籽蒿	*Artemisia sieversiana* Ehrhart ex Willd.	额日莫、查干 – 额日莫
73-19-2	碱蒿	*Artemisia anethifolia* Web. ex Stechm.	好您 – 协日乐吉
73-19-3	冷蒿	*Artemisia frigida* Willd.	阿给、吉吉格 – 查干 – 协日乐吉
73-19-4	褐苞蒿	*Artemisia phaeolepis* Krasch.	巴然 – 协日乐吉
73-19-5	白莲蒿（铁杆蒿）	*Artemisia gmelinii* Web. ex Stechm.	查干 – 西巴嘎
73-19-6	裂叶蒿	*Artemisia tanacetifolia* L.	萨拉巴日海 – 协日乐吉
73-19-7	黄花蒿	*Artemisia annua* L.	矛日音 – 协日乐吉、乌兰 – 额日莫
73-19-8	黑蒿	*Artemisia palustris* L.	阿拉坦 – 协日乐吉
73-19-9	黄金蒿	*Artemisia aurata* Kom.	西吉日 – 协日乐吉
73-19-10	宽裂山蒿（宽叶山蒿）	*Artemisia stolonifera* (Maxim.) Kom.	阿古拉音 – 西巴嘎
73-19-11	艾	*Artemisia argyi* H. Lévl. et Vant.	荽哈
73-19-12	野艾蒿	*Artemisia lavandulaefolia* DC.	哲日力格 – 荽哈
73-19-13	柳叶蒿	*Artemisia integrifolia* L.	宝日 – 荽哈
73-19-14	蒙古蒿	*Artemisia mongolica* (Fisch. ex Bess.) Nakai	蒙古乐 – 协日乐吉、查日古斯 – 荽哈
73-19-15	白叶蒿	*Artemisia leucophylla* (Turcz. ex Bess.) C. B. Clarke	查干 – 协日乐吉
73-19-16	萎蒿（水蒿）	*Artemisia selengensis* Turcz. ex Bess.	奥孙 – 协日乐吉

73-19-17	歧茎蒿	*Artemisia igniaria* Maxim.	萨格拉嘎日 – 协日乐吉
73-19-18	红足蒿	*Artemisia rubripes* Nakai	乌兰 – 协日乐吉
73-19-19	阴地蒿	*Artemisia sylvatica* Maxim.	奥衣音 – 协日乐吉
73-19-20	魁蒿	*Artemisia princeps* Pamp.	陶如格 – 协日乐吉
73-19-21	龙蒿（狭叶青蒿）	*Artemisia dracunculus* L.	伊西根 – 协日乐吉、伊西根 – 西巴嘎
73-19-22	差不嘎蒿（盐蒿）	*Artemisia halodendron* Turcz. ex Bess.	好您 – 西巴嘎、西巴嘎
73-19-23	光沙蒿	*Artemisia oxycephala* Kitag.	给鲁格日 – 协日乐吉
73-19-24	黑沙蒿（油蒿）	*Artemisia ordosica* Krasch.	西巴嘎、哈日 – 西巴嘎
73-19-25	柔毛蒿	*Artemisia pubescens* Ledeb.	乌斯特 – 胡日根 – 协日乐吉
73-19-26	变蒿	*Artemisia commutata* Bess.	好比日莫乐 – 协日乐吉
73-19-27	细秆沙蒿	*Artemisia macilenta* (Maxim.) Krasch.	那日伯其 – 协日乐吉
73-19-28	猪毛蒿（黄蒿）	*Artemisia scoparia* Waldst. et Kit.	伊麻干 – 协日乐吉、协日 – 协日乐吉
73-19-29	巴尔古津蒿	*Artemisia bargusinensis* Spreng.	图如特 – 协日乐吉
73-19-30	东北牡蒿	*Artemisia manshurica* (Kom.) Kom.	陶孙 – 协日乐吉
73-19-31	南牡蒿	*Artemisia eriopoda* Bunge	乌苏力格 – 协日乐吉
73-19-32	漠蒿（沙蒿）	*Artemisia desertorum* Spreng.	芒汗 – 协日乐吉
73-20	蟹甲草属	*Parasenecio* W. W. Smith et J. Small	伊古新讷音 – 图如乐
73-20-1a	山尖子	*Parasenecio hastatus* (L.) H. Koyama	伊古新讷
73-20-1b	无毛山尖子	*Parasenecio hastatus* (L.) H. Koyama var. *glaber* (Ledeb.) Y. L. Chen	给路格日 – 伊古新讷
73-21	狗舌草属	*Tephroseris* (Reichenb.) Reichenb.	柴布日 – 给其根讷音 – 图如乐
73-21-1	狗舌草	*Tephroseris kirilowii* (Turcz. ex DC.) Holub	给其根讷
73-21-2	红轮狗舌草（红轮千里光）	*Tephroseris flammea* (Turcz. ex DC.) Holub	乌兰 – 给其根讷
73-21-3	湿生狗舌草	*Tephroseris palustris* (L.) Reich.	那木根 – 给其根讷
73-22	千里光属	*Senecio* L.	给其根讷音 – 图如乐
73-22-1	欧洲千里光	*Senecio vulgaris* L.	恩格音 – 给其根讷
73-22-2	林荫千里光	*Senecio nemorensis* L.	敖衣音 – 给其根讷
73-22-3	麻叶千里光	*Senecio cannabifolius* Less.	阿拉嘎力格 – 给其根讷
73-22-4	额河千里光	*Senecio argunensis* Turcz.	乌都力格 – 给其根讷
73-23	橐吾属	*Ligularia* Cass.	扎牙海音 – 图如乐、特莫根 – 和乐音 – 图如乐

73-23-1	箭叶橐吾	*Ligularia sagitta* (Maxim.) Mattf. ex Rehder et Kobuski	少布格日 – 特莫根 – 和乐
73-23-2	橐吾	*Ligularia sibirica* (L.) Cass.	西伯日 – 扎牙海 、西伯日 – 特莫根 – 和乐
73-23-3	蹄叶橐吾	*Ligularia fischeri* (Ledeb.) Turcz.	都归 – 特莫根 – 和乐
73-23-4	黑龙江橐吾	*Ligularia sachalinensis* Nakai	萨哈林 – 扎牙海
73-24	蓝刺头属	*Echinops* L.	扎日阿 – 敖拉音 – 图如乐
73-24-1	驴欺口（蓝刺头）	*Echinops davuricus* Fisch. ex Horn.	扎日阿 – 敖拉
73-24-2	褐毛蓝刺头（东北蓝刺头）	*Echinops dissectus* Kitag.	呼任 – 扎日阿 – 敖拉
73-25	风毛菊属	*Saussurea* DC.	哈拉塔日干那音 – 图如乐
73-25-1	碱地风毛菊（倒羽叶风毛菊）	*Saussurea runcinata* DC.	呼吉日色格 – 哈拉塔日干那
73-25-2	美花风毛菊	*Saussurea pulchella* (Fisch.) Fisch.	高要 – 哈拉塔日干那
73-25-3	草地风毛菊	*Saussurea amara* (L.) DC.	塔拉音 – 哈拉塔日干那
73-25-4	柳叶风毛菊	*Saussurea salicifolia* (L.) DC.	乌达力格 – 哈拉塔日干那
73-25-5	折苞风毛菊	*Saussurea recurvata* (Maxim.) Lipsch.	洪古日 – 哈拉塔日干那
73-25-6	卷苞风毛菊	*Saussurea sclerolepis* Nakai et Kitag.	哈图 – 哈拉塔日干那
73-25-7	乌苏里风毛菊	*Saussurea ussuriensis* Maxim.	乌苏日音 – 哈拉塔日干那（朝如乐）
73-25-8	密花风毛菊（渐尖风毛菊）	*Saussurea acuminata* Turcz. ex Fisch. et C. A. Mey.	呼日查 – 哈拉塔日干那
73-25-9	龙江风毛菊	*Saussurea amurensis* Turcz. ex DC.	阿木日 – 哈拉塔日干那
73-25-10	小花风毛菊	*Saussurea parviflora* (Poir.) DC.	吉吉格 – 哈拉塔日干那
73-25-11	羽叶风毛菊	*Saussurea maximowiczii* Herd.	乌都力格 – 哈拉塔日干那
73-26	蓟属	*Cirsium* Mill.	阿扎日干那音 – 图如乐
73-26-1	莲座蓟	*Cirsium esculentum* (Sievers) C. A. Mey.	呼呼斯根讷、宝古尼 – 朝日阿
73-26-2	烟管蓟	*Cirsium pendulum* Fisch. ex DC.	温吉格日 – 阿扎日干那
73-26-3	绒背蓟	*Cirsium vlassovianum* Fisch. ex DC.	宝古日乐 – 阿扎日干那
73-26-4	刺儿菜（小蓟）	*Cirsium integrifolium* (Wimm. et Grab.) L. Q. Zhao et Y. Z. Zhao comb. nov.	巴嘎 – 阿扎日干那、朝日阿 – 额布斯
73-26-5	大刺儿菜（刺儿菜）	*Cirsium setosum* (Willd.) M. Bieb.	阿古拉音 – 阿扎日干那、毛日音 – 朝日阿
73-27	飞廉属	*Carduus* L.	侵瓦音 – 乌日格苏乃 – 图如乐
73-27-1	节毛飞廉	*Carduus acanthoides* L.	侵瓦音 – 乌日格苏
73-28	麻花头属	*Klasea* Cassini	洪古日 – 扎拉音 – 图如乐

73-28-1	球苞麻花头 （薄叶麻花头）	*Klasea marginata* (Tausch.) Kitag.	布木布日根 - 洪古日 - 扎拉
73-28-2	多头麻花头 （多花麻花头）	*Klasea polycephala* (Iljin) Kitag.	萨格拉嘎日 - 洪古日 - 扎拉
73-28-3	麻花头	*Klasea centauroides* (L.) Cassini ex Kitag.	洪古日 - 扎拉
73-29	伪泥胡菜属	*Serratula* L.	地特木图 - 洪古日 - 扎拉音 - 图如乐
73-29-1	伪泥胡菜	*Serratula coronata* L.	地特木图 - 洪古日 - 扎拉
73-30	山牛蒡属	*Synurus* Iljin	汗达盖 - 乌拉音 - 图如乐
73-30-1	山牛蒡	*Synurus deltoides* (Ait.) Nakai	汗达盖 - 乌拉
73-31	漏芦属（祁州漏芦属）	*Rhaponticum* Ludw.	洪古乐朱日音 - 图如乐
73-31-1	漏芦（祁州漏芦）	*Rhaponticum uniflorum* (L.) DC.	洪古乐朱日
73-32	大丁草属	*Leibnitzia* Cass.	哈达嘎孙 - 其其格音 - 图如乐
73-32-1	大丁草	*Leibnitzia anandria* (L.) Turcz.	哈达嘎孙 - 其其格
73-33	猫儿菊属	*Hypochaeris* L.	车格车黑音 - 图如乐
73-33-1	猫儿菊	*Hypochaeris ciliata* (Thunb.) Makino	车格车黑
73-34	婆罗门参属	*Tragopogon* L.	伊麻干 - 萨哈拉音 - 图如乐
73-34-1	东方婆罗门参 （黄花婆罗门参）	*Tragopogon orientalis* L.	伊麻干 - 萨哈拉
73-35	鸦葱属	*Scorzonera* L.	哈比斯干那音 - 图如乐
73-35-1	笔管草（华北鸦葱）	*Scorzonera albicaulis* Bunge	查干 - 哈比斯干那
73-35-2	毛梗鸦葱	*Scorzonera radiata* Fisch. ex Ledeb.	那日音 - 哈比斯干那
73-35-3	丝叶鸦葱	*Scorzonera curvata* (Popl.) Lipsch.	好您 - 哈比斯干那
73-35-4	桃叶鸦葱	*Scorzonera sinensis* (Lipsch. et Krasch.) Nakai	矛日音 - 哈比斯干那
73-35-5	鸦葱	*Scorzonera austriaca* Willd.	哈比斯干那、塔拉音 - 哈比斯 干那
73-36	毛连菜属	*Picris* L.	查希布 - 其其格音 - 图如乐
73-36-1	毛连菜（日本毛连菜）	*Picris japonica* Thunb.	乌苏力格 - 查希布 - 其其格、 协日 - 图如
73-37	蒲公英属	*Taraxacum* Weber	巴格巴盖 - 其其格音 - 图如乐
73-37-1	红梗蒲公英 （斑叶蒲公英）	*Taraxacum erythropodium* Kitag. （*Taraxacum variegatum* Kitag.）	乌兰 - 巴格巴盖 - 其其格
73-37-2	蒲公英	*Taraxacum mongolicum* Hand.-Mazz.	巴格巴盖 - 其其格、布布格灯
73-37-3	白花蒲公英	*Taraxacum pseudo-albidum* Kitag. [*Taraxacum leucanthum* (Ledeb.) Ledeb.]	查干 - 巴格巴盖 - 其其格
73-37-4	亚洲蒲公英	*Taraxacum asiaticum* Dahlst.	阿子牙音 - 巴格巴盖 - 其其格

73-37-5	芥叶蒲公英	*Taraxacum brassicaefolium* Kitag.	得米格力格 – 巴格巴盖 – 其其格
73-37-6	粉绿蒲公英	*Taraxacum dealbatum* Hand.-Mazz.	淖高布特日 – 巴格巴盖 – 其其格
73-37-7	白缘蒲公英	*Taraxacum platypecidum* Diels	乌日根 – 巴格巴盖 – 其其格
73-37-8	华蒲公英	*Taraxacum sinicum* Kitag.	呼吉日色格 – 巴格巴盖 – 其其格
73-37-9	兴安蒲公英	*Taraxacum falcilobum* Kitag.	和应干 – 巴格巴盖 – 其其格
73-37-10	东北蒲公英	*Taraxacum ohwianum* Kitam.	曼吉音 – 巴格巴盖 – 其其格
73-38	苦苣菜属	*Sonchus* L.	伊达日音 – 图如乐
73-38-1	苣荬菜（长裂苦苣菜）	*Sonchus brachyotus* DC.	伊达日、嘎希棍 – 淖高
73-38-2	苦苣菜	*Sonchus oleraceus* L.	嘎希棍 – 伊达日、哈日 – 伊达日
73-39	莴苣属	*Lactuca* L.	稀路给 – 闹高音 – 图如乐、嘎伦 – 伊达日音 – 图如乐
73-39-1	野莴苣	*Lactuca serriola* L.	阿日嘎力格 – 嘎伦 – 伊达日
73-39-2	山莴苣（北山莴苣）	*Lactuca sibirica* (L.) Benth. ex Maxim.	乌拉音 – 嘎伦 – 伊达日
73-40	黄鹌菜属	*Youngia* Cass.	协日 – 布顿 – 额布孙 – 图如乐
73-40-1	细叶黄鹌菜	*Youngia tenuifolia* (Willd.) Babc. et Stebb.	杨给日干那
73-41	还阳参属	*Crepis* L.	宝黑 – 额布孙 – 图如乐
73-41-1	屋根草	*Crepis tectorum* L.	得格布日 – 宝黑 – 额布斯
73-41-2	还阳参（北方还阳参）	*Crepis crocea* (Lam.) Babc.	宝黑 – 额布斯
73-42	苦荬菜属	*Ixeris* Cass.	嘎希棍 – 诺高音 – 图如乐、陶来音 – 伊达日音 – 图如乐
73-42-1	中华苦荬菜	*Ixeris chinensis* (Thunb.) Nakai	道木达都音 – 陶来音 – 伊达日
73-42-2	多色苦荬菜	*Ixeris chinensis*（Thunb.）Nakai subsp. *versicolor* (Fisch. ex Link) Kitam.	阿拉格 – 陶来音 – 伊达日
73-42-3	抱茎苦荬菜	*Ixeris sonchifolia* (Maxim.) Hance	陶日格 – 嘎希棍 – 淖高、巴图拉
73-42-4	晚抱茎苦荬菜（尖裂黄瓜菜）	*Ixeris serotina* (Maxim.) Kitag.	那木日萨格 – 陶来音 – 伊达日
73-43	山柳菊属	*Hieracium* L.	哈日查干那音 – 图如乐
73-43-1	山柳菊	*Hieracium umbellatum* L.	哈日查干那、稀古日图 – 哈日查干那
73-43-2	粗毛山柳菊	*Hieracium virosum* Pall.	希如棍 – 哈日查干那

74. 香蒲科 Typhaceae

74-1	香蒲属	*Typha* L.	哲格斯音 – 图如乐
74-1-1	东方香蒲	*Typha orientalis* C. Presl	道日那音 – 哲格斯
74-1-2	宽叶香蒲	*Typha latifolia* L.	乌日根 – 哲格斯
74-1-3	无苞香蒲（拉式香蒲）	*Typha laxmannii* Lepech.	呼和 – 哲格斯

74-1-4	小香蒲	*Typha minima* Funk ex Hoppe	好您 – 哲格斯
74-1-5	达香蒲	*Typha davidiana* (Kronfeld) Hand.-Mazz.	得沃特 – 哲格斯
74-1-6	水烛	*Typha angustifolia* L.	毛日音 – 哲格斯

75. 黑三棱科 Sparganiaceae

75-1	黑三棱属	*Sparganium* L.	哈日 – 古日巴拉吉 – 额布孙 – 图如乐
75-1-1	黑三棱	*Sparganium stoloniferum* (Buch.-Ham. ex Graebn.) Buch.-Ham. ex Juz.	哈日 – 古日巴拉吉 – 额布斯
75-1-2	小黑三棱	*Sparganium emersum* Rehm.	吉吉格 – 哈日 – 古日巴拉吉

76. 眼子菜科 Potamogetonaceae

76-1	眼子菜属	*Potamogeton* L.	奥孙 – 呼日西音 – 图如乐
76-1-1	东北眼子菜	*Potamogeton mandschuriensis* (A. Bennett.) A. Bennett.	曼吉音 – 奥孙 – 呼日西
76-1-2	小眼子菜	*Potamogeton pusillus* L.	巴嘎 – 奥孙 – 呼日西
76-1-3	南方眼子菜 （钝脊眼子菜）	*Potamogeton octandrus* Poiret	额木讷图 – 奥孙 – 呼日西
76-1-4	穿叶眼子菜	*Potamogeton perfoliatus* L.	讷布特日黑 – 奥孙 – 呼日西
76-1-5	光叶眼子菜	*Potamogeton lucens* L.	给拉给日 – 奥孙 – 呼日西
76-2	篦齿眼子菜属	*Stuckenia* Börner	萨木力格 – 奥孙 – 呼日西音 – 图如乐
76-2-1	龙须眼子菜 （篦齿眼子菜）	*Stuckenia pectinatus* (L.) Börner	萨木力格 – 奥孙 – 呼日西

77. 水麦冬科 Juncaginaceae

77-1	水麦冬属	*Triglochin* L.	乌日格斯太 – 西乐 – 额布孙 – 图如乐
77-1-1	海韭菜	*Triglochin maritimum* L.	达来音 – 西乐 – 额布斯
77-1-2	水麦冬	*Triglochin palustre* L.	西乐 – 额布斯、乌日格斯太 – 西乐 – 额布斯

78. 泽泻科 Alismataceae

78-1	泽泻属	*Alisma* L.	奥孙 – 图如音 – 图如乐
78-1-1	泽泻⑤	*Alisma plantago-aquatica* L.	奥孙 – 图如、纳木格音 – 比地巴拉
78-1-2	东方泽泻	*Alisma orientale* (Sam.) Juz.	道日纳图 – 奥孙 – 图如
78-1-3	草泽泻	*Alisma gramineum* Lejeune	那日音 – 奥孙 – 图如
78-2	慈姑属	*Sagittaria* L.	比地巴拉音 – 图如乐

| 78-2-1 | 野慈姑 | *Sagittaria trifolia* L. | 哲日力格 – 比地巴拉 |
| 78-2-2 | 浮叶慈姑③ | *Sagittaria natans* Pall. | 吉吉格 – 比地巴拉 |

79. 花蔺科 Butomaceae

| 79-1 | 花蔺属 | *Butomus* L. | 阿拉轻古音 – 图如乐 |
| 79-1-1 | 花蔺 | *Butomus umbellatus* L. | 阿拉轻古 |

80. 禾本科 Gramineae

80-1	菰属	*Zizania* L.	奥孙 – 查干 – 苏伊额音 – 图如乐
80-1-1	菰	*Zizania latifolia* (Griseb.) Turcz. ex Stapf	奥孙 – 查干 – 苏伊额
80-2	芦苇属	*Phragmites* Adans.	好鲁孙 – 图如乐
80-2-1	芦苇	*Phragmites australis* (Cav.) Trin. ex Steud.	好鲁苏、沙嘎稀日嘎
80-3	臭草属	*Melica* L.	塔日古 – 额布孙 – 图如乐
80-3-1	大臭草	*Melica turczaninowiana* Ohwi	陶木 – 塔日古 – 额布斯
80-3-2	抱草	*Melica virgata* Turcz. ex Trin.	好日图 – 塔日古 – 额布斯
80-4	甜茅属	*Glyceria* R. Br.	稀黑日 – 乌拉乐吉音 – 图如乐
80-4-1	狭叶甜茅	*Glyceria spiculosa* (F. Schmidt.) Roshev.	那日音 – 黑木得格
80-4-2	水甜茅（东北甜茅）	*Glyceria triflora* (Korsh.) Kom.	黑木得格、奥孙 – 乌拉乐吉
80-5	水茅属	*Scolochloa* Link	斯库路斯音 – 图如乐
80-5-1	水茅	*Scolochloa festucacea* (Willd.) Link	斯库路斯
80-6	羊茅属	*Festuca* L.	宝体乌乐音 – 图如乐
80-6-1	达乌里羊茅	*Festuca dahurica* (St.-Yves) V. I. Krecz. et Bobr.	和应干 – 宝体乌乐
80-6-2	羊茅	*Festuca ovina* L.	宝体乌乐
80-7	银穗草属	*Leucopoa* Griseb.	孟根 – 图如 – 额布孙 – 图如乐
80-7-1	银穗草（西伯利亚羊茅）	*Leucopoa albida* (Turcz. ex Trin.) V. I. Krecz. et Bobr.	孟根 – 图如 – 额布斯
80-8	早熟禾属	*Poa* L.	伯页力格 – 额布孙 – 图如乐
80-8-1	散穗早熟禾	*Poa subfastigiata* Trin.	萨日巴嘎日（高乐音）– 伯页力格 – 额布斯
80-8-2	西伯利亚早熟禾	*Poa sibirica* Roshev.	西伯日 – 伯页力格 – 额布斯、西伯日 – 好日海音 – 塔日牙
80-8-3	细叶早熟禾	*Poa angustifolia* L.	那日音（那日音 – 纳布其图）– 伯页力格 – 额布斯
80-8-4	草地早熟禾	*Poa pratensis* L.	塔拉音 – 伯页力格 – 额布斯

80-8-5	额尔古纳早熟禾	*Poa argunensis* Roshev.	额尔古纳音－伯页力格－额布斯
80-8-6	硬质早熟禾	*Poa sphondylodes* Trin.	希如棍－伯页力格－额布斯
80-8-7	渐狭早熟禾（渐尖早熟禾）	*Poa attenuata* Trin.	胡日查－伯页力格－额布斯
80-9	碱茅属	*Puccinellia* Parl.	呼吉日色格－乌龙音－图如乐
80-9-1	星星草	*Puccinellia tenuiflora* (Griseb.) Scribn. et Merr.	那日音－呼吉日色格－乌龙、乌伊图－乌龙
80-9-2	朝鲜碱茅	*Puccinellia chinampoensis* Ohwi	扫乐高－乌龙
80-9-3	碱茅	*Puccinellia distans* (Jacq.) Parl.	呼吉日色格－乌龙、奥孙－乌龙
80-10	雀麦属	*Bromus* L.	扫高布日音－图如乐
80-10-1	无芒雀麦	*Bromus inermis* Leyss.	苏日归－扫高布日
80-10-2	紧穗雀麦	*Bromus pumpellianus* Scribn.	铺莫坡力－扫高布日
80-11	鹅观草属	*Roegneria* C. Koch.	黑雅嘎拉吉音－图如乐、株日麻音－苏乐音－图如乐
80-11-1	缘毛鹅观草	*Roegneria pendulina* Nevski	扫日木斯图－黑雅嘎拉吉
80-11-2	直穗鹅观草	*Roegneria gmelinii* (Ledeb.) Kitag.	宝苏嘎－黑雅嘎拉吉、宝苏嘎－株日满－苏乐
80-12	偃麦草属	*Elytrigia* Desv.	查干－苏乐音－图如乐
80-12-1	硬叶偃麦草	*Elytrigia smithii* (Rydb.) Nevski	希如棍－查干－苏乐
80-12-2	偃麦草	*Elytrigia repens* (L.) Desv. ex B. D. Jackson	查干－苏乐、高乐音－黑雅嘎
80-13	冰草属	*Agropyron* Gaertn.	优日呼格音－图如乐
80-13-1	冰草	*Agropyron cristatum* (L.) Gaertn.	优日呼格
80-14	披碱草属	*Elymus* L.	协日－黑雅嘎音－图如乐
80-14-1	老芒麦	*Elymus sibiricus* L.	西伯日－牙巴干－黑雅嘎、西伯日－协日－黑雅嘎
80-14-2	垂穗披碱草	*Elymus nutans* Griseb.	温吉给日－协日－黑雅嘎
80-14-3	披碱草	*Elymus dahuricus* Turcz. ex Griseb.	牙巴干－黑雅嘎、协日－黑雅嘎
80-14-4	肥披碱草	*Elymus excelsus* Turcz. ex Griseb.	套日格－牙巴干－黑雅嘎
80-15	赖草属	*Leymus* Hochst.	黑雅嘎音－图如乐
80-15-1	羊草	*Leymus chinensis* (Trin. ex Bunge) Tzvel.	黑雅嘎、哈日－黑雅嘎
80-15-2	赖草	*Leymus secalinus* (Georgi) Tzvel.	乌伦－黑雅嘎、同和
80-16	大麦属	*Hordeum* L.	阿日白音－图如乐
80-16-1	短芒大麦草	*Hordeum brevisubulatum* (Trin.) Link	哲日力格－阿日白
80-16-2	小药大麦草（紫大麦草）	*Hordeum roshevitzii* Bowden	吉吉格－阿日白
80-16-3	芒颖大麦草	*Hordeum jubatum* L.	特乐－阿日白

80-17	落草属	*Koeleria* Pers.	达根－苏乐音－图如乐
80-17-1	落草	*Koeleria macrantha* (Ledeb.) Schult.	达根－苏乐
80-18	异燕麦属	*Helictotrichon* Bess. ex Schult. et J. H. Schult.	宝如格音－图如乐
80-18-1	异燕麦（奢异燕麦）	*Helictotrichon schellianum* (Hack.) Kitag.	宝如格、协日－宝如格
80-19	燕麦属	*Avena* L.	胡西古－布达音－图如乐
80-19-1	野燕麦	*Avena fatua* L.	哲日力格－胡西古－布达
80-20	茅香属（黄花茅属）	*Anthoxanthum* L.	扫布得－额布孙－图如乐
80-20-1	茅香	*Anthoxanthum nitens* (Weber) Y. Schouten et Veldkamp	扫布得－额布斯
80-20-2	光稃香草	*Anthoxanthum glabrum* (Trin.) Veldkamp	给鲁给日－扫布得－额布斯
80-21	䕗草属	*Phalaris* L.	宝拉格－额布孙－图如乐
80-21-1	䕗草	*Phalaris arundinacea* L.	宝拉格－额布斯
80-22	梯牧草属	*Phleum* L.	套日巴拉格音－图如乐
80-22-1	假梯牧草	*Phleum phleoides* (L.) H. Karst.	好努嘎拉吉
80-23	看麦娘属	*Alopecurus* L.	乌讷根－苏乐音－图如乐
80-23-1	短穗看麦娘	*Alopecurus brachystachyus* M. Bieb.	宝古尼－图如图－乌讷根－苏乐
80-23-2	大看麦娘	*Alopecurus pratensis* L.	套木（伊和）－乌讷根－苏乐、塔拉音－乌讷根－苏乐
80-23-3	苇状看麦娘	*Alopecurus arundinaceus* Poir.	呼鲁苏乐格－乌讷根－苏乐
80-23-4	看麦娘	*Alopecurus aequalis* Sobol.	乌讷根－苏乐、召巴拉格
80-24	拂子茅属	*Calamagrostis* Adans.	哈布它钙－查干乃－图如乐
80-24-1	大拂子茅	*Calamagrostis macrolepis* Litv.	套木－哈布它钙－查干
80-24-2	拂子茅	*Calamagrostis epigeios* (L.) Roth	哈布它钙－查干、扫日布古
80-24-3	假苇拂子茅	*Calamagrostis pseudophragmites* (A. Hall.) Koeler	呼鲁苏乐格－哈布它钙－查干
80-25	野青茅属	*Deyeuxia* Clarion ex P. Beauv.	额乐伯－额布孙－图如乐
80-25-1	兴安野青茅	*Deyeuxia korotkyi* (Litv.) S. M. Phillips et Wen L. Chen	和应干－哈布它钙－查干
80-25-2	野青茅	*Deyeuxia pyramidalis* (Host) Veldkamp	哈日－额乐伯－额布斯
80-25-3	大叶章	*Deyeuxia purpurea* (Trin.) Kunth	额乐伯－额布斯
80-26	䕶股颖属	*Agrostis* L.	乌兰－陶鲁钙音－图如乐
80-26-1	巨序剪股颖	*Agrostis gigantea* Roth	套木－乌兰－陶鲁钙
80-26-2	歧序剪股颖	*Agrostis divaricatissima* Mez	蒙古乐－乌兰－陶鲁钙

80-26-3	芒剪股颖	*Agrostis vinealis* Schreb.	扫日特-乌兰-陶鲁钙
80-27	菵草属	*Beckmannia* Host	莫乐黑音-萨木白音-图如乐
80-27-1	菵草	*Beckmannia syzigachne* (Steud.) Fernald	莫乐黑音-萨木白、莫乐黑音-塔日牙
80-28	针茅属	*Stipa* L.	黑拉干那音-图如乐
80-28-1	大针茅	*Stipa grandis* P. A. Smirn.	套木-黑拉干那
80-28-2	贝加尔针茅（狼针草）	*Stipa baicalensis* Roshev.	白嘎力-黑拉干那
80-28-3	克氏针茅	*Stipa krylovii* Roshev.	稀伯图-黑拉干那
80-29	芨芨草属	*Achnatherum* P. Beauv.	德日苏音-图如乐
80-29-1	芨芨草	*Achnatherum splendens* (Trin.) Nevski	德日苏
80-29-2	朝阳芨芨草	*Achnatherum nakaii* (Honda) Tateoka ex Imzab	那日音-德日苏
80-29-3	羽茅	*Achnatherum sibiricum* (L.) Keng ex Tzvel.	哈日布古乐-额布斯
80-30	画眉草属	*Eragrostis* P. Beauv.	呼日嘎拉吉音-图如乐
80-30-1	画眉草	*Eragrostis pilosa* (L.) P. Beauv.	呼日嘎拉吉、布特讷古日
80-30-2	小画眉草	*Eragrostis minor* Host	吉吉格-呼日嘎拉吉
80-31	隐子草属	*Cleistogenes* Keng	哈扎嘎日-额布孙-图如乐
80-31-1	糙隐子草	*Cleistogenes squarrosa* (Trin.) Keng	希如棍-哈扎嘎日-额布斯
80-31-2	丛生隐子草	*Cleistogenes caespitosa* Keng	宝日拉格-哈扎嘎日-额布斯、好然-哈扎嘎日-额布斯
80-31-3	薄鞘隐子草	*Cleistogenes festucacea* Honda	宝体乌拉力格-哈扎嘎日-额布斯
80-31-4	多叶隐子草	*Cleistogenes polyphylla* Keng ex P. C. Keng et L. Liu	奥兰-纳布其图-哈扎嘎日-额布斯
80-32	虎尾草属	*Chloris* Swartz	宝拉根-苏乐音-图如乐
80-32-1	虎尾草	*Chloris virgata* Swartz	宝拉根-苏乐
80-33	野古草属	*Arundinella* Raddi	沙格疏日干那音-图如乐
80-33-1	毛秆野古草	*Arundinella hirta* (Thunb.) Tanaka	沙格疏日干那
80-34	黍属	*Panicum* L.	蒙古乐-阿木音-图如乐
80-34-1	稷（糜子）	*Panicum miliaceum* L. var. *effusum* Alaf.	蒙古乐-阿木
80-35	稗属	*Echinochloa* P. Beauv.	奥孙-好努格音-图如乐
80-35-1	稗	*Echinochloa crusgalli* (L.) P. Beauv.	奥孙-好努格
80-35-2	长芒稗	*Echinochloa caudata* Roshev.	扫日特-奥孙-好努格
80-36	马唐属	*Digitaria* Hill.	绍布棍-塔布格音-图如乐
80-36-1	止血马唐	*Digitaria ischaemum* (Schreb.) Muhl.	哈日-绍布棍-塔布格

80-37	狗尾草属	*Setaria* P. Beauv.	协日－达日音－图如乐、乌日音－苏乐音－图如乐
80-37-1	金色狗尾草	*Setaria pumila* (Poir.) Roem. et Schult.	协日－达日
80-37-2	断穗狗尾草	*Setaria arenaria* Kitag.	宝古尼－协日－达日
80-37-3a	狗尾草	*Setaria viridis* (L.) P. Beauv.	乌日音－苏乐、协日－达日
80-37-3b	短毛狗尾草	*Setaria viridis* (L.) P. Beauv. var. *breviseta* (Doell) Hitchc.	敖呼日－协日－达日
80-37-3c	紫穗狗尾草	*Setaria viridis* (L.) P. Beauv. var. *purpurascens* Maxim.	宝日－协日－达日
80-38	大油芒属	*Spodiopogon* Trin.	阿古拉音－乌拉乐吉音－图如乐
80-38-1	大油芒	*Spodiopogon sibiricus* Trin.	阿古拉音－乌拉乐吉
80-39	荩草属	*Arthraxon* P. Beauv.	协日－宝都格－额布孙－图如乐
80-39-1	荩草	*Arthraxon hispidus* (Thunb.) Makino	协日－宝都格－额布斯

81. 莎草科 Cyperaceae

81-1	三棱草属	*Bolboschoenus* (Ascherson) Palla	古日巴拉金－额布孙－图如乐
81-1-1	扁秆荆三棱	*Bolboschoenus planiculmis* (F. Schmidt) T. V. Egor.	哈布塔盖－古日巴拉吉－额布斯
81-2	藨草属	*Scirpus* L.	塔巴牙音－图如乐
81-2-1	单穗藨草	*Scirpus radicans* Schkuhr	温都苏力格－塔巴牙
81-2-2	东方藨草	*Scirpus orientalis* Ohwi	道日那音－塔巴牙
81-2-3	藨草（三棱水葱）	*Scirpus triqueter* L.	塔巴牙、其黑日苏－额布斯
81-3	水葱属	*Schoenoplectus* (Rchb.) Palla	奥孙－松根音－图如乐
81-3-1	水葱	*Schoenoplectus tabernaemontani* (C. C. Gmel.) Palla	奥孙－松根
81-4	羊胡子草属	*Eriophorum* L.	呼崩－敖日埃特音－图如乐
81-4-1	东方羊胡子草	*Eriophorum angustifolium* Honckeny	敖兰－图如特－呼崩－敖日埃特
81-5	扁穗草属	*Blysmus* Panz. ex Schultes	哈伯塔盖－阿力乌斯音－图如乐
81-5-1	内蒙古扁穗草	*Blysmus rufus* (Huds.) Link	乌兰－阿力乌斯
81-6	荸荠属	*Eleocharis* R. Br.	孙－温都苏音－图如乐
81-6-1	卵穗荸荠	*Eleocharis ovata* (Roth) Roem. et Schult.	温得格乐金－孙－温都苏

81-6-2	沼泽荸荠	*Eleocharis palustris* (L.) Roem. et Schult.	纳木格音 – 查日
81-7	莎草属	*Cyperus* L.	萨哈拉 – 额布孙 – 图如乐
81-7-1	褐穗莎草	*Cyperus fuscus* L.	呼日恩 – 萨哈拉 – 额布斯
81-7-2	球穗莎草（异型莎草）	*Cyperus difformis* L.	布木布格力格 – 萨哈拉 – 额布斯
81-8	水莎草属	*Juncellus* (Kunth.) C. B. Clarke	少日乃 – 萨哈拉音 – 图如乐
81-8-1	水莎草	*Juncellus serotinus* (Rottb.) C. B. Clarke	少日乃 – 萨哈拉
81-9	薹草属	*Carex* L.	西日黑音 – 图如乐、乌龙音 – 图如乐
81-9-1	额尔古纳薹草	*Carex argunensis* Turcz. ex Trev.	额尔古纳 – 西日黑
81-9-2	针薹草	*Carex dahurica* Kükenth.	达古日 – 西日黑
81-9-3	尖嘴薹草	*Carex leiorhyncha* C. A. Mey.	霍日查 – 西日黑
81-9-4	假尖嘴薹草	*Carex laevissima* Nakai	少布格日 – 西日黑
81-9-5	二柱薹草	*Carex lithophila* Turcz.	楚鲁古萨格 – 西日黑
81-9-6	寸草薹	*Carex duriuscula* C. A. Mey.	朱乐格 – 额布斯、朱乐格 – 西日黑
81-9-7	砾薹草	*Carex stenophylloides* V. I. Krecz.	海日 – 西日黑
81-9-8	走茎薹草	*Carex reptabunda* (Trautv.) V. I. Krecz.	木乐呼格 – 西日黑、宝日 – 陶路盖图 – 西日黑
81-9-9	狭囊薹草	*Carex diplasiocarpa* V. I. Krecz.	伊布楚 – 西日黑
81-9-10	灰株薹草	*Carex rostrata* Stokes	苏约特 – 西日黑
81-9-11	褐黄鳞薹草	*Carex vesicata* Meinsh.	达布萨嘎力格 – 西日黑
81-9-12	大穗薹草	*Carex rhynchophysa* C. A. Mey.	冒恩图格日 – 西日黑
81-9-13	膜囊薹草（胀囊薹草）	*Carex vesicaria* L.	哈力苏力格 – 敖古图特 – 西日黑
81-9-14	叉齿薹草	*Carex gotoi* Ohwi	乌兰 – 图如特 – 西日黑
81-9-15	毛薹草	*Carex lasiocarpa* Ehrh.	乌斯图 – 西日黑
81-9-16	小粒薹草	*Carex karoi* Freyn	吉吉格 – 木呼力格特 – 西日黑
81-9-17	脚薹草（日阴菅）	*Carex pediformis* C. A. Mey.	宝棍 – 照格得日
81-9-18	黄囊薹草	*Carex Korshinskyi* Kom.	协日 – 西日黑
81-9-19	扁囊薹草	*Carex coriophora* Fisch. et C. A. Mey. ex Kunth	哈巴塔盖布特尔 – 西日黑
81-9-20	乌拉草	*Carex meyeriana* Kunth	乌拉 – 额布斯
81-9-21a	灰脉薹草	*Carex appendiculata* (Trautv.) Kükenth.	乌日太 – 西日黑
81-9-21b	小囊灰脉薹草	*Carex appendiculata* (Trautv.) Kükenth. var. *sacculiformis* Y. L. Chang et Y. L. Yang	比乐朝图 – 乌日太 – 西日黑
81-9-22	臌囊薹草（瘤囊薹草）	*Carex schmidtii* Meinsh.	敖古图特 – 西日黑

81-9-23	陌上菅	*Carex thunbergii* Steud.	照巴嘎日 – 西日黑
81-9-24	湿薹草	*Carex humida* Y. L. Chang et Y. L. Yang	其格音 – 西日黑

82. 菖蒲科 Acoraceae

82-1	菖蒲属	*Acorus* L.	乌木黑 – 哲格孙 – 图如乐
82-1-1	菖蒲	*Acorus calamus* L.	乌木黑 – 哲格苏（奥都乐）

83. 浮萍科 Lemnaceae

83-1	浮萍属	*Lemna* L.	敖那根 – 陶如古音 – 图如乐
83-1-1	浮萍	*Lemna minor* L.	敖那根 – 陶如古
83-2	紫萍属	*Spirodela* Schleid.	宝日 – 敖那根 – 陶如古音 – 图如乐
83-2-1	紫萍	*Spirodela polyrhiza* (L.) Schleid.	宝日 – 敖那根 – 陶如古

84. 鸭跖草科 Commelinaceae

84-1	鸭跖草属	*Commelina* L.	努古孙 – 塔布格音 – 图如乐
84-1-1	鸭跖草	*Commelina communis* L.	努古孙 – 塔布格

85. 灯心草科 Juncaceae

85-1	灯心草属	*Juncus* L.	高乐 – 额布孙 – 图如乐
85-1-1	小灯心草	*Juncus bufonius* L.	吉吉格 – 高乐 – 额布斯
85-1-2	细灯心草 （扁茎灯心草）	*Juncus gracillimus* (Buch.) V. I. Krecz. et Gontsch.	那日音 – 高乐 – 额布斯

86. 百合科 Liliaceae

86-1	葱属	*Allium* L.	松根音 – 图如乐
86-1-1	野韭	*Allium ramosum* L.	哲日力格 – 高戈得、和日音 – 高戈得
86-1-2	辉韭	*Allium strictum* Schrad.	乌木黑 – 松根
86-1-3	白头葱（白头韭）	*Allium leucocephalum* Turcz.	查干 – 高戈得
86-1-4	碱葱（碱韭、多根葱）	*Allium polyrhizum* Turcz. ex Regel	塔干那
86-1-5	矮葱（矮韭）	*Allium anisopodium* Ledeb.	那日音 – 冒盖音 – 好日、肖布音 – 呼乐
86-1-6	细叶葱（细叶韭）	*Allium tenuissimum* L.	扎芒
86-1-7	砂葱（砂韭、双齿葱）	*Allium bidentatum* Fisch. ex Prokh. et Ikonnikov-Galitzky	额乐孙 – 塔干那、洪呼乐

86-1-8	黄花葱（黄花韭）	*Allium condensatum* Turcz.	协日－松根、蒙古乐－松根
86-1-9	山葱（山韭）	*Allium senescens* L.	忙给日
86-1-10	长梗葱（长梗韭）	*Allium neriniflorum* (Herb.) G. Don	陶格套来
86-2	棋盘花属	*Zigadenus* Rich.（*Zigadenus* Michaux）	阿特日干那音－图如乐
86-2-1	棋盘花	*Zigadenus sibiricus* (L.) A. Gray	阿特日干那
86-3	百合属	*Lilium* L.	萨日那音－图如乐
86-3-1	有斑百合⑤	*Lilium concolor* Salisb. var. *pulchellum* (Fisch.) Regel	朝好日－萨日那
86-3-2	毛百合⑤	*Lilium dauricum* Ker-Gawl.	乌和日－萨日那、毛日音－萨日那、阿达干纳－图木苏
86-3-3	山丹⑤	*Lilium pumilum* Redouté	萨日阿楞、萨日那－其其格、阿古拉音－萨日那
86-4	顶冰花属	*Gagea* Salisb.	嘎伦－松根音－图如乐
86-4-1	少花顶冰花	*Gagea pauciflora* (Turcz. ex Trautv.) Ledeb.	楚很－其其格图－哈布日音－西日阿、楚很－其其格图－嘎伦－松根
86-5	重楼属	*Paris* L.	钦达干－其黑音－图如乐、阿萨日－其其格音－图如乐
86-5-1	北重楼③	*Paris verticillata* Marschall von Bieb.	钦达干－其黑、阿萨日－其其格
86-6	藜芦属	*Veratrum* L.	阿格西日嘎音－图如乐
86-6-1	藜芦	*Veratrum nigrum* L.	阿格西日嘎
86-6-2	兴安藜芦	*Veratrum dahuricum* (Turcz.) Loesener	和应干－阿格西日嘎、查干－阿格西日嘎
86-7	萱草属	*Hemerocallis* L.	协日－其其格音－图如乐
86-7-1	小黄花菜⑤	*Hemerocallis minor* Mill.	哲日利格－协日－其其格
86-8	天门冬属	*Asparagus* L.	和日言－努都音－图如乐
86-8-1	龙须菜（雉隐天门冬）	*Asparagus schoberioides* Kunth	淖高音－和日言－努都
86-8-2	兴安天门冬	*Asparagus dauricus* Fisch. ex Link	和应干－和日音－努都
86-8-3	南玉带	*Asparagus oligoclonos* Maxim.	楚很－木其日图－和日音－努都
86-9	舞鹤草属	*Maianthemum* Web.	转西乐－其其格音－图如乐
86-9-1	舞鹤草	*Maianthemum bifolium* (L.) F. W. Schmidt	转西乐－其其格
86-10	铃兰属	*Convallaria* L.	烘好来－其其格音－图如乐
86-10-1	铃兰	*Convallaria majalis* L.	烘好来－其其格
86-11	黄精属	*Polygonatum* Mill.	阿吉日干－朝高日音－图如乐、查干－好日音－图如乐
86-11-1	小玉竹	*Polygonatum humile* Fisch. ex Maxim.	那木汉－冒呼日－查干
86-11-2	玉竹⑤	*Polygonatum odoratum* (Mill.) Druce	冒呼日－查干

| 86-11-3 | 黄精⑤ | *Polygonatum sibiricum* Redouté | 阿吉日干－朝高日、查干－好日、伊麻干－奥日好代 |

87. 鸢尾科 Iridaceae

87-1	鸢尾属	*Iris* L.	查黑乐得格音－图如乐
87-1-1	射干鸢尾（野鸢尾）	*Iris dichotoma* Pall.	海其－额布斯
87-1-2	细叶鸢尾	*Iris tenuifolia* Pall.	敖汗－萨哈拉、超乐布日－额布斯
87-1-3	囊花鸢尾	*Iris ventricosa* Pall.	春都古日－查黑乐得格
87-1-4	粗根鸢尾	*Iris tigridia* Bunge ex Ledeb.	巴嘎－查黑乐得格
87-1-5	紫苞鸢尾	*Iris ruthenica* Ker-Gawl.	敖日斯－查黑乐得格
87-1-6	单花鸢尾	*Iris uniflora* Pall. ex Link	乌努钦－查黑乐得格
87-1-7	马蔺	*Iris lactea* Pall. var. *chinensis*（Fisch.）Koidz.	查黑乐得格
87-1-8	北陵鸢尾	*Iris typhifolia* Kitag.	木格敦－查黑乐得格
87-1-9	溪荪	*Iris sanguinea* Donn ex Hornem.	塔拉音－查黑乐得格
87-1-10	长白鸢尾	*Iris mandshurica* Maxim.	曼吉－查黑乐得格

88. 兰科 Orchidaceae

88-1	虎舌兰属	*Epipogium* Gmelin ex Borkh.	敖其干那音－图如乐
88-1-1	裂唇虎舌兰①③	*Epipogium aphyllum* (F. W. Schmidt) Sw.	敖其干那
88-2	构兰属	*Cypripedium* L.	稀那干－查合日麻音－图如乐
88-2-1	大花构兰①②	*Cypripedium macranthos* Sw.	陶木－萨嘎塔干－查合日麻
88-3	绶草属	*Spiranthes* Rich.	敖朗黑伯音－图如乐
88-3-1	绶草①③⑤	*Spiranthes sinensis* (Pers.) Ames	敖朗黑伯
88-4	掌裂兰属	*Dactylorhiza* Neck. ex Nevski	好日高力格－查合日麻音－图如乐
88-4-1	掌裂兰①③	*Dactylorhiza hatagirea* (D. Don) Soo	好日高力格－查合日麻
88-5	手参属	*Gymnadenia* R. Br.	阿拉干－查合日麻音－图如乐
88-5-1	手参①③④⑤	*Gymnadenia conopsea* (L.) R. Br.	阿拉干－查合日麻、旺乐格
88-6	兜被兰属	*Neottianthe* Schltr.	冲古日格－查合日麻音－图如乐
88-6-1	二叶兜被兰①③	*Neottianthe cucullata* (L.) Schltr.	冲古日格－查合日麻
88-7	角盘兰属	*Herminium* L.	吉嘎日图（伊扎古日图）－查合日麻音－图如乐
88-7-1	角盘兰①③⑤	*Herminium monorchis* (L.) R. Br.	吉嘎日图－查合日麻、宝乐出图－查合日麻、伊扎古日图－查合日麻

88-8	舌唇兰属	*Platanthera* Rich.	扫尼音 – 查合日麻音 – 图如乐
88-8-1	二叶舌唇兰[1][3]	*Platanthera chlorantha* (Cust.) Rchb.	扫尼音 – 查合日麻、达日布其图 – 查合日麻
88-9	原沼兰属（沼兰属）	*Malaxis* Soland. ex Sw.	那木格音 – 查合日麻音 – 图如乐
88-9-1	原沼兰（沼兰）[1][3][5]	*Malaxis monophyllos* (L.) Sw.	那木格音 – 查合日麻

注：

① 列入《濒危野生动植物种国际贸易公约》（华盛顿公约 CITES）的野生植物
② 列入国家Ⅰ级保护野生植物
③ 列入国家Ⅱ级保护野生植物
④ 列入内蒙古珍稀濒危Ⅱ级保护植物
⑤ 列入内蒙古重点保护野生植物

主要参考文献

傅沛云 . 1995. 东北植物检索表 [M]. 北京：科学技术出版社 .

马毓泉 . 1989. 内蒙古植物志 . 第三卷 . 第二版 [M]. 呼和浩特：内蒙古人民出版社 .

马毓泉 . 1991. 内蒙古植物志 . 第二卷 . 第二版 [M]. 呼和浩特：内蒙古人民出版社 .

马毓泉 . 1992. 内蒙古植物志 . 第四卷 . 第二版 [M]. 呼和浩特：内蒙古人民出版社 .

马毓泉 . 1994. 内蒙古植物志 . 第五卷 . 第二版 [M]. 呼和浩特：内蒙古人民出版社 .

马毓泉 . 1998. 内蒙古植物志 . 第一卷 . 第二版 [M]. 呼和浩特：内蒙古人民出版社 .

潘学清 . 2009. 呼伦贝尔市药用植物 [M]. 北京：中国农业出版社 .

王银，刘英俊 . 1993. 呼伦贝尔植物检索表 [M]. 长春：吉林科学技术出版社 .

吴虎山，潘英，王伟共 . 2009. 呼伦贝尔市饲用植物 [M]. 北京：中国农业出版社 .

赵一之，赵利清 . 2014. 内蒙古维管植物检索表 [M]. 北京：中国科学技术出版社 .

赵一之 . 2012. 内蒙古维管植物分类及其区系生态地理分布 [M]. 呼和浩特：内蒙古人民出版社 .